Auf einen Blick

Wir hoffen, dass Sie Freude an diesem Buch haben und sich Ihre Erwartungen erfüllen. Ihre Anregungen und Kommentare sind uns jederzeit willkommen. Bitte bewerten Sie doch das Buch auf unserer Website unter **www.rheinwerk-verlag.de/feedback**.

An diesem Buch haben viele mitgewirkt, insbesondere:

Lektorat Stephan Mattescheck
Korrektorat Sibylle Feldmann, Düsseldorf
Herstellung Nadine Preyl
Typografie und Layout Vera Brauner, Maxi Beithe
Einbandgestaltung Judith Pappe
Coverbild iStock: 1065043846 © AscentXmedia
Satz III-Satz, Husby
Druck mediaprint solutions, Paderborn

Dieses Buch wurde gesetzt aus der Linotype Syntax (9,25/13,25 pt) in FrameMaker. Gedruckt wurde es auf chlorfrei gebleichtem Offsetpapier (90 g/m²). Hergestellt in Deutschland.

Bibliografische Information der Deutschen Nationalbibliothek:
Die Deutsche Nationalbibliothek verzeichnet diese Publikation in der Deutschen Nationalbibliografie; detaillierte bibliografische Daten sind im Internet über *http://dnb.dnb.de* abrufbar.

ISBN 978-3-8362-8004-4

1. Auflage 2021
© Rheinwerk Verlag, Bonn 2021

Informationen zu unserem Verlag und Kontaktmöglichkeiten finden Sie auf unserer Verlagswebsite **www.rheinwerk-verlag.de**. Dort können Sie sich auch umfassend über unser aktuelles Programm informieren und unsere Bücher und E-Books bestellen.

Inhalt

Materialien zum Buch

Auf der Webseite zu diesem Buch stehen folgende Materialien für dich zum Download bereit:

▶ **Arbeitsblätter mit Journaling-Fragen, die dir helfen, deine eigene Social-Media-Strategie zu finden.**

Gehe auf *www.rheinwerk-verlag.de/5224*. Klicke dort auf den Reiter MATERIALIEN. Du siehst dort die herunterladbaren Dateien samt einer Kurzbeschreibung des Dateiinhalts. Klicke auf den Button HERUNTERLADEN, um den Download zu starten. Je nach Größe der Datei (und deiner Internetverbindung) kann es einige Zeit dauern, bis der Download abgeschlossen ist.

Vorwort

Mit Social Media Marketing bist du ganz nah an deinen Wunschkundinnen. Du begleitest sie durch ihren Alltag. Deine Nachrichten vibrieren in ihren Hosentaschen, sie hören dir zu, während sie im Bus zur Arbeit fahren. Sie lesen deine Posts, bevor sie zu Bett gehen, und schauen schon vor dem ersten Kaffee nach, was es Neues gibt. Spannende Inhalte machen dich zielgerichtet sichtbar und schaffen Vertrauen. Und Vertrauen ist die wichtigste Währung, um nachhaltig erfolgreich zu sein.

Aber Vertrauen braucht Zeit. Social Media Marketing ist kein Sprint, sondern ein Marathon. Aktionismus führt lediglich dazu, dass du dich auspowerst und dich dann erschöpft und enttäuscht abwendest. Du denkst: »Das bringt eh nichts. Keiner kauft über Social Media. Für mich funktioniert das nicht.«

Mit diesem Buch will ich dir helfen, deine Motivation für Social Media grundsätzlich zu verändern. Damit Social Media Marketing zu Mindful Social Media Marketing werden kann, wirst du es mit deinem tiefen Warum, ja deinem Lebenssinn und deiner Motivation für deine Arbeit verbinden. Mit einer solch starken Motivation bist du nicht nur bestens für einen Marathon gewappnet, du schaffst auch einen Social-Media-Auftritt, der einzigartig ist.

Mit deiner Sprache, deinen Bildern, deinen Geschichten ziehst du genau die Kundinnen und Kunden an, die du dir wünschst. Und die tatsächlich kaufen.

Mein Buch ist für Strategiemuffel geschrieben – und doch wirst du, wenn du es durchgearbeitet hast, deine eigene Social-Media-Strategie wortwörtlich in der Hand halten. Dafür dienen die Arbeitsseiten am Schluss des Buchs. Die Fragen, warum und für wen du deine Social-Media-Beiträge gestaltest, führen dich zu deinen Kanälen und Inhalten. Du lernst die Funktionsweise der Netzwerke kennen und erhältst zahlreiche Best-Practice-Beispiele von Unternehmerinnen und Selbstständigen. Dann wendest du das Gelernte im Workbook sofort auf dich an. Du triffst jede Entscheidung bewusst und im Einklang mit deinen Werten. Zudem findest du Übungen, um dich mit deinem Bauchgefühl und deiner Kreativität zu verbinden, falls sich das strategische Vorgehen allzu schwer anfühlt.

Ich möchte dir dabei helfen, dass du mit dem Guten, das du in die Welt bringst, gesehen und verstanden wirst. Das ist mein ganz persönliches Warum, das mich in meiner Arbeit und darüber hinaus antreibt.

Ich bin überzeugt: Damit du wirklich verstanden wirst, musst du dich und deinen Antrieb in der Tiefe begreifen und die richtigen Worte dafür finden. Worte, die etwas in dir bewegen. Damit setzt du dich in den ersten drei Kapiteln dieses Buchs auseinander. Mit deinem großen Warum legst du den Grundstein für alles, was folgt.

Für deine Sichtbarkeit braucht es eine klare Ansprache deines Wunschkunden (Kapitel 4), Mut und große Ziele, die du dir ganzheitlich setzt (Kapitel 5), sowie das Wissen um Kanäle, Techniken und Strategien dazu, wie du deine Wunschkundschaft erreichst (Kapitel 6 bis Kapitel 12).

Zugleich weiß ich aus der Arbeit mit meinen Social-Media-Klientinnen und -Klienten, dass sich gerade Herzensunternehmer oft verausgaben. Sie brennen für ihre Mission – bis hin zum Burn-out. Daher liegt es mir besonders am Herzen, dass du für dein Social Media Marketing einen Arbeitsablauf findest, der zu deinem Leben passt. Du lernst, dir nicht zu viel vorzunehmen, mit süchtig machenden Algorithmen umzugehen und dein Social Media Marketing in verschiedene Arbeitsphasen einzuteilen. So kannst du die verschiedenen Schritte bewusst mit deinem Energiehaushalt vereinbaren und lässt dich auch von negativem Feedback nicht aus der Bahn werfen (Kapitel 13 und Kapitel 14).

Du wirst sehen: Mindful Social Media Marketing ist eine äußerst kreative und zufriedenstellende Arbeit. Du lernst dabei deine Wunschkunden so gut kennen, dass du verstehst, wie sie denken und was sie brauchen. Du erhältst sofortiges Feedback dazu, ob deine Worte und Bilder die Menschen berühren oder ob du an ihnen vorbeikommunizierst. Mindful Social Media Marketing lässt dich und dein Business wachsen. Jeden Tag.

Danke für dein Vertrauen.

Danke, dass ich dich dabei mit diesem Buch unterstützen darf.

Lass uns die Unterhaltung weiterführen – natürlich online.

Du erreichst mich unter:

https://biancafritz.com/

www.instagram.com/hashtagbiancafritz/

www.facebook.com/HashtagBiancaFritz/

Herzlich, deine Bianca

Danksagung

Ein so umfangreiches Werk in wenigen Monaten zu erstellen, ist nur mit viel Unterstützung möglich. Mein herzlicher Dank geht daher an alle, die mich begleitet oder auch einfach nur ausgehalten haben in den vergangenen Monaten. Alle, die virtuell, in Gedanken oder tatsächlich neben mir gesessen haben, während ich vor mich hin getippt oder Gedanken sortiert habe. Ich habe den Prozess geliebt. Aber ich weiß nun auch: Wer gerade ein Buch schreibt, hat nie Feierabend. Danke für eure Geduld mit mir!

Ein ganz besonderer Dank geht an:

▶ Den Mann. Ohne dich würden mir jetzt vermutlich die Haare ausfallen. Das passiert doch, wenn man monatelang nur Schokolade futtert, richtig? Stattdessen sieht man mich gesund und wohlgenährt – dank dir! Mischa, du bist mein Kapha, meine Struktur, mein Ruhepol und der beste vegetarische Koch, den ich kenne. Und das als Fleischliebhaber. Ich liebe dich.

▶ Meine Mama. Weil ich ohne dich nicht schreiben würde. Du hast diese Leidenschaft in mir geweckt und mir gezeigt, wie wertvoll Sprache ist. Und du merkst es sofort, wenn ich mich in Formulierungen verrenne, und führst mich zu einfachen Worten zurück. Danke für all die tollen Korrekturen und deine Begeisterung, mit der du mich durch diesen Prozess getragen hast.

▶ Meinen Papa. Weil ich weiß, du stehst hinter mir – egal welchen Weg ich wähle. Das klingt nach so wenig und ist doch so wertvoll. Und weil es das Universum so will, dass dieses Buch-Baby an deinem zweiten Geburtstag, dem Jahrestag unseres Weihnachtswunders, das Licht der Welt erblicken wird. Ist das nicht magisch?

▶ Dr. Marie Weitbrecht. Du hattest die unangenehmste Aufgabe von allen in diesem Prozess. Wann immer ich dachte, meine Ziele seien bereits ehrgeizig, hast du mich noch ein Stück weitergeschubst. Allem Protest und den Versuchen, mich herauszuwinden, zum Trotz. Danke, dass du mich in die nächste Version meiner selbst begleitet hast.

▶ Dr. med. Janna Scharfenberg. Danke für all deine wunderbaren Impulse als Testleserin. Und danke, dass du mich schon lange begleitest. Du bist ein großes Vorbild. Das Onstage-Backstage-Offstage-Prinzip aus Kapitel 13 habe ich bei dir kennenlernen dürfen, und es macht meine Arbeit jeden Tag einfacher.

▶ Anna-Lena Eckstein für das Interview und den kritischen Expertinnenblick über mein umfangreiches Kapitel zum Thema Facebook und Instagram Ads.

▶ Alexandra Polunin, Expertin für Pinterest-Marketing, für deine Hilfe bei dem Pinterest-Kapitel.

▶ Meine weiteren großartigen Testleserinnen und Mutmacherinnen: Susanne Spenke, Evelin Hartmann und Lia Schanda. Eure Anmerkungen haben mir sehr geholfen.

▶ An alle, die mir erlaubt haben, ihre Geschichte zu erzählen und Screenshots aus ihren Social-Media-Accounts zu verwenden. Ein Buch ohne Beispiele ist ein lebloses Buch, so aber fühlt es sich quicklebendig an!

▶ An meine Kundinnen und Kunden. Danke für euer Vertrauen. Es gibt kein schöneres Gefühl für mich, als euch wachsen zu sehen.

▶ Den Rheinwerk Verlag und insbesondere Lektor Stephan Mattescheck. Danke, dass Sie Mut beweisen in Zeiten, in denen viele Verlagshäuser lieber auf altbewährte Autoren und Konzepte setzen. Danke für das fantastische Cover und die wundervollen Marketingtexte. Es hat Freude gemacht, gemeinsam mit Ihnen meine Ideen zu schärfen und zu einem Buch heranwachsen zu lassen, das hoffentlich vielen Menschen helfen wird.

▶ Und last, but absolutely not least: meine Community. Danke für jedes klatschende Emoji, jedes Herz, jeden Zuspruch. Nicht nur, aber besonders natürlich in den vergangenen Monaten. Danke, dass ihr mich mit Fragen löchert. Das hilft mir, mich stets daran zu erinnern, wie es ist, wenn man nicht jeden Tag mit Social Media arbeitet. Danke, dass ihr nicht müde werdet, auf mein Fragen zu antworten, und ihr euch Zeit für meine Inhalte nehmt. Dass mit euch Social Media wirklich social ist, bedeutet mir viel!

Basel

Bianca Fritz

1   Wie hebe ich mich ab, wenn alle die Welt verbessern möchten?

»Die stärkste Quelle der Transformation für ein Business, wie für die Gesellschaft im Ganzen, liegt in unserem menschlichen Herzen. Dort finden wir, was wir schätzen und wonach wir uns sehnen. Dort finden wir die größte Motivation für Veränderung zum Besseren – für uns selbst, unsere Unternehmen und unsere Welt.«[1] Kardinal Vincent Nichols

Früher wurde von Unternehmerinnen und Unternehmern[2] vor allem eines erwartet: Sie sollten Geld vermehren. Heute sind die Ansprüche höher. Wir erwarten, dass Unternehmen soziale Verantwortung übernehmen. Dass sie keinen Schaden anrichten bei ihrer Geldvermehrung – oder besser: die Welt damit zu einem besseren Ort machen. Wie kam das so weit? Und was bedeutet das für kleine, idealistische Unternehmer oder Selbstständige wie dich? Wie kannst du deine eigene Mission glaubhaft vermitteln und ins Herz deines Marketings stellen, wenn selbst massiv gewinnorientierte Großkonzerne von sich behaupten, im Prinzip eine Hilfsorganisation zu sein? Wie kannst du zeigen, dass du anders bist und was dich auszeichnet?

Gerade im Start-up-Bereich scheinen alle das gleiche Vokabular zu benutzen. In der TV-Serie »Silicon Valley« gibt es eine Szene, die das hervorragend karikiert: Beim Wettbewerb »Tech Chrunch« treten junge Gründer mit ihren Ideen vor eine Jury. Und jede, wirklich jede Präsentation enthält die Worte »… und damit machen wir die Welt zu einem besseren Ort.« Dabei haben die meisten Gründer lediglich ein paar Zeilen Programmiercode geschrieben. Ein Gründer stellt dann sogar den »Human Heater« vor – eine Mikrowellentechnologie, die die Haut der Menschen erhitzen soll. »Das spart potenziell Millionen an Heizkosten, hilft der Umwelt und macht die Welt so zu einem besseren Ort«, erklärt der Start-up-Gründer. »Niemand wird jemals ein solches Gerät kaufen«, konstatiert ein geschocktes Jury-Mitglied.

---

1   Zitat aus einer Rede für die Better Business Conference 2012. Auch zu finden bei www.indcatholicnews.com/news/21075

2   Ich nutze in diesem Buch wann immer möglich geschlechtsneutrale Begriffe. Wenn dies nicht möglich ist, nenne ich die männliche und die weibliche Form oder wechsele für die bessere Lesbarkeit zwischen diesen ab. Wenn nicht explizit anders erwähnt, bedeutet das nicht, dass eine Gruppe nur aus Männern oder nur aus Frauen besteht.

Und der Gründer blickt verdutzt in die Runde. Er wollte doch nur die Welt verbessern – wie alle anderen auch. Was also hatte er falsch gemacht?[3]

Der Bösewicht der TV-Serie, Gavin Belson, fasst das, was sich in Silicon Valley abspielt, so zusammen: »Ich möchte doch in keiner Welt leben, in der jemand anderes als ich die Welt zu einem besseren Ort macht..« Was Belson meint: Er möchte in keiner Welt leben, in der jemand anderes mit der Weltverbessererei mehr Geld verdient als er. Belson nimmt seinen ursprünglichen Unternehmenszweck »viel Geld verdienen« und verpasst ihm schlichtweg ein neues Label: »die Welt verbessern«.

Die Serie zeigt, was passiert, wenn die Mission eines Unternehmens zum Marketing-Gag wird. Es besteht Verwechslungsgefahr zwischen all den Weltverbesserern da draußen. Keine einfachen Startbedingungen also für Selbstständige und Einzelunternehmerinnen wie dich, die du tatsächlich etwas verändern möchtest.

Ich möchte dir in diesem Ratgeber eine Methode an die Hand geben, die dich von den Unternehmen unterscheidet, die sich eine Vision im Nachhinein als Etikett an die Brust heften. Damit du authentisch mit deiner Mission sichtbar werden kannst. In meiner Arbeit mit rund 150 Yogalehrerinnen, Coaches, Beratern, Therapeuten und anderen idealistischen Kleinunternehmerinnen und Selbstständigen hat sich gezeigt: Der Weg nach außen geht über den Weg nach innen. Wenn du dich selbst reflektierst, dich in die Tiefe mit deiner wahren Motivation verbindest, wird es dir leichter fallen, so zu kommunizieren, dass du die Menschen anziehst, die genau dich brauchen. Am Anfang steht dein ganz persönlicher Warum-Satz für dich, der tiefer geht als eine reine Marketingbotschaft. Ich nenne ihn: dein großes Warum. Ein Beispiel für eine Unternehmerin mit großen Warum ist für mich Anna Mandozzi, die in ihrem Onlineshop Biomazing extrem strikte Standards für Naturkosmetik aufstellt. »So, dass Erde und Menschen keinen Schaden durch die Herstellung und Verwendung nehmen.« In Abbildung 1.1 siehst du, wie sie darüber auf ihrem persönlichen Instagram-Profil spricht.

Die sozialen Medien sind ein idealer Ort, um als Mensch mit starkem innerem Antrieb sichtbar zu werden. Hier darfst du dich authentisch zeigen und echte menschliche Beziehungen zu deinen Traumkundinnen aufbauen. Du schaffst hier das Vertrauen, das es braucht, damit die Menschen bei dir kaufen. Damit du dich dabei nicht in netten Unterhaltungen verlierst, hilft dir eine Strategie. Aber auch diese soll achtsam und ganzheitlich sein. Ich werde dir zeigen, wie du Ziele, Themen und Social-Media-Kanäle so wählst, dass sie dein großes Warum stützen. Und du wirst einen Social-Media-Arbeitsablauf finden, der sich rund und richtig anfühlt.

---

3   Einen schönen Zusammenschnitt der Szene findest du auf https://youtu.be/B8C5sjjhsso.

Abbildung 1.1 Anna Mandozzi über ihren Onlineshop Biomazing, Screenshot vom 01.10.20[4]

1.1 Warum wollen plötzlich alle die Welt verbessern?

Doch zuvor möchte ich die Frage beantworten, wie es überhaupt dazu kam, dass sich heute auch rein gewinnorientierte Unternehmen der Weltverbesserungsterminologie bedienen. Das hilft dir, zu verstehen, in welchem Umfeld du kommunizierst.

Mit der Finanzkrise 2009 und der anschließenden Rezession haben viele Menschen weltweit das Vertrauen verloren – in »die Wirtschaft« im Generellen und besonders in einzelne CEOs großer Unternehmen. Dies zeigte sich in der Occupy-Bewegung, die weltweit gegen soziale und ökonomische Ungleichheit protestierte. Und auch das Edelmann Trust Barometer macht es deutlich. Dort werden Menschen aus 27 Ländern regelmäßig zu ihrem Vertrauen in Unternehmen, Regierung, Hilfsorganisationen etc. befragt. Diese Studie zeigte zunächst einen großen Vertrauensverlust in die Wirtschaft. Als das Vertrauen in Wirtschaftsunternehmen langsam wieder anstieg, verloren Hilfsorganisationen und andere nicht staatliche Institutionen (NGOs) an Vertrauen (siehe Abbildung 1.2). Also jene Institutionen, deren ursprüngliche Aufgabe es war, die Welt zu einem besseren Ort zu machen.

---

4 www.instagram.com/p/CFyuQqZDgZY/

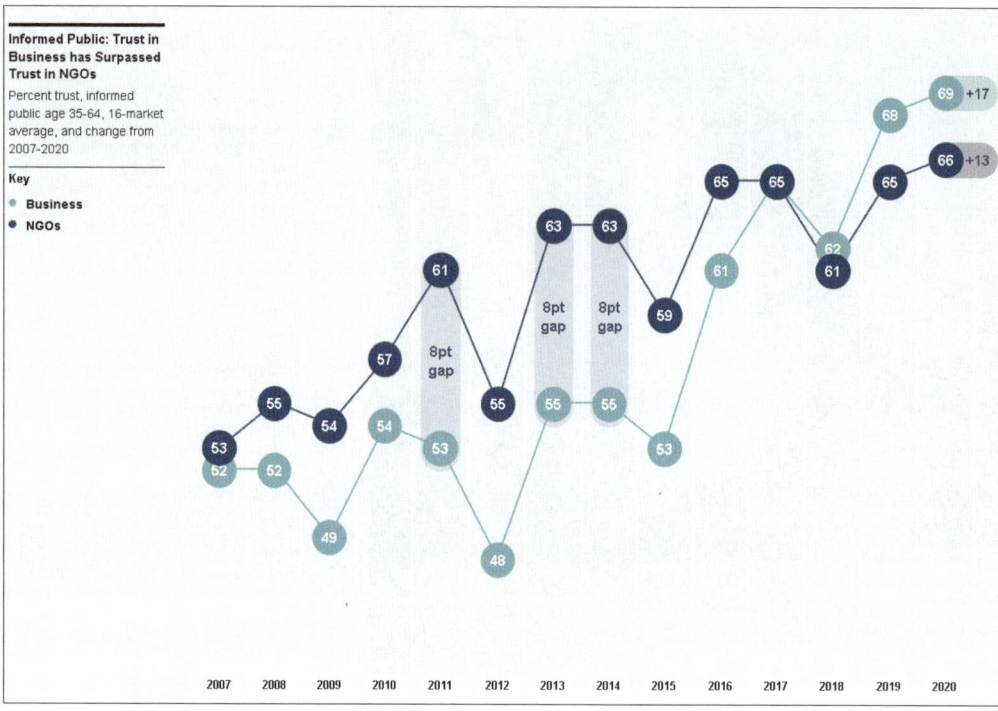

Informed Public: Trust in Business has Surpassed Trust in NGOs

Percent trust, informed public age 35-64, 16-market average, and change from 2007-2020

Key
● Business
● NGOs

Abbildung 1.2 Wie hat sich das Vertrauen der Bevölkerung gegenüber NGOs und Wirtschaftsunternehmen entwickelt? Screenshot vom 13.06.20[5]

Woran lag das? In der Studie gaben die Befragten an, den NGOs nicht mehr zuzutrauen, die Probleme unserer Gesellschaft effizient zu lösen. Die Hilfsorganisationen und Stiftungen werden stattdessen kritisiert, sich zu sehr auf Geldgewinnung durch Fundraising zu konzentrieren.

Gleichzeitig steigt die Erwartungshaltung der Menschen gegenüber Wirtschaftsunternehmen, soziale Verantwortung zu übernehmen. Die CEOs der Unternehmen sollten demnach nicht auf Vorgaben der Politik warten. Sie sollten selbst aktiv werden in Sachen Klimaschutz, Einkommensungleichheit, ethisch vertretbarer Nutzung der Technik und vielem mehr.

Offenbar hat eine große Mehrheit der Menschen heute verstanden: Unternehmen oder die Wirtschaft sind nicht einfach Kapitalmaschinen, die außerhalb der Gesellschaft existieren. Sie sind Teil der gesellschaftlichen Entwicklung und gestalten diese mit. Die Corona-Krise mit ihren weltweiten Lockdowns dürfte dieses Bewusstsein

---

5 www.edelman.com/20yearsoftrust/

weiter schärfen: Wirtschaft hängt von Menschen ab. Und die Menschen hängen von der Wirtschaft ab.

Also erwarten wir zunehmend, dass auch für Unternehmen soziale Werte und kulturelle Standards gelten. Mitarbeitende sollen ihre Werte nicht an der Bürotür abgeben, sondern Entscheidungen zum Wohle aller treffen. Kundinnen und Kunden sollen ein gutes Gefühl haben, wenn sie den Geldbeutel öffnen. Sie kaufen nicht einfach, was sie brauchen oder haben möchten, sie unterstützen eine gute Sache.

Besonders Menschen, die auf der Sinnsuche sind, weil sie spüren, dass das Streben nach Besitz sie nicht glücklich macht, fühlen sich davon angezogen. Sie können mit ihrer Wahl zeigen: Auch ich stehe für die Werte dieses Unternehmens! Mir sind unsere Umwelt, soziale Gerechtigkeit oder bahnbrechende Innovationen wichtig!

Für die Unternehmen gilt es, in dieser neuen Situation das Vertrauen der Kundinnen und Kunden zu gewinnen. Wie gelingt das? Indem sie scheinbar transparent kommunizieren, warum sie tun, was sie tun. Im Marketing heißt es also nicht mehr: »Produkt X hat einmalige Funktionen und wird dein Leben damit verbessern«, sondern: »Wir möchten die Welt zu einem besseren Ort machen – deshalb haben wir dieses Produkt entworfen.«

Ein großer Treiber dieser Entwicklung war Simon Sinek mit der Theorie des Golden Circle (2009). Er zeigt am Beispiel von Apple und anderen Unternehmen auf, dass die Loyalität eines Kunden für ein Unternehmen um ein Vielfaches steigt, wenn das Unternehmen in der Kommunikation nicht die Features der Produkte in den Mittelpunkt stellen, sondern die Frage, warum sie ihre Produkte in die Welt bringen. »Beginne deine Kommunikation mit dem Warum« empfiehlt er in seinem viralen TED-Talk[6] und in seinen Bestsellerbüchern. Erst danach sollten Unternehmen über das »Wie« und das »Was« sprechen (siehe Abbildung 1.3). Und Tausende folgen Sineks Empfehlungen.

Ein großer Vorteil dieser Kommunikation ist die Flexibilität: Unternehmen können ihre Produkte und Dienstleistungen jederzeit anpassen und sogar plötzlich ganz andere Dinge auf den Markt bringen. Solange sie ihrem Warum treu bleiben. Das ist in einer sich rasant verändernden Welt überlebenswichtig. Wer für sein Warum bekannt ist, muss seine Kernbotschaft nicht ändern und bleibt immer glaubwürdig. Ich werde noch darauf eingehen, warum das gerade für dich als Kleinunternehmerin oder Selbstständiger Gold wert ist.

---

6   https://youtu.be/u4ZoJKF_VuA

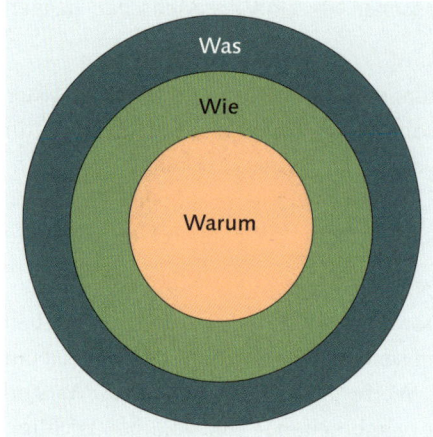

Abbildung 1.3 Simon Sineks Golden Circle: Beginne mit deinem Warum und bewege dich dann von innen nach außen.

Ein weiterer Grund, warum die Kommunikation mit dem Warum gut funktioniert: Kundinnen und Kunden treffen Kaufentscheidungen nicht nur mit dem rationalen Teil ihres Gehirns. Sympathie und Verbundenheit mit einer Person oder einem Unternehmen sind für die Entscheidung enorm wichtig. Das geschieht oft unbewusst. Du spürst zum Beispiel, dass dieser limbische Teil deines Gehirns am Werk ist, wenn du zwei Dienstleistungen vergleichst und dabei einfach nicht weiterkommst. Trotz eindeutigem rationalem Kriterienkatalog! Entweder sind die Angebote gleichwertig, oder du siehst, dass eine Option zwar rational gesehen die bessere ist – und es zieht dich doch zur anderen.

Und dann entscheiden wir Menschen nach Gefühl. »Es fühlt sich einfach richtig an«, sagen wir uns. Oder: »Ich habe jetzt einfach auf mein Bauchgefühl gehört.« Schon an diesem eingeschränkten Vokabular merkst du, dass hier ein Teil des Gehirns angesprochen wurde, der nicht viel mit Sprache anfangen kann. Dem limbischen System fehlen die Worte. Es fehlen die rationalen Argumente. Es funktioniert über Gefühle.

Sinek hat herausgefunden: Diese Ebene unseres Seins lässt sich erreichen, wenn ein Unternehmen sein Warum kommuniziert. Deshalb ist es auch für dich wichtig, über deine Philosophie zu sprechen. Wenn sich deine Zielgruppe mit deinem Warum identifizieren kann, ist sie sogar bereit, mehr zu bezahlen oder über fehlende Funktionen hinwegzusehen. Sie handelt also teilweise irrational.

Die zu Beginn beschriebene Szene der Serie »Silicon Valley« macht aber auch deutlich: Wenn alle Kommunikationsexperten und -expertinnen einen wortarmen Teil des Gehirns erreichen möchten und mit einem aufgesetzten Warum argumentieren, dann klingen alle gleich. Alle möchten die Welt zu einem besseren Ort machen!

1.2   Warum der Trend zum Unternehmen mit Vision eine Chance für dich ist

Wie bereits erwähnt, gehe ich fest davon aus, dass du hier keine billigen Marketingtricks suchst, sondern einen Weg, gesehen zu werden, um *tatsächlich* eine positive Veränderung in der Welt herbeizuführen. Deine Vision ist kein Marketing-Gag. Und selbstverständlich hast du, anders als die »Human Heaters«, nicht vor, deine Kundinnen und Kunden mit Mikrowellenstrahlung zu erhitzen.

Wenn dich das anspricht, habe ich zwei gute Nachrichten für dich.

Erstens: Unternehmen, die wirklich ein Warum haben und sich dieses nicht nur im Nachhinein als Werbebotschaft zulegen, sind langfristig erfolgreicher. Ihre Mitarbeitenden (vielleicht bist das in deinem Unternehmen erst einmal nur du, aber damit bist du auch der wichtigste Mitarbeiter) sind glücklicher, weil sie ihre Werte bei der Arbeit leben. Das Unternehmen bleibt flexibel in einer schnelllebigen Welt. Und da es sich für das Wohlergehen der Gesellschaft engagiert, ist die Gesellschaft auch für das Unternehmen da und unterstützt es sogar in Krisen. Ich denke an all die Menschen, die während des Corona-Lockdowns Gutscheine von Yogastudios und lokalen Restaurants gekauft haben. Solidarität erfahren die Unternehmen, die selbst Verantwortung übernehmen und dafür geliebt werden.

Die zweite gute Nachricht: Kundinnen und Kunden spüren den Unterschied zwischen einem tief empfundenen Warum und einer Werbemasche. Sie haben feine Antennen für die kleinste Abweichung zwischen dem, was du sagst, und dem, was du tust.

Deshalb lachen wir über Sprüche wie den von Gavin Belson in »Silicon Valley«, wo der Widerspruch so offensichtlich ist. Und aus demselben Grund wenden wir uns manchmal von Dienstleistern oder Anbietern ab, weil es sich »irgendwie nicht mehr richtig anfühlt«, dort einzukaufen. Hier ist wieder das limbische System am Werk.

Daher ist es ungemein wichtig, dass du dich als Selbstständiger oder Unternehmerin wirklich in der Tiefe mit deinem Warum beschäftigst. Und dass du Worte für dein Warum findest, die in deinem Inneren auf Resonanz stoßen. Denn …

▸ wenn diese Worte mit dir übereinstimmen, werden sie auch andere Menschen berühren, und

▸ wenn du diese Worte ganz für dich annehmen kannst, wird es dir leichtfallen, nach ihrer Logik zu kommunizieren und zu handeln. Du hast einen inneren Kompass.

Du liest dieses Buch, weil du nach außen treten möchtest, wirklich sichtbar werden und auf Social Media Kunden gewinnen möchtest. Ich lade dich ein, dich dafür noch einmal nach innen zu wenden. Damit du eine Botschaft findest, die dauerhaft für dich und dein Unternehmen stehen kann. Je nachdem, wo du auf deiner unternehmerischen Reise stehst, kann das für dich eher eine Feinjustierung sein, ein ganz neues Aha-Erlebnis oder sogar eine Neuorientierung mit sich bringen.

Eins kann ich jedenfalls versprechen: Ein unnötiger Umweg ist die Beschäftigung mit deinem großen Warum niemals. Die Zeit, die du jetzt investierst, wirst du doppelt und dreifach zurückbekommen. Jeder Text, den du künftig für dein Unternehmen formulierst, wird dir leichter fallen. Und du wirst dein Warum so formulieren, dass es dich auch durch schwierige Zeiten tragen kann und dir den Rücken stärkt, wenn du mit Selbstzweifeln oder kritischen Stimmen von außen konfrontiert wirst.

Das Wichtigste in Kürze

Kundinnen und Kunden haben vermehrt die Erwartung, dass sich Unternehmen ihrer sozialen Verantwortung bewusst werden. Sie wünschen sich heute, bei Unternehmen mit Sinn einzukaufen. Für dich bedeutet das:

► Wenn du dein Warum in der Unternehmenskommunikation in den Vordergrund stellst, erreichst du den limbischen Teil des Gehirns, das Bauchgefühl der Kundinnen und Kunden.

► Aber Vorsicht: Ein aufgesetztes Warum hinterlässt einen schalen Geschmack und sorgt für einen Vertrauensverlust.

► Der Weg hin zu mehr Verkäufen und größerer Sichtbarkeit geht über den Weg nach innen – das ist kein Umweg, sondern eine langfristige Investition in dein Business.

2 Das große Warum

Wie wird dein Warum zu einem großen Warum? Indem du bei der Suche einerseits bis zu einem menschlichen Grundbedürfnis vordringst und andererseits weit über dich hinausdenkst. Dafür wirst du mit mehr Unterstützung, Flexibilität und Selbstbewusstsein belohnt.

Bevor du dich im folgenden Kapitel auf die Suche nach den passenden Worten für dein Warum machst, möchte ich darauf eingehen, was damit eigentlich gemeint ist und weshalb sich diese Suche für dich lohnen wird. Wenn du Gründerin eines Unternehmens bist, ein Solopreneur, also Einzelunternehmer, oder als Freelancer auf Social Media neue Kunden suchst, ist die Suche nach der tieferen Motivation für dein Handeln etwas ganz Persönliches. Und der Satz, den du am Ende des nächsten Kapitels erarbeitest, gilt vermutlich nicht nur für dein Unternehmen, sondern auch für dein Leben. Tatsächlich kannst du dein Warum sogar überprüfen, indem du dich fragst: Stimmt das nur für meine Arbeit, oder gilt das für mich auch in anderen Bereichen meines Lebens? Das große Warum zeigt dir, wie du dich in deinem Leben verhalten möchtest – und dein Business ist ein großer Teil deines Lebens.

Schreibcoach und Coautorin Svenja Hirsch erklärt beispielsweise, dass sie mit ihrer Arbeit für mehr Diversität und Chancengleichheit in der Gesellschaft sorgen möchte. Indem sie Menschen und insbesondere Frauen hilft, ihre eigene Geschichte zu erzählen (siehe Abbildung 2.1). Spürst du, wie viel kraftvoller eine solche mit einer Vision verknüpfte Aussage ist, als wenn Svenja einfach nur »Ich helfe dir, besser zu schreiben.« sagen würde? Dass sie ihr Warum nicht nur in ihrem Business lebt, sondern dass sie sich auch privat damit beschäftigt, zeigen auch ihre Blogartikel, in denen sie zum Beispiel über Eheverträge und sexuelle Belästigung schreibt oder über die Heldinnen-Reise diverser Unternehmerinnen.

Aber auch wenn dein Unternehmen schon länger besteht und du mit Angestellten arbeitest, lohnt es sich, sich noch einmal zu fragen: Warum genau habe ich dieses Unternehmen gegründet? Was möchte ich damit bewegen? Welches Bedürfnis meiner Klientinnen und Klienten möchte ich abdecken? Und welches tiefere Bedürfnis, das den Kunden vielleicht selbst gar nicht bewusst ist, möchte ich ansprechen? Warum ist gerade mein Unternehmen das richtige, hier zu helfen? Je klarer du hier bist, umso besser kannst du deine Mitarbeitenden führen. Und desto klarer kannst du nach außen kommunizieren – um die Kundinnen und Kunden anzuziehen, die genau eure Angebote brauchen.

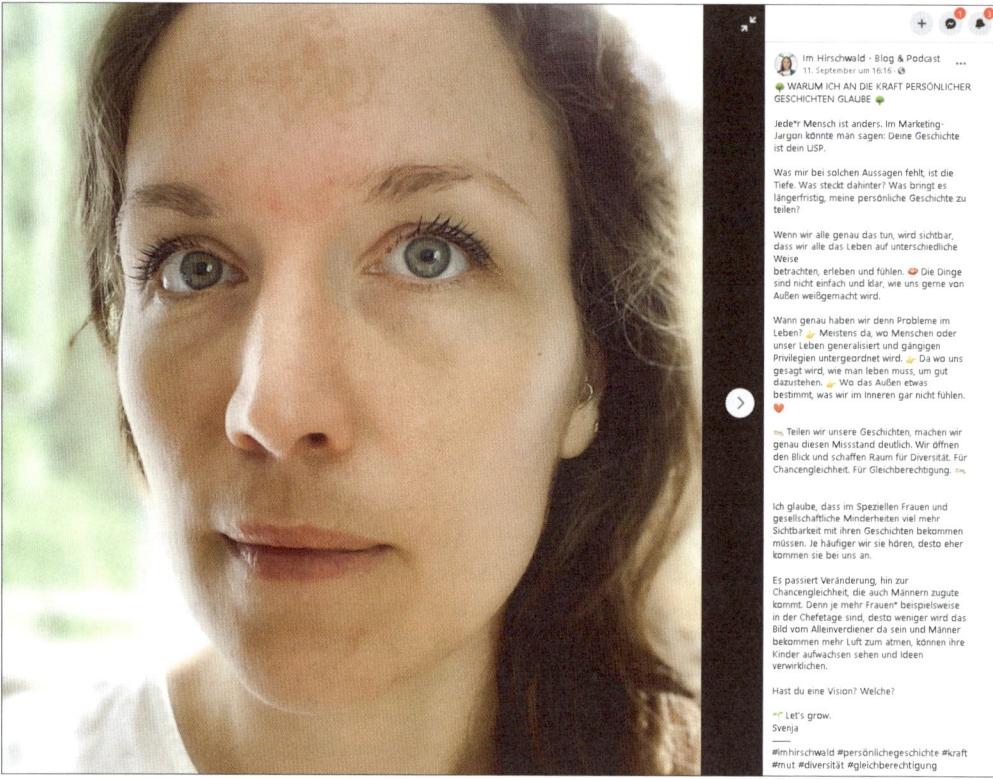

Abbildung 2.1 Svenja Hirsch erklärt in ihrem Post, was Geschichten für sie mit Gleichberechtigung zu tun haben. Facebook[1], Zugriff 02.10.20

2.1   Golden Circle? – Warum du eine Ebene tiefer graben solltest

Für Simon Sinek bedeutet die Konzentration auf das Warum in der Unternehmenskommunikation, dass man sich wegbewegt von klassischen Manipulationstechniken im Marketing. Als klassisch beschreibt er in seiner Theorie des Golden Circle zum Beispiel:

▶ Immer niedrigere Preise, Sonderangebote, Rabatte.

▶ Angst und Druck: »Wenn du dieses Produkt nicht kaufst, passiert etwas Schlimmes.« Oder auch positiv formuliert: »Nur mit diesem Produkt wirst du glücklich.«

▶ Ständig neue Features und Geräte, damit die Kundinnen glauben, etwas zu verpassen, wenn sie jetzt nicht zuschlagen.

---

1   www.facebook.com/imhirschwald/photos/a.102867051146252/328815448551410

Sinek beschreibt diese Art von Marketing als Trickbetrügerei. Sie funktioniert, weil sie auf psychologische Kniffe setzt. Zugleich locken Unternehmen so aber nur zweitklassige Kunden an.

Diese kaufen nicht, weil sie das Unternehmen gut finden, sondern weil sie ein Schnäppchen wittern, weil sie sich Gruppendruck ausgesetzt sehen oder weil ihnen eingeredet wurde, das Neueste vom Neuesten zu brauchen. Höchstwahrscheinlich vergessen sie den Namen des Unternehmens gleich nach dem Kauf wieder und halten vor dem nächsten Kauf erneut Ausschau nach dem günstigsten Angebot oder dem letzten Schrei.

Für Dinge, die ein Mensch nur ein einziges Mal kaufen soll, und für Unternehmen, die nicht auf persönliche Weiterempfehlungen angewiesen sind, können solche Strategien wirken. Aber tatsächlich funktionieren heute immer weniger Unternehmen nach diesem Prinzip. Der Aufwand, den du betreiben musst, um eine Neukundin zu gewinnen, ist viel höher als der, den es bedarf, bestehende Kunden zu weiteren Käufen zu animieren. Die Daumenregel besagt: Du investierst sogar fünfmal so viel Aufwand (Zeit und Geld) in die Akquise eines Neukunden. Und diese Zahl steigt tendenziell an, weil es in der lauten Welt da draußen immer schwieriger wird, die Aufmerksamkeit auf sein Unternehmen zu lenken. Die Loyalität von Kundinnen und Kunden ist für Dienstleister daher ungemein wertvoll. Und wenn diese Loyalität darüber hinaus in Weiterempfehlungen zum Ausdruck kommt, wird die Kundin für dich noch wertvoller: Sie erspart dir den Aufwand der Akquise eines neuen Kunden.

Aus diesem Grund solltest du deinen Fokus auf Kundinnen und Kunden setzen, die dich und dein Unternehmen kennen und unterstützen. Kunden, die nicht nur bei dir einkaufen, weil sie deine Dienstleistungen und Produkte (dein *Was*) gut finden oder benötigen, sondern weil sie *dich* gut finden. Weil sie sich mit dem verbinden können, was dich antreibt (deinem *Warum*), und die Art und Weise unterstützen, wie du es umsetzt (das *Wie*). Diese Kundinnen und Kunden ziehst du an, wenn du auch in deiner Kommunikation mit dem Warum beginnst. Simon Sinek zeigt dies am Beispiel des Apple-Konzerns:

> »Alles, was wir tun, dient dazu, den Status quo zu ändern. Wir glauben daran, anders zu denken(Warum). Wir verändern den Status quo durch Produkte, die ein schönes Design haben, einfach und nutzerfreundlich sind (Wie). Zufälligerweise stellen wir großartige Computer her (Was). Möchten Sie einen kaufen?«[2]

Hier werden also nicht mehr die Anwendungsmöglichkeiten und Besonderheiten des Computers in den Vordergrund gestellt. Die Menschen kaufen nicht einfach

---

2   Simon Sinek: Frag immer erst: warum. Wie Führungskräfte zum Erfolg inspirieren. Redline, 2014, S. 45.

nur einen Mac, sie kaufen ein Produkt von Apple, weil in ihnen ein kleiner Rebell schlummert, der »anders« sein will. Sie identifizieren sich mit dem Warum des Unternehmens. Wenn das passiert, sind Kundinnen plötzlich nicht mehr preissensibel. Und sie tragen ihre Wahl für ein bestimmtes Unternehmen oft sogar nach außen, weil sie stolz darauf sind und zeigen möchten: Ich ticke wie dieses Unternehmen (siehe auch Abbildung 2.2).

Abbildung 2.2 Echte Apple-Fans zeigen auch gern auf ihren privaten Accounts, dass sie das Unternehmen unterstützen. Zugriff: 02.10.20[3]

Ihre Loyalität ist emotional, sie berührt den limbischen Teil des Gehirns und lässt sich teilweise mit dem rationalen Teil des Gehirns nicht mehr erklären. Oder gibt es einen vernünftigen Grund dafür, stundenlang anzustehen, um eines der neuesten Geräte von Apple zu kaufen, die es einen Tag später ohne Wartezeiten überall zu erstehen gibt?

Auch in ganz anderen Unternehmenszweigen lässt sich solches Verhalten beobachten, das auf den ersten Blick irrational scheint: In der Onlinecoaching- und Beraterszene sehe ich immer häufiger, dass Coaches ihre eigenen Coaches empfehlen. Zum Teil sogar im Wissen um die Gefahr, dass ihre Follower und potenziellen Kundinnen dann doch lieber gleich den Coach ihres Coachs buchen. Mit ihren Empfeh-

---

3   www.instagram.com/p/BXpU_JXFhAY/

lungen zeigen die Coaches aber auch: Ich habe ähnliche Werte und Vorstellungen wie diese Person. Geschickt eingesetzt, profitieren die kleineren Anbieter so sogar von der größeren Bekanntheit ihres eigenen Coachs.

Auch Tools und Software werden in den sozialen Netzwerken weiterempfohlen, ohne dass es eine Bezahlung oder andere Gegenleistungen gibt. Technik- oder Social-Media-Coaches drehen ganze Tutorials über neue Funktionen einer Plattform und nehmen der Plattform selbst viel Aufwand damit ab. Warum tun sie das? Zum einen zeigen die Berater so ihre Expertise: Sie kennen sich aus und sind up to date. Aber sie zeigen auch, dass sie ein Tool gut finden und die Marke und die Vision hinter dem Unternehmen unterstützen. Damit scheint der Glanz der Großen auch auf die Kleinen. Sie zeigen: Ich bin so wie xyz.

Sineks Golden Circle besticht durch seine Einfachheit und auch durch die Art und Weise, wie er seine Beobachtungen aus der Unternehmenskommunikation mit der Funktionsweise des Gehirns in Verbindung bringt. Unsere eigene Biologie sei dafür verantwortlich, dass eine Kommunikation, die vom Warum ausgeht, die Menschen stärker anspricht. Erst solltest du die Menschen emotional abholen. Dann kannst du sie von den rationalen Vorteilen deines Angebots überzeugen.

Ich vertrete allerdings die Meinung, dass wir selbst als Unternehmerinnen oder Selbstständige unser Warum auf einer tieferen Ebene verstanden haben müssen. Das Warum, das wir in einen hübschen Werbeclaim packen können, reicht nicht. Wir müssen noch einmal fragen: Warum? Und vielleicht noch einmal. Wie ein Kind, das so oft nachhakt, bis es auf einer Ebene angelangt ist, die es spüren und verstehen kann (siehe Abbildung 2.3). Für mich ist das die Ebene der menschlichen Grundbedürfnisse.

Abbildung 2.3 Hör nicht auf zu fragen, bis du das Warum so fassen kannst, dass es auch ein Kind versteht! Grafik: Canva.com

Nehmen wir noch einmal das Beispiel Apple zu Hilfe: Warum ist es denn wichtig, dass wir den Status quo anfechten? Gibt es bestimmte Aspekte, mit denen Apple unzufrieden ist? Oder geht es vielmehr darum, das urmenschliche Bedürfnis nach Weiterentwicklung zu erfüllen? Beispiel Nike mit ihrem »Just do it!«: Warum sollen wir es denn tun? Ist es wirklich an sich schon ein Wert, die Dinge einfach anzupacken? Hängt der Wert nicht davon ab, *was* man anpackt?

Oft trauen wir uns mit unserer Warum-Fragerei nicht, bis auf die Ebene der Bedürfnisse vorzudringen. Weil sich diese Ebene entweder zu banal oder zu groß anfühlt. Und doch steckt hier der Schlüssel zu unserer authentischen Kommunikation.

Zwei Beispiele aus meiner Arbeit, die das verdeutlichen:

Yogalehrerin Stephanie Kohns stellt sich für ihre Marketingpositionierung die Frage, warum sie Yoga unterrichtet. Dabei kommt sie zunächst einmal auf die Ebene, auf der viele Yogalehrer stehen bleiben: den Menschen Ruhe und ein gutes Gefühl geben. Wenn sie hier nicht tiefer geht, wird sich ihre Kommunikation nicht von der anderer Lehrerinnen abheben. Also fragt sie noch einmal: Aber warum? Was ist anders, wenn diese Menschen Ruhe spüren? Was können sie dann erreichen? Wozu kann Stephanie hier beitragen?

Sie forscht weiter, bis sie den Punkt findet, dass sie den Menschen ein Gefühl von Sicherheit geben möchte. Weil sie zutiefst überzeugt davon ist, dass es Menschen heute an diesem wichtigen Grundbedürfnis fehlt. Ihrer Meinung nach bleiben Menschen in Beziehungen und Berufen stecken, in denen sie sich nicht wohlfühlen. Weil sie in sich nicht die Sicherheit erfahren, die sie brauchen, um Neues zu wagen.

Als wir dieses Warum gemeinsam gefunden hatten, merkte Stephanie, dass »Sicherheit« sich tatsächlich wie ein roter Faden durch ihre Angebote zieht – auch wenn ihr selbst das Wort »Stabilität« lieber ist. Ihre Zusatzausbildung als Yogatherapeutin und ihr großes Interesse an der Anatomie erlauben ihr, Yogaunterricht anzubieten, der sicher ist – ohne Verletzungsgefahr, selbst für Menschen mit körperlichen Einschränkungen. In der Schmerztherapie, die sie ebenfalls anbietet, zeigt sie Patienten, dass sie längst schon wieder mehr Bewegungsspielraum haben, als sie dachten – und sie schenkt ihnen damit Sicherheit. Als systemischer Coach hilft sie den Menschen, den Antworten zu vertrauen, die schon da sind. Eine bisher ungeahnte »Selbst-Sicherheit« stellt sich ein.

Stephanie fällt zudem auf, dass sie bestimmte Sätze im Umgang mit ihren Yogaschülerinnen und Klienten häufig wiederholt. Es sind genau jene Sätze, die den Menschen Sicherheit schenken, beispielsweise: »So wie du bist, bist du richtig.« Wie sehr die Schülerinnen diese Sätze schätzen, merkt Stephanie, wenn sie den Satz einmal vergisst zu sagen: »Du musst noch sagen, dass ich genau so, wie ich bin, richtig bin – das tut mir immer so gut!«

Was ist hier passiert? Stephanie hat sich etwas bewusst gemacht, was eigentlich schon immer da war. Unbewusst ist sie ihrem tiefen Warum gefolgt, den Menschen Sicherheit in Form von Stabilität zu schenken. Künftig kann sie dies viel besser in ihrer Kommunikation einsetzen, zum Beispiel auf ihrer Webseite (siehe Abbildung 2.4) – und gezielt die Menschen anziehen, die diese Sicherheit brauchen.

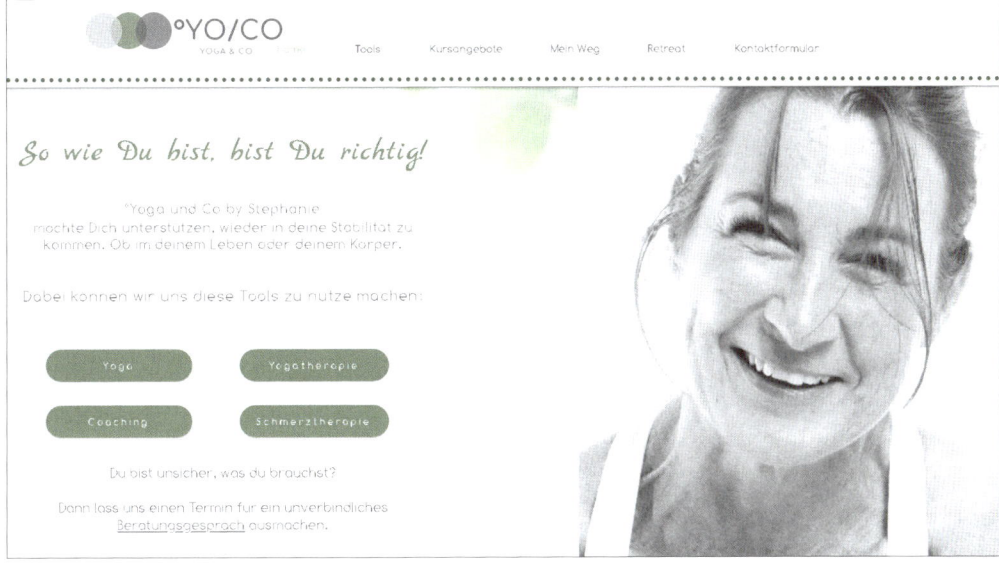

Abbildung 2.4 Stephanie Kohns macht auf ihrer Webseite deutlich, bei welchem Grundbedürfnis sie Menschen unterstützt. Screenshot vom 02.10.20[4]

Ein weiteres Beispiel aus meiner Arbeit: Ein IT-Start-up, das eine digitale Plattform für nachhaltige Angebote kreiert, wandte sich an mich. Die Gründer hatten das Bedürfnis nach Unterstützung, um ihre eigene Geschichte und die Antwort auf die Frage »Warum braucht es uns?« auf den Punkt zu bringen. Zunächst sah es ganz danach aus, als würde dem Start-up das klassische Weltrettungs-Warum zugrunde liegen: Nachhaltigkeit unterstützen, Ressourcen schonen und damit unseren Planeten retten. Sie wollten das umsetzen, indem sie Unternehmen sichtbar machen, die regional vegan, fair und bio produzieren. Gleichzeitig wollten sie aber auch Plattform für Achtsamkeits- und wohltätige Events sein.

Wir blickten gemeinsam in die persönliche Geschichte der beiden Gründer und stellten eine große Gemeinsamkeit fest: Beide hätten sich gewünscht, dass ihr eigener Weg zu mehr Nachhaltigkeit »leichter« gewesen wäre. War also »Leichtigkeit« schon das Bedürfnis, das sie erfüllen wollten? Das fühlte sich als Warum noch nicht stark genug an.

---

4   www.yogaundco.de/

Wir gingen eine Ebene tiefer: Warum braucht es mehr Leichtigkeit? Dabei stießen wir wieder auf ein menschliches Grundbedürfnis: das Bedürfnis nach Verbindung zu anderen Menschen. Jeder Mensch wünscht sich, akzeptierter Teil einer Gemeinschaft zu sein. Nachhaltig zu leben, fühlt sich »schwer« an, weil man dabei oft gegen den Strom schwimmen muss! Hinzu kommt das Gefühl von Verzicht. Und dass man sich mit dem moralischen Zeigefinger nicht gerade beliebt macht. Das Start-up sieht in der Digitalisierung die Chance, Gleichgesinnte auch über Distanz zu verbinden, damit sie in der Gemeinschaft etwas verändern können. Es sollte also nicht nur einfach darum gehen, dass Interessierte leichter nachhaltige Angebote finden, sondern auch darum, einen Ort für Gemeinschaft zu schaffen. Mit Community-Funktionen und Events.

Die oft kindlich anmutende Suche, das ständige »ja, aber warum?« war wichtig, um dem darunterliegenden Bedürfnis auf die Spur zu kommen. Denn erst dieses führte alles zusammen, was das Unternehmen anbieten wollte.

Die Beispiele machen deutlich: Ein Warum zu finden, ist keine Aufgabe, die in wenigen Minuten erledigt ist. Ich kenne Unternehmerinnen, die jahrelang nach den richtigen Worten gesucht haben. Aber es lohnt sich. Und die Suche nach dem darunterliegenden menschlichen Grundbedürfnis kann dabei eine wichtige Hilfestellung sein. Menschliche Grundbedürfnisse sind solche, die das Überleben sichern (dazu gehört auch die Gemeinschaft anderer Menschen und die Verbindung zu ihnen), sowie das Bedürfnis nach eigenem Wachstum und auch das Glücks- bzw. Lustempfinden.

2.2   Welches Grundbedürfnis liegt im Zentrum deines Schaffens?

Bei der Suche nach dem Grundbedürfnis, das du mit deinem Angebot stillen möchtest, kann dir die maslowsche Theorie der menschlichen Grundbedürfnisse helfen. Der Sozialpsychologe Abraham Maslow hat die Frage danach, was der Mensch braucht, bereits 1941 beantwortet. Aber an den Bedürfnissen hat sich seither nichts Grundsätzliches verändert. Du kannst sein Modell oder das von Manfred A. Max-Neef nutzen, um zu überprüfen, ob du schon tief genug gegraben hast auf der Suche nach deinem Warum. Was ist es, wobei du Menschen wirklich helfen möchtest? Wenn du das weißt, wird es dir leichter fallen, zu kommunizieren.

Wenn es nach Maslow geht, hat jeder Mensch fünf bzw. sechs Grundbedürfnisse, die ihn antreiben:

1. **Körperliche Bedürfnisse**

   Durst, Hunger, Schlaf, Atmung, Verdauung und Sexualtrieb. Diese Bedürfnisse lassen sich nicht steuern. Wenn sie in der Verkaufspsychologie oder im Marketing angesprochen werden sollen, wird oft mit der Qualität der Bedürfniserfüllung argumentiert: gesundes Essen, erholsamer Schlaf, eine gesunde Verdauung, ein erfülltes Sexualleben und so weiter.

2. **Sicherheit**

   Das Bedürfnis nach Sicherheit zeigt sich in unserem Wunsch nach Struktur, Schutz, aber auch nach einem gewissen Rhythmus und Ritualen. Wie stark das Bedürfnis eines Menschen nach Sicherheit ist, findet seinen Ausdruck darin, wie er oder sie auf Veränderungen reagiert. Da wir in unserer westlichen Gesellschaft selten in Lebensgefahr schweben, zeigt sich unser Bedürfnis nach Sicherheit zum Beispiel in Form von Sorge um die Rente oder Angst um den Arbeitsplatz.

3. **Zugehörigkeit**

   Menschen möchten Teil einer Gemeinschaft sein. Es wird vermutet, dass dieses Grundbedürfnis auch evolutionär bedingt ist: Als der Säbelzahntiger noch hinter uns her war, haben wir den Schutz der Herde gebraucht, um zu überleben. Menschen sehnen sich nach Freundschaft, Familie, Liebe, Kindern, nach erfüllenden Beziehungen zu anderen Menschen. Die Angst, nicht dazuzugehören, ist daher auch ein starker Motivator.

4. **Anerkennung**

   Sobald man sich als Teil einer Gruppe fühlt, stellt sich die Frage nach der Stellung innerhalb dieser Gruppe. Auf der einen Seite bedeutet das Streben nach Anerkennung die Sehnsucht nach Ruhm, Ehre, einem gewissen Status oder schlicht nach Aufmerksamkeit. Andererseits geht es um das Selbstbild des Menschen: Selbstvertrauen, Kompetenz, ein Streben nach Unabhängigkeit. Wir sprechen auf dieser Ebene das Ego eines Menschen an. Unser Status innerhalb einer Gruppe kann zwei Gefühle hervorrufen: die Angst davor, den Status zu verlieren, also abzusteigen, oder den Wunsch danach, aufzusteigen.

5. **Selbstverwirklichung**

   Wenn die vier vorangegangenen Bedürfnisse abgedeckt sind, kann ein Mensch nach Selbstverwirklichung streben. Er sucht dann nach Erfüllung in seinen Aufgaben oder nach einem Glücksgefühl. Um in der Terminologie dieses Buchs zu bleiben: Er sucht sein großes Warum und folgt diesem. Auch der Wunsch nach Wachstum und Weiterentwicklung ist hier anzusiedeln.

6. **Transzendenz**

   Diesen Punkt hat Maslow erst später hinzugefügt. Es geht um den Wunsch nach der Verbindung mit etwas Höherem, Reinerem. Etwas Göttlichem, wenn man es religiös betrachten möchte. Der Wunsch nach spiritueller Entwicklung.

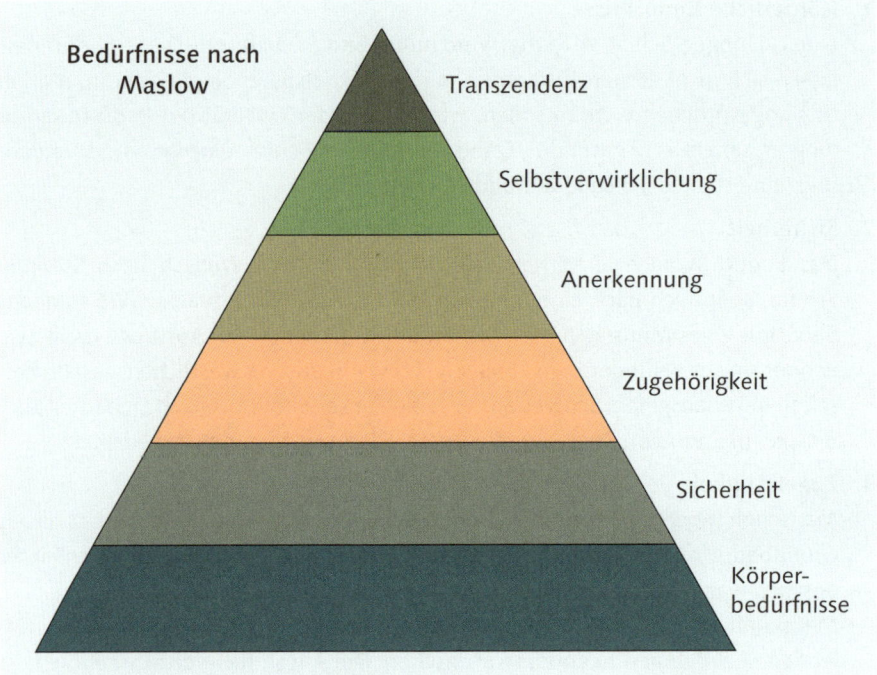

Abbildung 2.5 Maslows Bedürfnismodell wird oft als hierarchisierte Pyramide dargestellt, obwohl er selbst es nicht so stark hierarchisiert hat.

Im Englischen lassen sich diese Grundbedürfnisse unter dem Ausdruck: »To survive and thrive« fassen – zu Deutsch etwa: »um zu Überleben und aufzublühen«. Die ersten vier der oben genannten Grundbedürfnisse sind im Bereich des Überlebens anzuordnen. Selbstverwirklichung und Transzendenz gehören in den Bereich »thrive«. Wenn du also unsicher bist, ob du schon auf der Ebene der Grundbedürfnisse angelangt bist, kannst du dir selbst die Überprüfungsfrage stellen: Braucht der Mensch dies, um zu überleben oder um aufzublühen?

Maslow war natürlich nicht der letzte, der sich mit menschlichen Grundbedürfnissen auseinandergesetzt hat. Der Ökonom Manfred A. Max-Neef sprach in den 1990er-Jahren von neun menschlichen Grundbedürfnissen. Für die meisten davon lassen sich auch Entsprechungen bei Maslow finden, sodass ich hier keine Erklärungen mehr geben möchte. Aber vielleicht liegen dir die Begriffe von Max-Neef mehr:

1. Lebensunterhalt/Überleben
2. Schutz/Sicherheit
3. Zuneigung
4. Verstehen/Verständnis

5. Teilhabe/Partizipation
6. Muße/Müßiggang
7. Schöpfung/Kreativität
8. Identität
9. Freiheit

Besonders der Punkt *Muße/Müßiggang* ist in meinen Augen eine wertvolle Ergänzung zum maslowschen Modell. All die Dinge, die einem Menschen einfach nur Freude oder einen Lustgewinn bringen – vom Spielen eines Kindes bis hin zum Barfußtanzen –, lassen sich nur schwer in die Grundbedürfnisse nach Maslow einordnen.

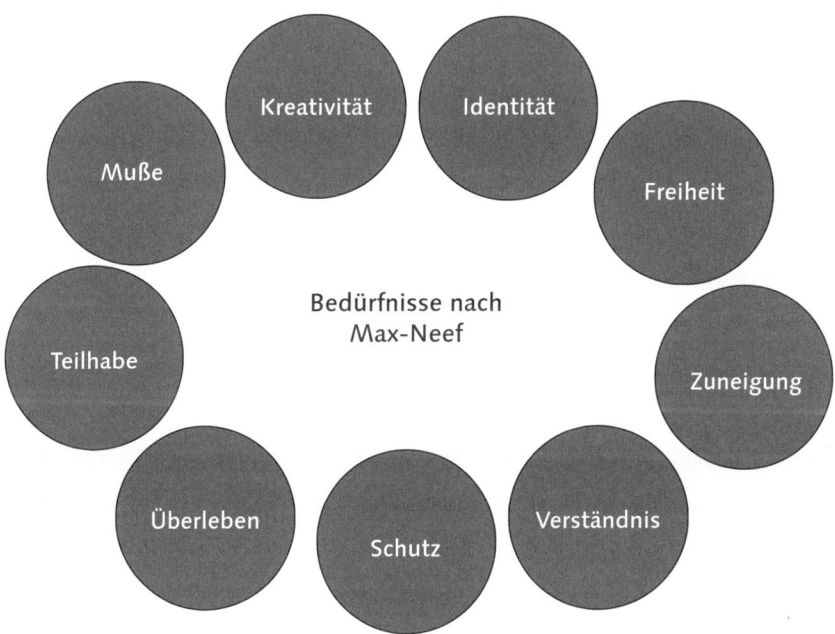

Abbildung 2.6 Max-Neefs Bedürfnismodell: ein Nebeneinander gleichwertiger Bedürfnisse

Wenn wir bei unserem Warum wirklich bis auf die Stufe der Grundbedürfnisse forschen, wird es uns leichter fallen, unseren Lieblingskunden mit seinen Bedürfnissen zu definieren und Geschichten auf Social Media so zu erzählen, dass dieses Bedürfnis im Zentrum steht. Wir zeigen Empathie und Mitgefühl für das, was unser Wunschkunde im Grunde seines Herzens erreichen möchte. Und unsere Botschaft erreicht ihn. Weil er spürt: Hier werde ich verstanden.

Übung: Beim Warum tiefer graben

Hast du schon eine Version deines Warums? Wunderbar! Schnapp dir einen hartnäckigen Partner. Wenn gerade niemand da ist, geht es auch ohne. Dann musst du beide Rollen einnehmen, deine eigene und die des neugierigen Kindes. Hake so oft mit »Aber warum das?« oder »und Wozu soll das führen?« nach, bis du zu einem menschlichen Grundbedürfnis gelangst. Dann spüre nach. Ist es das, was dir besonders am Herzen liegt?

 In die Arbeitsblätter im Anhang kannst du die erste Version deines Warums und das darunterliegende Grundbedürfnis eintragen. Keine Sorge, wenn es noch nicht perfekt ist – du wirst es in Kapitel 3, »Dein Warum vertiefen und die richtigen Worte finden – verschiedene Methoden«, noch umformulieren.

Vielleicht fragst du dich an dieser Stelle, warum es bei deinem großen Warum nur um die Grundbedürfnisse deiner Kunden geht und wo du als Unternehmerin oder Unternehmer mit deinen Grundbedürfnissen bleibst. Immerhin läuft der Laden nicht ohne dich. Wenn deine persönlichen Grundbedürfnisse nicht gedeckt sind, wirst du auch nicht für deine Kundinnen da sein können. In Kapitel 3, »Dein Warum vertiefen und die richtigen Worte finden – verschiedene Methoden«, werden wir dein großes Warum formulieren und dabei mit dir, deinen Bedürfnissen, deiner Geschichte und deinen Fähigkeiten beginnen. Das ist die Grundlage für ein Warum, das dich selbst *und* deine bestmögliche Rolle in der Welt in den Fokus stellt.

Das Wichtigste in Kürze

▶ Die Kommunikation mit dem Warum kommt ohne Marketingtricks aus und zieht zudem Kundinnen und Kunden an, die sich für das Unternehmen und nicht nur für das Produkt oder Angebot interessieren. Solche Kundinnen sind loyal und empfehlen uns weiter.

▶ Um ein Warum wirklich zu erfassen, forsche bis auf die Ebene der menschlichen Grundbedürfnisse. Frage dich: Braucht meine Kundin das, um zu überleben oder aufzublühen?

2.3 Du bist nicht dein Produkt: Dein Warum als Konstante in einer schnelllebigen Gesellschaft

Ich erinnere mich noch gut daran, als ich mein erstes Nokia-Handy mit Farbdisplay und Radioempfänger gekauft habe – eine echte Investition und nichts, was es einfach so zur Verlängerung des Mobilfunkvertrags dazugab. Meine Freunde waren neidisch, dass ich das Kultspiel Snake jetzt in Farbe spielen konnte. Wir teilten uns meine Kopfhörer, um im Freibad Radio zu hören, denn der Empfänger dafür steckte jetzt im Kabel. Nokia war damals der »heißeste Scheiß«. Egal was Handys neu können sollten: Nokia war vorne mit dabei.

Heute spielt Nokia auf dem Mobiltelefonmarkt nur noch eine marginale Rolle. Sie sind schlichtweg zu spät auf den Smartphone-Trend aufgesprungen. Statt kleiner Computer mit Telefonfunktion produzierte Nokia weiter Telefone mit ein bisschen Internet. Damit war eine wichtige Entwicklung verpasst. Mit dem iPhone ist hingegen Apple zum Marktführer geworden – eine Firma, die zuvor noch keinen Fuß auf den Mobilfunkmarkt gesetzt hatte, sondern Computer und MP3-Player verkaufte. Auch ich kaufte mir ein iPhone, weil ich Apps nutzen und ins Internet gehen wollte. Snake hin oder her – meine Loyalität gegenüber Nokia hielt sich in Grenzen. (Die gegenüber Apple übrigens auch, aber das ist eine andere Geschichte. Vermutlich bin ich schlicht nicht rebellisch genug, um ständig den Status quo anzuzweifeln.)

Das Schöne, wenn man sein Warum bei der Kommunikation in den Vordergrund stellt, ist, dass es keine Probleme gibt, wenn man neue Angebote und Produkte ins Programm nimmt. Das Beispiel Apple zeigt klar: Sogar das *Wie* darf sich ändern, solange man seinem *Warum* treu bleibt. Das Warum »Wir verändern den Status quo« lässt sich schließlich in vielen Bereichen des Lebens anwenden. Selbst großen Unternehmen hilft es, mit dem Fokus auf dem Warum mit der Zeit zu gehen. Sie können sich verändern und trotzdem glaubwürdig bleiben.

Für Start-ups ist eine solche Flexibilität noch wichtiger, denn sie befinden sich noch in der Testphase ihres Unternehmens. Gründerinnen und Gründer wissen zu Beginn nicht, ob und wie ihre Produkte und Dienstleistungen vom Markt angenommen werden. Es ist das Dilemma eines neuen Unternehmens, dass es einerseits möglichst schnell sichtbar werden sollte, um Kundinnen zu gewinnen, andererseits aber das Budget für ein ausgefeiltes Branding und ein breites Marketing nicht vorhanden ist.

Zugleich liegt hier eine große Chance: Wenn sich Unternehmen in ihrer Kommunikation auf ihr Warum konzentrieren und damit sichtbar werden, können sie erste Kunden gewinnen und ihre Dienstleistungen und Produkte so testen und verbessern. Amirhossein Roshanzamir spricht von einem Drei-Phasen-Modell mit dem Start-ups im digitalen Zeitalter sichtbar und erfolgreich werden können:

1. In der ersten Phase geht es um Emotionen und deren Vermittlung.

2. In der zweiten Phase beweist sich das Start-up durch Neuerungen und eigene Konzepte auf dem Markt.

3. In der dritten Phase wird das Angebot in Zusammenarbeit mit der Kundschaft weiter geschärft.

»Zunächst müssen die Gründer ein starkes Warum und klare Überzeugungen entwickeln, um ein Marktbedürfnis zu befriedigen oder eine bestehende Marktchance
zu nutzen. In dieser Zeit entwickeln sie auch einen Spürsinn für Innovationen und
eine Co-Creation-Mentalität. Dann müssen sie Dinge erfinden, die sie zu etwas
Besonderem machen und sie von ihrer Konkurrenz abheben. Auf der dritten Stufe
müssen sie versuchen, als greifbare Manifestation der ersten beiden Stufen (gemeinsam mit ihren Kunden) Angebote zu erschaffen und zu entwickeln.«
Amirhossein Roshanzamir[5]

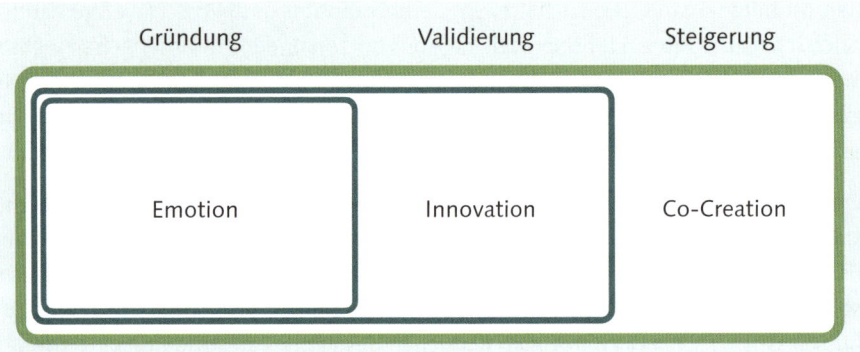

Abbildung 2.7 Das EIC-Modell (Emotion, Innovation, Co-Creation) nach Roshanzamir

Mit der Co-Creation-Mentalität ist die Bereitschaft gemeint, die eigenen Angebote
an die Kundenbedürfnisse anzupassen, ja sogar mit den Kunden gemeinsam zu entwerfen. Ich werde darauf in Abschnitt 10.2, »Seeding – lass deine Kunden von
Anfang an teilhaben«, eingehen.

Wer also von Anfang an bei seiner Kommunikation Produkte oder Programme in
den Mittelpunkt stellt, fährt ein großes Risiko, sich immer wieder neu erklären zu
müssen. Wer allerdings sein Warum kommuniziert, der nimmt seine ersten Fans
und Follower mit auf eine Reise, eine Entwicklung hin zur optimalen Erfüllung dieses Warums.

Erst kürzlich habe ich bei einer Kollegin eine Erklärung gelesen, warum sie ihr
Angebotsportfolio umschmeißt, Selbstlernkurse aus dem Programm nimmt und
sich voll und ganz auf Coachings konzentriert. Sie habe gespürt, dass sie den Menschen im persönlichen Gespräch besser und individueller helfen könne, sichtbar zu
werden. Eine solche Entwicklung ist für Interessenten gut nachvollziehbar.

---

5   Übersetzung aus: Dilemmas of Branding for Start-ups. The Opportunities and Challenges
    in the Digital Era. ICDS 2018: The twelfth International Conference of Digital Society and
    eGovernments Conference Series.

Last, but not least stellt die Konzentration auf das Warum auch für dich als Gründer oder Selbstständige eine große Erleichterung dar. Die Vorstellung, nur einen einzigen »Beruf« ein ganzes Leben lang auszuüben, hat dir stets Bauchweh bereitet? Zum Leben gehört für dich, dich immer weiter fortzubilden und neue Chancen zu ergreifen? Dann bist du vielleicht eine *Scanner-Persönlichkeit* – dieser Begriff wurde von der US-Autorin Barbara Sher in ihrem Buch »Du musst dich nicht entscheiden, wenn du tausend Träume hast« geprägt. Scanner sind Menschen mit vielen Interessen und Fähigkeiten, Menschen, die sich begeistert auf Neues stürzen.

Gerade wenn du eine solche Scanner-Persönlichkeit hast, fällt es dir schwer, dich auf ein Wie oder gar ein Was in deinem Leben festzulegen. Wer allerdings jeder Möglichkeit nachjagt, weil er alles spannend findet, verzettelt sich. Um also Entscheidungen zu treffen – beruflich wie privat –, lohnt es sich, sich eine Leitplanke zu schaffen: das große Warum.

Ich möchte dies anhand meines eigenen Beispiels erzählen: Ich hatte im Leben schon unheimlich viele Berufswünsche, viele davon hatten mit Schreiben zu tun: Romanautorin, Reisereporterin, Schreibcoach, Journalistin. Aber auch das Vertiefen in Software, das Herumtüfteln an einer Webseite und das Vermitteln von Wissen in Referaten, Seminaren und Yogaklassen haben mir schon immer Spaß gemacht. Ich stehe gern im Mittelpunkt, verkrieche mich aber mindestens genauso gern wochenlang lesend auf dem Sofa. Ich liebe Tiere und Menschen – und meine Ruhe. Ich lasse mich unheimlich gern begeistern von Menschen, die ihrer Leidenschaft folgen, und fühle mich gut, wenn ich sie unterstützen kann. Ich vertiefe mich gern in komplexe Zusammenhänge und fasse sie dann zusammen. Knapp und witzig? Kann ich. Aber ich erzähle auch gern Geschichten. Ich fotografiere und filme gern. In jeder einzelnen dieser Leidenschaften und Interessen steckt mindestens ein mögliches Berufsbild. Daher habe ich mich jahrelang und in den verschiedensten Jobs gefragt, ob ich das Richtige mache – ob ich meine Bestimmung schon lebe.

In einem Coaching habe ich dann – mithilfe vieler der Methoden, die ich in Kapitel 3, »Dein Warum vertiefen und die richtigen Worte finden – verschiedene Methoden«, vorstelle – mein persönliches Warum gefunden: Ich helfe denen, die Gutes in die Welt bringen, gesehen und verstanden zu werden.

Erst nach und nach wurde mir bewusst, wie sehr das für mich stimmt und wie mir das eine Orientierung sein kann, die mich zugleich nicht einschränkt: Momentan lebe ich dieses Warum beruflich gesehen in der wirksamsten Form, die ich mir vorstellen kann: Ich helfe ebenfalls Warum-getriebenen Unternehmerinnen und Selbstständigen bei ihrem Social Media Marketing. Ich zeige ihnen, wie sie mithilfe der Social-Media-Algorithmen kostenlos oder mit geringem Anzeigenbudget Reichweite gewinnen, also gesehen werden. Ich zeige ihnen, wie sie Sprache, Bilder und Videos so einsetzen, dass ihre Botschaft ankommt und verstanden wird.

Ich lebe mein Warum aber auch, wenn ich mein Coaching-Business nun erst einmal zurückschraube, um mein Wissen in diesem Buch mehr Menschen zur Verfügung zu stellen. Und wenn ich irgendwann von Social Media nicht mehr überzeugt sein sollte, kann ich jederzeit das Medium wechseln, ohne mein Warum zu verraten. Ja, prinzipiell könnte ich sogar in eine Festanstellung in der Kommunikation eines Unternehmens wechseln, von deren Warum ich überzeugt bin. All das kann ich tun, ohne mir selbst untreu zu werden. Ich muss mich nur vor jeder Entscheidung fragen: Passt das so in mein Warum?

Aber weg von mir und hin zu Susi. Sie sagt: »Meine Mission ist es, dir das Leben so einfach wie möglich zu machen.« Ein starkes Warum – wer wünscht sich nicht mehr Leichtigkeit? Susi selbst wünscht sich als Mehrfachmutter mehr Leichtigkeit beim Wäschewaschen, Zusammenlegen und beim Vernähen der Fäden. Denn jetzt gerade setzt Susi ihre Mission um, indem sie einfache Häkelanleitungen für Spielsachen erstellt und verkauft (siehe Abbildung 2.8). Aber Susis Mission ist – wie meine eigene – durchaus dehnbar, sie könnte noch alles Mögliche erfinden, das ihrem Warum gerecht wird – und sich selbst dabei treu bleiben.

Abbildung 2.8 Susi möchte Häkelfreunden das Leben einfacher machen – aber mit ihrem Warum ist auch noch mehr möglich. Zugriff: 02.10.20[6]

---

6 www.instagram.com/p/CBY3dHMBJsu/

Du siehst, wie wertvoll ein Warum sein kann? Wunderbar. Dann jetzt zurück zu deinem Warum – mit einer vorbereitenden Übung.

Übung: Rote Fäden und ihre Risse

Nimm dir einen Moment Zeit, zu überlegen, wie oft du in deinem Leben schon die Richtung gewechselt hast. Du kannst diese Frage auf persönlicher Ebene beantworten oder sie auf Entscheidungen während deines Berufswegs oder in deinem jetzigen Business beziehen – je nachdem, wo du stehst und was sich für dich stimmig anfühlt. Gab es Momente, in denen du Schwierigkeiten hattest, deine Entscheidungen zu begründen? Für dich oder nach außen hin? Wo siehst du einen oder mehrere rote Fäden? Wo reißen die Fäden? Deine Antworten musst du jetzt noch nicht notieren, du darfst diese Fragen erst einmal wirken lassen. Wir werden das in Abschnitt 3.1, »Der Blick zurück in die Vergangenheit – was bringst du mit?«, wieder aufnehmen.

Das Wichtigste in Kürze

Die Kommunikation mit dem Warum hilft dir, flexibel zu bleiben, was dein Angebot angeht – dein Wie und dein Was dürfen sich verändern.

Besonders als Start-up in der Testphase ist das Warum in der Unternehmenskommunikation wertvoll, weil du erste Kunden emotional anziehst, mit deren Hilfe du dich und dein Angebot weiterentwickeln darfst.

Für Scanner-Persönlichkeiten bedeutet das große Warum oft eine Erleichterung: Sie müssen sich nicht mehr auf eine Tätigkeit festlegen.

2.4 Make it about you and make it about them: Mit dem Warum über dich hinausdenken

Ich erinnere mich gut an mein erstes Gespräch mit meinem Coach Ashley Paquin. Ich habe ihr ausführlich geschildert, dass ich nicht so wirklich wisse, wohin ich mich beruflich entwickeln könne, weil mir doch so vieles Spaß mache und ich auf keinen Fall etwas aufgeben wolle. Ich erzählte von all meinen Ausbildungen, meinen drei verschiedenen Jobs zu dieser Zeit und meinen Träumen.

»Du findest die Antwort nur, wenn du aufhörst, dich um dich selbst zu drehen, und dich fragst, was deine Aufgabe in der Welt sein könnte«, sagte Ashley.

Das hat gesessen. Nicht nur, weil es sich nie wirklich gut anfühlt, wenn man gesagt bekommt, dass man sich zu wenig um andere schert. Ich habe sofort gespürt, dass hier tatsächlich ein Ausweg aus meinem Hin und Her liegen könnte.

Nun ist Ashley Paquin ein spiritueller Coach, und ich weiß nicht, wie sehr du, liebe Leserin, lieber Leser, offen bist für den Gedanken, dass es eine lenkende Kraft gibt

– einen Gott, geistige Wesen oder schlicht das Universum –, die dich unterstützt. Sollte dich das ansprechen, klingt der Gedanke, dass du Unterstützung von einer höheren Macht bekommst, wenn du über dich hinausdenkst, sicher plausibel und tröstlich.

Wenn du damit nichts anfangen kannst, bist du aber vermutlich in einer Gesellschaft aufgewachsen, in der Nächstenliebe ein wichtiger Wert ist, der die Gemeinschaft zusammenhält. Wunderbar – auch dann ist die Vorstellung, sicher greifbar für dich, dass ein Warum stärker ist, wenn es sich nicht nur um dich dreht. Wenn andere sehen, dass du etwas vorhast, das nicht nur dir hilft, sind sie auch bereit, dich zu unterstützen!

Und selbst wenn das alles auf dich nicht zutrifft, kannst du dich vielleicht zurückerinnern an das einführende Kapitel dieses Buchs, um dir bewusst zu machen: Du agierst nicht im luftleeren Raum. Du hast mit deinem Business einen Einfluss auf andere Menschen, die Gesellschaft und die Welt im Ganzen. Deine Entscheidungen wirken über dich hinaus. Das geht von den Fragen, welches Material du für deine Produkte wählst und für welchen Softwareprovider du dich entscheidest über die Kunden, mit denen du zusammenarbeiten möchtest bis hin zur Frage, wie du deinen Gewinn investierst.

Es sind viele kleine Entscheidungen. Zusammengenommen, sind sie sehr machtvoll. So machtvoll, dass die Menschen von dir als Businessmann oder -frau erwarten, dass du sie bewusst und im Sinne der Menschheit und der Umwelt triffst. Weil sie dir als Teil der Wirtschaft Verantwortung für diese Themen zusprechen.

Wenn du diese Verantwortung annimmst und das auch nach außen kommunizierst, kannst du dir auch als Unternehmen der Unterstützung der Gesellschaft gewiss sein.

Ein Unternehmen, das hier sehr weit geht und auf seinen Social-Media-Kanälen fast überhaupt nicht über die eigenen Produkte spricht, sondern diese Reichweite nutzt, um der eigenen sozialen Verantwortung gerecht zu werden, ist die Outdoor-Marke Patagonia. Wer durch ihre Instagram- oder Facebook-Kanäle scrollt, liest politische Statements, findet Hinweise auf Aktionen, die Nachhaltigkeit fördern, und dazwischen Bilder, die ein Gefühl davon vermitteln, wie schön es ist, in der intakten Natur zu sein. Oder das Video eines Kletterers, der erzählt, was ihm sein Sport bedeutet und wie er versucht, diesen in Einklang mit der Natur auszuleben. Klar, er trägt Patagonia-Kleidung (siehe Abbildung 2.9) – aber sie spielt eine winzige Nebenrolle.

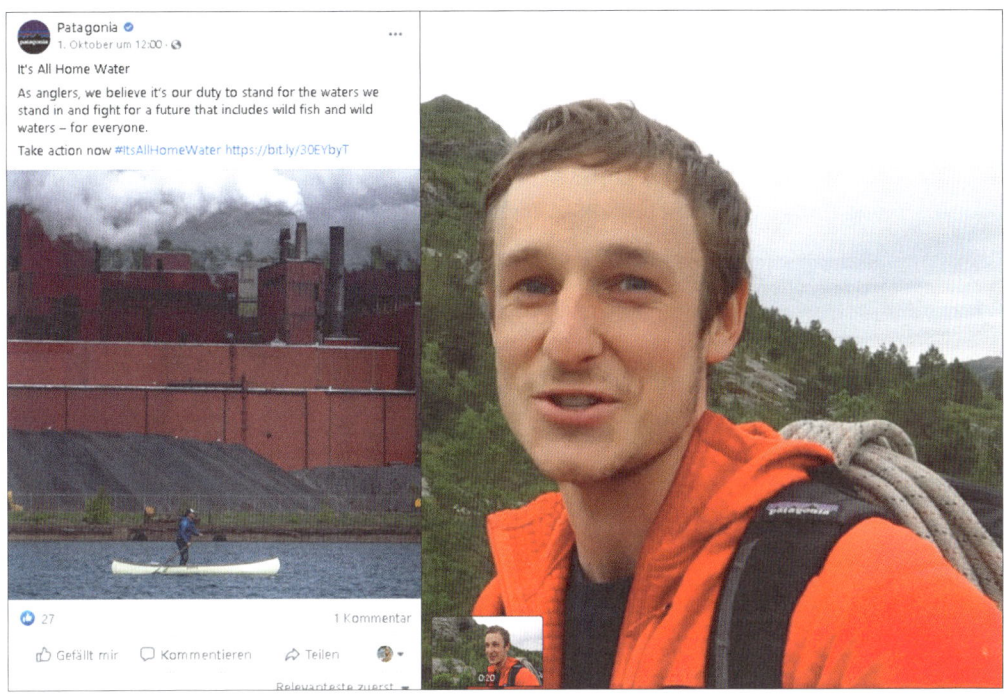

Abbildung 2.9 Die eigenen Produkte spielen auf dem Social-Media-Account von Patagonia höchstens eine Statistenrolle. Zugriff 03.10.20[7]

Es spricht also alles dafür, dass du dein Warum größer werden lässt als dich selbst. Wie groß es wirklich werden darf – ob du dich gleich um den Weltfrieden oder lieber um das Wohlbefinden einer kleinen Gruppe um dich herum kümmern möchtest –, das entscheidest natürlich du. Ich möchte dich aber ermuntern, groß zu denken.

Größer denken – eine Frage der Übung

Wenn du bei deinem Warum einen klar eingegrenzten Wirkungskreis im Kopf hast, weil du zum Beispiel lokal oder mit einer sehr spezifischen kleinen Zielgruppe arbeiten möchtest, kann es hilfreich sein, dich zu fragen: Wie würde die Welt sein, wenn mehr Menschen/Organisationen so arbeiten würden wie ich? Was würde sich verändern? Die Antwort zeigt dir, zu welchem größeren Ziel du auf deiner Ebene beiträgst.

Im Arbeitsteil zu diesem Buch findest du zwei Fragen, die dir helfen, über diesen Teil des Warums nachzudenken – den Teil, der über dich hinausgeht. Einmal

---

7   www.facebook.com/PatagoniaEurope/photos/a.227811414374367/941635486325286 und
    www.facebook.com/PatagoniaEurope/videos/1050207972101938

näherst du dich der Antwort dabei über deine Wut oder das Gefühl von Ungerechtigkeit an, einmal mit der etwas offeneren Frage: »Was braucht die Welt?«

Beantworte die Fragen bitte auch dann, wenn du das Gefühl hast, dass der höhere Zweck deines Unternehmens bereits feststeht. Dieser Schritt zurück zu den Gefühlen, die dem Warum zugrunde lagen, ist wichtig, um das Warum auch Kundinnen und Kunden gegenüber gut in Worte fassen zu können.

Das größere Warum als Mittel gegen Selbstzweifel

Ein Warum, das über dich hinausgeht, hat für Gründer/CEOs und Selbstständige einen weiteren Vorteil: Es wirkt Wunder gegen Selbstzweifel! Probiere es aus. Wenn dich das nächste Mal die Frage quält, ob du gut genug bist, den nächsten Schritt zu gehen – erinnere dich daran: Es geht überhaupt nicht um dich. Statt dich zu fragen, wie du selbst dastehen und wirken könntest, frag dich, was du mit deiner Arbeit erreichen möchtest. Dient sie dem Zweck, der größer ist als du selbst? Dann bist du auf dem richtigen Weg und solltest dich von deinen Ängsten nicht aufhalten lassen.

Das Wichtigste in Kürze

Wer bei seinem großen Warum an andere denkt, erhält Unterstützung auf seinem Weg. Wenn Selbstzweifel auftauchen, ist der Gedanke, dass es einen Zweck des eigenen Tuns gibt, der über uns hinausgeht, besonders hilfreich.

3 Dein Warum vertiefen und die richtigen Worte finden – verschiedene Methoden

Ein Warum formuliert man nicht in fünf Minuten. Dein großes Warum ist ein Satz, der dich im Innersten berührt und zur Leitplanke deines Handelns wird. Nimm dir Zeit, dich diesem wichtigen Satz von mehreren Seiten zu nähern, und beantworte essenzielle Fragen, die dir langfristig in deiner Kommunikation jede Menge Zeit sparen werden.

Die wichtigsten Grundlagen für dein großes Warum hast du bereits kennengelernt: Das Warum sollte über dich hinausgehen, und es sollte ein menschliches Grundbedürfnis abdecken. Jetzt bringst du diese Grundlagen mit dir und deinem Business in Verbindung. Ziel dieses Kapitels ist, dass du mit der magischen Formel in Abschnitt 3.5 einen Satz formulierst, der dein Warum fasst.

Doch bevor es so weit ist, habe ich dir einige Fragen zur Selbstreflexion mitgebracht. Es sind Fragen zu deinem bisherigen Werdegang, deinen Werten, Wünschen, Träumen und Vorstellungen vom Leben.

Warum diese Vorstufe wichtig ist und was du beim Beantworten der Fragen beachten solltest, beschreibe ich in diesem Kapitel. Außerdem gebe ich konkrete Beispiele, damit die Fragen greifbarer für dich werden. Anschließend hältst du deine persönlichen Antworten in den Arbeitsblättern fest.

Ich empfehle dir:

1. **Jede der Fragen zu beantworten.** Du wirst nicht jede Antwort benötigen, um zur Formulierung deines Warums zu finden. Und dennoch ist jede Antwort wertvoll. Tatsächlich ist der Prozess, ein Warum zu formulieren, für die meisten Menschen so schwierig, dass es den Zugang von mehreren Seiten braucht. Aber diese Arbeit lohnt sich mehrfach: Du findest beim Beantworten der Fragen zu dem Vokabular, das für dich und dein Unternehmen stehen darf. Und du erinnerst dich an Aha-Momente, Dinge und Menschen, die dich auf deinem Weg geprägt haben. All das ist Rohmaterial für Geschichten, die du erzählen kannst. Und Geschichten zu erzählen, hilft dir dabei, Menschen auf Social Media für dich zu begeistern. Vielleicht hast du ähnliche Übungen schon einmal durchgespielt. Ich empfehle dir, dich noch einmal darauf einzulassen. Gib deinen eigenen Antworten die Chance, dich aufs Neue zu überraschen.

2. **Die Antworten von Hand aufzuschreiben**. Das ist vielleicht ungewohnt für dich, weil wir heute fast nur noch am PC arbeiten. Aber genau dieses Brechen mit Gewohnheiten ist hilfreich. Das handschriftliche Reflektieren hat eine besondere Qualität. Es verankert die Worte auf einer tieferen Ebene unseres Bewusstseins. Dafür gibt es eine energetische und eine wissenschaftliche Erklärung: Auf energetischer Ebene sagt man, dass die Hand mit dem Herzen verbunden ist. Wenn du also die Hand in fließenden Bewegungen übers Papier führst, werden andere Aspekte deines Seins angesprochen. Nicht nur dein Verstand, dein denkender Geist schreibt mit, sondern auch dein Unterbewusstsein. Die Wahrscheinlichkeit, dass du von Hand Worte aufschreibst, die dich überraschen, ist sehr viel höher, als wenn du tippst. Wer schon einmal expressives Schreiben zum Beispiel in Form von Morgenseiten ausprobiert hat, wird dies bestätigen. Aus der Wissenschaft ist bekannt, dass das Schreiben von Hand dazu führt, dass wir uns Inhalte besser merken können und Zusammenhänge einfacher durchschauen. Zudem schreibst du von Hand zumeist langsamer. Dadurch wählst du andere Formulierungen als beim Maschinenschreiben.

Die Arbeitsblätter sind bewusst Teil dieses Buchs, damit du die Anleitung sowie Informationen über achtsames Social Media Marketing und deine individuellen Antworten an einem Ort hast. Dein fertig ausgefülltes Workbook enthält die wichtigsten Punkte deiner Social-Media-Strategie. Dieses Buch darf dein Handbuch werden – du sollst nicht nur fachliches Wissen nachschlagen können, sondern auch jederzeit prüfen können, wie du das Gelernte für dich angewendet hast.

Gehörst du zu den Menschen, die nicht gern in Bücher schreiben? Oder hast du dieses Buch gebraucht erhalten, und das Workbook ist schon ausgefüllt? Vielleicht brauchst du auch schlicht mehr Platz für deine Antworten oder möchtest mehrere Versuche haben. Dann kannst du die Arbeitsblätter auch als PDF herunterladen. Du findest sie unter *www.rheinwerk-verlag.de/5224* zum kostenlosen Download.

Was will dein Herz? – Fragen ganzheitlich beantworten

Wenn dir die Antwort auf eine Frage schwerfällt oder sie sich noch nicht ganz richtig anfühlt, könnte es daran liegen, dass du zu verkopft an die Sache herangehst. Du versuchst, die Frage nur mit dem Verstand zu beantworten. Dabei sitzt deine Intelligenz nicht nur im Kopf. Dass Emotionen auch im Darm entstehen, ist spätestens seit dem Bestseller »Darm mit Charme« bekannt. Weniger bekannt als das »Bauchgehirn« ist, dass Forscher auch die Intelligenz des Herzens untersuchen. Im Herzen finden sich Zehntausende Nervenzellen, die mit dem Gehirn im Austausch stehen. Yoga- und Achtsamkeitspraktizierende wissen, dass sie die Intelligenz ihres Körpers nutzen können, indem sie die Aufmerksamkeit aus dem Kopf in andere Körperregionen lenken.

Sollte dir also eine Antwort besonders schwerfallen, probiere es mit einer Übung, die dich mit deiner Herzintelligenz verbindet:

Schließe die Augen und atme einige Male bewusst tief durch. Dann lege eine Handfläche auf die Mitte des Brustkorbs, deinen Herzbereich, und die andere darüber (siehe Abbildung 3.1). Lass Schultern und Ellbogen entspannt sinken. Nimm wahr, wie es sich anfühlt, dein Herz zu berühren. Kannst du deinen Herzschlag spüren? Fühlst du, wie dein Atem deine Hände leicht anhebt und sie wieder absinken lässt? Beobachte, ob du dich ruhiger oder vielleicht sogar glücklicher fühlst. Dann stelle dir eine konkrete Frage. Wenn du zum Beispiel etwas aufgeschrieben hast, das sich noch nicht ganz stimmig anfühlt, frage dich: »Kann ich mit vollem Herzen dahinterstehen?«

Abbildung 3.1 Ist das richtig? Kann ich mit vollem Herzen dahinterstehen? Foto: Aly Aesch

Sollte die Antwort Ja lauten, hast du eine authentische Antwort. Sollten Zweifel aufkommen, ändere deine Antwort (wenn dir jetzt schon bewusst ist, was nicht stimmt) oder schreibe ein Fragezeichen hinter die Antwort und komme später auf sie zurück.

Wenn sich dein Bauch zu Wort meldet (mit einem Ziehen, Grummeln oder Ähnlichem), kann es sich lohnen, die Hände noch einmal eine Ebene tiefer, knapp unter den Bauchnabel, aufzulegen und die Übung zu wiederholen. Atme tief durch, spüre deinen Atem und frage dich zum Beispiel: »Was sagt mein Bauchgefühl dazu?«

Je häufiger du deine Körperintelligenz befragst, umso leichter wird es dir fallen, die feinen Antworten von Herz, Bauch oder anderen Körperregionen wahrzunehmen. Irgendwann brauchst du diese Übungen nicht mehr – weil du die Reaktionen ohnehin unmittelbar wahrnimmst.

Das Wichtigste in Kürze

Nutze das Workbook, um alle Fragen handgeschrieben zu beantworten. Du kannst die Fragebogen auch als PDF herunterladen, wenn du mehr Platz brauchst. Bleib offen für Überraschungen, auch wenn du meinst, die Antwort schon zu kennen. Beziehe Herz und Kopf mit ein beim Beantworten der Fragen – insbesondere dann, wenn du dir nicht sicher bist.

3.1   Der Blick zurück in die Vergangenheit – was bringst du mit?

So wie du deine Dienstleistung, deine Produkte oder Angebote heute darbietest, kann es niemand anderer als du. Du bist einmalig mit all dem, was du bisher erfahren und lernen durftest, und dem, was du daraus machst. Diese Erkenntnis ist besonders wichtig für dich, wenn du Zweifel hast, ob die Welt wirklich noch einen Yogalehrer, Life-Coach, noch eine Physiotherapeutin oder einen Businessmentor, noch einen E-Bike-Verleih oder noch eine Romanautorin braucht. Alles, was du bisher erleben durftest – deine Ausbildungen, Reisen, Beziehungen, alle Bücher, die du gelesen hast, aber auch alle deine Schicksalsschläge, Trennungen, Verrat, Misserfolge –, all das hat dich geprägt. Und es prägt, was du anbietest, wie du es anbietest und natürlich dein Warum.

Deshalb ist es wichtig, dass du dir Schlüsselmomente, wichtige Entscheidungen und Erkenntnisse deines Lebens vor Augen führst und sie aufschreibst. Manches, was dich auf deinen heutigen Weg gebracht hat, wird in Vergessenheit geraten sein. Umso wichtiger ist es, dass du dir diese Schlüsselmomente noch einmal in Erinnerung rufst. Sie helfen dir, deine heutige Motivation besser zu verstehen und sie in Worte zu fassen.

Diese Übung führt zu konkreten Geschichten, die dein Warum unterfüttern. Potenzielle Kundinnen und Kunden können Gemeinsamkeiten entdecken oder sich emotional mit dir verbinden. Sie lernen dich als Mensch kennen – und genau das kann letztendlich über Kaufen oder Nicht-Kaufen entscheiden. Sie fühlen mit dir mit, wenn du ihnen eine Geschichte aus deiner Vergangenheit erzählst. Sie feiern Erfolge mit dir. Im besten Fall lernen sie sogar aus deinen Misserfolgen.

3.1.1   Was dich beruflich und privat geprägt hat

 Für die erste Übung auf dem Weg zu deinem Warum hältst du in den Arbeitsblättern die Stationen auf deinem bisherigen Weg fest. Jobs, Beschäftigungen, Ausbildungen, Weiterbildungen Nebenjobs, Engagement in Vereinen oder Non-Profit-

Unternehmen – alles, was nicht rein privater Natur war. Du listest sie einfach auf, ohne sie zu datieren (anders als bei deinem Lebenslauf also). In die Spalte daneben schreibst du, ob du aus dieser Zeit Zeugnisse, Zertifikate oder Ähnliches nachweisen kannst (Ja/Nein reicht hier). Dann kommen die wichtigsten beiden Spalten. Du hältst fest, was du bei dieser Station gelernt hast, und zwar sowohl a) fachlich als auch b) persönlich.

Gerade der letzte Punkt ist spannend. Hier kannst du selbst aus Stationen, die in deinem beruflichen Lebenslauf bei einer Bewerbung eher wie ein Störfaktor wirken würden, noch wertvolle Erkenntnisse gewinnen, die dich zu dem machen, was du heute bist.

Sobald du die Tabelle fertig ausgefüllt hast (denke daran, dass du dir jederzeit zusätzlich die PDFs ausdrucken kannst, wenn du mehr Platz brauchst), lass die Vielzahl deiner Erfahrungen, Zertifikate und der Dinge, die du gelernt hast, auf dich wirken. Lehne dich zurück und nimm zunächst einmal die Menge an Erfahrenem und Gelerntem auf. Vermutlich ist viel mehr zusammengekommen, als du dachtest.

Anschließend füllst du die weiteren Fragen im Workbook aus. Nachdem du deine bisherigen Stationen noch einmal gedanklich durchlaufen hast, geht es nun darum, die Wendungen und Schlüsselmomente auf diesem Weg festzuhalten. Du hast dir in Abschnitt 2.2, »Welches Grundbedürfnis liegt im Zentrum deines Schaffens?«, schon Gedanken dazu gemacht. Jetzt ist es an der Zeit, die Schlüsselmomente, die dich auf einen bestimmten Weg geführt haben, und die, die dich zu einem Richtungswechsel bewegt haben, aufzuschreiben. Wenn du dir unsicher bist, wirf einen Blick auf deine Tabelle. Wie bist du von einer zur nächsten Station gekommen? Was hat dich bewegt? Warum bist du weitergezogen? Welche Schlüsse hast du aus den Erfahrungen gezogen, die du an einer Station machen durftest oder auch musstest?

Privat- und Berufsleben lassen sich nicht immer trennen – und ich gehe davon aus, dass dich auch private Erlebnisse stark geprägt haben. Verluste, Trennungen, Unfälle, Geburten, Hochzeiten, Reisen, Umzüge – all das hat Einfluss darauf, wie du die Welt wahrnimmst. Manchmal haben diese privaten Erlebnisse auch berufliche Folgen, zum Beispiel wenn ein Freund von dir bei einem Unfall das Leben verloren hat und dir dadurch bewusst wurde, wie schnell alles vorbei sein kann – und du dich dann entscheidest, den Schritt in die Selbstständigkeit zu gehen. Für diese Erlebnisse findest du ebenfalls eine Tabelle, in der du reflektieren kannst, was du dabei gelernt hast und wie es deinen Weg geprägt hat.

Ein besonders eindrucksvolles Beispiel dafür, wie die eigene Geschichte zur Marke und Botschaft werden kann, ist das von Model, Speakerin und Moderatorin Miriam Höller. Die Ex-Stuntfrau hat einen schweren Unfall sowie den Tod ihres Partners verkraften müssen – und zeigt den Menschen heute, wie sie nach einem Schicksalsschlag wieder aufstehen (siehe Abbildung 3.2).

miriamhoeller

Gefällt 1.923 Mal

miriamhoeller HEUTE VOR GENAU EINEM JAHR! Fünf Ärzten habe ich völlig überzeugt gesagt: „Ich werde ihnen das Gegenteil beweisen.", als sie mir alle sagten, dass ich nie wieder richtig gehen werde. Gerade habe ich dieses Bild gefunden und kann ihnen heute diese Aussagen nicht verübeln. Doch dann kam Arzt Nr. 6, Dr. Prim Ernst Orthner, der sagte: „Wir kriegen das gemeinsam wieder hin, ok?" Seither ist er mein ganz persönlicher Held! Ich bin noch immer nicht ganz gesund, ich brauche noch etwas mehr Zeit, aber ich werde mein Versprechen halten! :) #positivdenken #nevergiveup #neverloseyourwings #brokenfoot #surgery #itwillbeok

Abbildung 3.2 Miriam Höller über ihren Weg nach dem Schicksalsschlag, Zugriff 03.10.20[1]

3.1.2   Deine Fähigkeiten und Gaben für die Welt

Es folgen in den Arbeitsblättern Fragen über deine spezifischen Fähigkeiten und Talente. Die meisten Menschen können oder mögen solche Fragen nicht aus dem Stegreif beantworten. Die Fragen zu deinem Lebensweg und dem, was du lernen

---

1   www.instagram.com/p/BWvc6gWAUMk/

durftest, sollten aber eine gute Grundlage dafür bilden, dass du jetzt selbstbewusst aufschreiben kannst: »Folgendes kann ich besonders gut ...«

Tipp: Lass andere über deine Qualitäten sprechen

Wenn es dir schwerfällt, deine Talente und Fähigkeiten zu erkennen, hilft dir vielleicht die Frage im Workbook, was andere an dir loben und wofür du oft Komplimente bekommst. Wenn du darüber allerdings lange nachdenken musst, frage einfach nach! Wähle dafür eine oder mehrere Personen, die dich gut kennen und schätzen. Die Antworten, die du hier erhältst, sind wertvoll und ermutigend, weil andere oft Qualitäten erkennen, die du für selbstverständlich hältst.

Jetzt hast du wertvolle Vorarbeit für die wichtigste der Fragen dieses Kapitels geleistet: Mit welchen deiner Fähigkeiten und Erfahrungen kannst du den größtmöglichen positiven Einfluss in der Welt haben?

Diese Frage führt dazu, dass du mit deinem Warum über dich hinausdenkst. Es ist super, wenn du auf den Händen laufen, tauchen und ein Buch am Tag lesen kannst. Vielleicht kannst du zudem noch großartig kopfrechnen und gut zuhören. Aber was davon ist wirklich hilfreich, wenn du die Welt zu einem besseren Ort machen möchtest? Als Selbstständige oder Unternehmer wirst du vermutlich schon viele deiner Fähigkeiten einsetzen können. Aber bestimmt gibt es auch Talente, die du noch nicht lebst? Wirf besonders auf diese einen prüfenden Blick: Könnten sie dir weiterhelfen, deine Berufung noch mehr zu leben?

Wenn dir diese Antwort schwerfällt oder du dir mit deinem ersten Impuls unsicher bist, schreib erst einmal auf, was spontan bereits da ist, und leg das Workbook zur Seite, um deine bisherige Arbeit nachwirken zu lassen. Wenn du zum Beispiel eine Nacht darüber geschlafen hast oder eine Stunde spazieren gegangen bist, kannst du noch einmal mit frischem Blick über deine Tabelle und die bisherigen Antworten gehen, sie streichen, ergänzen oder ändern. Sollten zu viele Antworten in deinem Kopf herumspuken, bedenke, dass du jederzeit deinen Körper miteinbeziehen kannst, indem du die Übung aus dem ersten Abschnitt dieses Kapitels zu Hilfe nimmst.

3.2   Fragen aus der Ikigai-Methode

Ikigai ist ein Konzept aus Japan, und der Begriff lässt sich grob mit »Lebenssinn« übersetzen. Zugleich steht das Wort aber auch für das Gefühl, lebendig zu sein. Genau genommen hängt das sogar zusammen: Man fühlt sich lebendig, weil man weiß, wofür man morgens aufsteht.

Und wie findet man nun seinen Lebenssinn? Die Idee ist, dass das Ikigai eines Menschen genau dort steckt, wo sich seine individuellen Fähigkeiten und Interessen mit dem überschneiden, wofür er bezahlt werden oder zumindest eine Gegenleistung erhalten könnte. Und zudem mit dem, was die Welt braucht (siehe Abbildung 3.3).

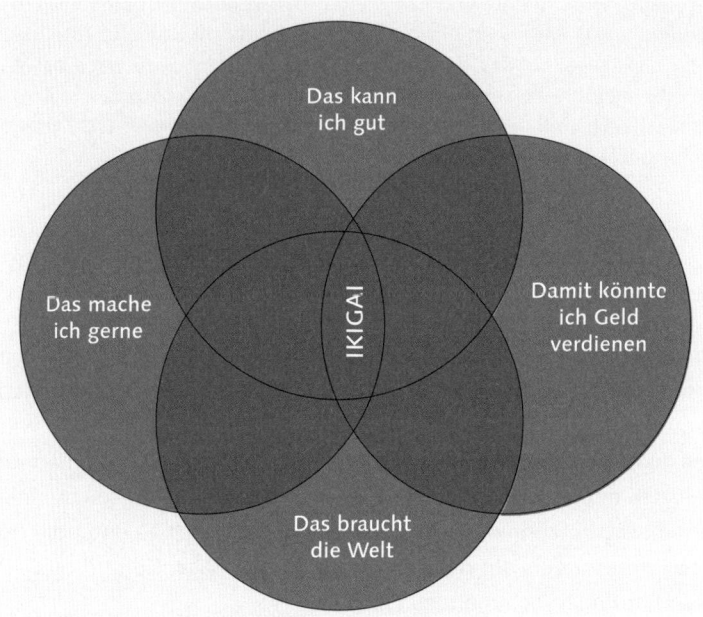

Abbildung 3.3 Das Ikigai liegt dort, wo sich Talente, Interessen, Einkommensmöglichkeiten und ein Bedarf in der Welt überschneiden.

Teile des Ikigais hast du also mit den ersten Fragen im Workbook bereits abgedeckt. Du hast deinen bisherigen Weg aufgezeichnet und dich gefragt, welche Fähigkeiten du erworben hast und wie du damit die Welt verändern kannst. Allein schon deshalb brauche ich nicht den gesamten Findungsprozess des Ikigais nachzeichnen. Ich gehe auch davon aus, dass du mit deiner Entscheidung für dein Herzensbusiness dein Ikigai bereits lebst. Die Frage, wofür du bezahlt wirst oder werden könntest, hast du sicher für dich beantwortet, und ehrlich gesagt ist sie für die Formulierung unseres Warums auch nicht sehr spannend. Wenn du dich tiefer mit der Methode des Ikigais auseinandersetzen möchtest, kann ich dir das Buch »Entdecke dein Ikigai« von Bettina Lemke empfehlen.

Für den jetzigen Zweck genügen also einzelne Fragestellungen aus der Ikigai-Findung, die deine Reflexion aus dem vorangegangenen Kapitel gut ergänzen. Was bisher nämlich zu kurz gekommen ist, sind die Wünsche, Träume und Visionen, die dich angeleitet haben oder heute noch leiten.

Schließlich lässt sich nicht alles, was uns ausmacht, an Lebensstationen festmachen. Bestimmt hast du auch Stärken, die du bisher noch nicht ausleben konntest.

Die Fragen aus der Ikigai-Methode sind bewusst offen formuliert, und es gibt hier keine richtigen und falschen Antworten. Beantworte die Fragen auf jeden Fall wieder von Hand im Workbook, schalte alle möglichen Störquellen aus und atme tief durch, bevor du deine Antworten möglichst zügig zu Papier bringst. Auch bei diesen Fragen kann es wieder sehr hilfreich sein, Kopf und Bauch in die Antwort mit einzubeziehen.

3.3 Geschichten und Bilder markieren

Wenn du alle bisherigen Fragen im Workbook beantwortet hast, kennst du dich und was dich antreibt nun sehr viel besser. Das Besondere an der Arbeit mit diesen Fragen ist, dass sie oft Bilder und konkrete Erinnerungen in uns wachrufen. Und diese sind Gold wert für deinen Social-Media-Account. Hier liegen Geschichten verborgen, durch die dich deine Follower besser kennenlernen und die eine Verbindung zu dir entstehen lassen.

Je mehr du dich traust, diese Geschichten zu teilen, umso nahbarer und authentischer wirst du. Wir werden in Abschnitt 7.3, »»Ich werde jeden Tag ein bisschen besser‹: Wie Authentizität gelingt«, tiefer in das Thema Authentizität eintauchen.

Ein konkretes Beispiel, um diese Idee greifbarer zu machen: Wenn ich gefragt werde, wovon ich als Kind oder Jugendliche geträumt habe, sehe ich mich wieder als Popstar singend oder zumindest tanzend auf einer Bühne mit jubelndem Publikum. Ich erinnere mich daran, wie ich ganze Choreografien von Ace of Base oder den Backstreet Boys auswendig gelernt und nachgetanzt habe. Ja, ich habe sogar einen Brief an das Bravo-Magazin geschrieben und gefragt, wie man Backstage-Tänzerin auf Konzerten und in Musikvideos wird. (Es kam übrigens nie eine Antwort.)

Wenn ich noch ein paar Jahre weiter zurückdenke, sehe ich mich als Mädchen über eine Blumenwiese laufen und einen Strauß pflücken. Während ich das tat, träumte ich davon, wie ich als Erwachsene in aller Ruhe im Hinterzimmer eines Blumenladens Sträuße zusammenbinden würde, um sie später zu verkaufen. Mein Traumberuf war Floristin. Eine Floristin, die sich unheimlich viel Zeit lassen könnte, an den Blumen zu riechen.

Für einen Social-Media-Post, der auch heute noch relevant ist, könnte ich von diesen Träumen erzählen und mich fragen: Was davon habe ich verwirklicht? Worum ging es mir wirklich bei diesen Träumen? Was sagen meine so unterschiedlichen

Träume über meine Persönlichkeit aus, und wie versuche ich heute, alles in meinem Berufsalltag zu vereinen?

Ich habe das wie folgt auf meinem Account umgesetzt (siehe Abbildung 3.4).

Bianca Fritz Social Media Schreiben Yoga
Gepostet von hashtagbiancafritz [?] · 21. Juni um 15:05 ·

🎨 Wovon hast du als Kind geträumt? Ich wollte Popstar werden! Singend oder zumindest tanzend auf der Bühne mit jubelndem Publikum. Da kommt wohl mein Sternzeichen 😊 durch...

🎤 Ich erinnere mich daran, wie ich als Jugendliche Choreographien von Ace of Base oder den Backstreet Boys auswendig gelernt und nachgetanzt habe. Ja, ich habe sogar einen Brief an das Bravo-Magazin geschrieben und gefragt, wie man Backstage-Tänzerin werden kann. (Es kam nie Antwort - war also wohl nicht für mich gedacht.)

💐🌸 Wenn ich noch ein paar Jahre weiter zurück denke, sehe ich mich als Mädchen über eine Blumenwiese laufen und einen Strauß pflücken. Während ich das tat, träumte ich davon, wie ich in aller Ruhe im Hinterzimmer eines Blumenladens Sträuße zusammenbinde. Dabei lasse ich mir unheimlich viel Zeit, und rieche immer wieder an den Blumen.

🧘 Tja und jetzt bin ich Mindful Social Media Coach. Das war so nicht geplant 😊 Wie auch. Es gab ja nur nur schneckenlahmes Modem-Internet.

🌟 Aber im Prinzip hab ich tatsächlich viel von dem, was ich mir gewünscht habe erreicht: Wenn ich Lust auf Rampensau habe, nehme ich ein Video auf. Jetzt mit TikTok kann ich meine Inhalte sogar tanzen 💃 und an anderen Tagen bin ich ganz für mich - hinter den Kulissen kreativ.

🌷 Was fehlt: Ich hab viel zu selten Blumenduft um mich rum! 🌷

💛 Dafür kam noch ein Gefühl dazu, dass ich mir als Kind/Teenie nicht so vorstellen konnte: in Coachings und Seminaren da sein, zuhören, Aha-Momente schaffen. Darauf würde ich nicht mehr verzichten wollen.

❓ Was hast du umgesetzt von deinen Jugendträumen? Was fehlt? Was ist besser, als du es dir erträumt hast? Bin total gespannt!

Herzlich, deine Bianca 🙏🙌💕
#jugendträume #kindheitstraum #traumjob #liveyourdream

Abbildung 3.4 Wovon ich träumte und was daraus wurde. Post aus meinem Account. Zugriff: 20.07.20[2]

 Stecken auch in deinen bisherigen Antworten solche Geschichten? Lies dir durch, was du bisher in dein Workbook geschrieben hast, und ergänze oder markiere Bilder und Erinnerungen, die zu Geschichten werden können, damit du sie später wiederfindest. Du wirst im Verlauf dieses Ratgebers immer wieder darauf zurückkommen können.

---

2   www.facebook.com/HashtagBiancaFritz/photos/a.246113009219109/873285549835182

Das Wichtigste in Kürze

Deine Erfahrungen prägen dein Warum. An der Schnittstelle dessen, was du kannst, gern machst, was die Welt braucht und womit du Geld verdienen kannst, liegt dein Ikigai. In deinen Antworten auf die bisherigen Fragen im Workbook stecken Geschichten, die du für deinen authentischen Auftritt auf Social Media verwenden kannst.

3.4   Werte definieren – hilfreich, aber nicht ausreichend

Deine persönlichen Werte sind längst da – ob du dir dessen bewusst bist oder nicht. Sie bestimmen dein Denken und Handeln. Anhand deiner Werte beurteilst du alles, was dir begegnet: Menschen, Erfahrungen, Situationen. In der Regel sind deine Werte im Verlauf deines Lebens relativ stabil – allerdings können sich die Prioritäten mit den verschiedenen Lebensphasen auch verschieben. Zum Beispiel gewinnen Werte rund um Gesundheit und Familie mit dem Alter meist an Bedeutung. Und manche Menschen möchten sich bewusst von den Werten ihrer Ursprungsfamilie lösen und lieber das Gegenteil leben.

Deine Werte sorgen dafür, dass sich etwas für dich richtig oder falsch anfühlt. Wenn du dir deine Werte allerdings nie wirklich ins Bewusstsein gerufen hast, kann es passieren, dass dieses innere Gefühl leiser wird. So leise, dass du es nicht mehr wahrnimmst. Oder du ignorierst es. Beides hat zur Folge, dass du dich dem Willen oder den Zielen anderer unterordnest – du lebst nach ihren Werten anstatt nach deinen eigenen. Die Werte, die du für dein Unternehmen als Einzelunternehmerin oder Selbstständiger wählst, ähneln höchstwahrscheinlich denen, die auch privat für dich stimmig sind. Immerhin hast du den Weg hin zu etwas Eigenem gewählt, weil du deine Arbeitskraft so einsetzen möchtest, dass es deinen Werten entspricht. Vermutlich kommen aber auch Werte dazu, die du nur im Arbeitsumfeld umsetzen kannst, wohingegen du solche, die zum Beispiel nur im Familienleben für dich wichtig sind, abgezogen werden können. In Abbildung 3.5 findest du einen Beispielpost des Instagram-Accounts der virtuellen Assistentin Sabrina Djau, die ihre Werte vorstellt und erklärt, was diese für die Zusammenarbeit mit ihr bedeuten.

Wenn Selbstständige und Einzelunternehmer die Werte für ihr Business auswählen, sollten sie dabei mindestens einen Wert auswählen, der die Frage beantwortet: Wie möchte ich im Umgang mit meinen Kundinnen und Kunden sein? Wenn mehrere Mitarbeitende zu deinem Unternehmen gehören oder gehören sollen, ist auch die Frage wichtig: Welche Kultur soll innerhalb des Unternehmens und zwischen den Mitarbeitern gelten? Du wirst deine Werte im Anschluss an dieses Kapitel in deinem Workbook festhalten.

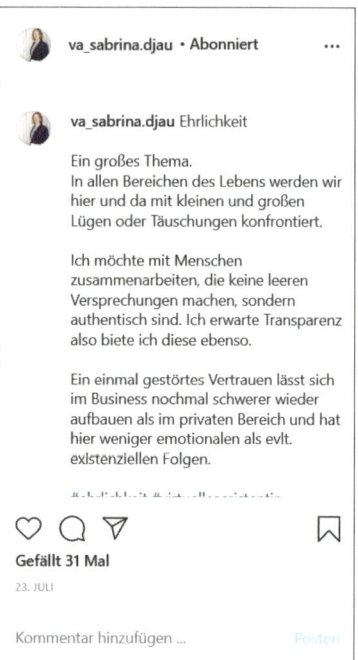

va_sabrina.djau · Abonniert

va_sabrina.djau Ehrlichkeit

Ein großes Thema.
In allen Bereichen des Lebens werden wir
hier und da mit kleinen und großen
Lügen oder Täuschungen konfrontiert.

Ich möchte mit Menschen
zusammenarbeiten, die keine leeren
Versprechungen machen, sondern
authentisch sind. Ich erwarte Transparenz
also biete ich diese ebenso.

Ein einmal gestörtes Vertrauen lässt sich
im Business nochmal schwerer wieder
aufbauen als im privaten Bereich und hat
hier weniger emotionalen als evtl.
existenziellen Folgen.

Gefällt 31 Mal

23. JULI

Kommentar hinzufügen …   Posten

Abbildung 3.5 Sabrina Djau schreibt darüber, warum ihr Ehrlichkeit wichtig ist und was das für die Arbeit mit ihr bedeutet. Zugriff: 03.10.20[3]

Die Definition der Werte kann den Weg zum eigenen Warum erleichtern, und die Werte können das Warum stützen und ihm zusätzliche Aspekte hinzufügen, die dir »auch noch wichtig sind«. Wie das *Warum* sind die Werte bei der Frage nach dem *Wie* ein hilfreicher Kompass.

Wenn du schon einmal eine Wertetabelle vorgelegt bekommen hast, um drei bis fünf eigene Werte für dein Unternehmen auszuwählen, weißt du vermutlich, dass die Auswahl der eigenen Werte gar nicht so einfach ist. Oft stehen in Wertetabellen Hunderte Substantive nebeneinander, und prinzipiell klingen alle so wichtig, dass man keinen Wert ausschließen möchte. Genau deshalb möchte ich dich in diesem Ratgeber auch nicht mit einer solchen Tabelle abschrecken, sondern dir einen anderen Weg vorschlagen.

Eine hilfreiche Methode, um die Werte für dein Unternehmen festzulegen, ist, zunächst eine grobe Auswahl an Werten zu treffen, die dich spontan ansprechen, und dann die Werte gegeneinander antreten zu lassen – jeweils in Zweierpaaren. Dabei schließt man in jeder Runde den Wert aus, der unwichtiger erscheint.

---

3   www.instagram.com/p/CC-ZMQ-H26z/

Diese Methode ist sehr aufwendig, wenn du sie auf Papier durchführen möchtest. Leichter und spielerischer geht es digital mit einem Tool, das Paul Spenke entwickelt hat, als sich seine Frau, die Yogalehrerin Susanne Spenke, bei mir im Coaching mit der Frage der Werte auseinandersetzte. Du findest den Wertegenerator auf *www.yogalife.susannespenke.de/werte-test*. Hier kannst du zunächst eine grobe Auswahl treffen und dann die Werte gegeneinander antreten lassen. Zum Schluss bleiben deine drei wichtigsten Werte übrig.

Abbildung 3.6 Werte gegeneinander antreten lassen und die Gewinner auswählen – so geht Wertebestimmung spielerisch. Zugriff: 29.09.20[4]

Wenn dir in deinem Ergebnis noch Werte fehlen, googele den Begriff »Werte« und wähle aus. Es gibt kein festes »Set« an Werten, und du wirst viele unterschiedliche Tabellen mit unheimlich vielen Begriffen und Synonymen finden.

3.4.1 Deine Werte greifbar machen

Ein Problem bei der Auswahl der Werte: Wertbegriffe sind schwammig. Wenn eine Person den Wert Ehrlichkeit für sich auswählt, kann sie damit etwas völlig anderes meinen als die Person neben ihr, die sich ebenfalls für diesen Wert entscheidet. Da Werte insbesondere in Beziehungen zwischen Menschen – auch in Arbeitsbezie-

---

4   www.yogalife.susannespenke.de/werte-test

hungen – so wichtig sind, ist es also entscheidend, dass man sich über die Bedeutung austauscht.

Das Substantiv deines ausgewählten Wertes enthält an sich keine Handlungsanweisung. Wenn du für dein Unternehmen Leichtigkeit als einen Wert definierst, kann das bedeuten, dass du deine Kunden mithilfe spielerischer Coaching-Tools aus ihrer Blockade befreist. Es kann bedeuten, dass deine Ideen und Methoden leicht verständlich für jedermann sind. Es könnte aber auch bedeuten, dass du selbst höchstens 20 Arbeitsstunden in der Woche investieren willst und alles nicht so genau nimmst. Was dein Kunde versteht, wenn er Leichtigkeit liest, hängt von *seiner* Sichtweise ab – nicht von dem, was du als Unternehmerin mit dem Begriff ausdrücken wolltest. Und deine neue virtuelle Assistentin fühlt sich vielleicht zu deinem Unternehmen hingezogen, weil sie den Wert wieder anders interpretiert. Es ist also wichtig, dass du ausformulierst, was es für dich bedeutet, diesen Werten zu folgen. Dein Satz braucht ein Verb, damit du und deine Mitarbeitenden oder Partner sich danach richten können.

 In den Arbeitsblättern findest du daher Platz, um deine Werte festzulegen und Sätze zu formulieren, die diese Werte zu Handlungsanweisungen machen.

Hier ein Beispiel, wie deine Antwort aussehen könnte, wenn du die Werte Authentizität, Kreativität und Verlässlichkeit ausgewählt hast:

▶ Authentizität: Ich gebe niemals vor, etwas zu sein, was ich nicht bin. Wenn ich eine Antwort nicht weiß, stehe ich dazu und frage nach. Ich nehme meine Kundinnen und Kunden mit auf meine persönliche Reise.

▶ Kreativität: Bei mir gibt es keine 0815-Lösungen, stattdessen suche ich mit jedem Kunden und jeder Kundin individuelle, ungewöhnliche Ansätze. Dabei greife ich auf Bewährtes zurück, passe es an und setze es neu zusammen.

▶ Verlässlichkeit: Ich verspreche nichts, was ich nicht halten kann. Ich habe meine eigenen Kapazitäten im Blick und lehne auch Aufträge ab. Ich halte mich an Fristen und bin für Fragen erreichbar. Ich antworte auf E-Mails werktags zweimal täglich und halte dies in meiner E-Mail-Signatur fest.

Im Beispiel wird deutlich, dass die Werte, sobald sie in Handlungsanweisungen übersetzt werden, zu einer überprüfbaren Größe werden. Ob die Zahl der E-Mails im Mailfach zweimal täglich auf null zurückgeht, ist messbar. Ob die Angaben dazu auch in der Mailsignatur so festgehalten wurden, lässt sich mit einem Blick überprüfen.

Ob die Kunden unterschiedliche, kreative Lösungen bekommen haben, kann man als Selbstständige beispielsweise mit einer vierteljährlichen Validierung der eigenen Arbeit begutachten: Welche Kundinnen haben von mir welche Inputs erhalten? Wie unterscheiden sich diese? Wo zeigen sich Muster?

Um die Authentizität zu gewährleisten, könnte ich beispielsweise festlegen, dass ich pro Woche einen persönlichen Post veröffentliche, in dem ich über Schwierig-keiten und Erfolge in meinem Business spreche – oder meine Community um Hilfe bitte bei einer aktuellen Frage.

3.4.2   Werte in Emojis übersetzen

Emojis sind aus den sozialen Netzwerken nicht mehr wegzudenken. Auch seriöse Unternehmen nutzen diese in ihrer Kommunikation, weil sie ein Ausdrucksmittel des Mediums sind. Sie sind Farbkleckse in einer Bleiwüste, können als Gliederungs-elemente in einer Aufzählung eingesetzt werden und wecken als Mini-Bilder auch Assoziationen und Emotionen.

Eine schöne Idee ist es, die gewählten Unternehmenswerte in Emojis zu übersetzen und regelmäßig in Social-Media-Posts zu verwenden, sodass sie mit dir in Verbin-dung gebracht werden – zum Beispiel immer wenn du deinen Unternehmensna-men verwendest. So werden bestimmte Emojis oder eine Emoji-Kombination zum Branding-Element für deine Marke. Ich verwende beispielsweise drei Emojis zum »Unterschreiben« meiner Posts, die für mich für die Kombination aus Achtsamkeit, Kreativität und Sichtbarkeit stehen – die gefalteten Hände, die schreibende Hand und die Selfie-Hand (siehe Abbildung 3.7).

Abbildung 3.7 Zur Verabschiedung gehören auf meinem Social-Media-Account auch meine drei Emojis. Screenshot vom 03.10.20[5]

---

5 www.instagram.com/p/CFEYBEKC6aq/

Werte-Emojis zu verwenden ist attraktiv, weil sich der Text eines Social-Media-Posts, die sogenannte Caption, sonst nur schwerlich der eigenen Marke anpassen lässt – Schriftart und Farbe sind vorgegeben und somit bei allen Usern gleich. Es gibt zwar die Möglichkeit, andere Schriftarten über Apps einzufügen, aber das ist zum einen sehr mühsam, und zum anderen ist es unwahrscheinlich, dass hier auch deine Branding-Markenschrift vorhanden ist.

Die Verwendung von Smileys und anderen Emojis kann übrigens auch zu Missverständnissen führen: Tatsächlich nutzen wir in Europa manche Emojis ganz anders, als sie von den Machern in Japan einmal gedacht waren. So ist zum Beispiel das grinsende Gesicht, das seitlich die Zunge rausstreckt, nicht frech oder verschmitzt. Seiner ursprünglichen Bedeutung nach genießt es gerade leckeres Essen. Auf der Webseite *https://emojipedia.org/* lassen sich die ursprünglichen Bedeutungen der Emojis nachlesen, und man sieht zudem, wie sie auf den unterschiedlichen Geräten und in diversen Netzwerken abgebildet werden. Auf Facebook, im FB-Messenger und auf HTC-Geräten ist die Zunge des Smileys übrigens auf der Oberlippe platziert – das sieht für mein Verständnis schon viel mehr nach einem Gesicht aus, das sich genüsslich die Lippen leckt (siehe Abbildung 3.8).

Was heißt das für dich, wenn du ein Emoji auswählst, um einen Wert zu repräsentieren? Ich empfehle, dass du dich dabei an der bei uns üblichen Bedeutung (außer du hast hauptsächlich Kunden im asiatischen Raum) orientierst und einen Blick darauf wirst, wie das Emoji auf verschiedenen Geräten dargestellt wird. Du brauchst dabei aber nicht päpstlicher als der Papst zu sein. Denn dein Emoji steht in den Captions (also den Texten deiner Posts) ja nie ganz allein, sondern ist in den Kontext deiner Inhalte eingebettet. Zudem machen sich die wenigsten Social-Media-Follower wohl die Mühe, deine Werte-Emojis im Kopf in Worte zu übersetzen. Es geht mehr um eine gefühlte Assoziation. Um auf das Beispiel des Zungen-Emojis zurückzukommen: Dieses könnte sowohl für den Genuss stehen als auch für Humor. In der folgenden Abbildung 3.9 habe ich 55 Werte ausgewählt und schlage mögliche Emojis für deren Darstellung vor. Du siehst, dass das Bild hier oft noch eine zweite Bedeutungsebene hinzufügt und mehrere Emojis möglich wären – je nachdem, wie du den Wert interpretierst. Wenn das richtige Emoji für dich nicht dabei ist, empfehle ich die Recherche auf *https://emoji-pedia.org/* mit der englischen Übersetzung deines Wertebegriffs oder Synonymen und naheliegenden Begriffen.

Die Wahl der Emojis für deine Werte ist nicht nur eine nette Spielerei. Sie hilft dir, deine Werte auf kreative Art zu erforschen und ein Bild dafür zu suchen. Du knüpfst damit neue Verbindungen in deinem Gehirn, die dir später dabei behilflich sind, deine Themen in Posts zu visualisieren.

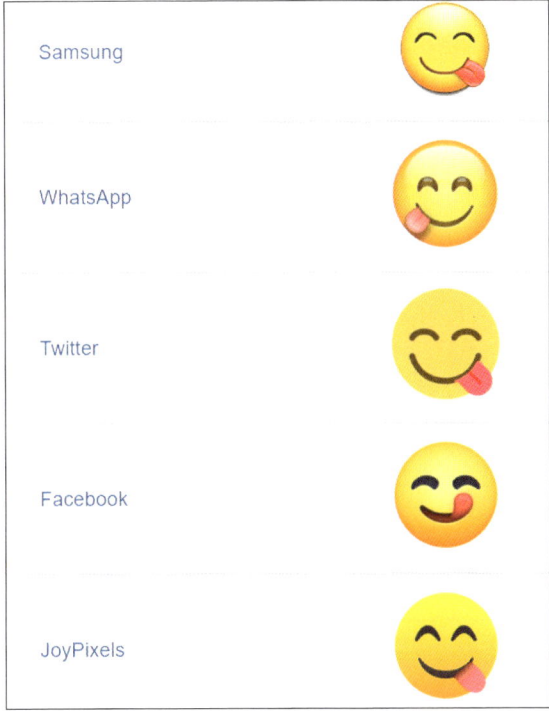

Abbildung 3.8 Ist der Smiley frech, oder genießt er leckeres Essen? Das hängt auch davon ab, wo man das Emoji sieht. Zugriff: 15.07.20[6]

Das Wichtigste in Kürze

Machst du dir deine (häufig unbewussten) Werte bewusst, kannst du Entscheidungen treffen, die dir entsprechen – im Leben wie im Business. Wenn du deine Werte als Unternehmerin nach außen kommunizierst, schaffst du ein zusätzliches Verkaufsargument – es ist einfacher, dir zu vertrauen, wenn man weiß, wofür du stehst.

Werte allein sind allerdings auch missverständlich. Interpretiere deine Werte und verbinde sie mit konkreten, messbaren Handlungsanweisungen. Dafür findest du Fragen im Workbook. Emojis helfen dir, einen neuen Zugang zu deinen Werten zu finden, und können zum Branding-Element auf Social Media werden. Wähle also auch Emojis, die zu deinen Werten passen.

---

6   https://emojipedia.org/

Abenteuer	Achtsamkeit	Aktualität	Ausgeglichenheit	Authentizität
Begeisterung	Beharrlichkeit	Bescheidenheit	Dankbarkeit	Disziplin
	saw			
Effektivität	Empathie	Entscheidungsfreude	Freude	Frieden
Geduld	Gelassenheit	Gerechtigkeit	Gesundheit	Glaubwürdigkeit
Harmonie	Herzlichkeit	Humor	Idealismus	Innovation
Intuition	Klugheit	Kontrolle	Kreativität/Fantasie	Leichtigkeit
Leidenschaft	Loyalität/Treue	Motivation	Mut	Nachhaltigkeit
Neutralität	Pragmatismus	Präsenz	Präzision	Professionalität
CH				
Respekt	Ruhe	Selbstvertrauen	Sicherheit	Solidarität
Sorgfalt	Teamgeist	Toleranz	Vertrauen	Wachstum
Weisheit	Weitsicht	Willenskraft	Zufriedenheit	Zuverlässigkeit

Abbildung 3.9 Mögliche Emojis für deine Werte

3.5   Die magische Formel für dein Warum

Jetzt ist es endlich so weit: Zeit, dein Warum zu formulieren. Meine Lieblingsvorlage für den Warum-Satz lautet:

Ich x für y, damit z.

Dabei steht x für ein Verb, oft etwas wie helfen, unterstützen, eröffnen, führen, zeigen oder Ähnliches. y ist die Zielgruppe, die zu diesem Zeitpunkt grob gefasst sein darf – also zum Beispiel: Frauen in der Lebensmitte, Workaholics, Genussmenschen, Senioren oder Ähnliches. Dein z ist dein darunterliegendes Warum. Warum willst du diese Menschen unterstützen? Wohin führt deine Unterstützung letztendlich? Dein Satz wird umso kraftvoller, wenn du in deiner Formulierung zurück an eines der menschlichen Grundbedürfnisse aus Abschnitt 2.1, »Golden Circle? – Warum du eine Ebene tiefer graben solltest«, denkst. Bei welcher Sache, die Menschen unbedingt brauchen, wirst du mit deinem Produkt oder deiner Dienstleistung behilflich sein? Welches Bedürfnis willst du stillen? Die Formel findest du auch in Abbildung 3.10.

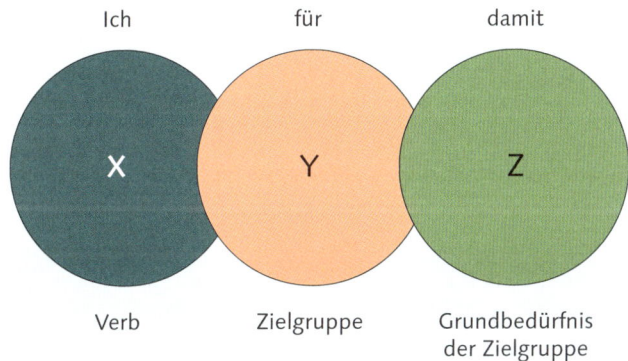

Abbildung 3.10 Formel zum Formulieren eines kraftvollen Warum-Satzes

Ich gebe dir ein paar Beispiele, damit du eine Vorstellung davon bekommst, wie Warum-Sätze aussehen können. Und beginne mit dem Warum, über das ich selbst am meisten sagen kann: mein eigenes Warum. Es lautet: »Ich helfe denen, die Gutes in die Welt bringen, gesehen und verstanden zu werden.« x ist also »helfen, gesehen und verstanden zu werden«, y sind die, »die Gutes in die Welt bringen«, und in diesem Fall brauche ich kein z mehr, weil es bereits im y mit zum Ausdruck kommt: damit sie ihr Gutes besser in die Welt bringen können.

Man beachte: Der Satz enthält noch keinerlei Hinweis auf meine Angebote und Dienstleistungen. Der Warum-Satz ist vielmehr die Grundlage für meine Angebote. In meinem Satz kommt auch das Grundbedürfnis zum Ausdruck, das ich zu stillen helfen möchte: verstanden zu werden. Im Sinne des Ikigais habe in diesem Satz die Dinge, die ich gut kann und gern mache (Komplexes einfach darstellen, schreiben, klare Kommunikation, Reichweite gewinnen), in den Dienst derer gestellt, die etwas bewegen möchten. So kann ich mit meinen persönlichen Fähigkeiten und Kenntnissen am meisten bewirken auf der Welt.

Ich gehe davon aus, dass du spätestens nach den vorangegangenen Kapiteln weißt, was du in der Welt verändern möchtest. Du kennst deine Erfahrungen, Fähigkeiten und Träume. Jetzt geht es darum, sie in einen Satz zu fassen und die Worte so lange hin und her zu schieben, bis es sich für dich stimmig anfühlt.

Ich habe meinen Satz im Frühjahr 2019 nach langer Suche gefunden und war zunächst unsicher: »Ist es das jetzt schon?« Viele Menschen beschreiben den Moment, in dem sie ihr Warum finden, als einen Gänsehautmoment und sagen, etwas tief in ihnen habe sofort »Ja« gesagt. Tatsächlich fließen bei meinen Coachings nicht selten Tränen an diesem Punkt, weil es sich »endlich richtig anfühlt«. Kein Wunder – ich war enttäuscht, dass ich meinen Satz erst eine Weile »anprobieren« musste, bevor ich mir sicher war.

Sollte es dir ähnlich gehen wie mir, dass dich Unsicherheit quält, kannst du dir folgende Frage stellen: Gilt mein Warum für mich auch in anderen Lebensbereichen? Wenn du nicht nur beruflich, sondern auch im Alltag nach deinem Warum handeln möchtest, ist das ein gutes Zeichen. Das können Kleinigkeiten sein. Ich lächle zum Beispiel in der Bahn gern Menschen zu, die einen Sitzplatz für eine ältere Person freigegeben haben (»Ich sehe, dass du Gutes tust.«). Oder ich teile Hinweise auf Kurse, die mich überzeugen, auf meinen Social-Media-Kanälen, um ihre Sichtbarkeit zu steigern. Und ich liebe es, Dinge zu erklären – dieses Aha-Leuchten in den Augen meines Gegenübers.

Dein Unternehmenszweck ist Teil deines Warums. Deine Kommunikationsstrategie ist ebenfalls Teil deines Warums. Aber dein Warum geht darüber hinaus und umfasst auch andere Bereiche deines Lebens (siehe Abbildung 3.11). Daher ist die Frage, ob dieser Satz für dich auch über deine jetzige Tätigkeit hinaus richtig ist, so wertvoll.

Es ist ein Hobby von mir geworden, Menschen, die besonders glücklich aussehen mit dem, was sie tun, ein Warum anzudichten. Das trainiert meinen Warum-Muskel. Also vielleicht hast du auch Lust, es einmal auszuprobieren?

Abbildung 3.11 Dein Warum bestimmt, wie du kommunizierst, was du anbietest und wie du dich verhältst – über das Business hinaus.

Zwei Beispiele: In Zürich gibt es einen Eisverkäufer mit einer kleinen, fahrbaren Eisbude am See, der große Freude an seiner Arbeit ausstrahlt, du siehst ihn in Abbildung 3.12. Er fragt jeden Kunden, was er noch zusätzlich probieren möchte, erfüllt jeden Sonderwunsch. Kinder bekommen ein kleines Plastiktierchen auf ihre Eiskugel gesetzt, und mir als regelmäßiger Kundin schenkt er eine Stofftasche mit seinem Logo. Einmal habe ich ihn außerhalb seines Arbeitsplatzes gesehen, und mir ist sofort aufgefallen, dass er sein strahlendes Lächeln auch ohne Eis großzügig an Passanten verteilt. Und das in einer Stadt wie Zürich, in der die meisten Menschen auf ihr Handy blickend an dir vorbeieilen. Ich glaube, wenn er sein Warum formulieren würde, wäre es etwas wie: »Ich versüße den Alltag der Menschen, damit sie Lebensfreude spüren.«

Und ich bin überzeugt davon, dass man nicht selbstständig sein muss, um ein Warum zu haben: Gern erinnere ich mich an eine Zoomitarbeiterin auf Fuerteventura, die kleine Gemüsetütchen an die Zoobesucher verkaufte und ihnen zusah, wie sie den Inhalt an die Giraffen verfütterten. »Sind das nicht ganz wundervolle Tiere? Ist das nicht ein ganz besonderes Erlebnis?«, sagte sie dann und erzählte allen, dass die Giraffen gerade umgezogen wären und wie sie als Rudel funktionierten. Ich bin mir ziemlich sicher, dass sich diese Frau mit folgendem Warum identifizieren könnte: »Ich begeistere Menschen für Tiere, damit wir unseren Planeten wertschätzen.« Übrigens habe ich die Frau einige Tage später bei einer anderen Schicht wiedergesehen: Miesepetrig kontrollierte sie die Eintrittstickets der Zoobesucher und schnauzte ihren Kollegen an. Für mich passte das ins Bild: In dieser Position war sie einfach zu weit von ihrem Warum entfernt.

Abbildung 3.12 Der Eisverkäufer aus Zürich strahlt auch auf seinem Instagram-Account. Zugriff: 05.10.20[7]

Noch ein Beispiel aus meiner Arbeit: Stella Bergengruen war lange auf der Suche nach ihrem Warum, als wir miteinander zu arbeiten begannen. Sie ist Yogalehrerin, Ayurveda-Life-Coach, und zugleich ist ihr das Leben mit und für die Umwelt ungemein wichtig. Sie lebt vegan, reist so wenig wie möglich und führt einen minimalistischen, umweltfreundlichen Lebensstil. In unserem Gespräch ist das Wort »Frieden« immer wieder gefallen – Frieden mit sich selbst durch Yoga, Frieden mit dem Körper durch eine ayurvedische Lebensweise, ein friedvoller Umgang mit der Natur. Das Wort »Frieden« an sich war Stella aber zu groß für ihr Warum, ihr eigener Einfluss schien ihr zu klein. Also suchten wir nach etwas, das vor dem Frieden kommt, etwas, das sie persönlich bei den einzelnen Menschen bewirken könnte. Wir haben das Mitgefühl gefunden. Wer Mitgefühl mit sich und anderen empfindet, handelt friedvoller. Stellas Warum lautet heute: »Ich inspiriere Menschen, sich

---

7   www.instagram.com/p/BwFue54Au0y/

mit sich selbst zu verbinden, damit sie Mitgefühl leben.« Auf ihrem Account teilt sie viele Gedanken dazu, wie ein solches Leben aussehen könnte, siehe Abbildung 3.13.

»Inspirieren, sich mit sich selbst zu verbinden«, ist hier also das x, »Menschen« sind das y, und »Mitgefühl leben« ist das z. Mitgefühl könnte man an sich schon als menschliches Grundbedürfnis ansehen. Wenn man aber noch eine Ebene tiefer gehen möchte, fragt man: Warum sollen wir Mitgefühl leben? Dann könnte dem entweder der Wunsch nach Sicherheit oder dem nach Gemeinschaft zugrunde liegen.

Abbildung 3.13 Stella Bergengruen schreibt über ihre Wünsche für eine friedlichere Welt voller Mitgefühl. Zugriff: 05.10.20[8]

Life-Coach Ashley Paquin, die mir geholfen hat, mein Warum zu definieren, schreibt auf ihrer Webseite: »I've dedicated my life to helping heal the hearts and minds of humanity - this is my true purpose in life.« In unsere Formel gebracht und übersetzt, hieße das also: Ich helfe, die Herzen und Seelen der Menschheit zu heilen. »Helfen zu heilen« ist das x, die Herzen und Seelen der Menschheit das y – ein z braucht es auch in diesem Fall nicht, weil »Heilung« an sich schon ein großes Warum ist. Es erfüllt die menschlichen Grundbedürfnisse nach Gesundheit und Unversehrtheit.

---

8   www.instagram.com/p/CFaidJ3DbfY/

Ich nenne dieses Beispiel, weil sich Ashleys Warum unheimlich groß anfühlt, es ist weniger spezifisch als die bisherigen Beispiele. Heilung der Menschheit … wow … das kann Angst einflößen.

Vielleicht geht es dir mit deinem Warum ähnlich. Vielleicht streiten in dir Angst und Intuition miteinander, wenn du deinen Satz liest. Dann hast du folgende Möglichkeiten: Du kannst entweder spezifischer und kleiner werden, bis du dich wohlfühlst mit deinem Satz, oder aber in deinen Satz hineinwachsen. Die Wahl liegt bei dir.

3.5.1   Formuliere dein Warum

 Jetzt kommt also die wichtigste aller Aufgaben in diesem ersten Teil: Formuliere dein Warum nach der Formel: Ich x für y, damit z.

Wie gehst du dabei am besten vor?

▶ Wähle für z das menschliche Grundbedürfnis, das du befriedigen möchtest.

▶ Wähle für x ein Verb, das deinen Fähigkeiten und Interessen entspricht. Wie du in den Beispielen gesehen hast, darf es auch gern ein zusammengesetztes Verb sein. Für den Warum-Satz bieten sich Verben an, die dich zum Dienstleister machen – selbst dann, wenn du keine persönliche Unterstützung, sondern Produkte anbietest. Gute Verben sind zum Beispiel: helfen, unterstützen, heilen, inspirieren, ermutigen, betreuen, stärken, dienen, vorwärtsbringen, beraten, beistehen, begleiten etc.

▶ Mache dir an dieser Stelle noch keinen Kopf um eine genaue Definition deiner Zielgruppe, also dein y. Für den Warum-Satz reicht es aus, wenn du die Frage beantworten kannst, wem du generell helfen möchtest. Wähle deine Zielgruppe so spezifisch, wie du kannst, ohne dass du mit Nebensätzen arbeiten musst. Wenn du also Gründer, Frauen oder Jugendliche anstatt Menschen sagen kannst – super. Nicht gut geeignet für das Warum sind hingegen Sätze wie: »Gründerinnen, die an ihrem Money-Mindset arbeiten möchten« oder »Menschen, denen in der Kindheit die Freude an Kreativität verloren ging«. Sie machen deinen Satz lang und sperrig.

▶ Arbeite mit einem Synonymwörterbuch, um die für dich passenden Begriffe zu finden. Suche die Worte, die etwas in dir anklingen lassen. Ich arbeite gern mit der Webseite *https://wortschatz.uni-leipzig.de/de* oder mit dem Duden Nr. 8, »Die sinn- und sachverwandten Wörter«.

▶ Lass dir Zeit! Ein Warum ist ein unheimlich wichtiger Satz, der dich lange unterstützen soll. Du hast mehrere Möglichkeiten, herauszufinden, ob der Satz so für dich stimmig ist. Schreibe den Satz auf und hänge ihn an die Wand. Spiele mit mehreren Versionen, indem du mögliche Satzteile auf Post-its schreibst und mit ihnen puzzelst. Gehe spazieren. Lies dir den Satz laut vor. Lerne ihn auswendig. Befrage Freunde oder Kollegen. Meditiere über die Bedeutung der Worte. Befrage Herz und Bauch mit der Übung vom Beginn dieses Kapitels.

▶   Überprüfe dein Warum: Ist es leicht verständlich – auch für einen Jugendlichen, der noch nie von deinem Fachgebiet gehört hat? Ist es für dich ein ganzheitliches Warum, das sich auch noch richtig anfühlt, wenn du deinen Schreibtisch verlässt? Passt es zu deinen Werten? Fühlt es sich an wie die Konsequenz aus dem, was du bereits erlebt hast, und dem, wofür du brennst?

Wenn du so weit bist, trage dein Warum in das Workbook ein.

Aber belasse es nicht dabei, sondern überlege, wo du es regelmäßig im Blickfeld hast. Mein Warum ist mein Desktophintergrund am PC, ich sehe es so jeden Morgen, wenn ich den Computer starte. (Und wenn ich es nicht mehr sehe, weiß ich, es ist höchste Zeit, den Desktop aufzuräumen.)

Du könntest dein Warum auch auf deinen Kalender schreiben oder es ausdrucken und über den Schreibtisch hängen. Ein Post-it am Badezimmerspiegel hilft dir, wenn du morgens schwer in die Gänge kommst. Du kannst es als Spruch auf eine Kaffeetasse drucken lassen oder eingravieren lassen in dein liebstes Schreibgerät. Je häufiger du dein Warum vor Augen hast, umso schneller wirst du merken, ob es für dich wirklich stimmig ist. Und umso leichter wird es dir fallen, Entscheidungen zu treffen, die zu deinem Warum passen.

Das Wichtigste in Kürze

Ein kraftvolles Warum geht über das, was du mit deinem Business erreichen möchtest, hinaus. Die Formel »Ich x für y, damit z« gibt dem Warum eine Struktur. Lass dir Zeit und wähle jedes Wort bewusst. Am Schluss steht ein Satz, den du fühlen kannst. Manchmal ist der Satz so groß, dass er Angst einflößt. Entscheide für dich: Magst du ihn herunterbrechen oder in ihn hineinwachsen?

3.6   Ein Satz für alles? – Wie marketingfreundlich ist dein Warum?

In erster Linie hast du dein Warum für dich formuliert. Es leitet dich an in deinen strategischen Entscheidungen, und es bestimmt den Ton deiner Kommunikation.

In zweiter Linie darf und sollte dein Warum natürlich auch Einzug in dein Marketing finden. Mein Warum-Satz stand lange Zeit ganz oben auf der Startseite meines Webauftritts. Und ich habe ihn mehrfach als Post bei Social Media geteilt. In dieser

Zeit habe ich wiederholt von Coaching-Interessenten das Feedback bekommen, dass es genau dieser Satz war, der sie dazu bewogen hat, ein Informationsgespräch mit mir zu buchen.

Ich glaube, den Warum-Satz tatsächlich offen zu kommunizieren, ist sehr wirkungsvoll. Und wenn das Warum nicht deutlich wird, fehlt etwas. Ich bin jahrelang um ein Businesscoaching-Programm herumgeschlichen. Die Inhalte und die Art und Weise, wie das Coaching aufgebaut war, hatten mich längst überzeugt. Aber der Coach war für mich nicht greifbar. Ich war mir unsicher, ob ich mit dieser Frau zusammenarbeiten und von ihr lernen wollte. Ohne dass ich genau sagen konnte, was mir fehlte. Erst in einem mehrstündigen Webinar erzählte sie, dass sie mit ihrer Arbeit die Gleichberechtigung von Frauen vorantreiben möchte. Das war für mich das ausschlaggebende Argument – ich kaufte das Programm. Zugleich fragte ich mich: Warum erfahre ich das erst jetzt? Ich hätte schon viel früher zu ihrer Kundin werden können.

Es gibt allerdings auch Argumente, den Warum-Satz nicht prominent im Marketing einzusetzen.

1. Der Satz ist vermutlich eher lang, vielleicht sogar ein bisschen sperrig. Eventuell hast du mehrere Verben oder zusammengesetzte Verben mit hineingenommen oder deine Zielgruppe mit mehreren Merkmalen beschrieben.

2. Wenn dein Warum sehr groß gewählt ist, kann es sich beängstigend anfühlen, dieses offen zu kommunizieren.

3. Wenn sich dein Warum auf ein Grundbedürfnis oder ein so vages Ziel wie Weltfrieden oder Klimarettung bezieht, ist es eventuell zu wenig spezifisch. Es ist ein Ziel, das für allerlei Unternehmen gelten könnte.

4. Wenn du den Satz an oberste Stelle stellst, zum Beispiel auf deiner Webseite, könntest du ungeduldige Kundinnen und Kunden verlieren, weil sie nicht innerhalb von Sekunden erfassen können, *wie* du das tust.

Daher gibt es zwei weitere Sätze, die dir helfen können, dein Warum zu ergänzen oder zu umrahmen: ein kurzer emotionaler Claim und ein längerer Elevator-Pitch.

Der Elevator-Pitch hat eine ähnliche Struktur wie unser Warum-Satz, nimmt aber das *Wie* mit auf (siehe Abbildung 3.14). Weil er oft ganz oben auf der Webseite steht und daher sowohl von Webseitenbesuchern als auch von Google als wichtig erkannt wird, ist er außerdem mit Keywords gespickt – also Begriffen, für die wir von Suchmaschinen gefunden werden möchten. (Wie man Keywords findet, werde ich in Kapitel 12, »Nachhaltig Inhalte produzieren: Lass dich finden«, erläutern.) Der Begriff »Elevator-Pitch« rührt von der Vorstellung, dass man seine Business-Idee innerhalb der Dauer einer Aufzugfahrt auf den Punkt bringen sollte.

Ich spiele das Ganze noch einmal an meinem eigenen Warum durch: »Ich helfe denen, die Gutes in die Welt bringen, gesehen und verstanden zu werden.« Niemand wird bei Google Suchbegriffe verwenden, die besagen, dass er Gutes in die Welt bringt und gesehen und verstanden werden möchte. Daher muss ich für den Elevator-Pitch konkreter werden, was die Zielgruppe und mein Wie angeht, beispielsweise so:

»Ich führe Yogalehrerinnen, Coaches, Beraterinnen und Solopreneure mit einer strukturierten und achtsamen Content-Strategie zu mehr Leichtigkeit und Konsistenz im Selbstmarketing.«

Im Gegensatz zu meinem Warum, das dauerhaft für mein Leben und mein Business gelten soll, ist der Elevator-Pitch flexibel. Er passt sich meinem Angebot an und macht auch Zielgruppenwechsel mit.

Der Elevator-Pitch lässt sich mit dem Warum ergänzen: »Damit helfe ich denen, die Gutes in die Welt bringen, gesehen und verstanden zu werden.« Es wäre auch denkbar, den Warum-Satz direkt in den Elevator-Pitch einzubauen, in meinem Fall etwa: »Ich helfe Yogalehrerinnen, Coaches, Beraterinnen und Solopreneuren mit einer strukturierten und achtsamen Content-Strategie, auf Social Media von Kunden gefunden zu werden.«

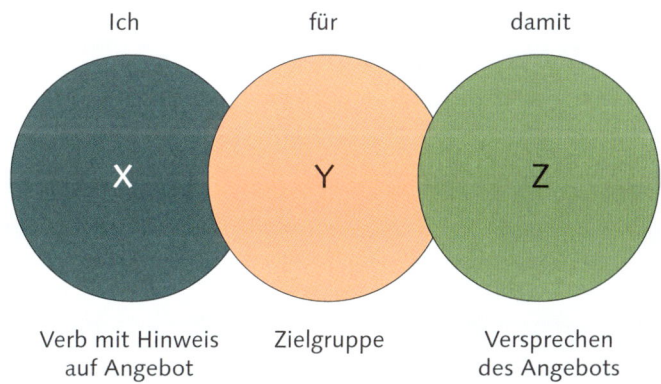

Abbildung 3.14 Der Elevator-Pitch hat dieselbe Grundstruktur wie der Warum-Satz, wird aber anders befüllt.

Eine weitere Möglichkeit ist, das Warum nicht auf der Startseite, sondern als ersten Satz auf der *Über mich-/Über uns*-Seite deines Webauftritts zu platzieren. Wenn du diese Möglichkeit wählst, würde ich dir allerdings dazu raten, mit einem weiteren Stilmittel zu arbeiten, das das Warum doch noch auf deine Startseite bringt: dem Claim.

Der Claim oder auch Slogan eines Unternehmens ist speziell für die Marketingwirkung formuliert, er enthält oft Wortspiele und Adjektive, die unterstreichen sollen, was das Unternehmen besonders macht. Es geht hier also um eine emotionale Komponente. Bekannte Beispiele für Claims sind: »Eins gehört gehört« für den Radiosender SWR1, Edekas »Wir lieben Lebensmittel« oder »Quadratisch. Praktisch. Gut.« für Ritter Sport. Ein Claim enthält in extrem verkürzter Form die Argumente dafür, dass man bei diesem Unternehmen kaufen sollte und nicht bei einem anderen.

Ein wirklich guter Claim stellt als Kaufargument wiederum nicht das Produkt oder Angebot in den Fokus, sondern das Warum. Das sehen wir bei Edeka (Wir lieben Lebensmittel), Apple (Think different) oder Nike (Just do it). Gemeinsam mit dem Logo und dem Markennamen oder mit Elevator-Pitch und Produktfotos erschließt sich potenziellen Kundeninnen, was das Unternehmen anbietet – diese Info steht also nicht direkt im Claim. Beispiele für Claims aus der Coaching- und Beraterszene sind Dr. Janna Scharfenbergs »Einfach gesund leben« oder Judith Peters' »Geboren, um Geschichten zu schreiben«.

Ein Claim ist kurz und knackig und enthält nicht selten ein Wortspiel oder etwas Wortwitz. Ein Claim will Emotionen wecken und nimmt großen Warum-Sätzen zugleich die Schwere. Im Claim kreierst du einen Satz, den sich Menschen leicht merken und mit dir in Verbindung bringen können. Denn wer verleiht Flügel? Richtig, Red Bull.

Ein guter Claim umfasst laut Werbetexterin Judith Peters nicht mehr als sieben Worte. Auf ihrem Blog Sympatexter empfiehlt sie folgenden Ansatz, um den eigenen Claim zu finden: »Wie kann ich in maximal sieben Worten ausdrücken, dass …« – und dann folgt das, was dich und dein Angebot besonders macht.[9]

Wenn es dir schwerfällt, aus deinem Warum einen Claim zu entwickeln, wirf noch einmal einen Blick in dein Workbook und deine handschriftlichen Notizen über deinen Berufsweg, deine privaten Schlüsselmomente, deine Fähigkeiten und Talente. Was davon macht dich speziell? Was unterscheidet dich von anderen und ist im besten Sinne des Wortes merk-würdig?

Mein derzeitiger Claim lautet: »Dein Warum ist die Antwort.« Der Satz gefällt mir, weil er Fragen aufwirft (Ist das Warum nicht im Normalfall eine Frage?) und gleichzeitig in kürzester Form ausdrückt, wie ich arbeite. Ich arbeite nur mit Menschen, die ein starkes Warum haben (damit sind wir wieder bei denen, die Gutes in die Welt bringen), und ich rücke dieses Warum in ihrer Kommunikation ins Zentrum.

---

9 www.sympatexter.com/claim-entwickeln/

Damit helfe ich ihnen, gesehen und verstanden zu werden. Ein Claim ohne das Wort »Warum« hätte für mich schlicht nicht funktioniert.

Wie ich Claim, Warum und Elevator-Pitch derzeit auf der Startseite meiner Webseite nutze, siehst du in Abbildung 3.15. Allerdings ist dieser Bereich meiner Webseite ständig in Bewegung – er kann also schon anders aussehen, wenn du heute vorbeisurfst. Ich feile besonders gern an diesen einleitenden Sätzen. Sie spiegeln auch kleine Änderungen meiner Positionierung wider. Während mein Warum ein stabiler Pfeiler ist, darf der Rest in Bewegung bleiben.

Abbildung 3.15 Zusammenspiel aus Claim, Elevator-Pitch und Warum auf meiner Webseite, Zugriff: 05.10.20[10]

Mehr Leichtigkeit mit dem Werbespruch-Generator

Manchmal hängt man fest beim Finden der richtigen Worte, besonders wenn es um eine so kunstvolle Satzkonstruktion wie den Claim geht. Ein tolles Tool, um wieder in die spielerische Leichtigkeit zu kommen, ist der Werbespruch-Generator von Shopify, der an den eigenen Namen typische Werbebotschaften wie »Let's go« oder »einmalig gut« hängt. Manchmal kommt einem durch diese Spielerei tatsächlich eine tolle Idee für den eigenen Claim. Ein anderes Mal bringen einen die Kombinationen auch einfach nur zum Lachen – zum Beispiel wenn der Generator »Dick, dicker, das alles ist dein Name« vorschlägt. *www.shopify.de/tools/werbespruche-generator*

---

10 https://biancafritz.com/

Brauchst du als Selbstständiger oder Unternehmerin einen Claim? Meiner Ansicht nach nicht unbedingt – mit einem Elevator-Pitch und dem Warum-Satz kannst du die wichtigsten Botschaften ebenfalls abdecken. Ein Claim kann aber mehr Leichtigkeit und Emotionalität in dein Warum bringen. Und mit dem Claim hast du eine knackige Kurzversion deines Warums, die auch unter dein Logo oder auf deine Visitenkarte passt. Also, wenn du Freude am Spiel mit Worten hast: Begib dich auf Claim-Suche.

Zu guter Letzt möchte ich noch erwähnen, dass du die Ideen, die du hier zum Warum-Satz, dem Elevator-Pitch und dem Claim erhalten hast, natürlich nicht nur auf dein Unternehmen oder deine Person als Ganzes anwenden kannst. Du kannst sie auch zur Erklärung und Bewerbung deiner einzelnen Angebote nutzen. So wird aus dem »Warum du tust, was du tust« die Frage »Warum hast du gerade dieses Angebot geschaffen?«. Aus einem großen Warum werden viele kleinere.

Das Wichtigste in Kürze

Den Warum-Satz in Reinform zu kommunizieren, kann sehr kraftvoll sein. Der Elevator-Pitch ergänzt das Warum ums Wie und enthält suchmaschinenfreundliche Keywords. Ein Claim kann die verspielte Kurzform deines Warums sein. Auch jedes Angebot hat ein Warum.

4 Deine Wunschkundin oder deinen Wunschkunden als Mensch begreifen

Wen möchtest du ansprechen? Für Social Media ist es wichtig, dass du deine Wunschkundin sehr genau vor Augen hast – damit du mit ihr wie mit der besten Freundin sprechen kannst. Dafür ist es vermutlich wichtiger, dass du weißt, was sie nachts wachhält, als dass du ihre Haarfarbe kennst.

Ein kurzer Blick zurück auf die Geschichte des wichtigsten sozialen Netzwerks: Facebook wurde ursprünglich gegründet, um Studierende untereinander zu verbinden – ähnlich wie im deutschen Raum das Netzwerk studiVZ. Die Plattform erweiterte ihre Zielgruppe allerdings rasch, und bald war Facebook eine Plattform für den Austausch von Menschen aller Altersgruppen. Das Urlaubsfoto mit der passenden Geschichte musste nur noch an einem Ort geteilt werden – und alle waren informiert. Auch heute noch soll dieser Austausch unter Freunden und Verwandten bei Facebook im Vordergrund stehen, obwohl das Netzwerk längst als Werbeplattform für Unternehmen genutzt wird und um viele kommerzielle Funktionen erweitert wurde. Das Mission-Statement von Facebook lautet:

Die Mission von Facebook, das 2004 gegründet wurde, besteht darin, Menschen die Macht zu geben, Gemeinschaft aufzubauen und die Welt näher zusammenrücken zu lassen. Menschen nutzen Facebook, um mit Freunden und Familie in Verbindung zu bleiben, um zu erfahren, was in der Welt vor sich geht, und um zu zeigen, was ihnen wichtig ist.[1]

Es geht also um Gemeinschaft und die Kommunikation unter Freunden. Auch der Facebook-Algorithmus zielt darauf ab, uns vor allem Beiträge von Freunden und Verwandten anzuzeigen oder von denen, die Facebook für genauso wichtig hält wie unsere Freunde und Verwandte. Darauf werde ich in Abschnitt 7.1, »Von Mensch zu Mensch: Warum soziale Medien der perfekte Ort für werteorientiertes Marketing sind«, noch eingehen. Möchten wir von potenziellen Kundinnen und Kunden gesehen werden, sollten wir diese also so ansprechen, als wären es unsere Freunde. Wir setzen auf echte, menschliche Interaktion in sozialen Netzwerken.

---

1 Übersetzt von: https://investor.fb.com/resources/default.aspx, Zugriff 03.06.20.

Das funktioniert am besten, wenn du dir ein möglichst genaues Bild von deinem Gegenüber machst. Du überlegst dir, was diese Person beschäftigt und wie sie angesprochen werden möchte. Dieses Kapitel hilft dir dabei, eine Wunschkundin oder einen Wunschkunden so zu definieren, dass du ihn oder sie als »echte Person« vor Augen hast, wenn du deine Social-Media-Aktivitäten planst und deine Posts formulierst.

Das Wichtigste in Kürze

Der Facebook-Algorithmus bevorzugt Beiträge, die Gemeinschaft unter Freunden schaffen. Wenn du deine möglichen Kunden als Freunde ansprechen möchtest, hilft es, eine möglichst konkrete Person vor Augen zu haben.

4.1   Wenn du mit allen sprichst, hört dich niemand

»Aber ich möchte allen Menschen helfen und kann mich unmöglich auf eine Zielgruppe beschränken!« – Wenn dir sofort dieser Einwand in den Sinn kommt, kann ich dir sagen: Du bist in guter Gesellschaft. Je stärker und größer dein Warum ist, umso schwerer fällt es dir vermutlich, dich zu beschränken, was deine Zielgruppe angeht. Ich habe das in meiner Arbeit besonders bei Menschen in Heilberufen feststellen dürfen. Natürlich: Jeder Mensch da draußen benötigt in einem Bereich seines Lebens Heilung. Und es ist ehrenwert und verständlich, dass du niemanden ausschließen möchtest.

Das Problem dabei: Menschen hören gelangweilt weg, wenn sie das Gefühl haben, nur als ein Teil der Menschheit mitgemeint zu sein. Wenn du mit allen sprichst, sprichst du tatsächlich mit niemandem. Wir sind in einer Gesellschaft groß geworden, in der unsere Individualität, unser ganz persönlicher Mix aus Herkunft, Erfahrung und Werten, eine entscheidende Rolle spielt. Wir definieren uns dadurch, was wir tun und denken und welchen Platz wir im Leben einnehmen. Wir wollen als dieser individuelle Mensch in unserer ganz persönlichen Situation abgeholt und angesprochen werden (siehe Abbildung 4.1).

Tatsächlich wird das stetig wachsende Angebot da draußen diesem Bedürfnis nach Individualität mehr und mehr gerecht. Du findest immer mehr Angebote, die klingen, als hätte jemand dein Problem genau verstanden und biete dir nun die auf dich maßgeschneiderte Lösung. Das sorgt dafür, dass du dich gesehen und verstanden fühlst. Die Wahrscheinlichkeit, dass du kaufst, steigt. Du wählst genau das Angebot aus, das am besten zu deiner Lebensrealität passt.

Abbildung 4.1 Kunden wollen in dem, was sie besonders macht, gesehen und abgeholt werden. Symbolbild: Bianca Fritz

4.1.1   Aber was ist mit all den anderen potenziellen Kunden?

Sich für eine Zielgruppe zu entscheiden, braucht Mut. Denn natürlich bedeutet die klare Definition einer Zielgruppe auch, dass man andere mögliche Kunden ausschließt. Ist das nicht ein zu großes Risiko? Und ist das nicht gemein? Drei Gegenargumente:

1. Menschen definieren sich immer durch Abgrenzung von anderen. Das bedeutet: Dein Wunschkunde fühlt sich nicht nur dadurch angesprochen, dass du das Angebot so formulierst, dass es wie für ihn gemacht scheint, sondern unbewusst auch dadurch, dass es eben nicht für andere ist. Seth Godin beschreibt in seinem Buch »Das ist Marketing«[2] den Satz »Menschen wie wir tun Dinge wie diese« als wichtiges Kaufargument. Es geht also im Grunde darum, dass du als Anbieter dem Kunden mit dem »Wie für mich gemacht«-Gefühl auch ein Gefühl der Zugehörigkeit zu einer Gruppe vermittelst. Du deckst mit der klaren Eingrenzung der Zielgruppe gleich zwei wichtige menschliche Bedürfnisse ab: das des Gesehenwerdens und das der Zugehörigkeit zu einer Gruppe. Je stärker du diese Bedürfnisse befriedigst, umso mehr kann sich die Kundin mit deinem Unternehmen identifizieren. Und genau diese Identifikation führt zu großer Loyalität. Loyale Kunden empfehlen ein Unternehmen weiter an Menschen, die sind wie sie selbst.

---

2   Seth Godin: Das ist Marketing! So wird man wirklich sichtbar. Redline Verlag, 2019.

2. Du definierst die Wunschkundin, damit du weißt, wie du künftig über welche Themen sprechen möchtest. Nach meiner Erfahrung schließt die klare Definition eines Wunschkunden viel weniger Menschen aus, als es auf den ersten Blick scheint. So habe ich beispielsweise an mehreren Onlineprogrammen teilgenommen, die klar für Frauen bestimmt waren – und es waren fast immer auch Männer mit dabei. Sie haben sich einfach mit angesprochen gefühlt. Denn im Marketing für diese Kurse wurden vor allem die Bedürfnisse und Emotionen der potenziellen Kunden in den Fokus gestellt – und die haben kein Geschlecht.

3. Zu guter Letzt sehe ich es als hilfreichen Service, wenn ich als möglicher Kunde oder mögliche Kundin schnell erkennen kann, ob ein Angebot für mich gemacht ist oder eben nicht. Gerade in diesem Dschungel an Angeboten. Wer es seinen Kunden durch Klarheit leicht macht, sich zu entscheiden, bleibt positiv im Gedächtnis – selbst wenn es dieses Mal nicht das passende Angebot ist.

Allgemein gilt im Marketing: Je größer der potenzielle Kundenpool ist, desto spitzer muss die Positionierung sein. Unter Positionierung ist der Platz zu verstehen, den du auf dem Markt einnimmst, und wie du dich dabei von deinen Mitbewerbern unterscheidest. Du grenzt dich also von anderen ab, indem du zeigst, was dein Angebot leistet und für wen. Eine spitze Positionierung bedeutet: Du bist sehr spezifisch in dem, was du für wen und welches Problem anbietest. Ein Beispiel für eine spitze Positionierung siehst du in Abbildung 4.3. Sandra Maier gibt Workshops und plant Kurse für hochsensible Personen, die sich mit veganer Ernährung stärken möchten. Zugleich haben sie aber auch mit den Vorurteilen gegenüber Veganern besonders zu kämpfen, wie der Instagram-Post zeigt.

Eine breite Positionierung entspricht eher dem Bauchladen: Du hast etwas für jeden und alle Fälle im Angebot. Die wichtigsten Faktoren für diese Positionierung werde ich in diesem Kapitel so einfach wie möglich erläutern.

Die Auswahl und Größe der Zielgruppe ist definitiv ein wichtiger Teil deiner Positionierung. Ein Beispiel: Wenn du in einer 100-Seelen-Gemeinde als einzige Lehrerin Yoga unterrichtest, ist es vermutlich wirksam, mit »Yoga für alle« zu werben. Dein Kurs wird sich gut füllen, weil Yoga beliebt ist und es keine Alternative gibt. Allerdings: Selbst wenn du die einzige Lehrerin am Platz bist, kann es hilfreich sein, die Vorteile aufzuzeigen, die Yoga verschiedenen Altersklassen oder Personengruppen bietet. Denn der Begriff »Yoga« weckt unterschiedliche Assoziationen und gegebenenfalls Vorurteile, die sich durch den Zusatz »für alle« nicht entkräften lassen. Die einen fürchten, nicht beweglich genug zu sein, die anderen, dass Yoga zu sanft ist für ihre sportlichen Ansprüche.

Ganz anders sieht es aus, wenn du in einer Großstadt mit vielen verschiedenen Studios Yoga anbieten möchtest. Hier vergleichen die Menschen die Angebote und suchen das Angebot heraus, das wie auf sie zugeschnitten scheint. Wenn die Frau, die mit den Wechseljahren kämpft, die Wahl hat zwischen »Yoga für alle« und »Hormonyoga für Frauen in den Wechseljahren«, wählt sie mit großer Wahrscheinlichkeit den Kurs, der »wie für sie gemacht« ist.

Abbildung 4.2 Ein Social-Media-Inhalt für eine sehr spitz definierte Zielgruppe: hochsensible Veganer, Zugriff: 06.10.20[3]

Und sobald du ein Onlineangebot hast, wird der Teich, in dem du fischst, noch viel größer: Deine Yogakurse stehen dann neben solchen aus dem gesamten deutschsprachigen Raum oder sogar der ganzen digitalen Welt, wenn unsere Schülerinnen und Schüler auch andere Sprachen sprechen. Umso wichtiger ist es, dass wir genau die Menschen ansprechen, die wir auch in unseren Kursen haben möchten.

Neben der Frage, wie stark deine Zielgruppe durch Regionalität eingeschränkt ist, gibt es zwei weitere bestimmende Faktoren, die Einfluss darauf haben, wie spitz deine Positionierung ist. Der eine ist dein Angebot: Je spezifischer und einzigartiger dein Angebot ist und je weniger Mitbewerber es gibt, desto breiter darf dann wiederum die Zielgruppe sein. Um beim Yoga-Beispiel zu bleiben: Wenn du als Yogalehrerin eine Yoga-Stilrichtung anbietest, die es im weiteren Umkreis nicht gibt,

---

3   www.instagram.com/p/CECunzeptb-/

hast du hier bereits ein Alleinstellungsmerkmal. Du bietest zum Beispiel Kundalini-Yoga an und musst nicht spezifizieren, dass es »Kundalini-Yoga für Männer ab 45« ist. Trotzdem hilft es, wenn du selbst bereits im Kopf hast, für wen dein Angebot besonders geeignet ist oder mit wem du besonders gern zusammenarbeiten möchtest. Denn: »Neue« Produkte und Dienstleistungen sind häufig ebenfalls erklärungsbedürftig. Die Menschen wissen noch nicht, ob das etwas für sie ist.

Außerdem kann die Frage, wie etabliert du bereits bist oder an welchem Punkt du dich auf deiner unternehmerischen Reise befindest, darüber entscheiden, wie spitz du dich positionieren solltest. Die Daumenregel lautet: Je mehr Erfahrung du vorweisen kannst, desto glaubwürdiger ist eine breite Positionierung. Umgekehrt bedeutet das: Zu Beginn ist es einfacher, sich als Experte oder Go-to-Person auf ein ganz spezifisches Problem und/oder eine klar eingegrenzte Zielgruppe zu beschränken, also ganz spitz einzusteigen.

Wie spitz du dich positionierst, hängt also davon ab, wie groß die potenzielle Zielgruppe ist, die zum Beispiel durch Regionalität beschränkt sein kann, wie einzigartig dein Angebot ist und etabliert du bereits bist – die Zusammenhänge zeigt Abbildung 4.3 auf.

Abbildung 4.3 Wie spitz du dich positionieren solltest, hängt von deinem Angebot, deiner Zielgruppe und deiner Expertise ab.

Ich möchte dieses Zusammenspiel in der Positionierung anhand meines eigenen Beispiels aufzeigen. Zu Beginn half ich ausschließlich Yogalehrerinnen (spitze Zielgruppe), die im Umgang mit Facebook und Instagram unbedarft waren, und ich beriet sie dort in allerlei Fragen (breites, unspezifisches Angebot). Durch die Arbeit habe ich herausgefunden, wo meine Stärken und Leidenschaften liegen, nämlich im Erarbeiten von individuellen Content-Plänen und einer Sprache, die Interaktion hervorruft. So wurde mein Angebot spezifischer. Im Gegenzug konnte ich die Zielgruppe erweitern auf andere Berufsgruppen, für die meine Expertise spannend sein könnte. Zugleich bedeutete ein Vordringen in diese größere Zielgruppe, dass ich mehr Mitbewerber bekam. Um hier zu bestehen, kann ich inzwischen auf meine Erfahrung und die Social-Media-Erfolge meiner Kundinnen aus der ersten Unternehmensphase hinweisen, also zeigen, dass ich etabliert bin.

Das Wichtigste in Kürze

Menschen definieren sich in Abgrenzung von anderen – eine klare Definition einer Zielgruppe ist also ein Service für deinen Wunschkunden.

Deine Zielgruppe ist Teil deiner Positionierung. Wie spitz sie gewählt sein sollte, hängt auch davon ab, wie spezifisch dein Angebot ist und wie glaubwürdig du bereits als Expertin bist.

4.2   Name, Lieblingsfarbe, Familienstand? Was musst du wirklich wissen?

Wenn du deinen Wunschkunden oder deine Wunschkundin klar vor Augen hast, wird dir das helfen, genau diese Menschen für deine Social-Media-Beiträge zu begeistern. Manche nennen das die Magie der Visualisierung. Andere sagen, es läge an deinem Ton, den Bildern, die du auswählst, den Botschaften, die du bewusst oder unbewusst zwischen den Zeilen kommunizierst – all das spricht deine Wunschkundin an.

Vielleicht ist dir aufgefallen, dass ich unterschiedliche Begriffe verwendet habe: den der Zielgruppe und den der Wunschkundin oder des Wunschkunden. Unter einer Zielgruppe versteht man eine Kategorie von Menschen mit eindeutigen gemeinsamen Merkmalen. Der Wunschkunde hingegen ist eine einzelne Person aus dieser Gruppe, die du dir herausgreifst und in allen Einzelheiten beschreibst. Synonyme sind auch der Kundenavatar oder der Zielkunde.

Als ich das erste Mal auf das Konzept des Kundenavatars gestoßen bin, war ich irritiert: Ich sollte ein Foto heraussuchen sowie Alter, Familienstand, Wohnort und so weiter angeben. Aber so wirklich verstanden hatte ich nicht, wozu diese Spezifikationen dienen sollten. Tatsächlich sehen viele Marketingfragebogen zur Wunschkundenbestimmung genauso aus. Und bisweilen sind Alter, Familienstand, Geschlecht und Wohnort durchaus wichtige Merkmale – zum Beispiel wenn du eine Eheberatung im Raum Stuttgart anbieten möchtest oder Hip-Hop-Klassen für Teenager in Hamburg. Allerdings helfen dir diese demografischen Merkmale und das Aussehen deiner Wunschkundin wenig dabei, die Kunden wirklich zu verstehen. Es könnte sogar passieren, dass du Vorurteilen über Alter, Geschlecht, Beruf etc. aufsitzt und deine Kunden in veraltete Klischeeschubladen steckst.

Um das zu verhindern, lernst du deine Kundin besser kennen – mit soziografischen Merkmalen. Du machst dir folglich Gedanken darüber, welche Werte ihr wichtig sind, welchen Gruppen sie sich zugehörig fühlt, wie sie spricht, welche Wünsche sie hat, vor welchen Herausforderungen sie steht und wie sie sich fühlen möchte. Fragen wie »Was liest die Person?«, »Wie verhält sie sich, wenn sie auf ein Problem stößt?« und »Wem folgt sie auf Instagram?« sind hilfreich, um die Person in der Tiefe zu verstehen. Du lernst die Person also als Charakter kennen, um sie so anzusprechen, dass sie sich gesehen und gemeint fühlt. Und ganz nebenbei erarbeitest du Kategorien, die für das Targeting von Facebook-Anzeigen spannend sein könnten. Dazu wirst du in Kapitel 11, »Facebook und Instagram Ads: Katalysator für deine Sichtbarkeit«, mehr erfahren.

Kann ich selbst mein eigener Wunschkunde sein?

Gerade bei Coaches, Trainern, Experten oder Menschen in Beratungspositionen kommt es häufig vor: Sie beschreiben in ihrem Wunschkundenavatar sich selbst. Das ist nicht weiter verwunderlich, denn häufig möchten sie Menschen helfen, ein Problem zu lösen, das sie selbst erfahren haben. Ein Beispiel dafür siehst du in Abbildung 4.4.

Sich selbst als Wunschkunde zu wählen, spart viel Energie und Zeit. Denn man kann bei der Auswahl des Angebots und des Marketingmaterials auf seinen eigenen Geschmack hören. Man kann sich fragen: »Was hätte ich mir gewünscht? Was würde mich ansprechen?« Zwei Dinge sind allerdings wichtig, wenn du dich für einen Wunschkunden entscheidest, der dir ähnelt:

1. Du selbst musst das Problem für dich entweder gelöst haben oder zumindest einige Schritte weiter sein als deine Wunschkundin. Du sprichst also in der Kommunikation eher dein jüngeres Ich an. Wenn du exakt auf der gleichen Stufe stehst wie deine Wunschkundin, bekommst du zwar die Sympathie dieser Person, wirst aber nicht als jemand wahrgenommen, der die Expertise hat, das Problem zu lösen.

2. Bleib offen für das, was deine echten Kundinnen und Kunden von dir unterscheidet. Wenn du dich selbst als Wunschkundin wählst, läufst du Gefahr, zu viele Annahmen zu treffen und zu wenige Fragen zu stellen. Du meinst, die Person, die du vor dir hast, bereits vollständig erfasst zu haben. Das kann den Wunschkunden vor den Kopf stoßen oder irritieren, denn er ist nie ein Klon von dir, sondern bringt stets seine eigenen Erfahrungen und Werte mit.

Abbildung 4.4 »Mir ist es auch einmal so gegangen.«
Das frühere Ich als Wunschkundin. Zugriff: 15.09.20

Übrigens: Die Wunschkundendefinition ist eine Arbeit, die hinter den Kulissen stattfindet. Du wirst nie all die Details nennen, die du über deinen Wunschkunden weißt. Du beschränkst dich vielmehr auf die Merkmale, die für dein Angebot entscheidend sind. So könnte zum Beispiel auf der Startseite deiner Webseite und auf deinen Visitenkarten die Zielgruppe mit ein bis zwei Merkmalen beschrieben sein, wenn diese für dein Angebot entscheidend sind, zum Beispiel: »Ich arbeite mit Teenager-Müttern, selbstständigen Textern oder Eltern von Zwillingen.« Mehr muss deine Wunschkundin nicht darüber wissen, wie du sie siehst. Sie wird es eher spüren – zwischen den Zeilen.

Wenn du über konkrete Angebote sprichst, einen neuen Kurs, einen Workshop und so weiter, sprichst du direkt die Sorgen oder Wünsche dieser Person an und zeigst ihr: »Ich habe dich verstanden und kann dir helfen.« Der Coach für Teenager-Mütter schreibt also zum Beispiel: »Fühlen Sie sich von Ihrem Teenager zurückgewiesen und sind unsicher, wie stark dieser Ihre elterliche Hilfe noch braucht? Mein Angebot hilft Ihnen dabei, zu einer neuen Vertrauensbeziehung in dieser Umbruchphase zu finden.« Das Angebot für selbstständige Texter klingt vielleicht so: »Das einzig mühsame an Ihrer Arbeit sind die Kunden? Sie formulieren keine klaren Vorstellungen und meckern dann doch über das Ergebnis? Oder sie zahlen ständig verspätet? In meinem Onlinekurs lernen Sie, wie Sie die Arbeitsabläufe mit Textkunden effizienter und klarer für beide Seiten gestalten.« Und die Eltern von Zwillingskindern fühlen sich abgeholt bei Alltagsfragen wie: »Darf ich meinen Kindern das Gleiche zu Weihnachten schenken, oder untergrabe ich damit ihre Individualität?«

Das Wichtigste in Kürze

Mit dem Wunschkunden oder Zielgruppenavatar holst du dir eine konkrete Person vor das innere Auge. Dein jüngeres Ich kann deine Wunschkundin sein. Wenn du dich dafür entscheidest, bleibe offen für Dinge, die deine Kundin von dir unterscheidet. Demografische Faktoren spielen bei der Wunschkundendefinition meist eine untergeordnete Rolle – wichtig ist, dass du das Leben und Fühlen der Person erfasst.

4.3 Den Wunschkunden bestimmen: Wer darf dir gegenübersitzen?

Wer also darf dein imaginäres Gegenüber sein, wenn du deine Beiträge für Social Media planst? Wen möchtest du ansprechen mit deinen Texten, Bildern und Videos? Und noch viel wichtiger: Wem möchtest du wirklich von Herzen gern dienen? Dein Wunschkunde sollte für dich mehr sein als einfach nur die Person, die Geld in dein Business bringt. Du solltest diese Person mögen – denn du wirst sehr viel mit ihr zu tun haben. Entweder konkret in einer persönlichen Zusammenarbeit oder weil du dich gedanklich immer wieder mit dieser Person auseinandersetzen wirst.

Eine konkrete Person als Wunschkunden herauszugreifen, fällt nicht jedem leicht. Noch stärker als bei der Zielgruppe hat man hier das Gefühl, dass man nicht eine Person über andere stellen möchte. »Ich arbeite gern mit vielen unterschiedlichen Menschen zusammen« – diesen Satz höre ich in meinen Coachings häufig. Auch hier kann ich entgegnen: Aus Marketingsicht wird der Mut, sich festzulegen, belohnt. Selbst dann, wenn du nie nach außen kommunizierst, welchen Kunden du möchtest, wirst du genau diese Personen anziehen. Besser also, es ist eine bewusste Entscheidung, als etwas, das dir einfach passiert.

In den sozialen Medien geht es um echte menschliche Verbindungen. Nicht nur die von dir zu deinen Fans, sondern auch die deiner Follower untereinander. Wenn du einen klaren Wunschkunden anziehst, werden deine Fans schnell feststellen, dass sie einander ähneln. Sie bilden eine Community und bestärken sich gegenseitig in ihrem Denken und Handeln. Das ist genau das, was du dir wünschst. Nicht nur, weil Menschen, die man zusammenbringt, dafür oft dankbar und als Kunden und Kundinnen loyal sind, sondern auch, weil du so eine Möglichkeit hast, an lebenden Beispielen aus deiner Community deine Zielgruppe besser kennenzulernen.

Kann ich mehrere Wunschkunden haben?

Innerhalb einer Zielgruppe ist es möglich, mehrere Wunschkundinnen und Wunschkunden zu definieren. Allerdings ist es hilfreich, für diese Gruppen auch unterschiedliche Angebote zu schnüren, die unterschiedlich beworben werden. Sonst landest du schnell wieder beim »Yoga ist für alle da«-Problem: Niemand fühlt sich wirklich angesprochen.

Wenn du mit deinem Angebot sehr unterschiedliche Menschen ansprechen möchtest, überlege dir: Was haben diese Menschen gemeinsam? Oft sind es eben nicht die gleich ersichtlichen demografischen Faktoren, wie Alter oder Geschlecht, die deine Wunschkundinnen zusammenhalten, sondern soziodemografische Faktoren wie gemeinsame Träume oder Interessen.

Konzentriere dich bei der Definition deines Wunschkundenavatars auf diese Faktoren. So kommst du eventuell doch wieder zu *einem klaren Avatar*, was die Arbeit im Marketing für dich sehr erleichtert.

Wie kannst du deine Wunschkundin auswählen? In diesem Abschnitt beschreibe ich, wie du am besten vorgehst. Im Workbook im Bereich FÜR WEN findest du dann wieder die entsprechenden Reflexionsfragen, die dir dabei helfen, deinen Wunschkunden zu definieren.

Ich empfehle hier, als Erstes dein Bauchgefühl zu befragen. Wann immer es um eine Zusammenarbeit mit Menschen geht, sollte dein Bauch mitreden dürfen. In deinem Bauchgefühl sind all deine zwischenmenschlichen Erfahrungen abgespeichert, auch die, die es nie in dein Bewusstsein geschafft haben. Deshalb spürst du bei der Begegnung mit einer neuen Person oft instinktiv, ob sie dir guttun wird oder nicht – ohne dass du mit dem Verstand erklären könntest, warum das so ist.

Du kannst dir nicht in jedem Bereich deines Lebens aussuchen, mit wem du dich umgeben möchtest. Welche Personen aber deine Social-Media-Follower und später deine Kundinnen und Kunden werden sollen, hast du allein in der Hand.

Ein erster Schritt kann sein, sich eine konkrete Person vor Augen zu führen, die du bereits kennst. Wenn du mit Kundinnen und Kunden zusammengearbeitet hast, kann die Frage, wer davon dein »Lieblingskunde« war, sehr spannend sein. Hast du direkt jemanden vor Augen?

Dann hole als Nächstes deinen Verstand mit an Bord: Beschreibe diese Person in allen Details. Vor allem aber beantworte die Frage: Was macht diese Person aus, und warum ist die Arbeit mit ihr so gut für dich?

Selbst wenn du am Anfang stehst und noch keine Erfahrung mit Kunden hast, kommt dir vielleicht eine konkrete Person, die du kennst, in den Sinn, der du deine Programme/Produkte anbieten möchtest. Warum gerade dieser Person? Was macht sie besonders?

Insbesondere wenn dein Angebot persönlichen Kontakt zum Kunden umfasst, zum Beispiel bei einem Coaching oder einer Yogastunde, kannst du dir überlegen, welche Eigenschaften dir bei einer Zusammenarbeit wichtig sind. Vielleicht orientierst du dich an ehemaligen Arbeitskollegen? Mit wem hast du gut zusammengearbeitet und warum?

> **Übung: Habe ich die richtige Person ausgewählt?**
> Wenn du unsicher bist, ob die Person, die du als Wunschkundin oder Wunschkunden ausgewählt hast, die richtige ist, frage dich: Mit wem möchte ich in zehn Jahren zusammenarbeiten? Der Perspektivenwechsel von der Arbeit heute auf die Vision bringt oft die fehlende Klarheit.

Wenn du eine Person vor Augen hast, beschreibst du zunächst ihre demografischen Merkmale (du kannst dich hier gern auf die beschränken, die für dein Business wirklich wichtig sind). Anschließend tauchst du in den Bereich der soziografischen Faktoren ein und lernst die Person so besser kennen. Zuletzt fragst du dich, warum für diese Person gerade dein Programm oder dein Wissen wichtig ist, bei welchem Problem du ihr helfen kannst und warum du eine Zusammenarbeit mit ihr spannend findest. Diese vier wichtigen Faktoren findest du in Abbildung 4.5 noch einmal zusammengefasst.

Nehmen wir als Beispiel also noch einmal an, du bist ein Coach für Teenager-Mütter. Damit liegen die demografischen Faktoren Geschlecht, Mutterschaft und ungefähres Alter deiner Wunschkundin fest – also zum Beispiel Petra, 46, mit einem 15-jährigen Sohn. Der Wohnort ist nicht entscheidend, weil du online arbeitest. Das Haushaltseinkommen könnte wichtig sein, weil du Eins-zu-eins-Programme anbietest, für die es ein gewisses Budget braucht.

Wichtige soziografische Faktoren könnten sein: Welche Erziehungsratgeber hat Petra gelesen? Wie sieht sie ihre Mutterrolle? Warum sucht sie für ihre Fragen Hilfe im Internet und nicht bei Freundinnen? Wünscht sie wissenschaftliche, spirituelle oder ganzheitliche Antworten? Ist ihr wichtig, dass ihr Coach eine pädagogische Ausbildung hat? Und was hält sie derzeit wach?

Angenommen, Petra hat sich immer sehr über ihre Mutterschaft definiert. Sie hat Erziehungsratgeber verschlungen – besonders die Bücher von Jesper Juul – und meinte, einen guten Zugang zu ihrem Kind zu haben. Dass ihr Sohn plötzlich kaum noch mit ihr redet und ihr seine Sorgen nicht anvertraut, macht sie sehr traurig. Sie merkt doch, dass er Probleme hat! Als Petra dann Cannabis unterm Bett ihres Sohnes findet, flippt sie aus und schreit ihn an. Das kann sie niemandem erzählen, weil das ihr Selbstbild als gute Mutter infrage stellt. Sie wünscht sich jemanden, mit dem sie über die jetzige Situation sprechen kann – eine empathische Person mit einem fundierten pädagogischen Background und viel Erfahrung.

demografische
Faktoren

Gefühle

soziografische
Faktoren

Zusammen-
arbeit

Abbildung 4.5 Welche Merkmale für die Definition deiner Wunschkundin von Bedeutung sein können

Hast du Petra vor dem inneren Auge? Super. Nun wieder zu dir: Du bist der richtige Coach für Petra, weil du die gewünschte Qualifikation mitbringst, selbst Argumente von Jesper Juul vorbringst, in denen sie sich wiederfindet, und du gern mit engagierten Frauen zusammenarbeitest. Petra ist motiviert und zahlungskräftig und hat selbst eine starkes Warum: Sie will für ihren Sohn so da sein, wie er sie heute braucht – auch wenn das heißt, dass sie ihr Selbstbild hinterfragen muss.

Hilfreiche Fragen, um deinen Wunschkunden oder deine Wunschkundin auf diese Art zu beschreiben und dich ein kleines bisschen in diese Person zu verlieben, findest du im Workbook im Bereich FÜR WEN?. Bitte lass diese Übung auf keinen Fall aus, weil sie wie das Warum ein wichtiger Baustein dafür ist, echte menschliche Kontakte zu potenziellen Kunden auf Social Media aufzubauen.

Ich möchte dir als ein weiteres Beispiel auch meine derzeitige Wunschkundin für mein Eins-zu-eins-Coaching vorstellen. Das gibt dir ein Gefühl dafür, wie tiefgehend du deinen Wunschkunden verstanden haben solltest.

Meine Wunschkundin heißt Paula. Sie hat studiert und sich danach mit Ausbildungen in Yoga, Ayurveda, Ernährung und vielem, vielem mehr weitergebildet. Tatsächlich ist sie ein bisschen ein Ausbildungs-Junkie. Das liegt zum einen daran, dass sie vielseitig interessiert ist, zum anderen aber auch daran, dass sie sich nie so ganz bereit fühlt, durchzustarten – egal wie viele Zertifikate sie gesammelt hat. Paula hat viele Jahre praktische Arbeitserfahrung gesammelt – vergisst aber manchmal, das zu erwähnen, weil sie sich immer als Anfängerin sieht. Sie möchte jetzt alle ihre Fähigkeiten zusammenbringen und ist gerade dabei, ein eigenes Programm zu entwickeln, dass sie online und offline anbieten möchte. Paula fällt es schwer, sich auf eine Sache zu konzentrieren oder einen roten Faden zu erkennen. Sie hat viel zu sagen, kommt aber selten auf den Punkt, denn dafür müsste sie sich ja festlegen. Auch die Idee, sich auf eine Zielgruppe zu beschränken, fällt Paula schwer. Sie hat aber Spaß an der genauen Beschreibung einer Person. So gesehen kann sie mit dem Wunschkundenavatar doch etwas anfangen.

Paula hat Lust auf Social Media. Sie startet jeden Kanal mit Begeisterung – und hat dann wieder keine Zeit dafür oder verliert das Interesse. Plötzlich weiß sie nicht mehr, was sie eigentlich sagen wollte, findet Social Media ziemlich aufwendig und fragt sich, ob sich das überhaupt lohnt. Sie ärgert sich, wie viel Zeit sie auf Social Media verbringt – und übersieht dabei, dass sie eigentlich wenig Zeit auf Social Media mit Marketing verbringt, sondern ziellos durch den Feed anderer Leute scrollt.

Paula übt sich in Achtsamkeit und einem ganzheitlichen Leben, sie liebt die Natur, lebt so gut sie kann nachhaltig und liest gern. Allerdings kommt sie selten dazu, weil sie ständig ihre Nase in Fortbildungsliteratur stecken muss. Sie lacht viel und ist offen, braucht aber auch viel Zeit für sich. Sie hat Freude daran, mit Texten zu arbeiten. Schreiben hilft ihr, sich selbst besser zu verstehen. Sie ist nur nicht so sicher, ob sie gut genug schreiben kann.

An der Beschreibung von Paula fällt auf: Ich bin vor allem auf ihre Art zu arbeiten und Dinge zu verstehen eingegangen. Weil mir das in der Zusammenarbeit in einem Eins-zu-eins-Coaching wichtig ist. Würde ich einen reinen Selbstlernkurs verkaufen, wären diese Punkte weniger wichtig für mich, und ich würde klarer definieren, wo sie auf ihrer Social-Media-Reise steht und was sie erreichen möchte. Demografische Faktoren habe ich außer dem Geschlecht keine erwähnt – sie sind schlicht irrelevant für das, was ich anbiete.

Ich war übrigens ganz aufgeregt, als mir Paula in meiner Community tatsächlich begegnet ist und Interesse an meinem Coaching äußerte. Viele in meiner Community ähneln Paula – aber Lena Weinert (siehe Abbildung 4.6) ist quasi Paula in Reinform. Beim Ausarbeiten ihrer Themen und ihres Content-Plans kam immer wieder Unsicherheit auf, ob sie auch wirklich auf dem richtigen Weg sei und »alles andere wirklich weglassen« dürfe. Es hat mir unheimlich Freude gemacht, die Sportwissenschaftlerin in ihrem Fokus zu bestärken. Gleichzeitig habe ich gelernt: Dass mein Avatar nicht sehr entscheidungsfreudig ist, bedeutet für mich als Anbieterin: Ich muss damit umgehen können, dass meine Traumkundin sehr lange um mich herumschleicht, bevor sie bereit ist, etwas bei mir zu buchen.

lena_weinert • Abonniert
Kempten

lena_weinert 🦋 Hi, ich bin Lena, 34, die Gründerin von "Lena Weinert - Familie in Bewegung" und lebe in Kempten im Allgäu.

🌈 So schön, dass du da bist.

🏃 Ich verhelfe, Familien mit Hilfe von Bewegung, zu einem zufriedenen und gesunden Lebensstil.

📙 Als studierte Sportwissenschaftlerin, Sportpädagogin, Gesundheitsberaterin und Yogalehrerin habe ich mehr als ein Jahrzehnt Erfahrung in der Arbeit mit Kindern und Familien

Gefällt thejourneyofelie und
161 weitere Personen

9. JUNI

Lena Weinert
Familie in Bewegung

Abbildung 4.6 Wenn du Wunschkunden anziehst, kann es passieren, dass dein Avatar plötzlich vor dir steht. Zugriff: 07.10.20[4]

Auch solche möglichen »Schattenseiten« in der Zusammenarbeit mit dem Traumkundenavatar sollte man also im Blick haben.

Kann sich mein Wunschkunde mit der Zeit verändern?

Gerade als Selbstständiger oder Einzelunternehmerin kann es passieren, dass du mit einer Zielgruppe startest, deinen Wunschkunden in der Arbeit kennenlernst und dann entweder merkst, dass die Arbeit mit dieser Person anders ist, als du es dir vorgestellt hast, oder dass du selbst mit der Zeit über diesen Kunden hinauswächst. Wie bei jeder anderen Beziehung kann die Liebe verloren gehen. Man kann sich »auseinanderleben«.

Ein Beispiel: Du arbeitest als Businesscoach für Onlineunternehmer und hast einen blutigen Anfänger als deinen Wunschkunden definiert, mit dem du strategische Fragen klärst und ein Businessmodell aufsetzt. Mit der Zeit merkst du, dass du es leid bist, immer wieder die Basics zu erklären. Dich reizt es, strategische Entscheide von Unternehmerinnen zu unterstützen, die bereits länger im Geschäft sind. Passt diese neue Idee noch zu deinem Warum? Dann wird es Zeit, einen neuen Wunschkundenavatar zu definieren. Wenn du dich auf Social Media authentisch zeigst (darauf gehe ich genauer in Abschnitt 7.3, »›Ich werde jeden Tag ein bisschen besser‹: Wie Authentizität gelingt«, ein), kann es sogar passieren, dass deine Follower neue Angebote von dir einfordern:

---

4   www.instagram.com/p/CBNzR2AHjWo/

entweder weil sie mit dir gewachsen sind oder weil du den neuen Wunschkunden bereits anziehst. Das passiert, wenn du auf Social Media immer weniger über die Basics sprichst, weil sie dein Interesse nicht mehr spiegeln. Deine Community entwickelt sich also mit dir weiter.

Wenn dein Richtungswechsel hingegen plötzlich kommt, musst du mit einem Verlust an Followern rechnen, weil deine Themen für deine bisherige Community nicht mehr relevant sind. Aber auch das musst du nicht fürchten: Es kommt nie auf die Anzahl der Follower an – sondern darauf, dass die Community aus Wunschkunden besteht. Und diese kannst du neu anziehen.

4.3.1   Wie das Warum und der Wunschkunde zusammenhängen

Meist hilft uns die genaue Beschäftigung mit der Frage nach dem *Für wen?*, um unser *Warum* auf den Boden zu holen. Im Journalismus sagt man: »Wir bringen Fleisch an den Knochen.« Das bedeutet, dass man eine Geschichte oder Theorie mit einer konkreten Beispielperson verknüpft. Dadurch wird sie greifbarer und verständlicher. Auch du kannst dich mit deinem Warum vermutlich noch stärker verbinden, wenn du ein konkretes Gesicht vor Augen hast. Jemanden, für den du dieses Warum von Herzen gern in die Realität umsetzt.

Es kommt allerdings auch vor, dass dein Warum deinen Wunschkundenavatar schon mitdefiniert. Beispielsweise arbeite ich mit zwei spirituellen Lehrern zusammen, die ihre eigenen übersinnlichen Fähigkeiten nutzen, um Menschen in die Transzendenz zu führen. Dieses Bedürfnis grenzt die mögliche Zielgruppe schon stark ein, denn es setzt ganz oben auf der maslowschen Bedürfnispyramide an. Als Wunschkunden kommen nicht mehr unendlich viele Menschen infrage. Die beiden sprechen die Bedürfnisse der Yogalehrerin an, die sich schon seit Jahren mit spirituellen Themen auseinandersetzt und an ihrer persönlichen Entwicklung arbeitet. Jetzt wünscht sie sich eine Verbindung mit etwas Größerem als sie selbst. Das Warum definiert hier schon die Wunschkundin und damit auch die Art, wie wir sie ansprechen können. Begriffe wie »energetische Zeichen« müssen nicht mehr übersetzt werden, denn die Zielkundin spricht längst fließend spirituell.

Das Wichtigste in Kürze

Bei der Frage, mit wem du zusammenarbeiten möchtest, ist dein Bauchgefühl ein wichtiger Ratgeber. Ignoriere es nicht! Reale Personen sind oft gute Vorlagen für Wunschkundenavatare, weil sie vielschichtiger sind als fiktive Charaktere.

Formuliere anhand der Fragen im Workbook demografische und soziografische Merkmale deiner Wunschkundin, die für dein Angebot bedeutend sind. Frage dich auch, wie sich die Zielperson fühlt, wie sie sich fühlen möchte und wie eine für beide Seiten gewinnbringende Zusammenarbeit aussehen würde.

5   Strategie für Strategiemuffel

Achtsames, empathisches Marketing und strategisches Vorgehen –
widerspricht sich das nicht?

Bei den Unternehmern, die ihr Warum und den Kundennutzen in den Fokus stellen
möchten, kommt ein Typ auffällig häufig vor: der Strategiemuffel. Du weißt, dass
du auch zu dieser Gattung gehörst, wenn du so Sätze sagst oder denkst wie: »Strategie klingt für mich nach austricksen.« Oder »Allzu strategisch will ich lieber nicht
vorgehen, ich verlasse mich mehr auf mein Bauchgefühl.«

Wenn du auch so ein Muffel bist, habe ich eine gute Nachricht für dich: Die zwei
wichtigsten strategischen Fragen hast du in diesem Buch bereits beantwortet. Den
Rest schaffst du auch noch, denn ich habe meine Strategie äußerst muffelfreundlich
gestaltet. Du beantwortest lediglich die folgenden W-Fragen für deine Social-
Media-Strategie:

1. Warum?
2. Für wen?
3. Wofür?
4. Wo?
5. Was?
6. Wie?

Mit der Formulierung deines Warums und einer genauen Definition deines
Wunschkundenavatars hast du die Grundlagen bereits gelegt. In diesem Kapitel soll
es nun um deine Ziele (also um das Wofür) gehen. In Kapitel 6, »Weniger ist mehr:
deine Marketingkanäle«, kümmerst du dich um deine digitalen Verbreitungskanäle
– also das Wo. In Kapitel 7, »Mehrwert und Authentizität: Wie Social Media dein
Warum stützt«, wählst du deine Themenschwerpunkte für Posts aus und für regelmäßige Formate. Du beantwortest also die Frage nach dem Was. Für das Wie muss
ich dann weiter ausholen: Der gesamte restliche Ratgeber wird der Wie-Frage
gewidmet sein. Dabei werden wir immer wieder auf das Warum zurückkommen
und deine Wunschkundin in den Fokus stellen.

5.1   Mindset: Wer ein großes Warum hat, darf große Ziele haben

Heute hat mich eine Coaching-Interessentin gefragt, ob es schlimm sei, dass sie nicht wirklich wachsen wolle. Ein kleiner Wirkungskreis mit ein paar Schülern reiche ihr aus, und finanziell sei sie nicht auf ihre Einnahmen aus dem Yogaunterricht angewiesen. Gleichzeitig aber habe sie Angst davor, dass sie ohne große Ziele auch eine gläserne Decke schafft. Ihre Sorge ist berechtigt: Menschen, die sich klare Ziele setzen, sind erfolgreicher als andere. Menschen, die sich große Ziele setzen und diese dann in konkrete Etappenziele herunterbrechen, sind besonders erfolgreich.

Wenn sich jemand überlegt, in ein Coaching für mehr Sichtbarkeit auf Social Media zu investieren, kann man wohl davon ausgehen: Der Wunsch zu wachsen ist vorhanden. Ein großes Warum und die Liebe zum Yoga waren bei meiner Interessentin eindeutig spürbar. Liegt es damit nicht auch in ihrer Verantwortung, dass sie das, was sie kann, niemandem vorenthält? Allgemeiner formuliert: Wenn jemand Gutes in die Welt bringt, sollte diese Person dann nicht auch dafür sorgen, dass möglichst viele Menschen davon profitieren?

Es sind zumeist Ängste und (Selbst-)Zweifel, die viele Menschen davon abhalten, sich große Ziele zu setzen. Diese Ängste manifestieren sich in Glaubenssätzen. Sätze, von denen man zutiefst überzeugt ist, dass sie wahr sind – häufig ohne einen Beweis dafür zu haben. Diese Sätze sind Teil der Persönlichkeitsstruktur und zumeist unbewusst vorhanden. Hier eine unvollständige Liste der Ängste und Glaubensätze, die dein Wachstum blockieren können.

- ▶ Ich bin nicht gut genug.
- ▶ Ich bin noch nicht bereit.
- ▶ Ich könnte jemanden enttäuschen.
- ▶ Ich könnte mein Ziel nicht erreichen.
- ▶ Ich könnte mein Ziel erreichen – und was dann?
- ▶ Ich könnte mein Ziel nur einmal erreichen und danach alle enttäuschen.
- ▶ Was sollen die Leute denken?
- ▶ Ich habe nicht genug Zeit.
- ▶ Ich habe nicht genug Geld.
- ▶ Was ich mache, ist nicht wichtig genug.
- ▶ Mich nimmt keiner ernst.
- ▶ Andere können das besser.
- ▶ Das gibt es doch alles schon.

- ▶ Jemand könnte mich kritisieren.
- ▶ Ich bin zu jung.
- ▶ Ich bin zu alt.
- ▶ Das wäre sicher zu anstrengend.
- ▶ … und so weiter und so fort.

Die Arbeit an solchen limitierenden Glaubenssätzen ist ein großes und vielfältiges Thema. Sie ist ein weites Arbeitsfeld von Therapeuten, aber auch Coaches und spirituellen Lehrern. Um dem Ursprung dieser Überzeugungen auf die Schliche zu kommen und Blockaden aufzulösen, reisen beispielsweise Hypnosetherapeuten mit ihren Klienten in die Vergangenheit. Andere Therapeuten versuchen, die Blockaden beispielsweise durch Energieheilung oder Tapping (eine Klopftechnik auf den Meridianen, die angewendet wird, um blockierte Energien zum Fließen zu bringen) zu lösen. Mit gezielten Journaling-Fragen kannst du selbst an Glaubenssätzen arbeiten oder dich dabei von einem Coach unterstützen lassen. Ein Erfolgstagebuch kann helfen, dir aufzuzeigen, dass deine Selbstzweifel unberechtigt sind. Die Arbeit mit dem inneren Kind kann dir zeigen, dass es gar nicht dein erwachsenes Ich ist, das dich blockiert, sondern eine uralte Angst, die dir heute nicht mehr dient.

Ich möchte dich ermuntern, auszuprobieren, was für dich wirkt. Denn für ein florierendes Business ist es wichtig, dass du als Selbstständige oder Unternehmer auf Wachstum und Mut eingestellt bist. Wie groß dieses Thema ist, zeigen all die ermunternden Zitate, die gerade Businesscoaches, aber auch Selbstständige und Unternehmerinnen selbst auf ihren Social-Media-Profilen posten (siehe Abbildung 5.1).

Zwei wertvolle und schnelle Methoden, mit deinen limitierenden Glaubenssätzen zu arbeiten, möchte ich dir kurz vorstellen. Eine stammt aus der »The Work«-Methode von Katie Byron.[1] Dabei schreibst du dir den Satz auf, der dich blockiert, und überprüfst ihn mit vier Fragen:

1. Ist das wahr?
2. Kann ich mir absolut sicher sein, dass es wahr ist?
3. Was passiert bzw. wie handelst du, wenn du diesen Satz glaubst?
4. Wer wärst du ohne diesen Gedanken?

Zum Abschluss der Methode behauptest du einmal schriftlich das Gegenteil deines vorherigen Satzes, du kehrst ihn um und fragst dich: Kann das nicht ebenso wahr sein? Ist es vielleicht sogar noch wahrer?

---

1   Katie Byron: Lieben, was ist. Wie vier Fragen Ihr Leben verändern können. Arkana, 2012.

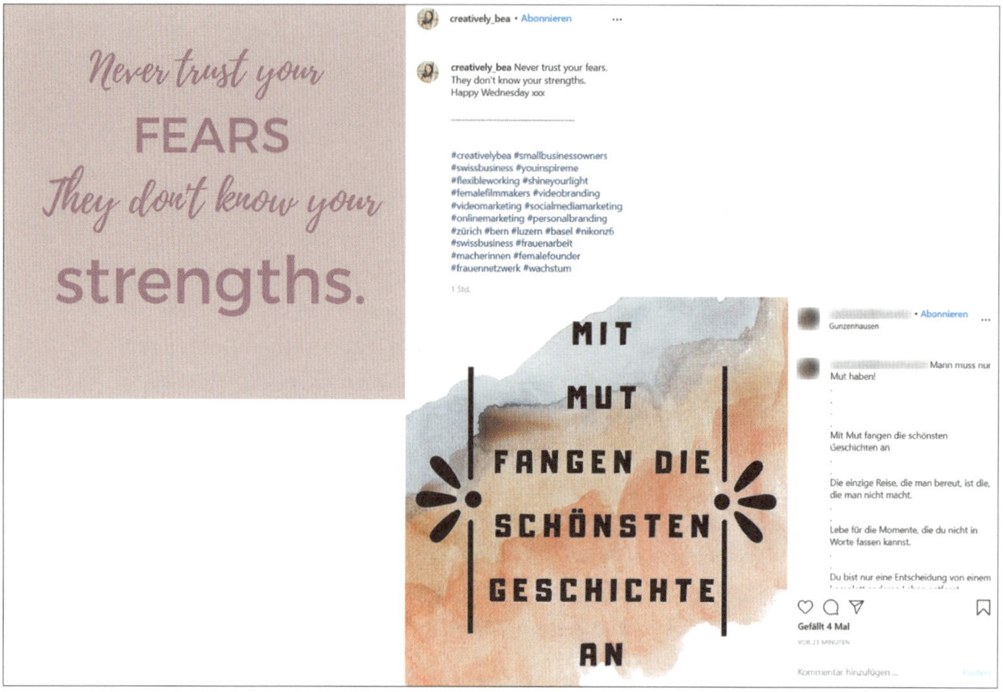

Abbildung 5.1 Zitate zu den Themen Mut und Angst und die entsprechenden Geschichten überfluten die sozialen Netzwerke. Zugriff 07.10.20[2]

Eine zweite Methode ist, sich der Angst bewusst zuzuwenden und sie zu erforschen: Wovor möchte sie mich beschützen? Und brauche ich diesen Schutz jetzt gerade? Die Angst anzuerkennen und zu erforschen, ist wirkungsvoller, als sie einfach loswerden zu wollen.

Die Arbeit an dir und deiner Persönlichkeit wird dich in deinem Business begleiten. In jeder Phase deines Wachstums auf einer neuen Ebene. Du wirst, wenn du dir neue Ziele setzt, alten Ängsten immer wieder neu begegnen und sie auflösen dürfen (siehe Abbildung 5.2). Das ist völlig normal und gehört dazu, weil man als Selbstständige oder Unternehmer ständig neue und intensive Erfahrungen macht. Der erste Schritt besteht stets darin, sich den Ängsten und Selbstzweifeln bewusst zu werden.

[A] Dabei können dir die oben genannten Methoden oder die Reflexionsfragen zum Thema »Was hält mich davon ab, mir große Ziele zu setzen?« im Bereich WOFÜR im Workbook helfen.

---

2   www.instagram.com/p/CGC4xPLMmcT/ und www.instagram.com/p/CGCumqElZ6F/

Abbildung 5.2 Ängste und Selbstzweifel können dich davon abhalten, dir Ziele zu setzen, die deinem großen Warum gerecht werden.

Aber Glaubenssätze sind keine Krankheiten. Du musst nicht erst alle Blockaden gelöst haben, damit du dir ein Ziel setzen kannst, das du mit deinem Social Media Marketing erreichen möchtest.

Denn mal ehrlich: Was passiert, wenn du dein Ziel nicht erreichst? Herzlich wenig! Du wächst langsamer. Im großen Wettbewerb um Aufmerksamkeit würde es vermutlich nicht einmal auffallen, wenn du grandios und öffentlich scheiterst. (Wobei du mir erst einmal erklären müsstest, wie dieses Scheitern aussehen soll.)

Wenn es dir schwerfällt, dir selbst Ziele zu setzen, mache dir bewusst, dass es verschiedene Ebenen gibt, auf denen du Ziele setzen kannst. Natürlich besteht das offensichtlichste Ziel, für das wir Zeit und Geld auf Social Media investieren, in der Akquise neuer Kundinnen durch Vertrauensaufbau. Aber gerade als Warum-getriebene Unternehmerin kann dein Ziel auch sein, möglichst viele Menschen mit deiner Botschaft zu erreichen und sie mit deinen Posts zu unterstützen und bestärken.

Dein Ziel könnte ebenso gut lauten, einen geschützten Ort zu schaffen, an dem nicht nur du Input gibst, sondern an dem auch Gleichgesinnte sich über ein Thema austauschen (beispielsweise in einer geschlossenen Facebook-Gruppe). Im Kasten findest du eine Übersicht an möglichen Zielen für deinen Social-Media-Account. In Abschnitt 5.3, »Zahlenziele beißen nicht – lerne, mit ihnen zu spielen«, werde ich darauf eingehen, wie du Zahlen mit diesen Zielen verknüpfst, in Abschnitt 5.4, »Wie misst man die Warum-Erfüllung?«, geht es um die Frage, ob sich deine Warum-Erfüllung messen lässt.

> **Social Media – aber wofür?**
>
> Welche Ziele kannst du für deinen Social-Media-Auftritt festlegen?
>
> ▶ Vertrauensaufbau und dadurch langfristig Neukundengewinnung.
>
> ▶ Menschen auf deine Webseite oder in deinen Newsletter locken (Leadgenerierung).
>
> ▶ Pflegen und Intensivieren von Kundenkontakten.
>
> ▶ Den Menschen hinter der Marke zeigen.
>
> ▶ Mehrwert geben, der dich als Expertin positioniert und bereits einen Teil der Probleme deiner möglichen Kunden löst.
>
> ▶ Bekanntheit (in einer bestimmten Zielgruppe) steigern.
>
> ▶ Wunschkunden besser kennenlernen.
>
> ▶ Mit Wunschkundenfeedback neue Produkte und Angebote entwickeln.

Ich möchte dich einladen, dir Wachstum als Ziel zu setzen. Die Idee »Wenn ich ein Leben verändere mit meiner Dienstleistung, hat es sich bereits gelohnt« ist wunderschön und grundsätzlich richtig. Und sie ist sehr verbreitet unter Unternehmerinnen mit Vision. Aber wäre es nicht viel schöner, wenn du mit deiner Arbeit nicht nur einem Menschen helfen könntest, sondern langfristig vielen?

Sich mutig Ziele zu setzen, fällt oft leichter, wenn man beim Ziel über sich hinausdenkt. Denk an das, was du in der Welt bewegen kannst. Welche Rolle spielen deine Selbstzweifel noch, wenn du eine klare Aufgabe hast in dieser Welt? Wenn du dein in Kapitel 3, »Dein Warum vertiefen und die richtigen Worte finden – verschiedene Methoden«, formuliertes Warum wirklich ernst meinst?

5.2 Ecology of Goals: Finde Ziele, die zu deinem Warum passen

Ein Ziel ohne ein starkes Warum dahinter ist nichts anderes als eine willkürliche Markierung irgendwo in der Ferne. Du kannst dorthin gehen. Du kannst es aber genauso gut sein lassen. Vielleicht motiviert es dich im ersten Moment, eine Zahl festgelegt zu haben, die jetzt über deinem Schreibtisch hängt. Aber sobald der Weg holprig wird, stellst du dir automatisch die Frage: Lohnt sich dieser Aufwand denn? Ist es wirklich wichtig, dieses Ziel zu erreichen?

Im NLP, der neurolinguistischen Programmierung, gibt es eine hilfreiche Technik, mit der du ein abstraktes Ziel mit Gefühlen und deinem Warum verbinden kannst. Dort überprüft man die Ökologie eines Ziels. Das bedeutet: Man findet heraus, ob das Ziel in allen Bereichen zu einer positiven Veränderung führt.

Im Workbook findest du im Bereich WOFÜR Fragen, die an diesen Ökologiegedan-
ken angelehnt sind. Mit ihnen kannst du dein Ziel überprüfen und es klar in deinem Bewusstsein verankern. Zudem wirst du dir auch der Stolpersteine bewusst
und der unbewussten Glaubenssätze, die dich davon abhalten könnten, dein Ziel
zu erreichen.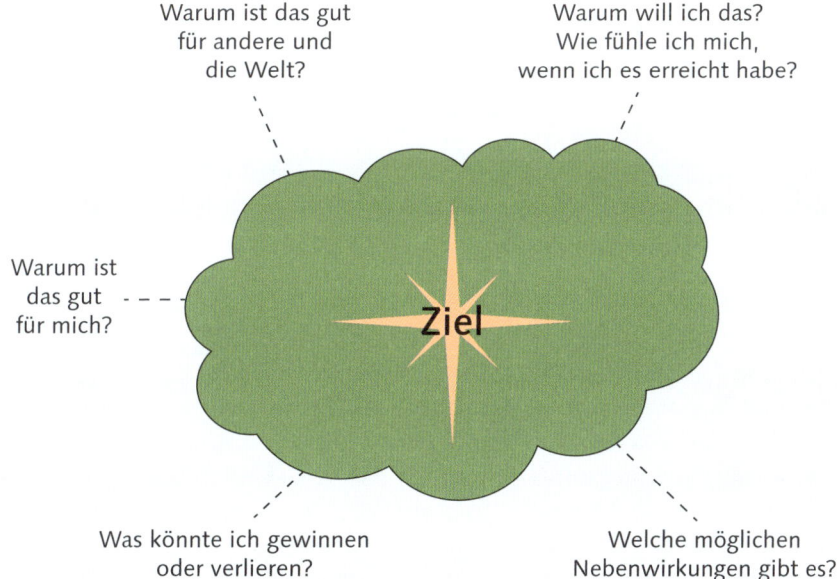

Die Idee ist simpel: Du schreibst zunächst ein Ziel auf und den genauen Zeitpunkt,
zu dem du es erreicht haben möchtest. Das Ziel muss so klar formuliert sein, dass
du die Umsetzung auch überprüfen kannst. »Ich werde besser wahrgenommen«
reicht also nicht aus. Besser: »Jeder Social-Media-Beitrag von mir erhält mindestens
10 Likes oder Kommentare.« Wenn du das Ziel als Satz formulierst, schreibe im Präsens, als hättest du es schon erreicht. Also nicht »Ich möchte 1.000 Follower
haben.«, sondern »Es ist der 31.12.2021, ich habe 1.000 Follower.«

Anschließend beantwortest du die Frage, inwiefern dein Ziel Gutes mit sich bringt
– und zwar für dich, für andere, für die Gesellschaft und/oder für den Planeten.
Diese Frage wird dir rasch aufzeigen, ob das Ziel zu deinem Warum passt. Die folgende Frage, »Warum willst du das?«, klingt verwandt, legt aber noch neue Facetten deines Ziels offen. Du kannst auch fragen: »Wie fühle ich mich, wenn ich das
Ziel erreicht habe?« Hier haben die persönlichen Vorteile Platz, die du dir von der
Erreichung deines Ziels erhoffst.

Warum ist das gut
für andere und
die Welt?

Warum will ich das?
Wie fühle ich mich,
wenn ich es erreicht habe?

Warum ist
das gut
für mich?

Ziel

Was könnte ich gewinnen
oder verlieren?

Welche möglichen
Nebenwirkungen gibt es?

Abbildung 5.3 Ein gesetztes Ziel ist dann besonders kraftvoll, wenn man es gedanklich
überprüft – inklusive eventueller Nebenwirkungen.

Dann geht es ans Eingemachte: »Was sind mögliche Nebenwirkungen, wenn du dieses Ziel erreichst?« Hier hilft es, dir die Situation konkret vorzustellen – die Nebenwirkungen können sowohl positiver als auch negativer Art sein. Die letzte Frage vertieft das noch: »Was gewinnst oder verlierst du, wenn du das Ziel erreichst?« In Abbildung 5.3 findest du eine Übersicht über die Prüffragen.

Diese Technik eignet sich zur Überprüfung von Zielen jeder Art – egal ob sie persönlicher Natur sind oder Businessziele. Du kannst die entsprechende Vorlage aus dem Workbook also mehrfach nutzen. In einem konkreten Beispiel möchte ich dir zeigen, wie du diese Fragen für deine Social-Media-Ziele anwenden kannst.

Dein Ziel:

»Es ist Ende 2021: Ich erreiche mit meinen Social-Media-Beiträgen wöchentlich 1.000 Menschen und arbeite mit fünf Neukunden für mein Hochpreis-Coaching zusammen.«

▶ **Inwiefern ist dieses Ziel gut für dich/andere/den Planeten?**

Ich habe finanzielle Sicherheit und kann meinen ungeliebten Brotjob kündigen. Für meine Kollegen und meine Chefin dort ist das gut, weil sie dann jemanden einstellen können, der motivierter ist als ich und deshalb bessere Ergebnisse liefert. Mit meinen Coachings helfe ich Menschen, ihr Bewusstsein zu erweitern, und sie gehen dadurch sorgsamer mit anderen und der Umwelt um.

▶ **Warum will ich das? Wie fühle ich mich, wenn ich es erreicht habe?**

Es fällt mir leichter, Inhalte für Social Media zu produzieren, wenn ich weiß, dass sie auch ankommen! Ich habe Freude daran, mit der Community zu kommunizieren, und fühle mich gut dabei, dass ich so viele Menschen durch meine Beiträge inspirieren kann – selbst die, die kein Coaching bei mir buchen. Meine Kunden zeigen mir, dass ich auf dem richtigen Weg bin. Das erlaubt mir, mich von dem Nine-to-five-Zeittakt zu lösen, und so habe ich mehr Zeit für die Familie.

▶ **Was sind mögliche Nebenwirkungen, wenn ich das Ziel erreicht habe?**

Ich fasse den Mut, ganz in die Selbstständigkeit zu gehen. Ich könnte mich allerdings einsam fühlen ohne Arbeitskollegen. Wenn ich online gesehen werde, bedeutet das, dass ich mehr Zeit einrechnen muss, dort zu kommunizieren. Und ich könnte auch negative Kommentare erhalten. Außerdem sieht dann mein Freundeskreis, was ich mache. Ich kann mich nicht mehr verstecken und muss voll und ganz für das stehen, was ich tue.

▶ **Was gewinne und verliere ich, wenn ich das Ziel erreicht habe?**

Ich gewinne Sichtbarkeit und verliere Anonymität. Ich kann Großes bewirken, aber das kann auch Druck auslösen. Ich kann mich nicht mehr einfach wegducken. Ich gewinne Kundinnen und Erfahrungen im Coaching. Ich könnte Freunde verlieren, weil gemeinsame Themen verloren gehen. Und natürlich gibt es auch diejenigen, die das schlicht doof finden, dass ich mich so zeige im Internet. Außerdem muss ich, wenn ich sichtbar bleiben möchte, dauerhaft Engagement in den Netzwerken zeigen – das kostet Zeit und Energie. Und ich muss bewusst wählen, was ich veröffentliche, weil jeder Post von mir einen Einfluss auf die Menschen haben kann – vielleicht sogar einen sehr viel größeren Effekt als ich es im ersten Moment erwarten mag. Denke an den Butterfly-Effekt, der besagt, dass ein Flügelschlag eines Schmetterlings an einem Ort der Welt einen Tornado an einem anderen Ort auslösen kann, siehe Abbildung 5.4.

Abbildung 5.4 Der Butterfly-Effekt: Schon ein Post von dir kann einen Einfluss auf das Leben eines Menschen haben.

Wie du siehst, haben bei dieser Methode Zweifel, Sorgen und Widerrede Platz. Die Idee dahinter: Diese sind sowieso mit an Bord, du wirst sie nicht los, wenn du sie ignorierst. Also besser, du schenkst ihnen von Anfang an auch Beachtung. Denn nur so kannst du dich fragen: Wie gehe ich damit um? Du könntest überlegen, wie du Kontakt zu lieben Kollegen halten kannst, wenn du deinen Brotjob verlässt, damit du dich nicht einsam fühlst. Und ob du vielleicht in einem Netzwerk für Selbstständige neue Kontakte knüpfen kannst mit Menschen, die ähnliche Schritte gehen wie du.

Am Ende dieser Variante der Ökologie-Übung wirst du ein klares Gefühl dafür haben, ob es sich lohnt, dieses Ziel zu verfolgen, oder ob du ein anderes Ziel brauchst. Und du hast deine eigene Motivation, die hinter dem Ziel steckt, wirklich verstanden und verinnerlicht.

 Im Workbook findest du eine ganze Seite, in der du dein nächstes Social-Media-Ziel mit dieser Methode überprüfen kannst. Denk daran, dass du die Seiten auch ausdrucken und mehrfach ausfüllen kannst, wenn dir diese Methode zusagt und du sie auch für andere Ziele anwenden möchtest.

5.3 Zahlenziele beißen nicht – lerne, mit ihnen zu spielen

Zahlen spalten die Menschheit: Die einen lieben sie, weil sie herrlich eindeutig sind, die andere Hälfte findet, dass diesen abstrakten mathematischen Gebilden viel zu viel Bedeutung beigemessen wird. Kommt es im Leben und im Business nicht auf andere, weichere Werte an? Bekanntheit und Vertrauen lassen sich schließlich nicht messen, oder?

Abbildung 5.5 Müssen Zahlenziele gruselig sein? Graf Zahl zählt mit dem Krümelmonster Äpfel.[3]

---

3   https://youtu.be/KdIC7eLEeho

Zahlen beißen nicht – das zeigt schon der im Grunde harmlose Vampir Graf Zahl aus der Sesamstraße (siehe Abbildung 5.5). Tatsächlich hast du eigentlich nur Nachteile, wenn du keine Zahlenziele für dein Social Media Marketing festlegst. Denn du weißt nicht, ob Aufwand und Ertrag in einem guten Verhältnis stehen. Und noch schlimmer: Du übersiehst deine eigenen Erfolge. Ausgerechnet das wertvolle gesunde Wachstum ohne große Sprünge findet oft unter dem Radar statt.

Vielleicht möchtest du dir keine Social-Media-Zahlenziele setzen, weil du schon gehört hast, dass es auf die Zahl der Fans und Likes nicht ankommt. Das ist prinzipiell richtig. Wichtiger als die Quantität der Follower ist die deren Qualität. Und die Qualität bemisst sich daran, wie wahrscheinlich deine Follower auch zu Kundinnen werden oder dich weiterempfehlen. Follower und Like-Zahlen sind meist deshalb im Gespräch, weil sie nach außen hin sichtbar sind. Daher werden sie oft zum Vergleich einzelner Accounts herangezogen. Tatsächlich sagen diese Zahlen wenig darüber aus, wie viele Menschen die Beiträge des Accounts auch tatsächlich sehen (Reichweite der Posts). Und noch weniger darüber, ob die Aufmerksamkeit letztendlich auch zu mehr Vertrauen und zu einem Anstieg der Verkäufe führt. Daher habe ich einige Vorschläge für dich, was du messen und wo du dir Zahlenziele setzen könntest:

1. **Die Reichweite deiner Beiträge**: Wie viele individuelle Konten (hinter denen ja jeweils ein Mensch steckt) kannst du mit deinen Beiträgen pro Woche erreichen? Achtung: Hier gibt es immer wieder Schwankungen durch Algorithmus-Umstellungen – sollte deine Reichweite also plötzlich abnehmen, recherchiere, ob es wirklich an deinem Content liegt oder ob es gerade vielen Accounts so geht.

2. **Zahl der privaten Nachrichten**: Sehr viele Kundinnen und Kunden, die über Social Media zu dir finden, werden dir zuvor private Nachrichten auf den Netzwerken schicken. Dass Menschen den persönlichen Kontakt zu dir suchen und nicht einfach nur öffentlich kommentieren, ist ein Zeichen, dass sie ein ernsthaftes Interesse an deinem Angebot haben. Und sie prüfen damit (bewusst oder unbewusst), ob hinter dem Account ein verlässlicher Mensch steckt, der antwortet.

3. **Die Interaktionsrate**: Wie viele Kommentare, Likes, Reaktionen erhältst du im Schnitt auf deine Beiträge? Wie viel mehr Interaktion wünschst du dir?

4. **Die Zahl der Zugriffe von Social Media auf deine Webseite**: Die Webseite ist im Normalfall der Ort, an dem deine Angebote gebucht werden können. Daher sind Nutzer, die von Social Media in dein »Internet-Zuhause« kommen, besonders wertvoll.

5. **Die Followerzahl**: Jetzt kommt sie doch – weil die Zahl ein blitzschnell überprüfbarer Faktor für das Wachstum deines Accounts ist. Allerdings solltest du

dich hier beim Setzen von Zahlenzielen immer nur an dir selbst orientieren, nicht an deiner Konkurrenz. Dein Ziel sollte sein, mehr Follower zu bekommen, als du jetzt hast – nicht mehr als deine Mitbewerberin hat.

Facebook-Abonnenten oder Fans – was ist wichtiger?

Wenn jemand angibt, dass ihm eine Facebook-Seite gefällt, wird er zum Fan und abonniert gleichzeitig die Inhalte dieser Seite. Das heißt, er wird einen Teil der Beiträge in seinem Newsfeed zu sehen bekommen. Facebook misst dann, wie groß das Interesse des Fans an diesen Beiträgen ist, und berechnet, wie viele Beiträge die Person weiterhin sehen wird.

Es gibt für Fans auch die Möglichkeit, ein Abo zu stoppen und weiterhin Fan zu bleiben, zum Beispiel um Sympathie zu bekunden. Für den Facebook-Seitenbetreiber sollte es ein Alarmsignal sein, wenn die Zahl der Fans viel höher ist als die der Abonnenten: Offenbar sprechen seine Inhalte die Fans nicht an.

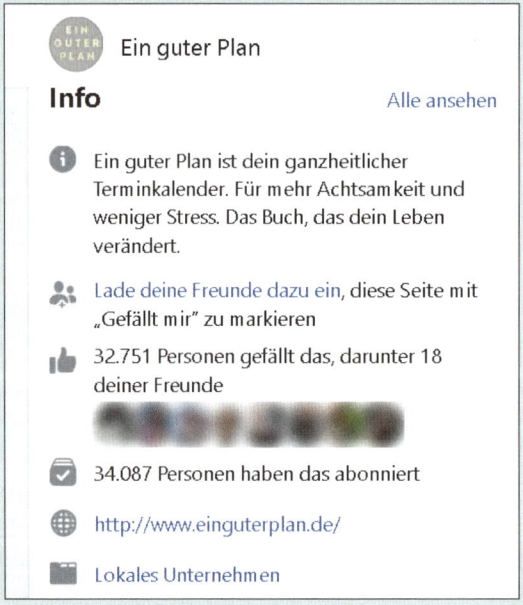

Abbildung 5.6 Abonnenten und Fans werden bei Facebook direkt untereinander angezeigt. Zugriff 21.08.20[4]

Wenn du mehr Abonnenten als Fans hast – wie zum Beispiel in Abbildung 5.6 zu sehen –, ist das in der Regel nicht bedenklich. Es könnte aber auch heißen, dass deine Community nicht öffentlich dazu stehen möchte, Fan deiner Seite zu sein – beispielsweise weil du ein sehr sensibles Thema behandelst.

---

[4] www.facebook.com/einguterplan

5.3.1   Wie wähle ich die richtige Zahl?

Die möglichen Zuwachsraten von Social-Media-Accounts hängen sehr stark von der Branche und von der Frage ab, wie gut du jetzt schon vernetzt bist. Ein Foodblog zum Beispiel kann auf Instagram relativ schnell von 0 auf 1.000 Follower kommen, weil wir alle essen und Rezepte brauchen. Ein auf Affären spezialisierter Beziehungscoach wird vermutlich selbst dann langsamer wachsen, wenn er oder sie wirklich wertvollen Inhalt liefert – weil sich die Follower ungern zu ihrem Problem bekennen, indem sie Beiträge liken und kommentieren.

Wenn du bereits einen Social-Media-Account für dein Business hast, hilft ein Blick auf das bisherige Wachstum, um dann ein motivierendes Zahlenziel festzulegen. Wenn du mit deinem Kanal gerade erst startest, empfehle ich dir, zunächst ein beliebiges Ziel zu setzen und dieses später anzupassen an dein tatsächlich realistisches Wachstum.

Ein gutes Zahlenziel ist eines, für das du dich strecken und anstrengen musst, das aber dennoch nicht so unrealistisch ist, dass du es niemals erreichen kannst. Besonders wirkungsvoll ist es, sich ein hohes Ziel in einer ferneren Zukunft zu stecken und dieses dann auf konkrete kleine Etappen herunterzurechnen.

Aber wie legst du die ganz konkrete Zahl fest? Den nächsten Tausenderschritt anstreben? So wertvoll Zahlen sind, weil sie uns eine eindeutige Botschaft vermitteln, so spielerisch darfst du mit ihnen umgehen, wenn es darum geht, Ziele zu setzen. Hast du Lieblingszahlen? Glückszahlen? Ziffern, die dich schon länger begleiten? Super, dann benutze sie! Ich beispielsweise orientiere mich gern an der Zahl 108, die in vielen Kulturen als heilig gilt. Die Mala-Gebetskette hat beispielsweise 108 Perlen – also hat auch der Redaktionsplan, den ich mit meinen Coaching-Kunden erarbeite, 108 Posts. Die erste Auflage meines Journaling-Kartensets hatte 108 Exemplare. Im Prinzip eine willkürliche Zahl, aber zu Beginn ist Zahlen zu setzen nun einmal ähnlich wie der Blick in die Glaskugel – also warum nicht damit spielen?

Die Zahl ist nur ein Hilfsmittel. Du sendest ein Zeichen, dass du wachsen möchtest, und richtest deine Handlung danach aus. Dazu gehört auch ein regelmäßiger Blick in die Statistik: Steigen die gewählten Kennzahlen an? Wenn du merkst, dass du weit hinter dem Ziel zurückbleibst, ist das gewählte Zahlenziel unrealistisch, und du solltest es so anpassen, dass es dich weiterhin motiviert. Wenn du nur knapp darunterliegst, solltest du das Wie in deiner Strategie anpassen und den Effekt überprüfen.

Zahlen überprüfen leicht gemacht

Facebook und Instagram bieten mit den Insights gute interne kostenlose Analysetools für deine Facebook-Seite, für Facebook-Gruppen und für dein Instagram-Businessprofil.

Deine persönlichen Profile auf den Netzwerken haben hingegen keine Statistikfunktion. Du kannst dort Messwerte für nahezu alle möglichen Social-Media-Ziele finden, von der Reichweite über das Followerwachstum bis zur Interaktionsrate. Einzig die Anzahl der Privatnachrichten wird nicht gemessen – hier musst du leider selbst zählen.

Außerdem erhältst du spannende Informationen darüber, wer deine Follower sind (Alter, Wohnort, Geschlecht) und wann diese online sind. Letzteres gibt dir einen Hinweis darauf, um welche Uhrzeit du am besten postest. Du findest die Insights auf deiner Facebook-Seite am rechten Rand und gelangst dann zu dem in Abbildung 5.7 gezeigten Menü, das dir alle wichtigen Daten liefert. Einzig die Angabe, wann deine Follower online sind, ist etwas versteckt. Du findest sie im Register BEITRÄGE.

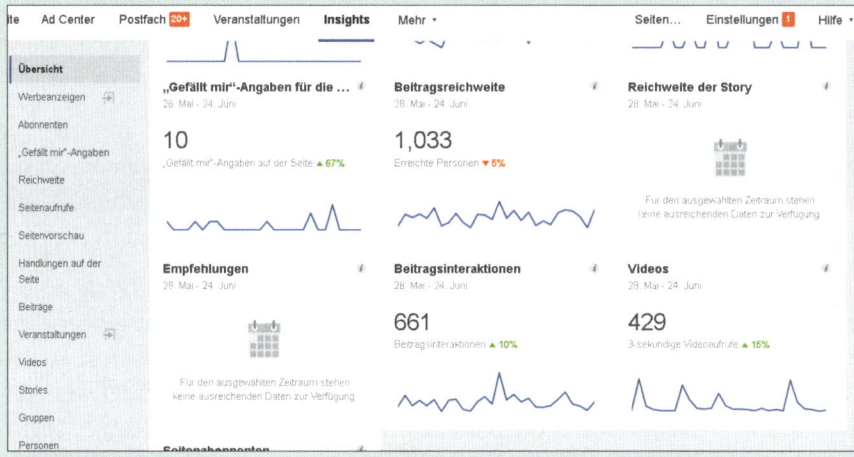

Abbildung 5.7 Die Insights bei Facebook lassen kaum statistische Fragen offen.

Ein Nachteil der Insights: Die Tools speichern die Zahlen nur eine begrenzte Zeit lang. Facebook-Insights gehen 28 Tage zurück. Für dich heißt das: Du solltest also mindestens einmal pro Monat einen Blick auf die Zahlen werfen. Auf Instagram kannst du die Leistung deines Profils nur für jeweils sieben Tage zurückverfolgen. Einen ganzen Monat zurückblicken kannst du mit dem Tool Ninjalitics. Es ist sehr übersichtlich und in der Grundversion ebenfalls kostenlos erhältlich unter *ninjalitics.com* – mehr über das Tool erfährst du in den Tooltipps in Kapitel 15.

Mit einem kleinen Trick kannst du aber auch bei den internen Instagram-Insights sehen, wie die einzelnen Content-Beiträge performt haben – und zwar bei den Feedbeiträgen für ein ganzes Jahr, bei den Stories immerhin für 14 Tage. Dabei siehst du, welcher Content gut ankommt. Anschließend kannst du mehr Content der gleichen Art produzieren. Der Rückblick auf die Performance der Beiträge bei Instagram im vergangenen Jahr ist etwas versteckt. Du findest ihn, wenn du in den Insights bei INHALTE, DIE DU GETEILT HAST dem Pfeil nach rechts folgst. Dann kannst du oben zum Beispiel die Reichweite auswählen – oder eine andere Kennzahl, die für dich wichtig ist – und einen Zeitraum – in Abbildung 5.8 habe ich dafür beispielsweise die Beiträge aus dem letzten Jahr nach ihrer erzielten Reichweite sortieren lassen.

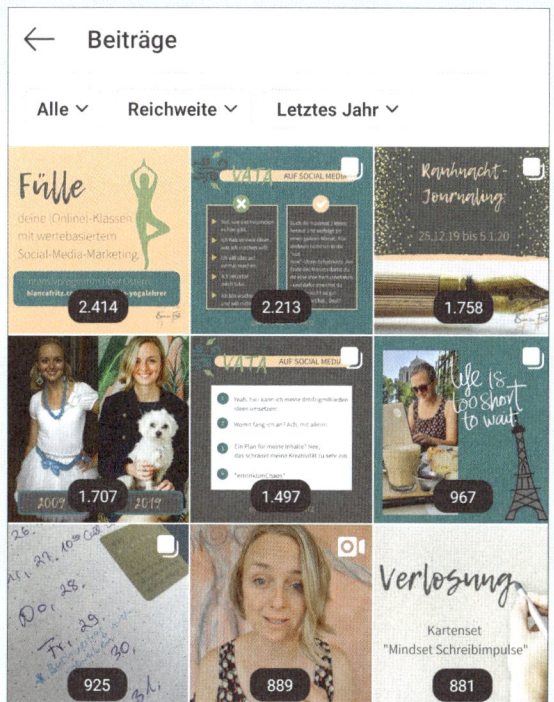

Abbildung 5.8 Unter »Inhalte, die du geteilt hast« findest du die wertvollste Statistik von Instagram. Zugriff: 05.06.20

Auch Pinterest hat einen eher beschränkten Statistikbereich, der Analytics heißt. Dieser stellt für die Nutzer von Unternehmenskonten Zahlen darüber bereit, wie häufig ihre Pins angezeigt und geteilt werden und wie sich die Pin-User zusammensetzen. Mehr Kennzahlen gibt es, wenn du deine Pins mit der *Tailwind*-App erstellst (kostenpflichtig).

Ich empfehle, einmal pro Monat die Kennzahlen zu überprüfen und festzuhalten – beispielsweise in einer Excel-Tabelle. Facebook bietet sogar die Möglichkeit, die Daten direkt für Excel zu exportieren. Du kannst natürlich auch häufiger in die Zahlen blicken – aber die kleinen Schwankungen könnten dich auch nervös machen und vom eigentlichen Ziel ablenken.

5.4   Wie misst man die Warum-Erfüllung?

Mit der Ökologie des Ziels haben wir bereits überprüft, ob unser Zahlenziel zu unserem Warum passt. Aber gibt es auch eine Möglichkeit, die Erfüllung des Warums selbst zu messen? Ist messbar, ob sich unsere Kunden sicherer oder verbundener fühlen? Ob sie sich besser ernähren und die Umwelt schützen? Ob wir zu einer friedvolleren Welt beitragen? All das sind qualitative Faktoren, die sich weniger leicht in Zahlen fassen lassen als quantitative Faktoren, wie beispielsweise die Zahl der Follower. Hier ist deine Kreativität gefragt! Klar ist: Ob du etwas für die Menschen da draußen veränderst, erfährst du nur von diesen Menschen selbst. Es ist daher wichtig, dass du mit ihnen in Kontakt bist.

Du kannst Feedback gezielt abfragen, etwa mit Fragebogen oder in Interviews. Wenn du in Fragebogen das Feedback skalierst, werden sogar Gefühle messbar. So könnte Stephanie Kohns, die in ihren Yogastunden zu mehr Sicherheit/Stabilität verhilft, beispielsweise folgende Fragen stellen:

1. »Wie sehr stimmst du dieser Aussage zu: In einer Yogastunde mit Stephanie kann ich mir sicher sein, dass ich mich niemals verletze.«

2. »Mir fällt es leichter, Entscheidungen zu treffen und für mich einzustehen, seit ich Yoga bei Stephanie mache.«

Wenn die Befragten hier eine Zahl zwischen 0 und 5 (»stimme überhaupt nicht zu« bis »stimme voll und ganz zu«) wählen, kann Stephanie ihre Warum-Erfüllung mit Zahlen messen.

Der Nachteil an solchen Fragebogen ist, dass du die Antworten bereits vorgibst. Kundinnen haben nicht mehr die Möglichkeit, ihre eigenen Worte für ihr Erleben zu wählen. Offenere Fragen, etwa »beschreibe, wie sich eine Yogastunde bei Stephanie für dich anfühlt« oder »beschreibe, welche Auswirkungen deine Yogapraxis auf deinen Alltag hat«, haben hingegen den Vorteil, dass die Kundinnen dich mit ihren Antworten auch überraschen können.

Und du lernst zudem etwas über die Sprache der Kundin. Wie drückt sie ihre Bedürfnisse aus? Wie beschreibt sie, was meine Arbeit mit ihr macht? Wie hilft ihr mein Produkt? Als Anbieter bist du Experte für dein Angebot – daher hast du dir auch ein entsprechendes Expertenvokabular zugelegt. Den Kundinnen und Kunden wirklich zuzuhören, hilft dir, wieder ihre Sprache zu sprechen, damit sie sich gemeint und gesehen fühlen.

Dieses Zuhören muss nicht auf Feedbackgespräche und Fragebogen beschränkt sein. Auf Social Media bist du im Idealfall dauerhaft mit deinen potenziellen Lieblingskunden im Gespräch. Du kannst deine Warum-Erfüllung auch anhand des Feedbacks messen, das du auf den sozialen Medien von ihnen bekommst. Was schreiben sie in die Kommentare? Was in privaten Nachrichten an dich? Wie oft bedanken sich deine Follower, dass du ihnen Mehrwert bietest? Wie drücken sie sich dabei aus?

Dr. Janna Scharfenberg, die verschiedene Ayurveda-Ausbildungen und einen Gesundheitsklub anbietet, erzählt, dass sie ihren Erfolg nicht nur an Umsatzzahlen bemessen möchte. Sie und ihr Team würden auch im Auge behalten, wie oft sie das Feedback bekommen, dass ein Teilnehmer wirklich etwas an seiner Lebensweise verändert hat. Oder wie viele Menschen die Ausbildungen ganz abschließen und positives Feedback geben.

Was aber, wenn du noch am Anfang stehst, deine Follower noch nicht antworten und du keine Kunden befragen kannst? Du kannst auch messen, was du selbst dazu beiträgst, dein Warum zu erfüllen. Also deine eigenen Bemühungen – zum Beispiel: Wie viele positive Impulse hast du diese Woche auf Social Media gegeben? Wo hast du konkret Hilfestellung geboten, als jemand eine Frage in einer Facebook-Gruppe gestellt hat?

Du kannst deine Warum-Erfüllung also auch daran bemessen, was du selbst gibst – und wenn dann erstes Feedback kommt, die Art deines Gebens anpassen. Für mich beispielsweise gehört zu meiner Warum-Erfüllung auch, dass ich regelmäßig und ohne Gegenleistung meine eigene Reichweite nutze, um auf Angebote anderer Accounts hinzuweisen, von denen ich überzeugt bin, dass sie die Welt besser machen. Ich helfe diesen, gesehen und verstanden zu werden.

Dranbleiben! Wie man Ziele in den Alltag integriert

Ein Ziel zu setzen, ist das eine – erreicht wird es nur, wenn wir uns tagtäglich daran erinnern und bewusst oder unbewusst daran arbeiten. Eine Methode, dein Ziel immer vor Augen zu haben, ist ein Visionboard. Klebe oder male Bilder auf, die für dich symbolisieren, was du erreichen willst und wie du dich fühlen wirst (siehe Abbildung 5.9).

Abbildung 5.9 Auf Visionboards wird vor allem das Gefühl festgehalten, das mit dem Ziel verbunden ist. Zugriff 12.07.20[5]

---

5   www.instagram.com/camillatromborg

Auch eine konkrete Zahl darf auf dem Visionboard stehen. Schon während du das Board gestaltest, hilfst du deinem Unterbewusstsein, das Ziel zu verankern. Wichtig ist aber auch, dass das Board für dich täglich sichtbar ist. Idealerweise hängt es dort, wo du an deinem Ziel arbeitest.

Eine weitere wirkungsvolle Methode: Schreibe das Ziel jeden Tag von Hand nieder – beispielsweise in deinen Kalender oder auf deine To-do-Liste. Selbst wenn du an diesem Tag nicht konkret an dem Ziel arbeiten wirst, wird dein Unterbewusstsein nach Lösungen suchen, dieses Ziel zu erreichen. Um das Unterbewusstsein auf die Suche zu schicken, kannst du das Ziel auch als Frage formulieren, beispielsweise: »Wie bekomme ich bis Ende des Jahres jeden Monat einen Neukunden über Facebook?« Noch direkter ist eine Formulierung, die so tut, als hättest du dein Ziel schon erreicht – und dich dann nach dem Weg dorthin suchen lässt. Also: »Wie verhilft mir Facebook jeden Monat zu einem neuen Kunden?« Probiere aus, was für dich gut funktioniert, und behalte diese eine Methode über mehrere Monate bei. Du wirst staunen, wie kraftvoll das ist.

Das Wichtigste in Kürze

Wer ein großes Warum hat, sollte sich auch große Ziele setzen. Für die Zielsetzung ist wichtig:

▶ Limitierende Glaubenssätze zu hinterfragen und mit ihnen zu arbeiten.

▶ Dein Ziel zu überprüfen: Warum möchtest du das? Was könnten mögliche negative Konsequenzen sein?

▶ Messbare Größen zur Zielüberprüfung zu finden.

▶ Zahlen festzulegen.

▶ Diese regelmäßig zu überprüfen.

▶ Auch dein Warum zu messen.

 Im Workbook kannst du dir deine Ziele eintragen und dich schriftlich dazu verpflichten, diese regelmäßig zu überprüfen. Wer seine Ziele schriftlich festhält, hat eine höhere Wahrscheinlichkeit, diese auch zu erreichen.

6 Weniger ist mehr: deine Marketingkanäle

Du musst nicht überall präsent sein! Wähle deine Social-Media-Kanäle so, dass sie zu dir und deinem Warum passen. Damit du dich dort jeden Tag mit Freude mit deinen Lieblingskunden austauschen kannst.

Die Möglichkeiten, online sichtbar zu werden, sind inzwischen so vielfältig, dass es immer schwieriger wird, den Überblick zu behalten. Zudem herrscht FOMO allerorten, the Fear Of Missing Out, also die Angst, etwas zu verpassen. Spätestens wenn Zeitungen und TV-Kanäle über ein soziales Netzwerk berichten und es im Freundeskreis zum Thema wird, hast du vielleicht mit deinem Business das Gefühl, dabei sein zu müssen, um den Anschluss nicht zu verpassen. Aber musst du wirklich überall präsent sein? Natürlich liegt aus Marketingsicht eine große Chance darin, irgendwo von Anfang an mitzumischen: Der Wettbewerb ist gering, und du wirst leichter gesehen.

Aber viel wichtiger ist die Frage, welche Kanäle für dich wirklich Sinn ergeben. Alle Kanäle bedienen zu wollen, ist nicht nur utopisch, sondern auch nicht sinnvoll – besonders nicht für dich als Einzelunternehmerin! Fast jeder Kanal erfordert es, dass du regelmäßig präsent bist, dass du ständig frischen Content teilst und mit anderen Nutzerinnen in Interaktion trittst. Dieses Problem lässt sich auch nicht lösen, indem du überall den exakt gleichen Inhalt teilst. Jedes Netzwerk hat seine eigenen Gepflogenheiten. Urlaubsfotos haben beispielsweise auf LinkedIn eher nichts zu suchen. Verlinkungen von Instagram, die auf Facebook ins Nichts führen, sind ärgerlich und schaden im schlimmsten Fall deiner Marke. Denn lieblos geteilte Inhalte werden als unseriös empfunden. Daher empfehle ich dir, lieber auf weniger Kanäle zu setzen und diese dafür zuverlässig und netzwerkgerecht zu bedienen.

Trotzdem ist der Impuls, ein Profil zu erstellen, wenn ein neues Netzwerk auftaucht, hilfreich! Meine Empfehlung: Sichere dir in neuen Netzwerken deinen Usernamen, erstelle zwei bis drei Posts, um herauszufinden, wie das Netzwerk funktioniert, und verweise dann in deiner Profilbeschreibung darauf, auf welchen Netzwerken du aktiv bist und es mehr Content von dir zu sehen gibt. In den meisten neuen Netzwerken lassen sich beispielsweise deine Profile von Facebook und Instagram verlinken. So bist du jetzt schon auffindbar und mit einem bestimmten Thema verknüpft, falls dich im neuen Netzwerk jemand sucht. Sollte sich der neue Kanal beweisen und du möchtest später dort aktiv werden, ist alles vorbereitet. Ein bisschen so, als hättest du die Liege am Pool mit deinem Handtuch reserviert (siehe Abbildung 6.1).

Abbildung 6.1 Dieser Platz auf Social Media ist bereits besetzt.

In diesem Kapitel klärst du die Wo-Frage für deine Social-Media-Strategie. Dafür möchte ich dir zunächst wieder einige Reflexionsfragen stellen, die dir helfen, bewusst zu wählen. Auch wenn du schon diverse Kanäle nutzt, um deinen Content zu verbreiten, kannst du damit überprüfen, ob du die richtigen Kanäle gewählt hast. Vielleicht findest du so auch die Antwort auf die Frage, warum du motiviert mit einem Kanal losgelegt hast, aber dich jetzt jedes Mal zwingen musst, dort aktiv zu werden.

Anschließend habe ich für dich eine Übersicht darüber erstellt, welche die gängigsten Kanäle für Selbstständige und Einzelunternehmerinnen sind, um ihren Content zu verbreiten. Damit du auch weißt, woraus du auswählen kannst. Wenn du einen Kanal noch gar nicht kennst, gilt: Schau ihn dir auf jeden Fall an! Mach dich mit den Inhalten und dem Umgangston dort vertraut, damit du deine Wahl gut treffen kannst.

6.1   Festlegen deiner Kanäle

Jeder Kanal hat seine Eigenheiten in Sachen Formate, Umgangston, versammelte Zielgruppe, Algorithmus und die Lebenszeit der Beiträge. Wie findest du nun die

Kanäle, die für dich stimmig sind? In meinen Augen sind folgende Fragen entscheidend:

▶ Gefällt es mir auf diesem Kanal?

▶ Passt der Kanal zu meinen Inhalten?

▶ Ist meine Zielgruppe dort?

▶ Passt der Kanal zu meinem Ziel?

▶ Passt der Kanal zu meinem Warum?

Die erste Frage – ob es dir auf dem Kanal gefällt – ist dabei die am wenigsten strategische und dennoch in meinen Augen die wichtigste. Du wirst viel Zeit auf diesem Kanal verbringen. Du wirst dort nicht nur deine Inhalte teilen, sondern in Kontakt mit anderen Menschen treten, ihnen folgen, ihre Inhalte konsumieren und sie dazu ermuntern, mit deinen Inhalten zu interagieren. Dafür sollte dir der Kanal Spaß machen oder dich zumindest nicht völlig überfordern. Wenn du also noch neu wählen musst: Melde dich ruhig auf mehreren Kanälen an und probiere sie mindestens zwei Wochen aus. Zu welchem Kanal kehrst du wirklich gern wieder zurück? Was gefällt dir dort besonders?

Auch die Frage, welche Art von Content zu produzieren dir leichtfällt, ist bedeutend: Wer keinesfalls Videos produzieren möchte, für den ergibt beispielsweise weder YouTube noch TikTok Sinn. Wer lieber spricht als schreibt, sucht sich für seine langen Content-Stücke eher einen Podcast aus oder produziert regelmäßig Live-Videos. Wer gern schreibt, entscheidet sich besser für Blogartikel auf seiner Webseite oder Fachartikel bei LinkedIn. Also frage dich: Wie eignest du dir selbst Inhalte am liebsten an? Welche Inhalte produzierst du gern?

Hast du Spaß am Bearbeiten von Fotos und am Gestalten von Grafiken? Dann ist Instagram ein guter Kanal für dich. Eine Übersicht darüber, welche Medienformate in welchem Netzwerk besonders gefragt sind, findest du in Abbildung 6.2.

Bilder:

Videos:

Text:

Audio/Sprache:

Abbildung 6.2 Auch wenn die meisten Plattformen viele Formate anbieten, haben sie doch Schwerpunkte und Formate, die besonders gut funktionieren.

Zudem solltest du dich fragen, ob dein geplanter Content thematisch auf die jeweilige Plattform passt. Dafür nutzt du die Suchfunktion des jeweiligen Netzwerks und gibst dort Schlagwörter (Keywords) ein, die zu deinem Thema passen. Gibt es bereits Accounts, die sich mit deinen Themen beschäftigen und Content dazu produzieren? Gibt es vielleicht sogar Hashtags mit deinen Keywords? Wenn ja, kannst du nachsehen, ob Beiträge zu diesem Thema auch gut ankommen – also ob User sie liken und kommentieren. Solltest du auf einer Plattform keine Inhalte zu deinem Thema finden, aber trotzdem Lust auf den Kanal haben und deine Zielgruppe dort vermuten – lass dich nicht entmutigen. Man darf ja schließlich die erste Person sein, die etwas Neues ausprobiert, und vielleicht kannst du sogar eine Nische auf dem Kanal für dich besetzen.

Für die Antwort auf die Frage, ob deine Zielgruppe auch auf dem Kanal zu finden ist, reicht meiner Ansicht nach ein grober Blick in die demografischen Faktoren: Passen Geschlecht und Alter, die auf einer Plattform vorherrschen, in etwa zu den Menschen, die du ansprechen möchtest? In der Aufzählung der Kanäle, die gleich folgt, erwähne ich auch den Altersschwerpunkt und das Geschlecht – falls es auf dem Kanal eine eindeutige Tendenz gibt. Sei dir aber auch bewusst, dass die meisten Netzwerke mit der Zeit älter und breiter werden in der Zielgruppe, die sie ansprechen. Es kann also gut sein, dass deine Wunschkundin ebenfalls auf dem Netzwerk ist oder es gerade für sich entdeckt. Manchmal ist es auch ein bestimmtes Thema, das eine Altersgruppe nach und nach auf einen Kanal zieht – weniger der Kanal an sich. Beispielsweise finden meiner Beobachtung nach inzwischen auch yogainteressierte Frauen weit jenseits der 35 auf den Kanal Instagram, weil sie sich für die dortigen Yogabeiträge interessieren.

Außerdem solltest du natürlich deinen bisherigen Kundenstamm dazu befragen, welche Kanäle er bevorzugt. Sollte herauskommen, dass keines der Netzwerke genutzt wird, hake nach. Oft bedeutet ein »ich bin nicht auf Facebook« in Wahrheit, dass sie zwar angemeldet sind, aber nicht täglich dort vorbeisurfen oder schlicht nichts veröffentlichen – sie konsumieren die Inhalte aber sehr wohl.

Eine Übersicht darüber, wie alt der Durchschnittsuser eines Netzwerks ist und wie »ernsthaft« die Beiträge sind, die er dort sucht, findest du in Abbildung 6.3. Mit Ernsthaftigkeit ist gemeint, ob eher leichte Unterhaltung gesucht wird, zum Beispiel in Form von lustigen Katzenvideos, oder ob sich User gezielt Informationen suchen und diese auch gern in seriöser Form präsentiert bekommen. Die Abbildung zeigt zum Beispiel: Junge Menschen, die Zerstreuung suchen, tun dies oft auf TikTok, Ältere findest du online eher auf Facebook, und sie suchen dort beides: sowohl Zerstreuung als auch Information.

Abbildung 6.3 Wie alt ist deine Zielgruppe, und sucht sie eher Entertainment und Wohlfühlthemen oder in seriöser Sprache dargebotenen Mehrwert?

Als Nächstes solltest du dich fragen: Passt der Kanal zu deinem Ziel? Du machst Social Media nicht nur zum Spaß. Wo steht die Sichtbarkeit deines Contents innerhalb deiner Kundenreise? Oder anders gefragt: Was soll der nächste Schritt eines potentiellen Kunden sein, der dich auf Social Media entdeckt und gut findet?

Wenn für dich Traffic auf deiner Webseite wichtig ist, ergibt zum Beispiel Pinterest besonders viel Sinn – ich werde noch erklären, warum. Für viel Traffic ist aber auch wichtig, dass du auf deiner Webseite regelmäßig frische Inhalte bietest – zum Beispiel mit einem Blog (mehr zu deiner Kundenreise, Blogs und Pinterest gibt es in Kapitel 12, »Nachhaltig Inhalte produzieren: Lass dich finden«). Wenn du auf Social Media vor allem aufgrund deiner Expertise sichtbar werden möchtest, damit du auf Veranstaltungen eingeladen wirst oder in die Presse kommst, kannst du prinzipiell jeden Kanal gut nutzen. Ebenso, wenn du deine E-Mail-Liste aufbauen möchtest – dann weist du in den sozialen Medien einfach immer wieder auf deine Mailingliste hin und erwähnst, welches Geschenk die Menschen bekommen, die sich anmelden (ein sogenanntes Freebie).

Wenn du auf Social Media eine Community aus Gleichgesinnten aufbauen möchtest, sind die Gruppenfunktionen von Facebook und LinkedIn besonders hilfreich. Du kannst aber auch auf Instagram oder TikTok mit Challenges und Community-Aktionen ein Gemeinschaftsgefühl schaffen. (Wie das funktioniert, zeige ich dir in Abschnitt 9.3, »Mit Kooperationen sichtbar werden«, und Abschnitt 9.4, »Make Social Media social: Zurückgeben mit Community-Aktionen, Umfragen und mehr«). Twitter eignet sich besonders dazu, zu zeigen, dass man über ein bestimmtes Thema gut informiert ist und dieses schnell und pointiert kommentieren kann. Hier kannst du als Meinungsmacherin bekannt werden. YouTube ist deine Plattform, wenn du vor allem längere Content-Stücke in Videoform produzieren und verbreiten möchtest.

Dein Ziel hängt auch davon ab, wo du gerade auf deiner unternehmerischen Reise stehst: Zu Beginn lautet dein Ziel vermutlich, irgendwo anzufangen und in die Sichtbarkeit zu gelangen. Hier sind die klassischen Social-Media-Kanäle wie Instagram und Facebook gut geeignet. Sie sind die Riesen auf dem Markt – weshalb ich diesen Netzwerken auch das größte Gewicht in diesem Ratgeber gebe. Prinzipiell kannst du auf diesen Kanälen dein Business sogar ohne eigene Webseite starten. Aber Achtung: Deine Businessprofile auf diesen Plattformen SIND in diesem Fall deine Webseite, auf der du als kommerzieller Anbieter sichtbar wirst. Das bedeutet: Du brauchst ein Impressum und eine Datenschutzerklärung. Vorlagen und Beratung diesbezüglich gibt es beispielsweise bei der Rechtsanwältin Sabrina Keese Haufs unter *lawlikes.de*.

Wenn du Freude am Geschichtenerzählen in Videoform hast, kann natürlich auch TikTok dein Hauptnetzwerk werden. Bist du im Business-to-Business-Bereich unterwegs, ist vielleicht eher LinkedIn dein Kanal.

Früher oder später wirst du dann deine Inhalte und die Nutzerinnen auf deine Webseite holen wollen. Dafür solltest du dort deinen Content in suchmaschinenoptimierter Form anbieten – zum Beispiel in einem Blog. Ein Blog ist wiederum ein guter Ausgangspunkt für einen Pinterest-Account, weil du dann regelmäßig Pins zu deinen Blogbeiträgen posten kannst. Wie bereits erwähnt, erfährst du über diesen Punkt mehr in Kapitel 12, »Nachhaltig Inhalte produzieren: Lass dich finden«.

Die meisten Unternehmerinnen, mit denen ich zusammenarbeite, entscheiden sich für Instagram als Hauptkanal und bedienen eine Facebook-Seite mit – oft mit der automatisierten Teilen-Funktion. Wenn dir Instagram in Grundton und Bedienung grundsätzlich zusagt, würde ich dir zu Beginn diese Vorgehensweise empfehlen. So ist es mit kleinen Anpassungen möglich, dass du auf zwei riesigen Netzwerken gleichzeitig sichtbar wirst.

Meiner Ansicht nach kommst du als kleines Business oder Freelancer auf der Suche nach Aufträgen um eine Facebook-Seite nicht herum. Es ist und bleibt das größte Netzwerk mit der breitesten Zielgruppe, und man hat hier die besten Möglichkeiten, zielgerichtet Anzeigen zu schalten. Instagram ist Neulingen jedoch oft sympathischer, weil es so viel übersichtlicher scheint. Gerade visuelle Menschen, die mit dem Design des eigenen Feeds (so wird das Nacheinander der Beiträge genannt) spielen möchten, fühlen sich von Instagram magisch angezogen.

Ich empfehle dir, unbedingt einen Kanal als Hauptkanal festzulegen. Das hat den Vorteil, dass du deine Inhalte für diesen Kanal optimieren kannst. Wenn du weitere

Kanäle bedienen möchtest, passt du den Inhalt leicht an (siehe auch den Kasten »Verknüpfung von Facebook und Instagram«).

Ich rate allerdings davon ab, zu viele Nebenkanäle aufzumachen. Die Gefahr besteht darin, dass du die dortigen Gestaltungsmöglichkeiten und Formate nicht im Blick hast und so weit hinter dem Potenzial der Netzwerke zurückbleibst. Ein konkretes Beispiel: Du hast Instagram als Hauptkanal gewählt und dort ein Bild mit Text für deinen nächsten Workshop erstellt. Dieses teilst du auch auf Facebook und LinkedIn. Das ist prinzipiell in Ordnung. Nur würdest du viel mehr Aufmerksamkeit auf den beiden Nebenkanälen bekommen, wenn du nicht einfach Bild und Text teilen würdest, sondern das Format *Veranstaltung* nutzen würdest (mehr dazu in Abschnitt 10.3, »Klar statt laut: über dein Angebot sprechen«).

Außerdem ist es schlicht unmöglich, überall eine eigene Community aufzubauen und für diese präsent zu sein. Denn dafür braucht es zeitintensive Socializing-Aktivitäten, auf die ich in Kapitel 9, »Vertrauen gewinnen und Reichweite aufbauen«, eingehen werde.

Weniger ist immer mehr. Daher lautet meine Empfehlung: Wähle einen Hauptkanal, für den du deinen Content produzierst, und maximal zwei Nebenkanäle, auf denen du den Content angepasst anbietest.

Verknüpfung von Facebook und Instagram

Durch eine Verknüpfung deiner Facebook-Seite mit deinem Instagram-Profil können alle Posts und Story-Beiträge von Instagram automatisch auch auf der entsprechenden Facebook-Seite veröffentlicht werden. Andersherum ist das derzeit nur beschränkt möglich, da Facebook viele Formate anbietet, die sich auf Instagram nicht teilen lassen. Du kannst auch manuell für jeden Post individuell entscheiden, ob er von Instagram auf Facebook geteilt wird. Dafür wählst du vor dem Veröffentlichen eines Beitrags auf Instagram, wo er noch erscheinen soll (siehe Abbildung 6.4).

Das automatische Teilen ist sehr praktisch, birgt aber auch Kompatibilitätsprobleme: Verlinkungen auf andere Profile können zum Beispiel im anderen Netzwerk ins Leere führen. Die Hashtags des Instagram-Beitrags sind auf Facebook derzeit noch von geringer Bedeutung und wirken manchmal deplatziert. Links aus einem Facebook-Beitrag funktionieren auf Instagram nicht, da dort lediglich ein einziger Link in der Profilbeschreibung gesetzt werden kann. Solche Probleme kannst du verhindern, wenn du den automatisch geteilten Beitrag noch einmal überprüfst und bearbeitest.

Auch bezahlte Werbeanzeigen können gleichzeitig auf Facebook und Instagram veröffentlicht werden – im Werbeanzeigenmanager gibt es die Möglichkeit, unterschiedliche Bilder für die verschiedenen Formate zu wählen, damit die Anzeigen überall optimal angezeigt werden. (Mehr zur Ad-Erstellung in Kapitel 11, »Facebook und Instagram Ads: Katalysator für deine Sichtbarkeit«.)

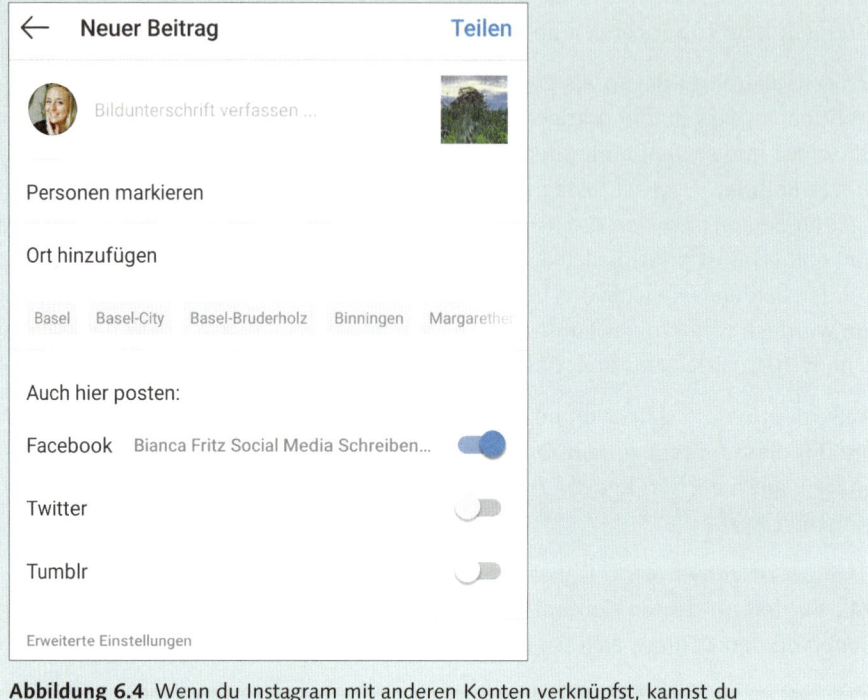

Abbildung 6.4 Wenn du Instagram mit anderen Konten verknüpfst, kannst du deine Beiträge zugleich an mehreren Orten veröffentlichen. Zugriff: 08.10.20

 Bevor du jetzt im Workbook die Fragen zur Kanalwahl beantwortest und deine Kanäle festlegst, möchte ich auch an dieser Stelle den Bogen zurück zu deinem Warum spannen. Wie du sicher bereits festgestellt hast, herrscht auf jedem Kanal eine andere Stimmung. Um ganz sicher zu sein, dass du den richtigen Kanal wählst, solltest du auch hier wieder dein Gefühl mit einzubeziehen.

Frag dich: Warum ist deine Traumkundin auf dem Kanal unterwegs? Sucht sie dort das, was du geben kannst? Passt der Kanal zu dem menschlichen Grundbedürfnis, das du abdecken möchtest? Sucht deine Traumkundin unbewusst vielleicht tatsächlich nach der Erfüllung dieses Bedürfnisses, wenn sie durch die Posts scrollt und sich im Kanal verliert?

So sind Instagram und Pinterest zum Beispiel Orte, die du mit Inspiration und Wachstum verbinden könntest. All die inspirierenden Zitate, die schönen Fotos, die Anleitungen für ein besseres Leben. Auf Facebook kannst du leicht Gemeinschaften finden – in den Gruppen Gleichgesinnter für wirklich jedes Interesse. Auf TikTok gibt es Spiel und Spaß. Zudem kitzelt die neue Plattform eindeutig einen kreativen Nerv. Was sagt dein Gefühl: Passt die Plattform zu deinem Warum?

Das Wichtigste in Kürze

Mach dich mit den unterschiedlichen Kanälen vertraut und wähle dann bewusst, welcher zu dir, deinem Warum und deiner Zielgruppe passt. Weniger ist mehr. Beantworte für dich die Fragen:

▸ Passt der Kanal zu mir? Kann und mag ich die dortigen Formate regelmäßig erstellen und in Interaktion treten?

▸ Ist meine Zielgruppe dort?

▸ Passt der Kanal zu meinem strategischen Ziel?

▸ Passt der Kanal zu meinem Warum?

Wähle anhand deiner Antworten im Workbook deinen Social-Media-Hauptkanal und eventuell noch Nebenkanäle aus.

Quiz: Der richtige Kanal für dich

Wenn du die Wahl deines Haupt-Social-Media-Kanals lieber spielerisch und digital angehen möchtest, probiere das Quiz auf meiner Webseite aus unter *biancafritz.com/kanalwahl*. Die Fragen führen dich direkt zu der Empfehlung, welcher Kanal für dich besonders geeignet ist, und wenn du deine E-Mail-Adresse eingibst, schicke ich dir aktuelle Informationen über den Kanal und ein paar weitere Tipps zur Kombination mit anderen Kanälen.

6.2   Instagram, Facebook, Pinterest, Blogs und mehr – was ergibt für welche Ziele Sinn?

Im Folgenden möchte ich dir eine Übersicht über die wichtigsten Kanäle zur Verbreitung deiner Inhalte im Netz geben. Ich beginne dabei mit den klassischen sozialen Netzwerken, dann folgen die Netzwerke, die eher wie Suchmaschinen genutzt werden, und zum Schluss stelle ich die Content-Formen vor, die ganz dir gehören und in deine eigene Webseite integriert werden können. Vielleicht fragst du dich an dieser Stelle, wem deine Inhalte denn gehören, wenn du sie auf Social Media verbreitest? Tatsächlich musst du davon ausgehen, dass du auf sozialen Netzwerken auch deine Urheberrechte abgibst. So behalten sich die meisten Netzwerke vor, deine Inhalte auch zu Werbezwecken weiterzuverwenden.

Einen Überblick darüber, wer zu wem gehört und wo damit auch deine Daten liegen, gibt Tabelle 6.1.

Netzwerk	Unternehmen	Firmensitz
Facebook	Facebook Inc.	Kalifornien
Instagram	Facebook Inc.	Kalifornien
WhatsApp	Facebook Inc.	Kalifornien
YouTube	Google LLC	Kalifornien
LinkedIn	Microsoft	Washington
TikTok	Bytedance Technology	Peking
Twitter	Twitter Inc.	Kalifornien
Pinterest	Pinterest Inc.	Kalifornien

Tabelle 6.1 Zu welchem Unternehmen gehört das Netzwerk, und in welchem Land liegen deine Daten?

6.2.1   Facebook: der Gigant

Facebook ist der Alleskönner unter den sozialen Netzwerken. Es hat die größte Reichweite aller sozialen Netzwerke mit 1,6 Milliarden[1] täglich aktiven Nutzern weltweit. Allein in Deutschland sind 23 Millionen Menschen täglich auf Facebook. Facebook ist also alles andere als tot, auch wenn dieses Gerücht immer wieder aufkommt. Wer angemeldet ist, nutzt das Netzwerk zudem meist regelmäßig. 72 Prozent der User in Deutschland sind tatsächlich jeden Tag auf Facebook.

Facebook besticht durch die schiere Zahl seiner Anwendungsmöglichkeiten und Funktionen, die ständig nach den Wünschen der Nutzer und Werbenden erweitert werden. Ein sehr beliebtes Format sind die Events oder Veranstaltungen, zu denen du deine Facebook-Freunde gezielt einladen kannst. Daneben können Bilder, Bildergalerien, Umfragen, Videos, Slideshows, GIFs, Live-Videos, geschlossene Gruppen, Stories und Videochat-Räume genutzt werden.

Facebook bleibt wachsam: Wann immer ein neues Format bei einem Konkurrenten auftaucht, mit dem sich digital Geschichten erzählen oder Menschen verbinden lassen, kann man sich fast sicher sein: Facebook wird diese Funktion bald in sein riesiges Netzwerk integrieren.

Zudem gibt es Chatbots für den Kundensupport (die automatisch auf private Nachrichten antworten) und Shops, in welche man Produkte einstellen kann.

---

1   Quelle für Zahlen der Netzwerke: SocialHub.io/mag, Ausgabe 12_2020.

Was für regelmäßige Nutzerinnen ein Vorteil ist, ist für jene, die nur hin und wieder vorbeischauen, eher ein Graus: Das Netzwerk sieht ständig anders aus, Funktionen verschwinden ganz oder tauchen an anderer Stelle wieder auf. Wenn heute die neuen Chatrooms und die Facebook-Stories noch sehr präsent sind (siehe Abbildung 6.5), kann es morgen schon wieder ganz anders aussehen.

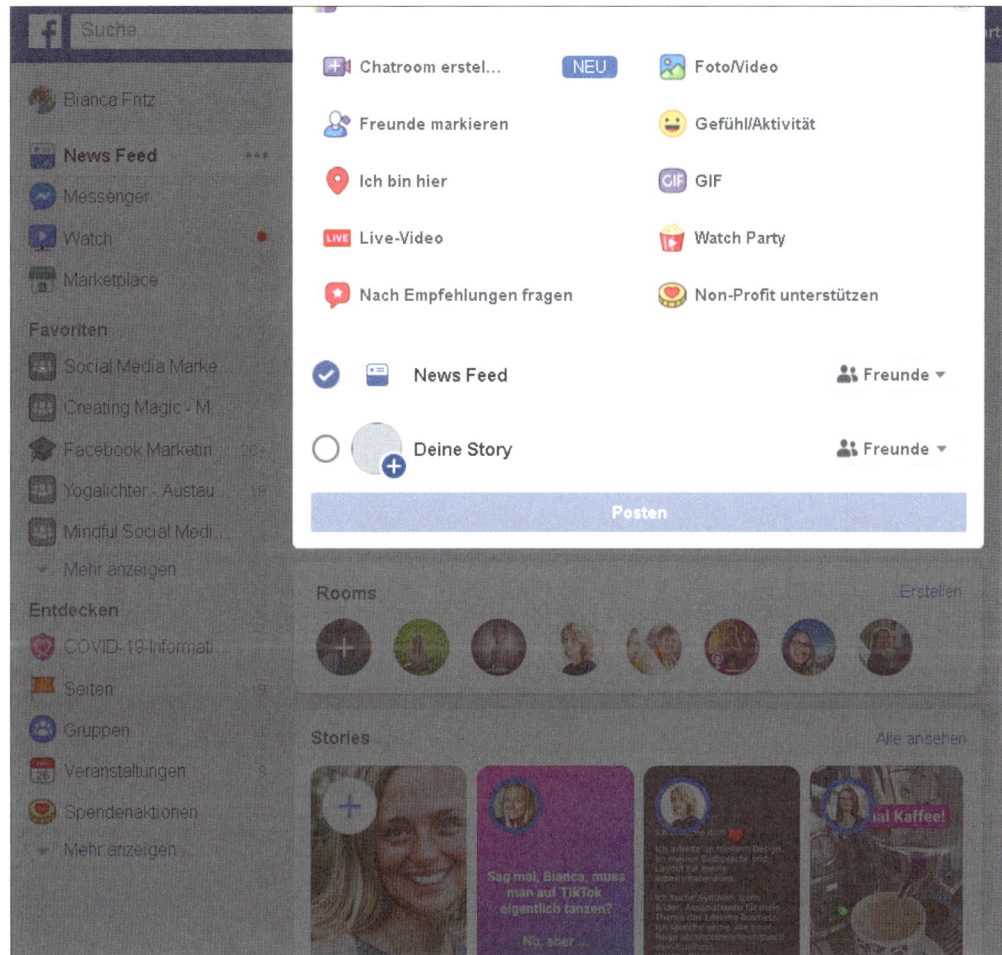

Abbildung 6.5 Ein Screenshot von Facebook ist immer eine Momentaufnahme.
Zugriff 25.06.20

Eine Besonderheit des Netzwerks ist: Wer Facebook geschäftlich nutzen will, muss *zuerst* ein persönliches Profil einrichten. Und zwar unter seinem Klarnamen oder zumindest einem Namen, der wie ein echter Vor- und Zuname aussieht. Zudem braucht es ein Bild, auf dem die Person erkennbar ist. Wenn du dich nicht daran hältst, läufst du Gefahr, dass dein Account gesperrt wird, und dann wird es auch schwierig, auf deine Businessseiten weiter zuzugreifen. Facebook-Seiten und Facebook-Gruppen kannst du erst mit diesem persönlichen Profil erstellen. Seiten sind dafür gedacht, Informationen über dein Business und deine Services sowie Content zu diesen zu verbreiten. Gruppen sind für den thematischen Austausch gedacht und können auch geschlossen und sogar für Nicht-Mitglieder unsichtbar sein. Facebook sieht es nicht gern, wenn du auf deinem persönlichen Profil offensichtlich über dein Angebot sprichst – daher führt früher oder später kein Weg an einer »Seite« für deine geschäftlichen Inhalte vorbei. Wenn du Anzeigen schalten und Einblick in Statistiken haben möchtest, brauchst du ohnehin eine Facebook-Seite – beides ist mit dem persönlichen Profil nicht möglich.

Zielgruppe: Die User der größten Altersgruppe in Deutschland sind zwischen 25 und 34 Jahre alt, aber auch unter den 45 bis 54-Jährigen gibt es noch 4,3 Millionen Nutzer. Facebook ist zudem das soziale Netzwerk, bei dem du am ehesten Senioren erreichst – sofern du dich nicht in Seniorenforen tummeln möchtest. Jugendliche wandern von Facebook ab, die Zahl der Nutzer ab 35 Jahren steigt hingegen weiter.

Beiträge können zielgruppengenau ausgespielt werden, da das Netzwerk sämtliche Likes und andere Aktionen seiner Nutzer auswertet und daher unheimlich viel über seine Benutzerinnen weiß. Als Plattform, um zielgerichtet Werbung zu schalten, kommt man um Facebook kaum herum.

Themen: Die Bandbreite an Themen ist riesig, weil vom Manager bis zur Rentnerin alle Interessen- und Altersgruppen vertreten sind.

Nachteile: Neben der Unübersichtlichkeit wird bei Facebook oft die sinkende organische Reichweite beklagt. Facebook lässt sich das Anzeigen deiner Beiträge immer häufiger bezahlen. Außerdem herrscht auf dem Netzwerk zuweilen ein rauer Umgangston. Trolle, also User, die es vor allem auf Krawall abgesehen haben, und Hatespeech, üble Nachrede, sind keine Seltenheit im größten sozialen Netzwerk.

6.2.2   Instagram: das übersichtlichere, schönere Facebook

Instagram wurde von Facebook gekauft und wächst derzeit sogar schneller als sein großer Bruder. Laut Facebook nutzen derzeit 500 Millionen Nutzer das Netzwerk täglich – also hat Instagram derzeit etwas weniger als ein Drittel der täglichen Facebook-User.

Instagram ist vor allem ein visuelles Netzwerk – gute Bilder oder Videos sind Pflicht. Außerdem wird Instagram als Miniblog genutzt: Das Bild ist Aufhänger für längere, manchmal tagebuchartige und mitunter hoch philosophische Texte zu Erlebnissen oder Gedanken.

Ein weiterer Trend gerade unter Expertinnen und Experten auf Instagram: Sie packen immer mehr Information auf das Bild. Mit Infografiken oder ganzen Texten auf dem Bild selbst soll auf einen Blick ersichtlich sein, um was es geht. Oder man klickt sich als Nutzer durch ein Karussell mit Bildern oder Kurzvideos. Dort bekommt man zum Beispiel mehrere Tipps zu einem Thema oder kann sich die verschiedenen Arbeitsschritte eines DIY-Projekts anschauen.

Weiterhin gilt: Wer auf Instagram posten möchte, muss vor allem Freude am visuellen Gestalten oder Fotografieren haben. Instagram hat seine eigene Ästhetik und folgt ständig wechselnden Trends. Eine harmonische Farbgestaltung ist fast schon ein Muss, wie das Beispiel des Foodblogs von Nathalie Pfister zeigt (siehe Abbildung 6.6).

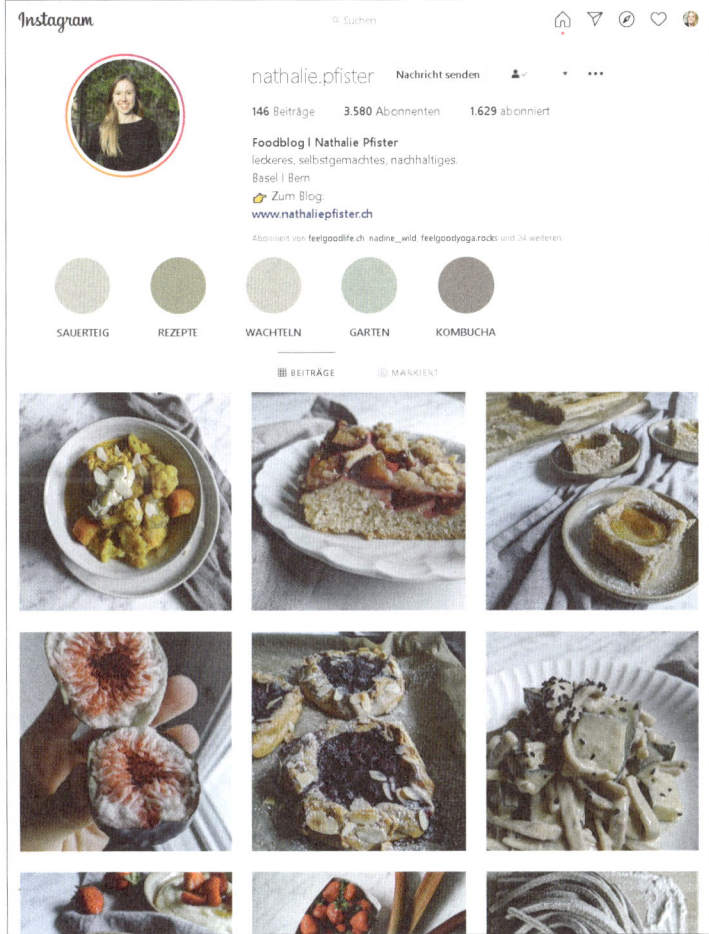

Abbildung 6.6 Instagram ist ein ästhetischer Kanal voll schöner Bilder in harmonischen Farben. Zugriff: 17.06.20[2]

---

2   www.instagram.com/nathalie.pfister

Die Plattform hat weniger Funktionen und ist daher auf den ersten Blick leichter verständlich als Facebook – allerdings spürt man auch hier den Facebook-Konzern als neuen Besitzer: Es werden immer mehr Funktionen ausprobiert und integriert. Neben den relativ simplen Feedposts, die aus Text mit Bild, einem Karussell mit Bildern/Videos oder maximal einminütigen Videos bestehen, bietet Instagram die Story-Funktion für schnelle Beiträge, die bis zu 24 Stunden online bleiben (und als Highlight für eine längere Lebensdauer abgespeichert werden können). Stories bieten viele spielerische Gestaltungsmöglichkeiten für das digitale Storytelling: Ort und Zeitsticker, Umfragen und mehr. Noch mehr Gestaltungsmöglichkeiten gibt es jetzt mit den Reels, den 15- bis 30-sekündigen Videos, die ähnlich wie TikTok-Videos aufgenommen und direkt in der App mit Filtern und Sounds bearbeitet werden können. Weitere Funktionen sind längere Videos im Hochformat (IGTV), Live-Videos – und eine Shopping-Funktion.

Zielgruppe: Instagram spricht zwar momentan eine jüngere Zielgruppe an als Facebook, wird aber zunehmend älter. Momentan besteht die größte demografische Gruppe aus Männern und Frauen zwischen 25 und 35 Jahren (gemeinsam 35 Prozent der Nutzer). Auffällig ist, dass zwar auch viele Jugendliche vertreten sind, aber nur wenige von ihnen eigene Inhalte erstellen. Zudem schützen sie ihre Accounts oft als private Accounts vor fremden Augen.

Themen: Besonders stark vertreten sind Lifestyle-Themen wie Reisen, Essen, Einrichtung und Kosmetik, aber auch viele private Geschichten, Produktwerbung sowie der bereits erwähnte Experten-Content. Instagram ist ein Kanal, der Begehrlichkeiten weckt – daher funktioniert die Werbung für »schöne« Produkte mit qualitativ hochwertigen Fotos besonders gut. Als Werbekanal für bezahlte Anzeigen wird Instagram ebenfalls immer bedeutsamer.

Nachteile: Ähnlich wie bei Facebook geht die organische Reichweite der Beiträge zurück. Da es anders als bei Facebook keine Interessengruppen gibt, denen man beitreten kann, ist es auf Instagram komplexer, neue Follower zu gewinnen und für ein bestimmtes Thema sichtbar zu werden. Derzeit kann man die eigene Reichweite hauptsächlich dadurch steigern, dass man die richtigen Hashtags benutzt (eine Art Schlagwort, mehr dazu in Kapitel 8, »Berühre deine Follower mit Bild, Text und Video«), auf anderen Accounts sichtbar wird (darauf werde ich in Kapitel 9, »Vertrauen gewinnen und Reichweite aufbauen«, eingehen) oder wenn man für Anzeigen bezahlt. Die Tonalität ist um einiges kuscheliger und liebevoller als auf Facebook – dafür gibt es immer wieder Bots (Programme, die automatisiert kommentieren) und gefälschte Accounts. Wer unter 10.000 Follower hat, kann zudem nur an einer Stelle in seinem ganzen Instagram-Profil einen Link setzen.

6.2.3 Twitter: schnell und bissig

Twitter ist wohl die bissigste der sozialen Plattformen. Mit täglich rund 152 Millionen Nutzern, davon nur 1,4 Millionen in Deutschland, bleibt das Netzwerk zahlenmäßig weit hinter den Facebook-Plattformen zurück.

Bei Twitter steht der Text im Vordergrund – traditionell war das Netzwerk für Kurznachrichten bis 140 Zeichen gedacht, inzwischen fasst ein regulärer »Tweet«, wie die Posts bei Twitter genannt werden, 280 Zeichen. Außerdem sind Umfragen, Foto- und Videoposts möglich. Hashtags sind sehr wichtig – wer sich an den täglichen Hashtag-Trends beteiligt, wird gesehen.

Bezahlte Anzeigen sind möglich, und die Kosten für diese sinken momentan tendenziell, während die Größe des Netzwerks anwächst und mehr Interaktion mit den Anzeigen stattfindet.

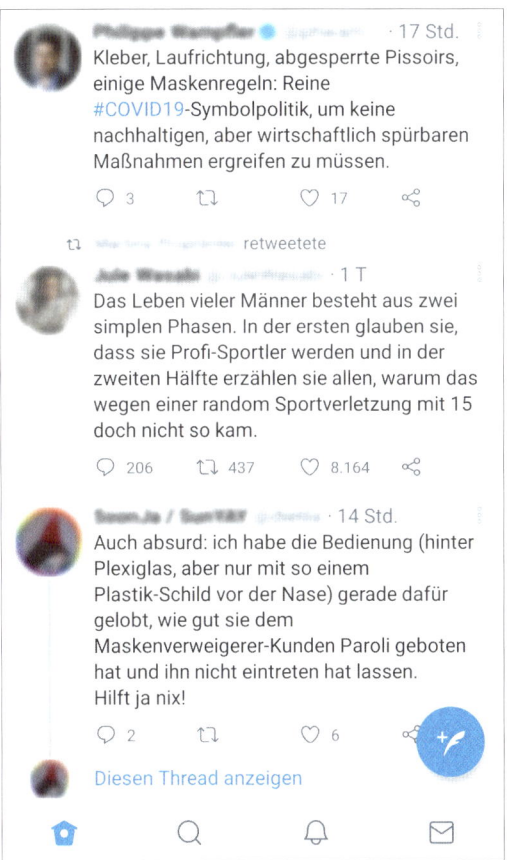

Abbildung 6.7 Alltagsbeobachtungen und politische Statements auf Twitter, Zugriff: 09.10.20

Zielgruppe: Das Netzwerk kann für diejenigen sehr interessant sein, die Millennials, Politikerinnen, Multiplikatoren, Medienschaffende, Technikaffine und Entscheiderinnen erreichen möchten – denn diese tummeln sich bevorzugt auf Twitter. Auch viele berufstätige Mütter nutzen den Kanal. Rund die Hälfte der Nutzer ist zwischen 18 und 34 Jahre alt.

Themen: Beliebt sind Inhalte rund um Politik und Medien, die User tauschen sich auch über Kundenservice und Marken aus. Humorvolle Alltags-Tweets und clevere Sprachspiele runden das Bild ab (siehe Abbildung 6.7).

Da sich viele Journalisten auf der Plattform tummeln, finden Tweets oft Eingang in die klassischen Medien – und das nicht erst seit der exzessiven Nutzung der Plattform durch Donald Trump.

Nachteile: Der Ton ist fast immer bissig und kritisch. Twitter ist schnell – Nachrichten, aber auch Falschmeldungen verbreiten sich rasant. Wer bei Twitter präsent ist, sollte sich bewusst sein: Es wird eine schnelle Reaktion auf Kundenbeschwerden oder -anfragen erwartet.

6.2.4 LinkedIn: das Facebook fürs Business

Gestartet als Jobportal und zum Präsentieren des eigenen Lebenslaufs, wird LinkedIn immer mehr zu einem sozialen Netzwerk für den Berufskontext. Die Nutzerinnen teilen Fachartikel, Ressourcen und berufliche Erfahrungen. Die Besonderheit ist, dass hier zwar über berufliche Themen gesprochen wird, aber dennoch die Kommunikation von Mensch zu Mensch im Vordergrund steht – also nicht die Firmen sind untereinander vernetzt, sondern deren Köpfe.

Derzeit nutzen die meisten der 675 Millionen weltweit Angemeldeten die Funktionen zum Posten von Dokumenten, Artikeln, Videos und Fotos noch kaum – das bedeutet, die organische Reichweite ist im Vergleich mit anderen Plattformen bisher hoch.

Das Bilden von Gruppen und das Erstellen von Events auf LinkedIn erinnert stark an Facebook. Die Nutzung von Hashtags wird zunehmend wichtiger.

Zielgruppe: Bei der Altersstruktur der User liegt ein Schwerpunkt auf den 20- bis 49-Jährigen (51 Prozent). Selbstständige und Kleinunternehmerinnen können das Netzwerk nutzen, um als Experten sichtbar zu werden und von potenziellen Kunden und Partnern oder Mitarbeitern gefunden zu werden – oder diese direkt im Sinne der Akquise anzuschreiben. LinkedIn ist bekannt dafür, dass viele Entscheiderinnen und Führungskräfte vertreten sind und persönlich angeschrieben werden können. Aber auch Fachleute vernetzen sich hier, finden Kooperationspartner und tauschen Informationen aus.

Themen: Der Ton ist insgesamt seriös und geschäftsmäßig im Vergleich zu anderen Netzwerken. Ein Themenschwerpunkt liegt auf beruflichen Inhalten und Facharti-keln – zunehmend findet man allerdings auch leichtere Inhalte oder inspirierende Zitate und auch den persönlichen, authentischen Zugang zu Themen (siehe Abbildung 6.8).

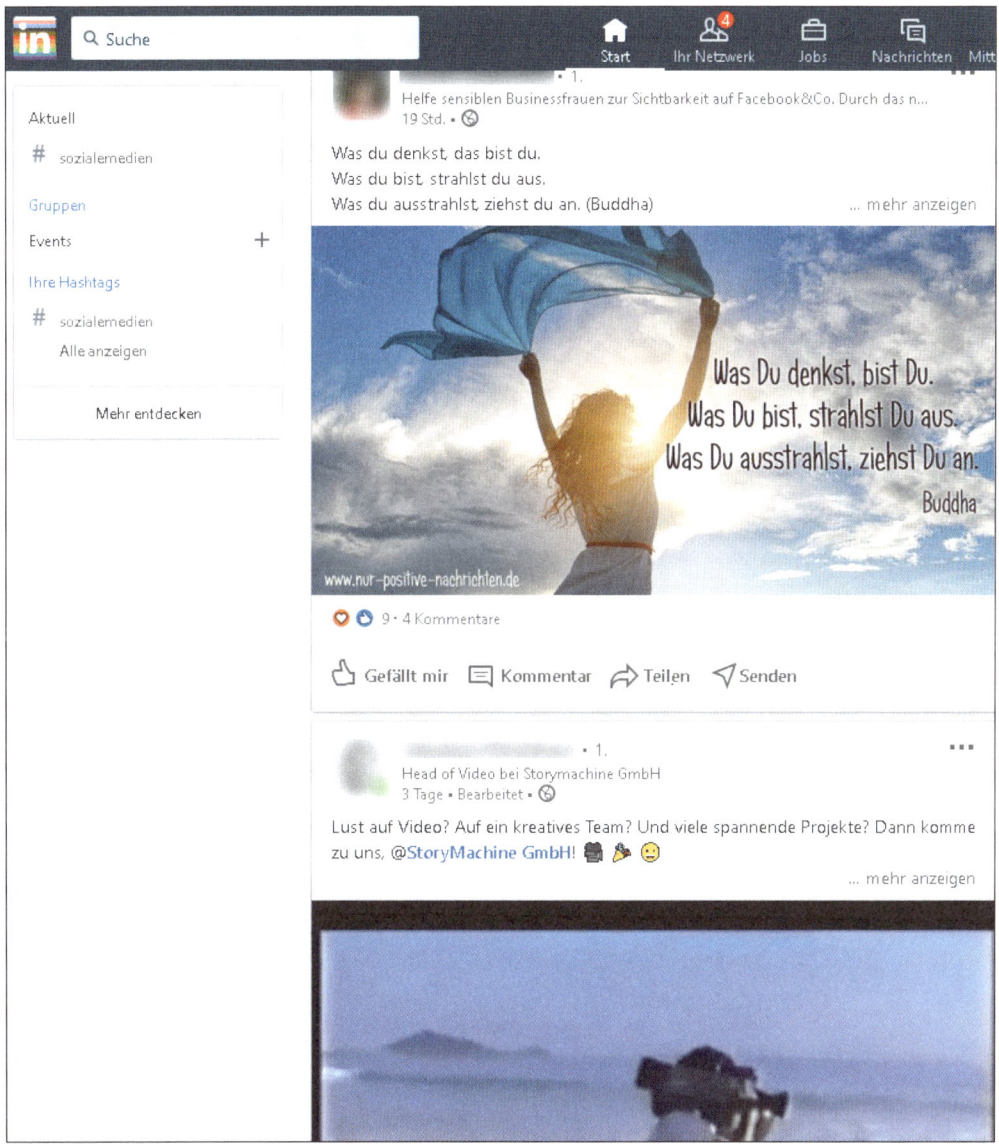

Abbildung 6.8 Buddha-Zitate stehen neben Jobausschreibungen: LinkedIn wird immer bunter. Zugriff: 16.06.20

Nachteile: Ads sind auf LinkedIn möglich, aber überdurchschnittlich teuer im Vergleich zu anderen Netzwerken. Funktionen, die in anderen Netzwerken bereits selbstverständlich sind, wie das Live-Video, rücken langsam nach.

6.2.5   TikTok: eine neue Art des Storytellings

TikTok ist derzeit das wohl am schnellsten wachsende soziale Netzwerk. Aus der App *music.ly* hervorgegangen, fand man hier lange Zeit hauptsächlich kleine Tanz- und Lippensynchronisationsvideos. Um die Aufmerksamkeit eines TikTok-Nutzers zu fesseln, gilt es, verschiedene Stilmittel für Überraschungen und Brüche einzubringen, wie Filter, Schnitte, neue Outfits und Ähnliches. Der große Vorteil an TikTok: Die Videos können direkt und sehr einfach in der App bearbeitet werden, es braucht keine Videoschnittkenntnisse. Auch bezahlte Anzeigen sind möglich.

Die App war zunächst vor allem bei Teenagern beliebt – Ende 2019 waren 69 Prozent der Nutzer zwischen 16 und 24 Jahre alt. Insbesondere während des Corona-Lockdowns im Frühjahr 2020 scheint sich diese Altersstruktur verändert zu haben, und immer mehr ältere Nutzer probierten die App aus.

Mit der größeren Varianz an Nutzern wuchs auch die Themenvielfalt. Heute sprechen Ärzte, Marketingfachleute, Fitnesstrainerinnen und Eltern über das, was sie tagtäglich beschäftigt (siehe Abbildung 6.9).

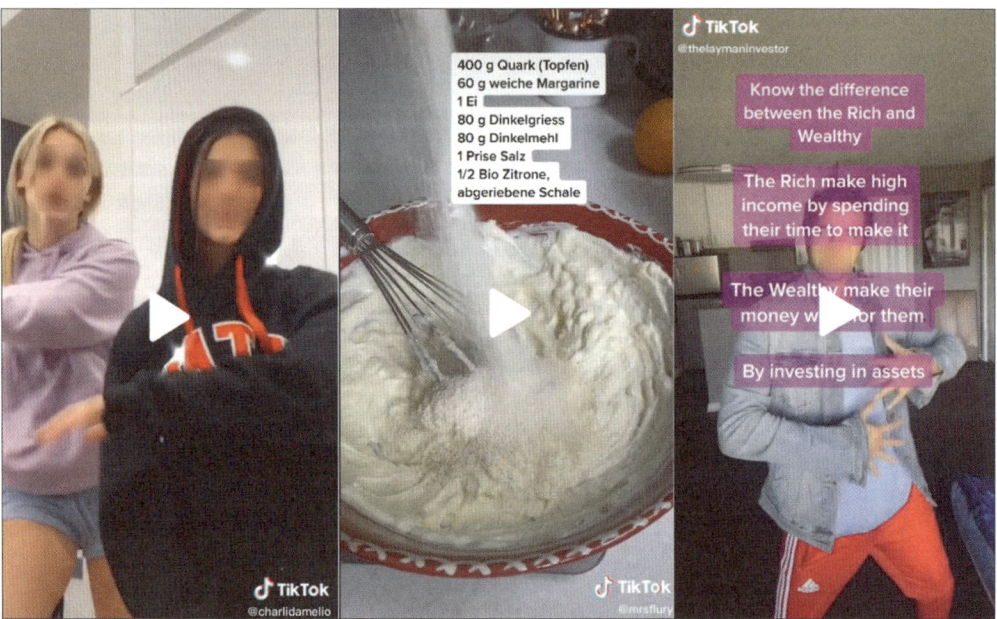

Abbildung 6.9 Tanzende Teenager, Rezepte und getanzte Finanzbildung: Das Themenspektrum auf TikTok wird immer breiter. Zugriff: 02.07.20

Die Themen werden meist auf eine humorvoll überzeichnete Art präsentiert. Der Informationsgehalt ist dicht: Die meisten Videos sind nicht länger als 15 Sekunden, maximal hat man 60 Sekunden Zeit.

TikTok verlangt vor allem Entertainment. Daher werden viele Informationen mit Hüftschwung und Musik vermittelt. Die Entwickler von TikTok scheinen die Veränderung hin zu gehaltvollen Videos allerdings zu begrüßen. Mitte 2020 schrieb TikTok Prämien und Sonderrechte im Wert von mehreren Millionen Dollar für die Nutzer aus, die auf TikTok Wissen vermitteln. Das führte dazu, dass Hashtags wie *#teiledeinWissen* zum Trend wurden.

Im November 2019 sprach TikTok bereits von über einer Milliarde monatlichen Nutzern. Ein großer Vorteil der Plattform sind die noch hohen organischen Reichweiten. Jedes Video wird probehalber auf der FÜR DICH-Seite einer kleinen Audience angezeigt, die dich noch nicht kennt. Wenn es gut ankommt, wird die Reichweite vergrößert. So kann jedes Video viral gehen. Das unterscheidet den TikTok-Algorithmus von anderen Netzwerken, in denen du hauptsächlich an die Menschen ausgespielt wirst, die bereits mit deinen Beiträgen interagiert haben.

Selbst wenn du entscheidest, dass TikTok nichts für dich ist, lohnt es sich, sich mit der Plattform zu beschäftigen. Denn die schnelle, dichte Art des Geschichtenerzählens wird auch auf andere Plattformen übergehen – das zeigt schon die Reels-Funktion, die Instagram 2020 in seine Plattform integriert hat, mit denen sich Videos ähnlich wie bei TikTok bearbeiten lassen.

Nachteil: Inwiefern TikTok die hiesigen Datenschutzbestimmungen einhält, wird derzeit auf europäischer Ebene untersucht. In Ländern wie Indien und Bangladesch ist die App derzeit verboten.[3]

6.2.6   YouTube: der Videogigant und Google-Liebling

Mit zwei Milliarden monatlich aktiven Nutzern ist YouTube doppelt so groß wie TikTok, und 77 Prozent der Menschen in Deutschland geben an, die Plattform mindestens einmal im Monat zu nutzen. Unter Jugendlichen ist es die beliebteste aller Plattformen. Die am stärksten wachsenden Nutzergruppen sind aber jene über 35 und über 55 Jahren. Inhaltlich ist hier so ziemlich alles zu finden. Besonders gut werden Tutorials, Trainingsvideos und Anleitungen angenommen (siehe Abbildung 6.10).

Der Funktionsumfang ist eher gering: Neben Videos in allen Längen gibt es Live-Videos und ein paar Spezialfunktionen wie die »Communities« für Nutzerinnen und

---

3   Quelle: www.focus.de/finanzen/boerse/neue-video-plattform-wie-gefaehrlich-ist-tiktok-erste-laender-sperren-chinesische-hype-app_id_12166540.html, Zugriff: 25.08.20.

Nutzer mit über 10.000 Abonnenten. YouTube ist nach Google die größte Suchmaschine im Netz. User suchen vor allem nach Produkttests, Unterhaltungsvideos und Anleitungen zu Themen aller Art. Die Social-Media-Funktionen, wie das Kommentieren oder die Unterhaltung im Community-Tab, werden weniger stark genutzt.

Abbildung 6.10 Auf YouTube werden lange Videos gezielt gesucht und konsumiert – auch solche zum Mitmachen. Zugriff: 20.06.20[4]

Auf YouTube werden, anders als in typischen sozialen Netzwerken, auch lange Videos konsumiert. Dies kann damit zusammenhängen, dass die Videos gezielt gesucht wurden. Da YouTube den TV-Konsum immer mehr abzulösen scheint (insbesondere bei Jugendlichen), ist es auch ein interessantes Medium für bezahlte Werbung in Form von Einblendungen oder vorgeschalteten Werbefilmen.

Zudem lassen sich auf YouTube hochgeladene Videos gut in die eigene Webseite einbauen. Somit lohnt sich ein Kanal als Parkplatz für deinen eigenen Content auch dann, wenn man nicht vorhat, auf der Plattform regelmäßig präsent zu sein oder eine große Gefolgschaft dort aufzubauen.

---

4   https://youtu.be/-vpIAAzeSCA

Wer die Videos zudem mit relevanten Keywords beschriftet, also Schlagwörtern, nach denen im Internet gesucht wird, eröffnet sich eine neue Möglichkeit, gefunden zu werden: Da YouTube zu Google gehört, ranken YouTube-Videos weit oben in den Suchergebnissen der größten Suchmaschine.

Sofern du YouTube als Hauptkanal wählst, solltest du eines bedenken: Der Qualitätsanspruch an Ton und Bild ist inzwischen sehr hoch – höher als in anderen sozialen Netzwerken, wo schnell aufgenommene Videos als authentisch angesehen oder zumindest toleriert werden.

Keine YouTube-Videos auf Facebook

Facebook stellt YouTube-Links im Feed nicht schön dar, und es wird vermutet, dass auch deren organische Reichweite unterdrückt ist. Der Grund dafür: Facebook möchte selbst eine bedeutende Videoplattform werden und pusht bevorzugt den eigenen Video-Content. Daher lohnt es sich, Videos separat auf Facebook hochzuladen.

Den Weg andersherum zu gehen, kann aber in der Content-Distribution sehr sinnvoll sein: Wer seinen Facebook-Videos (zum Beispiel den Aufzeichnungen der Live-Videos) eine höhere Reichweite und Sichtbarkeit außerhalb von Facebook bescheren möchte, kann diese herunterladen, auf YouTube erneut hochladen und mit relevanten Keywords versehen. Das steigert die Sichtbarkeit auf Google.

6.2.7   Pinterest: die Bildersuchmaschine für mehr Traffic auf der Webseite

Pinterest wird derzeit als beste Plattform gehandelt, um Menschen auf die Inhalte der eigenen Webseite oder Blogartikel aufmerksam zu machen – also um Traffic zu generieren. Die Plattform wird ähnlich wie YouTube von den meisten Nutzerinnen und Nutzern als Suchmaschine genutzt – weniger als soziales Netzwerk. Als Suchergebnisse werden sogenannte Pins angezeigt, und diese sind dann zumeist mit externen Inhalten verlinkt. Pins sind klassischerweise Bilder, können aber auch Videos oder Karussell-Pins (eine Kombination aus mehreren Bilder oder Videos) sein.

Zielgruppe: 322 Millionen Nutzer hat Pinterest weltweit, in Deutschland werden täglich etwa vier Millionen Ideen im Netzwerk gepinnt. 70 Prozent der Nutzer sind Frauen.

Themen: Thematisch galt Pinterest lange Zeit als eher eingeschränkt: Vor allem Bastelanleitungen, Rezepte sowie schöne Bilder aus den Bereichen Beauty, Mode und Inneneinrichtungen waren hier erfolgreich. Inzwischen finden dort aber auch viele andere Themen Platz, zum Beispiel aus den Bereichen Gesundheit, Erziehung und Business. Für Pinterest solltest du nicht einfach Bilder deiner Webseite pinnen, sondern diese speziell aufarbeiten. Ich werde darauf in Kapitel 12, »Nachhaltig Inhalte produzieren: Lass dich finden«, eingehen. Besonders gut funktioniert Pinterest übrigens bei allen Themen, die sich saisonal aufbereiten lassen.

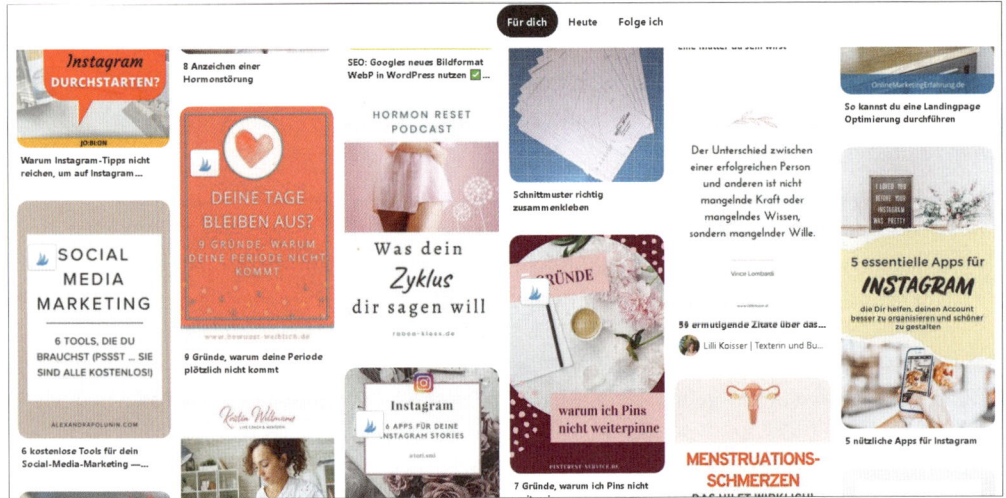

Abbildung 6.11 Bilder mit Text verraten, was hinter einem Pin-Link zu erwarten ist. Zugriff: 22.07.20

Der Vorteil gegenüber anderen sozialen Netzwerken ist die lange Lebensdauer eines Pins. Wie bei einer Suchmaschine ist der Beitrag nicht nur einmal kurz sichtbar, sondern kann mit den entsprechenden Keywords wiedergefunden werden. Wer also ein Blog führt oder eine andere Art von regelmäßigem Content auf seiner Webseite präsentiert, sollte Pinterest als Traffic-Lieferanten unbedingt in Betracht ziehen.

Seit 2019 gibt es auch die Möglichkeit, Pins zu bewerben, und eine hohe Reichweite ist hier noch um einiges günstiger als auf Facebook und Instagram.

6.2.8   Blogs, Podcasts und Videos auf deiner Webseite: Dein Content gehört dir

Auf den sozialen Medien findet man Inhalte, die Lust auf deine Expertise machen und Vertrauen erwecken sollen. Wenn die Nutzerinnen und Nutzer dann auf deine Webseite kommen, gibt es dort im Idealfall längere Content-Stücke. Dass du YouTube-Videos integrieren kannst, habe ich bereits erwähnt. Wenn du kein YouTube nutzen möchtest, kannst du natürlich auch die Videos auf der Webseite selbst hochladen oder Alternativen wie Vimeo nutzen. Ideal ist es, wenn du Videos in Blogartikel einbindest, in denen du über den Inhalt des Videos schreibst. Du kannst natürlich auch Blogartikel ohne Videos veröffentlichen oder Podcast-Folgen mit ausführlichen »Shownotes« – also schriftlichen Zusammenfassungen der Audiodateien – in dein Blog einbinden.

Gute Gründe dafür, die Webseite zu deinem Content-Home zu machen, sind:

1. Deine Seite wird spannender für Suchmaschinen, und du wirst für deine Expertise und die gewünschten Schlagwörter/Keywords besser sichtbar.

2. Deine Webseite mit ihren Inhalten gehört dir. Wenn soziale Netzwerke verschwinden oder dein Konto gesperrt wird, sollte dein Hauptcontent noch immer in deinem Besitz sein. (Achtung: Auch YouTube ist ein soziales Netzwerk, also sichere deine Videos immer noch an anderer Stelle.)

3. Deine Webseite ist aktueller, wenn du regelmäßig Content darauf postest.

4. Für die Sichtbarkeit in sozialen Netzwerken machst du dir ohnehin die Mühe, deine Inhalte ansprechend aufzubereiten. Um deine eigenen Ressourcen zu schonen und dennoch maximale Sichtbarkeit zu erreichen, solltest du die Inhalte an möglichst vielen Orten nutzbar machen.

Auf die Wiederverwertung und nachhaltige Gestaltung von Content gehe ich in Kapitel 12, »Nachhaltig Inhalte produzieren: Lass dich finden«, ausführlich ein.

6.2.9   E-Mail-Liste: E-Mail-Adressen sind Gold wert

In einer Newsletter- oder E-Mail-Marketing-Liste sammelst du E-Mail-Adressen von Menschen, die sich für dein Angebot interessieren. Um die Abgabe der Mailadressen interessant zu machen, ist es heute üblich, ein Freebie anzubieten, auch Goodie oder Leadmagnet genannt. Hinter dem Begriff verbirgt sich ein nützliches Geschenk für deine Zielgruppe, zum Beispiel ein PDF, eine Audiodatei, ein Video oder gar ein Minikurs. Diese gängige Onlinemarketing-Methode könnte allerdings schon bald durch immer strengere Gesetze in Sachen E-Mail-Marketing erschwert werden, weil die Kopplung »E-Mail-Adresse für Geschenk« rechtmäßig in einer Grauzone liegt.

Du solltest dir also auch unabhängig von diesem einmaligen Geschenk überlegen: Wie gestalte ich meinen Newsletter so spannend, dass Menschen mir dafür gern ihre Adresse geben? Was erhalten sie dafür in meinen Mails? Links zu frischen Blogartikeln? Exklusive Angebote und Tipps? Persönliche Einblicke hinter die Kulissen?

Deine E-Mail-Liste ist ein wertvoller Bestandteil deines Business, denn die Kontakte auf deiner Liste können nicht einfach verschwinden – anders als die Fans in sozialen Netzwerken, sollte dein Account gesperrt werden oder das Netzwerk verschwinden.

Um Newsletter zu versenden und die Anmeldung zur Liste auch online daten-schutzkonform zu gestalten, empfiehlt es sich, mit speziellen E-Mail-Marketing-Tools zu arbeiten. Übersichtliche, in der Grundversion kostenlose Einsteigertools sind Mailerlite, Sendinblue oder Mailchimp. Sie erlauben auch das Aufsetzen von automatischen Antworten oder E-Mail-Serien, bei denen die Empfänger regelmä-ßig und automatisiert bestimmte E-Mails empfangen. Das ist sehr nützlich, wenn du einen Kurs launchst oder wenn du als Freebie einen Mini-Kurs anbieten möch-test, der über mehrere Tage geht.

Ein Vorteil der E-Mail-Newsletter ist, dass deine Nachricht dort eine Reichweite von nahezu 100 Prozent hat – also fast jeder Newsletter-Empfänger sieht, dass du ihm etwas Neues zu sagen hast. (Lediglich die, bei denen du im Spam-Ordner landest, erreichst du nicht.) Mit Social-Media-Beiträgen ist das anders: Dort entscheidet der Algorithmus über die Reichweite deines Posts. Darauf werde ich in Abschnitt 8.1, »Meaningful Interaction: Wie die Algorithmen belohnen, was die Nutzer lieben«, eingehen.

6.2.10   Messenger-Dienste

Eine weitere Möglichkeit, den Auftritt auf Social Media um Kanäle zu ergänzen, die keinem Algorithmus folgen, ist, die Programme zu nutzen, die Menschen sonst eher für ihre private Kommunikation gebrauchen: Messenger-Dienste! WhatsApp war bisher ein guter Kanal, um Ankündigungen zu verbreiten – allerdings ist es inzwischen ungemein schwierig geworden, das datenschutzkonform zu handha-ben. Zur Alternative mausert sich gerade der Messenger-Dienst Telegram. Dort abonniert der Nutzer aktiv einen Informationskanal. Das Gute daran: Du als Anbie-ter musst keine Handynummer preisgeben. Zudem hat Telegram ähnliche Möglich-keiten wie viele soziale Netzwerke: Man kann problemlos Umfragen erstellen sowie GIFs oder Links teilen.

Extratipp: Stories bei WhatsApp nutzen

Die App *WhatsApp* hat auch eine Story-Funktion. Diese funktioniert analog zur Story-Funktion auf Instagram oder Facebook: Inhalte in Hochkantformat bleiben 24 Stunden sichtbar. Die WhatsApp-Story-Funktion kann nicht nur genutzt werden, um schöne All-tagsmomente mit den Menschen im eigenen Telefonbuch zu teilen, sondern natürlich auch, um auf aktuelle Angebote des eigenen Business hinzuweisen. Diese Story kannst du übrigens mit wenigen Klicks wieder in deinem persönlichen Profil auf Facebook tei-len (siehe Abbildung 6.12). An dieser Stelle ist es also sehr praktisch, dass die großen Netzwerke unter einem Unternehmensdach sind.

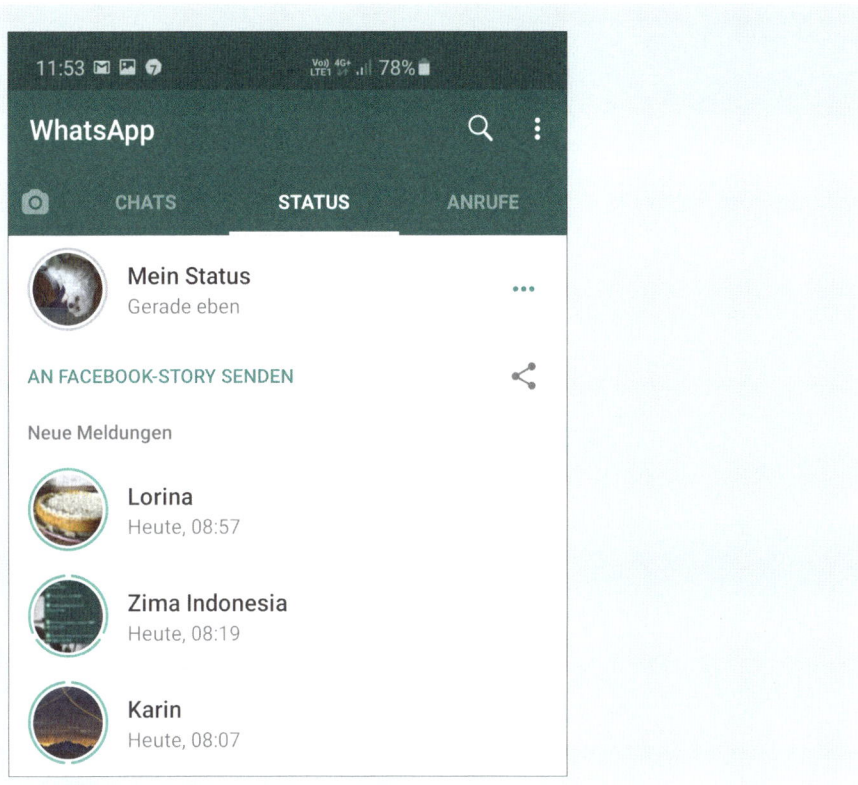

Abbildung 6.12 Deinen WhatsApp-Status kannst du auch als
Story in dein Facebook-Profil senden. Zugriff: 09.10.20

7 Mehrwert und Authentizität: Wie Social Media dein Warum stützt

Soziale Medien sind das, was Menschen aus ihnen machen. Du kannst sie nutzen, um mit deinen Inhalten, deiner Persönlichkeit und deinen Accounts dein Warum nicht nur zu verbreiten, sondern es zu leben und in die Welt zu bringen. Wie also wäre es, wenn schon dein Marketing die Welt ein bisschen besser machen würde?

Wenn soziale Netzwerke in die Schlagzeilen geraten, dann sind das nur selten erfreuliche Nachrichten. Datenschutzprobleme, Wählerbeeinflussung, Falschmeldungen, Cybermobbing, virale Gewaltvideos und das Vermitteln krankhafter Schönheitsideale – das sind Horrornachrichten über Facebook & Co., die Tag für Tag über unsere Bildschirme flimmern und unsere Zeitungen füllen. All das sind ernst zu nehmende Probleme, und es ist wichtig, dass die Netzwerke und wir als Gesellschaft Lösungen für sie finden – keine Frage. Und doch zeichnen diese Meldungen ein einseitiges Bild. Sie brandmarken die sozialen Medien als feindlichen, gefährlichen Ort.

Die sozialen Medien sind aber auch ein Ort der Hilfsbereitschaft, echter menschlicher Verbindung, spannender Diskussionen und purer kreativer Lebensfreude. Auf Facebook & Co. haben fast alle Menschen ungeachtet ihrer Herkunft die Möglichkeit, sich auszudrücken und gesehen zu werden. Alles, was sie dafür brauchen, ist ein Handy oder einen Laptop und eine Internetverbindung. Ob sie diese neue Macht nun nutzen, um andere zu mobben, oder ob sie morgens gemeinsam meditieren und ihr Wissen weitergeben, liegt an den Menschen selbst – nicht am Medium. Die Frage ist: Was wird die Oberhand gewinnen? Und wie trägst du selbst dazu bei?

Als jemand, der Social Media nutzen möchte, um bekannter zu werden und letztendlich das eigene Angebot zu verkaufen, trägst auch du Verantwortung dafür, einen freundlichen Raum zu schaffen, in dem sich Menschen gern aufhalten. Du möchtest andere anstecken mit deinem Warum, sie begeistern und für sie da sein. In diesem Kapitel wirst du erfahren, was Mehrwert bedeutet und wie du deine Themen für Social-Media-Posts findest. Außerdem werden wir uns ansehen, wie du zugleich authentisch und professionell kommunizieren kannst – und so eine Community schaffst, die dein Warum stützt. Für diese schaffst du in deinen Social-Media-Accounts zugleich einen Raum, in dem ihr Bedürfnis gestillt wird, das du in deinem Warum festgehalten hast.

7.1 Von Mensch zu Mensch: Warum soziale Medien der perfekte Ort für werteorientiertes Marketing sind

Es gibt eine indische Geschichte, in der ein Hund in einen Tempel mit 1.000 Spiegeln tritt. Als er all die anderen Hunde sieht, knurrt er, fletscht die Zähne, stellt die Nackenhaare auf, und 1.000 Hunde tun es ihm gleich. Ängstlich verlässt er den Ort, überzeugt davon, dass die Welt voller gemeingefährlicher Hunde sei. Etwas später tritt ein anderer Hund in den Tempel, sieht 1.000 Hunde, freut sich, wedelt mit dem Schweif und fordert die Artverwandten zum Spielen auf. Und 1.000 Hunde tun es ihm gleich. Er verlässt den Tempel, fest überzeugt davon, dass die Welt ein wunderschöner Ort voller freundlicher Hunde sei (siehe Abbildung 7.1).

Abbildung 7.1 Was gibst du in die sozialen Medien hinein?

Ich bin überzeugt: Die sozialen Medien funktionieren in großen Teilen wie dieser Spiegeltempel. Dir wird das zurückgegeben, was du hineingibst. Zugegebenermaßen bin ich durch meine eigenen Erfahrungen geprägt. Als junge Journalistin war ich von Anfang an begeistert, als das sogenannte Web 2.0 aufkam – endlich konnte ich ohne große Technikkenntnisse Texte, Bilder, Audiodateien und Videos ganz nach meinem Gusto gestalten und in die Welt bringen – ohne dass sie in ein jahrzehntealtes Redaktionskonzept passen mussten. Unter einem Pseudonym twitterte, bloggte und podcastete ich über alles, was mich beschäftigte, Alltagsbegegnungen, Bücher, Politik, Uni-Erkenntnisse, das Auswandern in die Schweiz. Ich fand schnell Anschluss an Gleichgesinnte. Viele spannende Gespräche fanden online statt und wurden offline fortgesetzt. Wir fuhren Hunderte von Kilometern, um uns zu treffen.

Dann kam eine schwierige Phase. Ich hielt mich nach einer Trennung mit dem Schreiben schlecht bezahlter Zeitungsartikel über Wasser, während ich meine Abschlussprüfungen an der Uni vorbereitete. Genau in dieser Phase überfuhr ich eine rote Ampel in der Schweiz, was ein teures Strafverfahren nach sich zog. Einige Tage später brannte unser Keller aus – ich verlor neben all meinen Tagebüchern sämtliche Sommerkleider, die ich dort gelagert hatte. Da Twitter zu dieser Zeit so etwas wie mein zweites Tagebuch war, schrieb ich über alles, was mir passierte. Und war überwältigt von der Reaktion: Menschen, die mich noch nie getroffen hatten, fragten nach meiner Kontonummer und meiner Adresse, um mir zu helfen – ohne dass ich darum gebeten hatte.

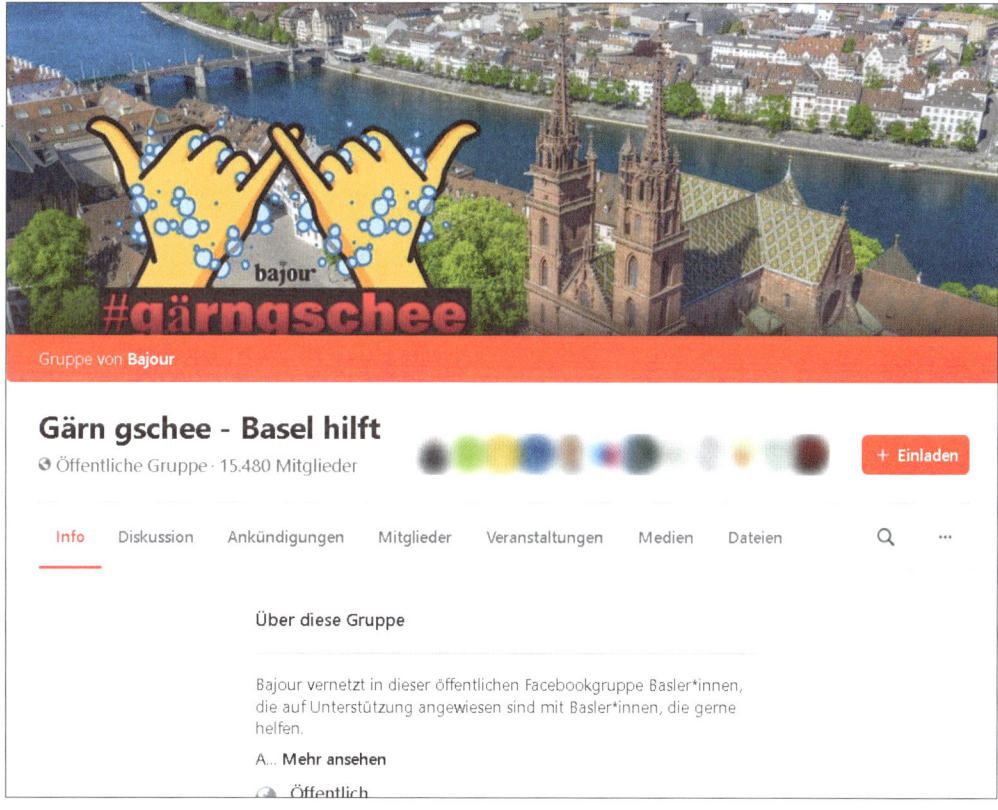

Abbildung 7.2 Viele Gruppen auf Facebook vernetzen Menschen, die helfen, wie die »Gärn gschee«-Gruppe in Basel. Zugriff: 09.10.20[1]

---

1   www.facebook.com/groups/gaerngscheebasel/

All das passierte, lange bevor Crowdfunding-Plattformen in großem Stil die Möglichkeit boten, um Hilfe zu bitten für eigene Projekte oder in schwierigen Lebenssituationen. Und es hat mein Bild der sozialen Netzwerke nachhaltig geprägt: als einen Ort der echten sozialen Interaktion von Mensch zu Mensch – sogar wenn sich diese Menschen hinter Pseudonymen verstecken. Belege dafür findest du zuhauf, wenn du sie sehen möchtest: von der Community, die Geld für eine krebskranke Instagram-Nutzerin sammelt, damit die sterbenskranke Frau noch einmal das Meer sehen kann, über das fleißige Teilen von Suchanzeigen vermisster Menschen auf Facebook bis hin zu banalen Hilfsangeboten im Alltag. Die lokale Facebook-Gruppe »Gärn gschee – Basel«, die für Nachbarschaftshilfe in der Corona-Krise gegründet wurde, hatte innerhalb kürzester Zeit über 15.000 Mitglieder – und die meisten davon sind sehr aktiv (siehe Abbildung 7.2). Und wie viele deiner Freunde nutzen heute die Facebook-Geburtstagsaktion, um Spenden für wohltätige Zwecke zu sammeln? Noch niedriger ist die Hürde für kleine Hilfestellungen im Alltag: Hast du schon einmal ein Foto einer dir unbekannten Pflanze gepostet und gefragt, was das ist und was es braucht? Du wirst dich wundern, wie viele Menschen antworten.

Aktivistin Louisa Dellert hat Mitte 2019 für Schlagzeilen gesorgt, als sie um Spenden bat, um ihr Engagement für Nachhaltigkeit und politische Bildung fortsetzen zu können. Sie erfuhr viel Gegenwind, weil sie zuvor als Fitness-Influencerin Geld über Instagram verdient hatte. Aber eben auch jede Menge Unterstützung: Innerhalb weniger Tage nahm sie laut diesem Post 7.300 Euro an Spenden ein und schlüsselte auf, wie sie diese einsetzen würde (siehe Abbildung 7.3).

Wie entsteht diese soziale Komponente der sozialen Netzwerke? Wenn wir noch einmal zurückdenken an die menschlichen Grundbedürfnisse, gibt es zwei Hauptgründe dafür, dass Menschen auf Social Media mit anderen kommunizieren:

1. Sie suchen Verbindung zu anderen und möchten sich zugehörig fühlen.
2. Sie suchen Anerkennung und nutzen die möglichen Ausdrucksformen der sozialen Netzwerke auch zur Selbstverwirklichung.

Oder einfacher gesagt: Sie möchten über sich sprechen, und sie suchen Menschen, die sie verstehen und ähnlich ticken.

Natürlich kommen heute weit mehr Nutzungsmöglichkeiten dazu: Menschen sind auf Social Media, um dazuzulernen, sie wollen sich informieren oder inspirieren lassen, etwas kaufen/verkaufen oder schlicht ihre Langeweile loswerden.

Wenn wir uns eine aktive, zugewandte Community wünschen, eine, die auf unsere Beiträge antwortet und mit uns interagiert, ist es wichtig, dass wir diese zwei Grundbedürfnisse im Blick behalten, die aus der anonymen Kommunikation auf Social Media wieder eine Mensch-zu-Mensch-Begegnung machen. Wenn du heute schon Social-Media-Kanäle bedienst und dich über fehlende Interaktion wunderst, frag dich: Zeigst du dich als Mensch, zu dem andere eine Verbindung aufbauen können? Gibst du anderen auch die Möglichkeit, etwas über sich zu sagen, indem du interessiert nachfragst?

louisadellert ● • Abonniert   ...

louisadellert ● Vielen vielen vielen
Dank an alle, die meinen Aufruf vor
zwei Tagen nicht negativ aufgefasst
haben und mir vertrauen. Ich will
euch natürlich über die nächsten
Schritte auf dem Laufenden halten.
Mit den 7.300€ werden folgende
Dinge bezahlt: eine BahnCard100
mit welcher ich ausschließlich zu
Terminen fahre wie Schulbesuche,
Recherchearbeiten oder Interviews
wie z.B. mit der
Verpackungsindustrie. Parallel habe
ich weiterhin meine BahnCard 50 für
private Reisen. Im Herbst sind die
Landtagswahlen. Bereits gestern
habe ich mich mit zwei tollen
Menschen zusammengesetzt, weil

Gefällt lorina_krngsnd und
16.631 weitere Personen

17. JULI 2019

Abbildung 7.3 Luisa Dellert bedankt sich für die finanzielle Unterstützung ihrer Follower. Zugriff 17.07.20[2]

Es sind diese menschlichen Beziehungen, die es dir ermöglichen, selbst in den sozialen Netzwerken deine Werte zu leben und zu zeigen. Dein echtes Interesse an deinen Wunschkundinnen und Wunschkunden macht den Unterschied. Genau aus diesem Grund hast du dir in Kapitel 4, »Deine Wunschkundin oder deinen Wunschkunden als Mensch begreifen«, Zeit genommen, dir ein Gegenüber zu schaffen, mit dem du gern sprichst – und diesen Wunschkundenavatar besser zu verstehen.

Wer mit der Bereitschaft antritt, sich selbst als soziales Wesen zu zeigen und den Wunschkunden mit wertvollen Inhalten zu dienen, schafft beste Voraussetzungen für einen Spiegeltempel, in dem er und andere sich gern aufhalten.

---

2   www.instagram.com/louisadellert

Du, Sie, ihr, wir? Wie spreche ich auf Social Media mit meinen Followern?

In den sozialen Netzwerken wird sehr viel mit der persönlichen Ansprache gearbeitet. Wie auch in diesem Buch wirst du zumeist geduzt, weil dies am unmittelbarsten ist. Das höflichere »Sie« ist wenig gebräuchlich. Der Wechsel zwischen »du« und »Sie« sollte vermieden werden.

Das generische »ihr« kann verwendet werden, um das Gefühl von Gemeinschaft zu stärken, allerdings nimmt sich der Autor damit von der Gruppe aus. Das kann ein bewusstes Stilmittel sein, um sich Autorität zu verschaffen und sich oberhalb der Gemeinschaft an Followern zu platzieren. Wenn aber betont werden soll, dass man im Austausch steht und gegenseitig voneinander lernt, bietet sich das »wir« an.

Innerhalb eines Texts sollte man möglichst nicht zwischen verschiedenen Ansprachen hin- und herspringen. Ein Wechsel zwischen »wir«, »ihr« und »du« zwischen den Posts fällt hingegen kaum auf. Du kannst also durchaus verschiedene Anreden einsetzen, um in unterschiedlichen Posts unterschiedliche Gefühle zu erzeugen.

Das Wichtigste in Kürze

Die sozialen Netzwerke sind der ideale Ort für werteorientiertes Marketing, weil Werte immer in Beziehungen gelebt werden – und weil hinter fast jedem Account ein Mensch mit Bedürfnissen steckt. Das bedeutet:

▶ Was du hineingibst, kommt zurück. Das sogenannte »Facebook-Karma« gilt in allen sozialen Netzwerken.

▶ Nutzerinnen und Nutzer versuchen auf Social Media, vor allem zwei Grundbedürfnisse zu decken: Verbindung und Selbstentfaltung.

▶ Um dem gerecht zu werden: Schaffe Orte für Verbindung. Zeige dich selbst nahbar und gib anderen die Möglichkeit, über sich zu sprechen.

7.2 Neu, wichtig, interessant: Mit welchen Themen kannst du Mehrwert bieten?

Viele starten einen Social-Media-Account, in dem sie wild über all das posten, was sie gerade interessiert und bewegt. Wenn du ein Business auf Social Media vermarkten möchtest, ist das allerdings nicht zu empfehlen. So wichtig du als Person für dein Business bist: Wenn es nur um dich und deine vielfältigen Interessen geht, wirst du nichts verkaufen. Du nutzt Social Media in erster Linie für das Marketing deiner Produkte und Dienstleistungen? Wie gelingt das, ohne dass du ständig über deine Produkte sprichst? Das Zauberwort heißt Mehrwert.

Wenn ein Wunschkunde auf dein Profil stößt, sollte er dort Inhalte finden, für sie es sich lohnt, auf »abonnieren« oder »folgen« zu klicken. Bedenke: Die wenigsten

Menschen sind auf Social Media unterwegs, weil sie etwas kaufen oder sich über Angebote informieren möchten. Sie suchen echte menschliche Begegnungen *und* inspirierende, lehrreiche und unterhaltende Inhalte. Ein solcher Mehrwert sorgt dafür, dass die Menschen dich vermissen, wenn du eine Weile nichts postest. Die wichtigste Frage für dich sollte also lauten: Über welche Themen kann ich sprechen, die mit meinem Angebot zu tun haben und wertvoll für meine potenzielle Wunschkundin sind?

Seth Godin schreibt in seinem Buch »Das ist Marketing!«[3], dass bereits das Marketing ein Problem des Wunschkunden lösen sollte. Schon unser Marketing ist ein Service am Kunden – nicht erst unser Produkt. Wer nach diesem Leitgedanken Social-Media-Inhalte produziert, macht neugierig. Die Follower fragen sich: »Wenn du mir schon kostenlos so gut hilfst, wie großartig wird dann erst dein Service sein, wenn ich dafür bezahle?« Eine auf diese Art »vorgewärmte« Kundschaft kann es kaum erwarten, dass du ihr ein Angebot machst.

Was Followerinnen und Follower begeistert, ist, wenn sie sehen, dass du ihr Problem lösen kannst. Zudem hat dein Mehrwert den Nebeneffekt, dass die Follower das Bedürfnis entwickeln, etwas zurückzugeben für all die wertvolle Hilfe, die sie bereits erhalten haben. Marketer sprechen in diesem Zusammenhang von der Reziprozitätsheuristik, also der Beeinflussung der Kaufentscheidung durch Geschenke.

Allerdings unterscheidet sich guter Mehrwert-Content deutlich von den billigen Werbegeschenken »made in China«, von denen dieser Begriff ursprünglich geprägt wurde – zum Beispiel Zettelblöcken und Kugelschreiber.

Mehrwert-Content kostet das Unternehmen vor allem Zeit – und zwar für jeden einzelnen Post. Damit sich diese Investition lohnt, sollte Mehrwert …

▶   … deinen Wunschkunden voranbringen. Er soll bei dir kaufen, weil du ihn von dir und deinem Angebot überzeugt hast – nicht, weil er ein schlechtes Gewissen hat.

▶   … dich voranbringen. Mit jedem Mehrwertpost bietest du deiner Kundin Problemlösungen, die dich tiefer in ihrem Bewusstsein verankern und so letztendlich zu mehr Umsatz führen. Außerdem schärfst du mit jedem Post deine eigene Positionierung. Du bist gezwungen, dich immer wieder mit dir selbst und den Themen, für die du stehen willst, auseinanderzusetzen.

▶   … mehrfach verwertbar sein. Deine Geschichten, Anleitungen und Tipps kannst du auf Social Media regelmäßig wiederholen (mit Aktualisierungen oder leichten Veränderungen, damit sie nicht wie kalter Kaffee wirken). Du kannst den Content in suchmaschinenoptimierter Form wiederverwenden auf deiner Web-

---

3   Seth Godin: Das ist Marketing! So wird man wirklich sichtbar. Redline Verlag, 2019.

seite (siehe Kapitel 12, »Nachhaltig Inhalte produzieren: Lass dich finden«) und natürlich als Grundlage für Offline-Marketing-Werbemittel wie Broschüren oder Medienartikel nutzen. Vielleicht bilden deine Mehrwertinhalte irgendwann sogar den Stoff für deine Firmenchronik.

Bevor wir in die Suche nach deinen Themen eintauchen, möchte ich noch einem Einwand begegnen, den viele Unternehmer, die sich mit Achtsamkeit auseinandersetzen, gegenüber Social Media haben: Mit seinen süchtig machenden Algorithmen sind die sozialen Netzwerke der Todfeind der Achtsamkeit. Statt die Aufmerksamkeit nach innen zu wenden, richte man sich beim Scrollen ständig nach außen, würde sich vergleichen und verlieren. Diesen Mechanismus möchten viele nicht unterstützten.

Ich sehe das so: Social Media ist eine Realität. Man kann sich ihr verweigern, oder man kann versuchen, sie als Instrument dazu zu nutzen, seiner eigenen Botschaft Gehör zu verschaffen. Wie also könnten Yogalehrerinnen, Achtsamkeitstrainer, Pfarrer, Coaches, Naturfreunde und so weiter die Netzwerke nutzen, um das gedankenlose Scrollen zu unterbrechen und stattdessen ihre Botschaft in den Alltag der Menschen zu bringen?

Abbildung 7.4 Florian von Adamus Yoga erklärt jede Woche einen philosophischen oder körperlichen Aspekt aus dem Yoga. Zugriff 18.07.20[4]

---

4   www.facebook.com/AdamusYoga/

Mein Rat lautet: Bleib nah an dem, was du den Menschen im Offlineleben auch mitgeben würdest, und nutze die Tatsache, dass du mit Social Media noch viel näher an ihrem Alltag bist, als du es in deinem Studio oder deiner Praxis je sein kannst. Yogateacher könnten eine kurze Übungseinheit für den verspannten Nacken am Schreibtisch posten. Oder ein philosophisches Thema erläutern, wie es Florian von Adamus Yoga häufig auf seinem Facebook-Account macht – gleichzeitig stellt er damit das Thema der Woche vor und macht seine Schüler neugierig darauf (siehe Abbildung 7.4). Achtsamkeitstrainer könnten eine Grafik posten, auf der einfach nur »hör auf zu scrollen, schließ die Augen und lausche deinem Atem« steht. Ayurveda-Expertin Dr. Janna Scharfenberg hat für eine Serie mit »Intentional Break«-Posts kleine interaktive Grafiken entwerfen lassen, die die Userinnen und User anregen sollen, im Scrollen kurz innezuhalten und tief durchzuatmen (siehe Abbildung 7.5). Outdoor-Touren-Veranstalter könnten zum Beispiel ein Video mit Naturgeräuschen laden und in einem Video zeigen, wie man den Wanderrucksack platzsparend packt.

Abbildung 7.5 Der »Intentional Break« von Dr. Janna Scharfenberg regt die User an, durchzuatmen. Zugriff 18.07.20[5]

---

5   www.instagram.com/dr_janna_scharfenberg/

Wie findest du nun den Mehrwert, über den du posten kannst? Wie gelingt es dir, dich zu fokussieren, anstatt einfach alles zu posten, was interessant sein könnte? Am besten gehst du dafür in zwei Schritten vor.

Erstens: Der Braindump. Nimm dir ein paar leere Seiten Papier und schreibe erst einmal alles auf, worüber du gern posten würdest. Zensiere dich hier bewusst noch nicht. Alle Ideen haben Platz. Dieser erste Schritt hilft dir, Freiraum im Kopf zu schaffen – und damit auch eine Bereitschaft für Struktur. Wenn du sofort mit der Struktur beginnst, werden immer wieder Ideen anklopfen, die jetzt gerade oder allgemein nicht passen. Und du brauchst Energie, um sie zu unterdrücken. Besser, du gibst ihnen hier Platz. Alles darf raus, alles darf sein.

 Im zweiten Schritt arbeitest du mit der Vorlage aus dem Workbook. Du schreibst dein Warum in die Mitte des Blatts. Alle deine Themen sollten deinem Warum dienen. Es hat oberste Priorität.

In der unteren Ecke des Arbeitsblattes findest du zudem deine Wunschkundin oder deinen Wunschkunden abgebildet. Alles, was du auf Social Media produzieren wirst, erfüllt dein Warum für diese spezielle Person. Ihre Bedürfnisse und Fragen sind dein Themenfilter. Um das Warum herum wirst du – immer unter dem strengen Blick deiner Wunschkundin – eine Mindmap mit den ausgewählten Ideen für Mehrwert-Content entstehen lassen.

Dafür ist es hilfreich, wenn du zunächst deine wilde Themensammlung aus der Braindumping-Phase mit Textmarkern bearbeitest. Markiert wird alles, was dem Warum dient und für die Kundin relevant ist. Nutze gern verschiedene Farben, wenn sich bereits eine mögliche Themengruppierung für dich zeigt.

Woher weißt du, was relevant ist für deine Traumkundin? Dafür möchte ich dir ein Entscheidungskriterium aus dem Journalismus an die Hand geben. Wenn Journalisten einen großen Haufen an Meldungen und Pressemitteilungen vor sich haben, fragen sie sich: Ist das für meine Leserinnen und Leser a) neu, b) wichtig, c) interessant? Damit ein Thema in die Zeitung – oder in deinem Fall in den Social-Media-Feed – gelangt, sollte es im Idealfall zwei der drei Kriterien erfüllen.

▶ Neu bedeutet: Die Person hat (so) noch nicht davon gehört. Neu sind zum Beispiel Eilmeldungen über Beschlüsse oder neue Studienergebnisse.

▶ Wichtig bedeutet: Es hat eine Relevanz, also einen direkten oder indirekten Einfluss auf das Leben der Person. In diese Kategorie fallen Gesetzesänderungen, neue Erkenntnisse über gesunde Nahrungsmittel, Tipps, die der Person das Leben leichter machen.

▶ Interessant ist die diffuseste der Kategorien. Manche Dinge sind für den Leser weder neu noch wirklich wichtig – und dennoch findet er sie spannend. In diese

Kategorien fallen vor allem Geschichten über Menschen, zum Beispiel Einblicke in das Leben der Promis. Aber auch Dokus über das Balzverhalten von Wüstentieren. All das haben die meisten so oder so ähnlich schon gehört, und es hat für ihr Leben keine direkte Relevanz – und dennoch lesen oder sehen sie es gern, weil es Emotionen weckt. Der Bericht über Prominente sorgt vielleicht für Neid oder gar Abscheu. Wenn du die Wüstentiere siehst, bist du gerührt oder lachst.

Besonders die erste Kategorie bereitet vielen Menschen, die auf Social Media aktiv sind und sein möchten, Kopfschmerzen. Denkst auch du: »Ich habe doch nichts Neues zu erzählen – das ist doch alles schon einmal gesagt worden.«? Egal ob du Menschen massierst, ihnen Kanufahren beibringst oder mit ihnen ihren Müll sortierst: Gerade wenn du am Anfang deiner Selbstständigkeit oder deines Business stehst, hast du vermutlich noch keine eigene Methode entwickelt, sondern lehrst etwas oder wendest etwas an, das du selbst von einer anderen Person gelernt hast. Und logisch: Im weiten Internet bist du nicht der Einzige, der erklärt, wie man abnimmt oder Hunde gewaltfrei erziehen kann.

Ich möchte es an dieser Stelle nicht dabei belassen, dir zu sagen, dass jeder Mensch andere Worte findet, um sein Wissen auszudrücken und daher auch andere Menschen erreicht. Denn erstens hast du das vermutlich schon oft gehört, und zweitens reicht das nicht aus.

Tatsächlich tendieren viele Menschen zu Beginn dazu, ihre Social-Media-Posts sehr schulbuchartig zu schreiben. Manche kramen, wenn sie Mehrwertposts schreiben sollen, gar ihre Lehrbücher wieder hervor und fassen lediglich zusammen, was sie damals gelernt haben. So entstehen Social-Media-Posts, die sich so trocken lesen wie Artikel aus Lexika, und selten für Begeisterung sorgen.

Damit sich deine Worte wirklich von denen anderer unterscheiden, musst du einen Schritt weitergehen – du musst die Inhalte tatsächlich zu deinen eigenen machen. Journalisten benutzen hierfür zwei Stilmittel, die auch für dich hilfreich sein können: Sie personalisieren oder lokalisieren.

Personalisieren bedeutet: Sie suchen sich eine Person, die für diese Geschichte stehen kann. Sie schreiben zum Beispiel nicht einfach nur darüber, dass in ihrer Stadt ein neuer Spielplatz eröffnet wird, sie lernen den Architekten des Spielplatzes kennen, fragen ihn, welche Gedanken er sich zu dem Spielplatz gemacht hat und ob er selbst Kinder hat. Sie erzählen nicht einfach nur, wie sich Neurodermitis bei Kindern auswirkt und was man dagegen machen kann, sie suchen ein Kind mit Neurodermitis und lassen das Kind und seine Mutter erzählen, was sie schon alles ausprobiert haben. Sobald eine Meldung ein Gesicht bekommt, wird daraus eine Geschichte – wir erfüllen die Kategorie »interessant«.

Lokalisieren bedeutet, dass man Meldungen, die sich eigentlich auf einer anderen Ebene abspielen, auf die eigene Gemeinde oder den eigenen Wirkungskreis herunterbricht. Beispielsweise spricht man mit dem Wirt von nebenan darüber, was das für ihn bedeutet, wenn es einen bundesweiten Lockdown aufgrund von Corona gibt. Oder man stellt sich als Lokaljournalist vor die Kinosäle, wenn ein umstrittener neuer Film das erste Mal gelaufen ist, und fragt die Leute vor Ort, wie sie ihn fanden.

Wie kann eine solche Lokalisierung und Personalisierung auf Social Media aussehen? Yogalehrerin und Studiobesitzerin Claudia Uthke hat einen viralen Post des »Yoga Journal« nachgestellt, bei dem Yogaschülerinnen vor und nach der Yogaklasse aufgenommen wurden. Sie wollte wissen: Sieht man bei meinen Schülern und mit der einfachen Handykamera auch einen Unterschied? Das Ergebnis war erstaunlich (siehe Abbildung 7.6). Und der Post mit dem Selbstversuch wurde anschließend auch vom Yoga Journal geteilt.

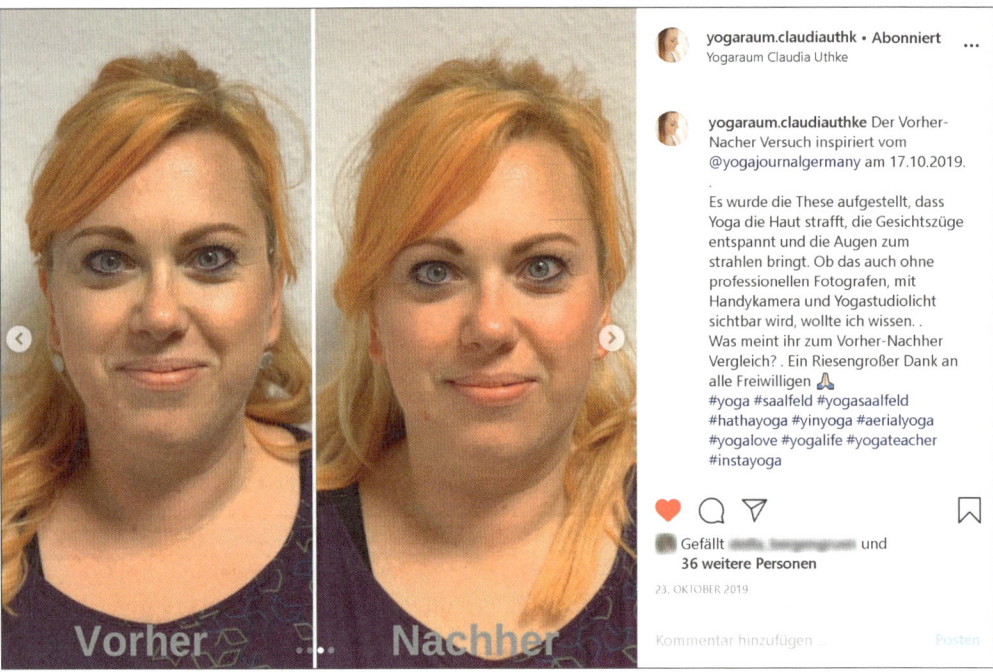

Abbildung 7.6 Welchen Unterschied eine Yogaklasse machen kann. Claudia Uthke stellte den Versuch mit ihren Yogaschülern nach. Zugriff 20.07.20[6]

Ein weiteres Beispiel: Als im Februar 2020 Großveranstaltungen abgesagt wurden und die Basler Fasnacht ausfiel, nutzte der Schreibwarenladen Carte Blanche in

---

6 www.instagram.com/yogaraum.claudiauthke

Basel dieses Thema, um einen sehr lokalisierten Post zu machen – und diesen gleichzeitig noch mit Schreibwaren zu verbinden. Mit Notizzetteln bastelte Susanne Krieg von der Carte Blanche eine Geschichte, die zeigen sollte, wie die unterschiedlichen Basler und Gäste auf das Absagen der Fasnacht reagierten. Sehr viel Lokalkolorit für ein überregionales Thema. Und am Schluss stand eine Einladung in den Laden – statt der Fasnacht: »Wir dürfen nur nicht über 1000 Personen werden«, scherzte sie. (siehe Abbildung 7.7).

Abbildung 7.7 Wie reagieren die Basler, wenn Großveranstaltungen abgesagt werden? Lokale Umsetzung eines überregionalen Themas. Zugriff 20.07.20[7]

Personalisierung und Lokalisierung gehen oft Hand in Hand – wenn man die Geschichte in den eigenen, lokalen Kontext bringt, erhält sie oft zudem ein Gesicht, das man kennt. Der Trick beim Personalisieren oder Lokalisieren ist: Eine Meldung, die jeder schon gelesen hat (»Es gibt einen Lockdown«, »Film XY startet«), wird wieder wichtig für den Leser (»Gibt es meine Lieblingspizzeria auch in zwei Wochen noch?«) und interessant (Geschichten von Menschen, bekannte Gesichter, Emotionen).

Wie kannst du diese journalistischen Kniffe für dich umsetzen, um auch deine Themen wieder neu, wichtig und interessant zu machen?

---

7   www.instagram.com/carteblanchebasel/

1. Der einfachste Tipp mit dem geringsten Aufwand lautet: Frag dich bei jedem deiner Themen: Und was hat das mit mir zu tun? Du personalisierst das Thema also mit dir selbst. Warum möchtest du genau dieses Thema vermitteln? Was hat dieses Wissen bei dir bewirkt? Sind Aha-Momente oder Erlebnisse damit verbunden? Hier kommt dir deine Vorarbeit aus Kapitel 3, »Dein Warum vertiefen und die richtigen Worte finden – verschiedene Methoden«, zugute, da du Geschichten aus deinem Leben markiert hast.

2. Überlege dir, ob du ein Thema anhand der Beispielgeschichte eines Kunden oder einer Kundin erzählen kannst. Auch so personalisierst du und zeigst gleichzeitig deinem Wunschkunden oder deiner Wunschkundin, wie du arbeitest und dass deine Arbeit genau für Menschen wie ihn oder sie gemacht ist. Das funktioniert sogar, ohne dass du den Namen nennst. Ich erzähle in meinen Instagram-Stories beispielsweise oft nach einem Coaching, was die Coachees und ich gerade herausgefunden haben. Wichtig ist, dass die Geschichte so konkret erzählt wird, als hätte sie ein Gesicht.

3. Lokalisieren kann für dich auch bedeuten, dass du Dinge zusammenführst, die du gelernt und erfahren hast. Dein Gehirn ist das Dorf – die lokale Mischung, die es sonst nirgendwo anders gibt. Du kombinierst Gedanken und Wissen, die du in dieser Kombination so noch nicht gelesen hast – und schaffst damit etwas Neues. Zum Beispiel verwende ich gerade Methoden aus dem Journalismus, um dir die Themenauswahl für deinen Social-Media-Feed zu erleichtern. Dinge abzuändern oder neu zu kombinieren, ist übrigens die Urdefinition von Kreativität.

Übungen für mehr Kreativität

Auf Knopfdruck kreativ zu sein, Themen mit Geschichten zu verbinden und sie so zu personalisieren oder zu lokalisieren, ist nicht immer einfach. Vielleicht gehörst du sogar zu den Menschen, die von sich sagen: »Ich bin nicht kreativ!« Das ist Blödsinn: Kreativität ist eines unserer Grundbedürfnisse, und unser Gehirn giert danach, Neues zu schaffen – egal ob wir nun den Pinsel in die Hand nehmen oder an einer mathematischen Lösung knobeln. Im schlimmsten Fall bist du also einfach aus der Übung.

Folgende Übungen bringen deinen Körper und deinen Kopf in Bewegung. Sie stärken die Verbindungen zwischen den Gehirnhälften und zu deinem Bauchhirn. Dort sitzt auch das Sakralchakra, in dem Kreativität und Schöpferkraft verortet sind. Du kannst die Übungen überall und zwischendurch ausüben und dir eine Übung herausgreifen oder die Übungen in der hier angegebenen Reihenfolge ausführen.

Einen Blogartikel mit allen Übungen als animierte GIFs findest du auch auf *biancafritz.com/kreativitaetsuebungen*.

1. **Change State**: Wenn der Kopf raucht, solltest du erst einmal den Körper in eine andere Position bringen. Steh auf. Schüttele dich wie ein Hund, tanz eine Runde zu deinem Lieblingslied oder hüpf auf und ab und lass dabei deine Handgelenke kräftig schlackern. Letzteres kann sogar leichte Nackenverspannungen lösen.

2. **Überkreuz**: Bleib stehen, heb dein angewinkeltes rechtes Bein an, sodass der Oberschenkel parallel zum Boden ist, dann leg die linke Hand auf den Oberschenkel und gib ihm einen kräftigen Schubs, damit der Fuß zurück auf den Boden fällt. Dann die andere Seite. Wiederhole das mindestens acht Mal pro Seite – werde gern mit jedem Mal etwas schneller.

3. **Peace and Rock on**: Ball deine Hände zu Fäusten und richte sie seitlich neben dem Kopf aus – etwa auf Höhe der Ohren. Heb in der linken Hand zwei Finger zum Peace-Zeichen an – also Zeige- und Mittelfinger, mit der anderen Hand formst du ein Rock-on-Zeichen oder auch Metal-Hörner: Du streckst den kleinen Finger und den Zeigefinger hoch. Dann schließt du die Fäuste wieder und wechselst – jetzt ist das Peace-Zeichen rechts und Rock on auf der linken Hand. Schließen, wechseln. Schließen, wechseln. Versuche, die Finger immer gleichzeitig zu heben. Nicht schummeln, indem du beide Hände nacheinander in die richtige Position bringst! Und lach gern einmal herzlich über dich selbst, wenn es nicht klappt – diese so einfach aussende Übung ist ziemlich herausfordernd.

4. **Sufi-Kreise**: Setz dich zurück in einen bequemen Sitz mit überkreuzten Beinen. Gut ist, wenn du nach allen Seiten etwas Platz hast – also zum Beispiel auf dem Boden sitzt. Zur Not funktioniert es aber auch auf der vorderen Kante deines Bürostuhls (wenn er sich mitdreht, fixiere ihn besser). Du legst deine Hände locker mit den Handflächen nach unten auf deinen Knien ab. Schließe einen Moment die Augen und lass die Spannung im Bauch ganz los. Dann beginne damit, weite Kreise mit deinem Oberkörper entgegen dem Uhrzeigersinn zu ziehen. Versuche, deine ganze Wirbelsäule mit in die Bewegung zu nehmen, und spüre, wie deine Bauchorgane eine leichte Massage erfahren. Nach etwa einer Minute wechselst du die Drehrichtung und kreist für eine weitere Minute.

5. **Integrieren und verbinden**: Lass die Sufi-Kreise langsam ausschwingen, schließe die Augen, spüre dein Gesäß und deine Beine auf der Sitzunterfläche. Lass sie schwer werden. Gleichzeitig richtest du die Wirbelsäule auf. Stell dir vor, wie dich ein Faden, am höchsten Punkt deines Kopfs befestigt, aufrichtet. Spüre die Verbindung zwischen deinem schweren Becken und deinem leichten Kopf. Nimm fünf tiefe Atemzüge – und dann öffne die Augen und geh zurück an deine Aufgabe.

Zurück zu deinen Inhalten: Du markierst also mit deinem Textmarker all die Geschichten und Themen auf deinem Braindump-Papier, die wichtig, neu oder interessant für deine Traumkundin sind – und die, die du mit Personalisierung und Lokalisierung wichtig, neu und interessant werden lassen kannst.

Dann nimmst du wieder die Vorlage aus dem Workbook zur Hand, in der du bereits deinen Wunschkunden und dein Warum eingetragen hast. Jetzt zeichnest du eine Mindmap, indem du die Ideen für Posts gruppierst und zu einem Hauptthema zusammenstellst. So findest du deine Hauptthemen für Mehrwert auf deinen Social-Media-Accounts.

Hier ein Beispiel, wie eine solche Mindmap aussehen könnte:

149

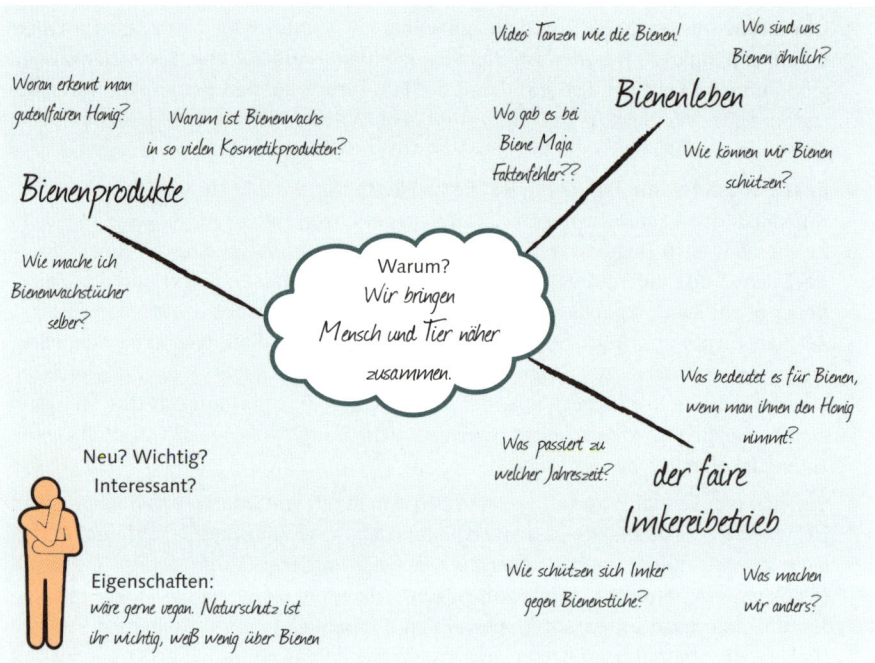

Abbildung 7.8 Beispiel Themen-Mindmap für einen fairen Imkereibetrieb

Eine besonders bienenschonende und nach allen Standards ökologisch arbeitende Imkerei hat für sich das Warum »Wir bringen Mensch und Tier näher zusammen« formuliert. Die Wunschkundin ist naturinteressiert, würde sich am liebsten vegan ernähren, mag aber den Gedanken des Verzichts nicht. Lieber möchte sie verstehen, worauf sie achten kann, damit sie weiterhin tierische Produkte wie guten Honig essen kann und trotzdem im Einklang mit den Tieren lebt. Bienen faszinieren sie – aber viel mehr Wissen als das, was sie in der Schule gelernt oder bei Biene Maja gesehen hat, ist nicht vorhanden.

Im Braindumping hat sich die Imkerin viele Themen aufgeschrieben, die mit dem Leben und Wirken der Bienen zusammenhängen, aber auch solche rund um die faire Honigproduktion und Eigenheiten ihres Imkereibetriebs. DIY-Ideen haben ebenfalls ihren Weg aufs Papier gefunden, zum Beispiel zur Herstellung von Bienenwachstüchern, mit denen man Lebensmittel umweltschonend verpacken kann. Zudem tauchen auf ihrer Themenliste Informationen über Produkte und Workshops der Imkerei auf, die sie verkaufen möchte. Daneben stehen persönliche Geschichten darüber, wie die Imkerin zu ihrer Aufgabe gekommen ist und was sie mit Bienen verbindet. Und natürlich hat sie sich auch die Fragen notiert, die bei bisherigen Imkereiführungen besonders oft gestellt werden, zum Beispiel: »Wie schützen sich Imker gegen Bienenstiche?«

In der Mindmap sortiert sie diese Themen (siehe Abbildung 7.8). Die Gruppierung um das Warum herum zwingt die Imkerin, sich immer wieder zu hinterfragen: Passt es auch zu meinem Warum, Informationen und Geschichten zu diesen Themen zu erzählen? Bringt dies Menschen und Tiere näher zusammen? Zugleich wächst die Mindmap unter dem prüfenden Blick ihrer Wunschkundin, für die die Inhalte wichtig, neu oder interessant sein müssen.

Auf dieser Mindmap stehen jetzt also die klassischen Mehrwertthemen. Es fehlen: die persönlichen Geschichten der Imkerin und die Angebote und Produktbeschreibungen. Auf diese beiden Themenbereiche und die passenden Postings werde ich im kommenden Unterkapitel zum Thema Authentizität und im Kapitel über das Verkaufen auf Social Media (siehe Kapitel 10, »Wie Fans zu Kunden werden«) eingehen. Außerdem werde ich in Kapitel 10 thematisieren, wie das Verhältnis und die Durchmischung von Mehrwertthemen, Persönlichem und deinem Angebot auf Social Media aussehen sollte.

Damit du alles an einem Ort hast, kannst du aber jetzt bereits einen Ast für Persönliches und einen für deine Angebote einplanen. Wenn du drei bis fünf weitere Äste mit Hauptthemen hast, läuft das bereits auf ein gutes Verhältnis hinaus, und du hast all deine geplanten Content-Schwerpunkte auf einen Blick an einem Ort.

Saisonale Themen und kuriose Feiertage

Kann es neben den wertvollen Mehrwertthemen, die du dir hier erarbeitest, nicht auch Posts geben, die weniger individuell sind, dafür aber schnell erstellt? Aber sicher! Ein Inspirationstipp für einen schnellen Post zwischendurch ist, sich an saisonalen Themen zu orientieren. Der »Frohe Ostern«-Post schadet keinem Warum-basierten Unternehmen. Auf Jahreszeiten bezogene Posts wirken zwar nicht sehr einfallsreich, funktionieren aber trotzdem, weil sie an Gemeinsamkeiten anknüpfen. Die meisten Menschen frieren eben im Winter oder sind überfuttert nach Weihnachten. Wenn du einen Bezug zu deinem Business herstellen kannst: umso besser.

Auf den Webseiten *www.kleiner-kalender.de/* und *www.kuriose-feiertage.de/* findest du zudem Sternzeichen, Namenstage und Feiertage, die fast keiner kennt und die immer wieder für einen kleinen Überraschungseffekt sorgen. Wenn du beispielsweise einen Account hast, der Lust auf Mathematik machen soll, ist der Pi-Annäherungstag am 22. Juli sicher ein Feiertag für deinen Account. Vielleicht ist er auch ein Anlass, sich mal wieder mit Pi zu beschäftigen. Wenn du faires, veganes Speiseeis produzierst, willst du mit Sicherheit ein appetitliches Foto am Vanilleeistag posten.

Was ist ein Thema, was eher ein Unterthema, was vielleicht schon die Überschrift für einen konkreten Post? Vielleicht ist es für dich noch schwierig, abzuschätzen, ob ein Thema zu groß oder zu klein gewählt ist für seine jeweilige Position in der Mindmap. In der Beispiel-Mindmap der Imkerei habe ich Fragen/Themen um die drei Hauptthemen gruppiert, die sich vermutlich mit einzelnen Posts bearbeiten lassen.

Es kann aber immer sein, dass du, während du einen Post zu einem Thema schreibst, bemerkst, dass das Thema zu komplex ist für einen einzelnen Social-Media-Post. Pro Post solltest du im Idealfall nur einen Aspekt eines Themas oder einen Gedanken beleuchten. Wie du Posts als leicht verdauliche und doch in sich verständliche Gebilde kreierst, darauf werde ich in Kapitel 8, »Berühre deine Follower mit Bild, Text und Video«, ausführlich eingehen. Sollte ein Thema also besonders komplex sein, kann es zu einem Unterthema auf der Mindmap werden mit mehreren Ästen für die einzelnen Posts.

Wenn du bereits viele Texte über deine Themen geschrieben hast, kannst du vielleicht schon einschätzen, wie groß oder klein die Themen sind. Falls das aber nicht der Fall ist, zerbrich dir nicht den Kopf darüber: Für den Moment genügt es, wenn du dich auf drei bis fünf Hauptthemen beschränkst und alles, was du gern dazu posten würdest, darum herum platzierst.

Serienformate kreieren

Du musst nicht mit jedem Post wieder von vorne anfangen: Wenn du deine Themenliste vor dir hast, kannst du dir überlegen, welche Themen sich für wiederkehrende Formate eignen. Für Serien, die dir leicht von der Hand gehen. Posts, die immer wieder kehren können, sind zum Beispiel:

▶ **Zitate**: Inspirierende Zitate großer Meister, berühmter Schriftstellerinnen oder wichtige Sätze von dir selbst. Hundertmal gesehen, und es funktioniert doch noch immer.

▶ **Tutorials**: Zeige, wie etwas funktioniert – eine Sportübung, eine Funktion in einer Software, ein Rezept, eine Bastelanleitung. All das hat hohen Mehrwert und lässt sich leicht in größeren Mengen vorplanen und vorproduzieren. Dafür kannst du kleine Videos aufnehmen oder eine Bildergalerie mit den einzelnen Schritten zeigen.

▶ **Tool- und Produkttipps**: Was nutzt du, um … deine Bilder zu bearbeiten, deine Pflanzen zu schneiden, deine Nähmaschine zu ölen, produktiv zu bleiben? Konkrete Tipps sind immer gern gesehen. Kennzeichne sie gleich zu Beginn des Posts mit #Werbung und #unbezahlt, um deutlich zu machen, dass Namen genannt oder Firmen verlinkt werden, es sich aber dennoch um eine persönliche Empfehlung handelt.

▶ **ABCs/Lexika**: Marketing-ABC, Yogalexikon, Pflanzenkundealphabet … wenn du für jeden Buchstaben ein Wort aus deinem Themenbereich findest und erklärst, hast du 26 Posts vorbereitet, die zeigen, für was du stehst. Ein Beispiel siehst du in Abbildung 7.9 aus einem ABC mit naturwissenschaftlichen Begriffen der Baden-Württembergischen Landesinitiative Frauen in Mint-Berufen.

▶ **Stimmungsbilder**: Besonders Fotografen brauchen oft gar nicht viel zu sagen zu ihren Bildern. Sie können diese auch einfach wirken lassen.

▶ **Tipps oder Rezensionen**: Wenn du dich regelmäßig mit Büchern, Filmen, Dokus oder anderen Medien zu deinem Thema fortbildest: Sprich darüber. Schreibe kurze Rezensionen und/oder erfinde dein eigenes Bewertungssystem. Beispiel für einen Fitnesstrainer: 3 von 5 Handständen für die neue Trainings-DVD von XYZ.

▸ **Rate- und Gewinnspiele**: Ob es etwas zu gewinnen gibt oder nicht, ein Rätsel sorgt oft dafür, dass wir hängen bleiben und die Lösung suchen. Also lohnt sich die Frage: Was lässt sich in deinem Business verrätseln?

▸ **Umfragen**: Wir werden gern nach unserer Meinung gefragt. Zudem ist die Auswahl aus mehreren Optionen eine Interaktion, die uns leichtfällt. Zu guter Letzt spricht für regelmäßige Umfragen, dass du als Anbieterin deine Community dabei besser kennenlernst. (Mehr zu Umfragen in Kapitel 9, »Vertrauen gewinnen und Reichweite aufbauen«.)

▸ **Hinweis auf ein Kalenderereignis oder Mondphasen**: Wie bereits in der Box zu saisonalem Content erwähnt, funktionieren Posts, die sich an jahreszeitlichen Ereignissen orientieren, meistens gut. Sie erhalten Aufmerksamkeit, sodass du sie nutzen und zu deinem eigenen Thema machen kannst. Da Jahreszeiten, Mondzyklen und Feiertage immer wiederkehren, lässt sich daraus eine leicht planbare Serie kreieren.

▸ **Rituale**: Neben den von außen vorgegebenen Ereignissen hast du vielleicht auch eigene stets wiederkehrende Rituale, über die du berichten kannst. Wenn du beispielsweise jeden Monat ein Ziel für dein Business setzt, könntest du dieses am 1. des Monats mit deiner Community teilen.

▸ **Poesie**: Wenn du gern mit Worten spielst, kannst du deine Community auch regelmäßig mit kleinen Gedichten berühren.

▸ …

Abbildung 7.9 Lexikon mit spannenden Begriffen aus den Naturwissenschaften, Zugriff: 09.10.20[8]

---

8   www.instagram.com/mint_leben/

Das Praktische an Serien ist auch: Du kannst eine optische Vorlage kreieren, die du immer wieder mit anderen Inhalten füllst. Serien auf Social Media helfen vor allem dir als Ersteller der Posts, weil sie dir eine Struktur vorgeben, gut vorzuproduzieren sind und Regelmäßigkeit in dein Social Media Marketing bringen.

Das Wichtigste in Kürze

Der Großteil deiner Posts sollte deinen Followern Mehrwert bieten. Das bedeutet:

▶ Du wählst die Themen aus, die dein Warum stützen – schon dein Marketing erfüllt dein Warum und löst die Probleme des Kunden.

▶ Du fragst dich, was für deinen Traumkunden neu, wichtig oder interessant ist.

▶ Du nutzt die Techniken von Lokalisierung und Personalisierung, um die Themen für deine Traumkunden spannend zu verpacken.

7.3   »Ich werde jeden Tag ein bisschen besser«: Wie Authentizität gelingt

Die Social-Media-Followerinnen und -Follower entscheiden sich, deinem Account zu folgen, weil sie deinen Mehrwert spannend finden. Aber sie bleiben, interagieren und kaufen letztendlich aufgrund deiner Persönlichkeit und deiner Mission. Wenn deine Follower reine Sachinformationen zu einem Thema suchen würden, wären sie vermutlich mit einem Sachbuch zum Thema besser bedient, denn dort bekommen sie alle Informationen klar gegliedert und müssen sich diese nicht mühsam in Posts zusammensuchen. Was die sozialen Netzwerke besonders macht, ist, dass wir hier auch den Menschen hinter den Inhalten kennenlernen.

Im Idealfall ist schon ein guter Teil von dir, deiner Geschichte und deiner Persönlichkeit in die Mehrwertthemen eingeflossen. Bereits die Auswahl deiner Themen ist subjektiv. Mit Personalisierung und Lokalisierung hast du deine Mehrwertthemen mit Empfindungen und Erlebnissen von dir und deinen Kunden verknüpft.

Authentizität ist ein Wert, der auf Social Media enorm hochgeschätzt wird. Authentisch kann wiederum nur sein, wer etwas von sich preisgibt. Die Frage ist: Wie viel willst du preisgeben? Gibt es auch Posts, in denen es nicht um dein Thema, sondern nur um dich als Person geht? Was steht in diesen Posts?

Die Erfahrung zeigt: Posts, in denen du etwas über dich erzählst, sind die mit dem meisten Interaktionen. Nichts gibt mehr Herzchen als die Verkündung einer Hochzeit oder der Einzug eines neuen Haustiers – und das gilt tatsächlich auch für deinen Businessaccount. Manchmal mag dich das frustrieren, weil du nicht dich selbst in den Fokus stellen möchtest, sondern dein Thema vermitteln willst. Aber so funktionieren wir Menschen nun einmal. Wir mögen es, wenn es menschelt. Auf Social Media und im echten Leben sowieso.

Daher empfehle ich dir dringend, auch Persönliches zu posten, um die Mensch-zu-Mensch-Kommunikation zu ermöglichen. Wie viele Posts dich als Mensch ins Zentrum rücken sollten, ist wieder individuell verschieden. Ideal ist, wenn du dich fragst: Was spricht meine Wunschkundin an? Wie wichtig ist für sie die Persönlichkeit bei der Entscheidung, ob sie bei dir kaufen wird oder nicht?

Wenn du unsicher bist, wirf einen Blick zurück in deinen Fragebogen auf deine Antwort der Frage, wem deine Wunschkundin auf Social Media folgt. Schau dir diese Accounts an und überlege, wie viel Persönlichkeit hier gezeigt wird. Wie schätzt du das Verhältnis aus Mehrwert und Persönlichem in Prozent ein? Oder aber du fragst aktuelle/ehemalige Kunden, was sie an einem Social-Media-Account schätzen und wem sie warum folgen.

Mit der Frage, wie viel Raum persönliche Posts auf deinem Account einnehmen sollten, stellt sich auch die Frage, wie privat du werden möchtest. Willst du dein Neugeborenes in die Kamera strecken? Oder ist es für dich schon das Höchste der Gefühle, wenn du hin und wieder einen Einblick darin gibst, woran du gerade arbeitest? Was ist für dich persönlich, wie viel aus deiner Privatsphäre möchtest du preisgeben, und wo beginnt deine Intimsphäre, die du keinesfalls verletzen möchtest?

Persönliches, Privates, Intimes?

Die meisten User haben Facebook & Co. als private Nutzer kennengelernt, Urlaubsfotos und Katzenvideos geteilt. Social Media als Marketingkanal funktioniert zwar anders, aber auch hier sind private Einblicke erwünscht. Folgendes Raster hilft bei der Frage, ob man etwas posten sollte oder nicht:

1. **Persönliches**: Auch wenn du ausschließlich über dein Business sprichst, kann dein Account sehr persönlich sein. Du erzählst über deinen Weg in deine jetzige Berufung, dein Warum, deine Herausforderungen. Du teilst deine Freude über Erfolge und deine Meinung zu Themen rund um dein Business. All das macht dich als Person hinter dem Business nahbar. Auf solche Posts solltest du nicht verzichten.

2. **Privates**: Auch Geschichten aus deinem Privatleben, die auf den ersten Blick nicht mit deinem Business zusammenhängen, können guten Social-Media-Content bieten. Oft sind es die besonderen Hobbys, das Haustier, die Lieblingsband oder andere »Merkwürdigkeiten«, die bei potenziellen Kundinnen hängen bleiben. »Das ist doch die mit dem Kelly-Family-Tick?«, »Ach, die, die gerade geheiratet hat?«, »Der mit den sieben Kindern?« Dein Mehrwert kann noch so wertvoll sein – ganz oft wird das Private, das du über dich verrätst, zu deinem Markenzeichen. Wähle Dinge aus, die sich schon Bekannte aus der Offlinewelt gut merken konnten und hinter denen du

155

stehen kannst. Manchmal wird ein Markenzeichen so selbstverständlich, dass man es selbst nicht mehr thematisiert. So sieht man zum Beispiel Speaker Alexander Hartmann stets mit verschiedenfarbigen Schuhen (siehe Abbildung 7.10).

Abbildung 7.10 Auch Kleidung kann ein Markenzeichen sein. Zugriff, 22.07.20[9]

3. **Intimes**: Typische Themen aus der Intimsphäre sind: dein Sexleben, deine Verdauung und Krankheiten. Um deine Intimsphäre auf deinen Social-Media-Marketing-Kanälen auszubreiten, brauchst du einen triftigen Grund. Wenn du es tust, dann nur, wenn das Intime eng mit deinem Business verknüpft ist. Beispielsweise kann dich eine Krankheit dazu gebracht haben, in deinem Leben die Richtung zu wechseln, und du unterstützt jetzt Menschen, die ähnliche Schicksalsschläge erleiden. Zugleich wählst du aber auch hier sehr bewusst aus, wie viel du preisgibst. Denn: Dinge aus der Intimsphäre gibt man gewöhnlich nur in vertrauten Beziehungen preis. Wenn wir diese Regel grundlos verletzen, kann das unser Gegenüber auch abschrecken. Ein Beispiel: Eine Brustkrebstherapie fällt für die meisten Menschen in den Bereich »Intimsphäre«. Da Christine Raab aber mit ihren Angeboten genau jenen Menschen helfen will, die dort stehen, wo sie vor fünf Jahren war, spielt ihre eigene Krankheitsgeschichte eine große Rolle auf ihren Social-Media-Accounts (siehe Abbildung 7.11).

Die Übergänge zwischen den Bereichen sind fließend, oft Ermessenssache und unterliegen immer einem gesellschaftlichen Wandel. Galten Kinderfotos beispielsweise lange Zeit als ein Tabu im Social Media Marketing, so setzt sich an vielen Stellen inzwischen die Meinung durch, dass man Kinder zeigen können müsse – sie gehören schließlich zu unserem Leben dazu.

---

9   www.instagram.com/alexanderhartmann.de

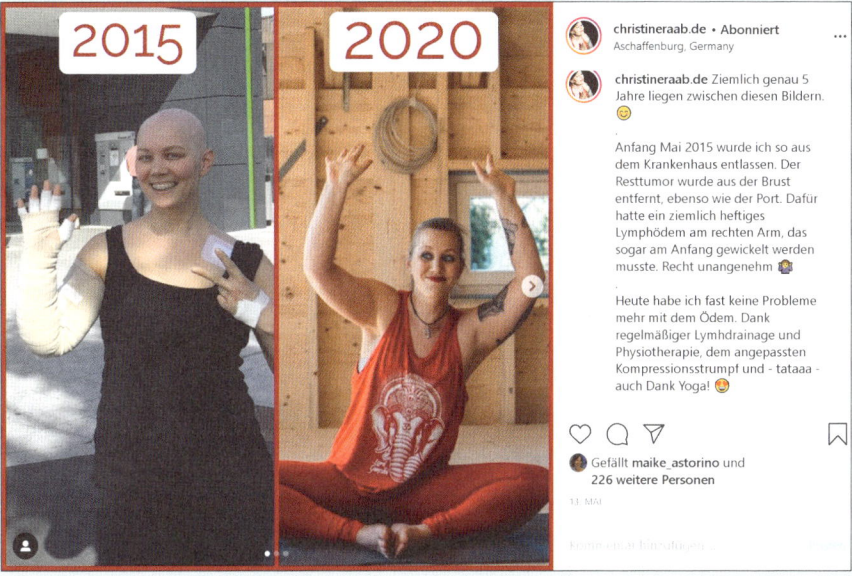

Abbildung 7.11 Christine Raab zeigt ihre Geschichte und erinnert Frauen regelmäßig daran, ihre Brüste zu überprüfen. Zugriff: 22.07.20[10]

7.3.1   Authentisch und professionell – ein Widerspruch?

Stefanie Krause ist Expertin für schmerzfreie Perioden. Zahlreiche Ausbildungsdiplome hängen an ihrer Wand – sie ist Yogalehrerin, Phytotherapeutin, ausgebildeter Coach, Meditationslehrerin, und zur Heilpraktikerin fehlt ihr nur noch die Abschlussprüfung. Und doch ist es besonders ihre persönliche Geschichte, die sie zu ihrem Thema gebracht hat. Sie hat über viele Jahre gelernt und ausprobiert, wie man schmerzfrei durch den Zyklus kommt, sich sogar mit ihm anfreunden kann. Sie ist den meisten Frauen auf diesem Gebiet Meilen voraus – und doch gibt es auch Monate, in denen sie selbst noch am prämenstruellen Syndrom leidet oder Schmerzen während der Periode hat. »Kann ich darüber sprechen auf Social Media, oder verliere ich damit meine Glaubwürdigkeit?«, fragt sie mich im Coaching.

Cora von der Heyden ist Heilpraktikerin und hat sich auf die Arbeit mit dem inneren Kind spezialisiert. Ihr selbst hat diese Arbeit geholfen, mit traumatischen Erfahrungen aus ihrer Kindheit und Jugend umzugehen: Gewalt, das Aufwachsen in einer Sekte, der Verstoß aus dem Elternhaus, der Selbstmord der Schwester. Schrittweise ging sie mit ihrer Geschichte an die Öffentlichkeit – jetzt spricht sie auch auf Social Media darüber. Ich habe sie gefragt, was sie von der weitverbreiteten Meinung

---

10 www.instagram.com/christineraab.de

hält, man müsse ein Trauma erst verarbeitet haben, bevor man darüber auf Social Media poste. »Was ist mit Erlebnissen wie meinen? Wo ein Leben kaum reicht, um sie zu verarbeiten? Ich will auch über so etwas sprechen können und Menschen zeigen, dass sie auch mit ihren Verletzungen und Traumata sein dürfen.«

Der weltweit erfolgreiche Yogalehrer Matt Giordano hat mir in einem Interview auf die Frage, ob es sich nicht widerspreche, eine professionelle Marke aufzubauen und sich authentisch zu zeigen, schulterzuckend geantwortet: »Du bist doch die Marke? Ich mache nun einmal ständig Handstand – also sind diese Instagram-Bilder auch authentisch für mich.«

Was aber, wenn ich zum Beispiel als Yogalehrerin die Asanas, die spektakulär auf Fotos aussehen, nicht beherrsche? Darf ich mich mit meinen Limitierungen zeigen, oder werde ich dann nicht ernst genommen?

Drei Beispiele für ein und dieselbe Frage: Wie perfekt muss ich sein, um mich auf Social Media zu zeigen? Gehören auch meine Schwächen und Verletzungen auf die Plattform, oder schadet dies meiner Professionalität?

Wie weit die Meinungen zu diesem Thema auseinandergehen, zeigt sich, wenn man eine halbe Stunde durch verschiedene soziale Netzwerke scrollt: Hochglanzprofile von Unternehmerinnen, die offenbar nie scheitern, sondern einen Erfolg nach dem anderen feiern, stehen direkt neben solchen, die sich regelmäßig in Tränen aufgelöst zeigen. Beides kann funktionieren.

Um sich hier für eine eigene Linie zu entscheiden, hilft nur, einen Schritt zurückzutreten und sich klarzumachen, was dein Wunschkunde braucht. Wie kannst du ihm durch deine Authentizität dienen? Wie viel Ehrlichkeit wünscht er sich von dir? Bist du bereit, so viel zu zeigen? Wie willst du gesehen werden? Wo ziehst du persönlich die Grenzen? Und vor allem: Dient es deinem Warum, das zu zeigen?

Wie viel Verletzlichkeit macht stark?

Scham- und Verletzlichkeitsforscherin Brené Brown vertritt die These, dass nur mutig ist, wer sich verletzlich zeigt. Sie macht aber auch deutlich, dass Verletzlichkeit nur um der Verletzlichkeit willen nichts mehr mit Mut zu tun hat. Tatsächlich warnt sie vor Over-Sharing von Geschichten und Gefühlen. Wenn die Verletzlichkeit nur als PR-Instrument eingesetzt wird, um Vertrauen zu schaffen, bewirkt sie oft das Gegenteil. Menschen reagieren empfindlich darauf, wenn sie glauben, dass man sie manipulieren will.

Zudem gibt es eine ungewollte mögliche Nebenwirkung, die Brené Brown den Flutlicht-Effekt nennt: Wer zu viel und zu schnell von sich preisgibt, riskiert, dass sich Menschen abwenden. Sie fühlen sich geblendet von zu viel Verletzlichkeit. Um das zu verhindern, sollte man sich also immer fragen: Ist es für meine Followerinnen und Follower dienlich, das zu wissen?

Ich möchte dir noch ein Verständnis von Authentizität mitgeben, das mich und meine Art zu posten stark geprägt hat. Wenn Dienstleister einen schlechten Tag haben, haben sie zwei Möglichkeiten: Sie sprechen dies an – insbesondere wenn sie das Gefühl haben, es bringt ihre Klienten weiter. Oder aber sie atmen dreimal tief durch, lassen das negative Gefühl draußen und sind einfach da.

Macht es dich weniger authentisch, wenn du dich für die zweite Variante entscheidest? Nein, es macht dich zu einer Dienstleisterin, die sich auf ihr Warum besonnen und gewählt hat, dass sie sich als die zeigen möchte, die sie sein will – und weniger als die, die sie jetzt gerade ist. Es ist nicht weniger authentisch, über das zu sprechen, was man erreichen möchte, als über das, was man gerade fühlt. Aber oft ist es ist viel interessanter und nützlicher für jene, die zuhören.

Dieser kleine Gedankenhack macht deine Social-Media-Präsenz auf einen Schlag zu einer inspirierenden. Wenn du deinen Account als eine Art Dokumentation deines Wegs auf dein Ziel zu verstehst, kannst du andere mitziehen. Du bist persönlich, du kannst über Schwierigkeiten, Rückschläge und Selbstzweifel sprechen. Dein Warum steht dabei immer im Zentrum. Du lässt andere mitfiebern, und sie wünschen sich für dich, dass du erreichst, was du anstrebst. Sie unterstützen dich. Wenn du so postest, werden die Posts, die besonders viel Interaktion hervorrufen – und dir damit Reichweite schenken –, jene sein, in denen du über Meilensteine in deinem Business sprichst: das neue Logo, das erste Mal ausgebucht sein, der Buchvertrag, der erste echte Urlaub als Selbstständige etc.

Und wenn du mittendrin steckst in der Krise?

Vielleicht nickst du jetzt, weil das einleuchtend und schön klingt. Aber in den Momenten, in denen es dir nicht gut geht, dich vielleicht gar Selbstzweifel und Existenzängste plagen, stehst du dennoch vor der Frage: Soll ich *das* jetzt wirklich posten? Riskiere ich damit nicht meine Glaubwürdigkeit als Anbieter?

Tatsächlich ist es in solchen Momenten wenig ratsam, auf Social Media über deine persönlichen Herausforderungen zu sprechen. Wenn du selbst verworren und unsicher bist, wirst du auch keine klare Botschaft vermitteln können. Dein Post dient dann niemandem außer dir selbst. Und wenn es nur darum geht, etwas zu verarbeiten, schreibst du deine Gedanken besser in ein Tagebuch.

Es ist gut und richtig, dass du über deine Krisen und Herausforderungen sprichst – und zwar ab dem Moment, in dem du Klarheit darüber hast, *Warum* du es erzählen möchtest. Du merkst schon: Neben dem großen Warum gibt es auch viele kleine Warums. Du postest nicht einfach vor dich hin – du möchtest jedem einzelnen Post einen Sinn geben. Ich weiß zum Beispiel, dass viele meiner Wunschkundinnen immer wieder Selbstzweifel haben und trotz hoher Qualifikationen manchmal befürchten, nur eine Hochstaplerin zu sein. Dieses sogenannte Imposter-Syndrom kenne ich auch von mir selbst – und spreche darüber. Schon dass ich darüber spreche, zeigt anderen, dass sie nicht alleine sind. Und ich lasse in solche Posts auch bewusst einfließen, was mir hilft (siehe Abbildung 7.12).

Abbildung 7.12 Schwäche zeigen auf Social Media? Ja, nämlich dann, wenn ich glaube, dass es anderen hilft. Zugriff: 09.10.20[11]

Um auf das Beispiel der Heiltherapeutin Cora von der Heyden zurückzukommen: Sie entscheidet ganz bewusst, dass sie sich hin und wieder auch verletzt und ratlos zeigt. Weil sie Menschen genau diese Botschaft mitgeben möchte: »Du bist gut, so wie du bist.« Auch wenn sie verletzt sind und Traumata noch nicht verarbeitet haben. Sie dürfen ganz einfach sein. Das ist Coras Warum, und das zeigt sie auch in ihren Posts. Ich habe sie gefragt, ob sie deshalb weniger als Expertin wahrgenommen wird. Weniger als jemand, der helfen kann, wieder mit sich in Kontakt zu kommen. »Ganz im Gegenteil«, meinte sie. Sie erreiche genau jene Menschen, die erst einmal in ihrer Verletzung angenommen werden möchten. Die wissen: Hier spreche ich mit jemandem, der weiß, wie es mir geht.

---

11 www.facebook.com/HashtagBiancaFritz/

Das ist ein wichtiger Aspekt – gerade wenn du Menschen beraten möchtest, die dort stehen, wo du selbst vor einigen Jahren gestanden hast. Wenn du durch deine eigene Erfahrung zur Expertin für ein Thema geworden bist. Hier darfst du zeigen und darüber sprechen, was du mitgemacht hast – dass du verstehst. Es schmälert deine Autorität nicht, sondern es macht dich glaubhaft.

Wichtig ist die Mischung: Mit deinen Mehrwertposts zeigst du, dass du Expertin bist und helfen kannst. Mit deinen persönlichen Posts zeigst du: Ich habe Ähnliches durchgemacht, ich bin heute ein paar Schritte weiter als ihr, und ich zeige euch, wie ich das geschafft habe.

Zurück zur Frage, was du in der Zeit posten kannst, die du brauchst, um dich zu sortieren. Ich habe hier vier Vorschläge dazu, wie du damit umgehen kannst, wenn »dir gerade so gar nicht nach Social Media zumute ist«.

1. Du tauchst eine Weile ab. Das bestrafen allerdings die Algorithmen der Netzwerke mit einer niedrigeren Reichweite. Das bedeutet: Wenn du zurückkommst, werden deine Beiträge weniger Followern angezeigt als zuvor. Und im schlimmsten Fall haben die dich sogar vergessen und können deinen Beitrag nicht zuordnen. Du wirkst zudem wenig verlässlich, wenn du zuvor präsent warst und plötzlich abtauchst. Trotzdem möchte ich diese Möglichkeit nicht unerwähnt lassen. Manchmal geht es nicht anders – und deine geistige Gesundheit ist wichtiger als jeder Social-Media-Algorithmus.

2. Du postest ein Symbolbild und kommunizierst ganz transparent, dass es hier gerade etwas ruhiger ist. Meist musst du dies nicht einmal begründen. Oder du schreibst einfach, dass du gerade mehr Offlinezeit brauchst. Dieses »Abmelden« wird von der Community meist sehr positiv aufgenommen. Also mach es wie Businesscoach Lilli Koisser (siehe Abbildung 7.13) und melde dich ab, wenn du eine Content-Auszeit brauchst.

3. Du postest Inhalte, die weniger persönlich sind: Tipplisten, die klassischen Mehrwert liefern, Serien, inspirierende Zitate, saisonale Inhalte, Produktbilder, Infografiken, Angebotsbeschreibungen und – mein Lieblingstipp: Testimonials und Kundenstimmen zu deinen Angeboten. Gerade Letzteres tut sehr gut in diesen Phasen. Denn Kundenfeedbacks erinnern dich daran, warum du tust, was du tust, und wirken Wunder gegen Selbstzweifel.

Insgesamt gilt: Vorbereitung ist die halbe Miete. Ich werde in Kapitel 13, »Ein Social-Media-Workflow, der dich nicht erschöpft«, darauf eingehen, wie du deine unterschiedlichen Energiephasen dazu nutzen kannst, Content vorzuproduzieren, damit du auch für Energietiefs gewappnet bist und dein Social-Media-Account nicht einfach wochenlang leer bleibt.

lillikoisser • Folgen

lillikoisser Löst das Thema Content-Erstellung Druck und Stress in dir aus? 😅

Ich struggle seit der Corona-Krise und dem Wachstumsschub meines Business selbst mit der regelmäßigen Veröffentlichung von immer wieder neuem, frischem, kreativem Content. 😳 Das letzte halbe Jahr hat sich einfach schneller und schwerer angefühlt.

Und meine Kund*innen zerbrechen sich den Kopf darüber, wie sie während ihres Sommerurlaubs oder der Babypause beim Instagram-Algorithmus nicht in Ungnade fallen. 😫

Gefällt 303 Mal

30. JULI

Kommentar hinzufügen ...   Posten

Abbildung 7.13 Wer regelmäßig postet, wird vermisst, wenn plötzlich nichts mehr kommt. Besser, du meldest dich ab. Zugriff: 26.08.20[12]

Achtung: Betrifft dein Post auch andere?

Zuletzt möchte ich erwähnen, dass deine Entscheidung, wie viel Persönliches, Privates oder Intimes du auf Social Media preisgeben möchtest, nicht immer bei dir alleine liegt: Betrifft das, was du aus deinem Leben erzählen möchtest, auch andere? Sind sie damit einverstanden, dass man eine Geschichte im Internet findet, in denen sie eine Rolle spielen?

Wenn das nicht der Fall ist, hat deine Geschichte nichts auf Social Media verloren – auch dann nicht, wenn sie eng mit deinem Business zusammenhängt. Ohne die Einverständniserklärung der Person musst du die Geschichte so weit anonymisieren, dass keine Rückschlüsse auf sie getroffen werden können. Das verlangt nicht nur der Anstand, du kannst sogar rechtliche Schwierigkeiten bekommen, wenn du ungefragt Geschichten anderer veröffentlichst – insbesondere wenn du deren Privat- oder Intimsphäre verletzt. Ob sich die Geschichte auf eine bestimmte Person zurückverfolgen lässt, entscheidet im Zweifel das Gericht. Und solche Prozesse möchtest du

---

12 www.instagram.com/lillikoisser/

als Einzelunternehmerin oder Freiberuflicher besser nicht führen, weil sie Zeit und Energie kosten und im schlimmsten Fall hohe Kosten an dir hängen bleiben.

Persönlich handhabe ich es so, dass ich Freunden oder anderen Betroffenen ein Foto immer erst zeige und frage, ob ich es posten darf. Kunden-Testimonials lasse ich mir schriftlich in einem Formular geben, aus dem klar hervorgeht, dass und wie ich sie verwenden darf (ich habe dafür ein einfaches Google-Doc angelegt). Oder ich lasse mir in den Instagram-Nachrichten schriftlich bestätigen, dass ich etwas als Screenshot verbreite, wenn es mir privat gesendet wurde.

Wenn der Partner nicht auf Bilder möchte, muss eben der Hund öfter herhalten. Oder man nimmt symbolisch einfach nur den Arm oder eine Hand auf. Besondere Kreativität ist gefragt, wenn Eltern über Erlebnisse mit Kindern sprechen möchten – ohne deren Privatsphäre zu verletzen oder ein Gesicht zu zeigen. Was immer gut funktioniert: Sich textlich auf das eigene Erleben einer Situation zu konzentrieren. Außerdem geben Kinderhände, Füße oder Kleider reizende Motive für Symbolbilder ab. Elternblogs und Magazine stehen da vor einer besonderen Herausforderung. Ellen Girod von »Chezmamapoule« (siehe Abbildung 7.14) sagt: »Ich bin oft hin- und hergerissen zwischen dem Gedanken, dass ich Kinder als Teil der Gesellschaft auch zeigen will und dass ich meine eigenen Kinder schützen möchte, weil sie noch nicht entscheiden können, ob sie auf den Bildern zu sehen sein wollen.« Derzeit löst sie das Problem für sich so, dass sie Fotos anderer Familien zeigt, die dabei aber anonym bleiben.

Abbildung 7.14 Kinder und Elternschaft zeigen, ohne die Kinder bloßzustellen, Zugriff 23.07.20[13]

---

13 www.instagram.com/chezmamapoule

Das Wichtigste in Kürze

Deine Persönlichkeit gehört in deinen Social-Media-Account. Mit Authentizität erweckst du Vertrauen und stellst Nähe her. Wie funktioniert das?

► Neben persönlichen Einblicken streust du private Geschichten ein, die dich als Person erfahrbar und »merk-würdig« machen. Die Intimsphäre solltest du nur verletzen, wenn du einen guten Grund dafür hast.

► Wie verletzlich du dich zeigst, hängt von deinem Warum und deiner Wunschkundin ab. Was braucht sie? Setze Verletzlichkeit nicht um der Verletzlichkeit Willen ein.

► In Phasen, in denen du dich nicht zeigen magst, kannst du auf reine Mehrwertposts zurückgreifen.

► Achte darauf, ob du mit deinen Posts auch die Privat- oder Intimsphäre anderer berührst, und kläre das, wenn nötig, ab.

 Wenn deine Themen-Mindmap im Workbook noch keinen Ast mit persönlichen Geschichten umfasst, ergänze diesen nun und gruppiere Geschichten darum herum, die du erzählen möchtest. Behalte auch hier dein Warum und deinen Wunschkunden stets im Auge. Fülle außerdem die Reflexionsfragen zur Authentizität im Bereich Was? im Workbook aus.

7.4   Wie fühlen sich die User auf deinem Kanal – und wie passt das zu deinem Warum?

In diesem Kapitel hast du dir Gedanken darüber gemacht, welche Mehrwertthemen dein Warum stützen. Es sind jene Themen, mit denen du in deinem Social-Media-Account deine Wunschkundin unterstützen und anregen kannst. Gleichzeitig zeigst du dich damit als Expertin oder Go-to-Person für ein bestimmtes Problem oder Themengebiet.

Außerdem hast du gelernt, was Authentizität bedeutet und wie du deine Persönlichkeit auf Social Media einfließen lässt, um das Vertrauen und die Sympathie der Kundinnen und Kunden zu gewinnen.

Zuletzt möchte ich noch das Gesamtgefühl ansprechen, das Nutzerinnen und Nutzer haben, wenn sie auf deinen Account kommen. Wie sollen sie sich zum Beispiel fühlen, wenn sie deinen Instagram-Feed und die Komposition deiner Bilder dort sehen? Welche Emotionen sollen Texte und Videos in ihnen auslösen?

Damit dein Marketing deinem Kunden dient und er sieht, dass du ihm helfen kannst, musst du einen Ort schaffen, der bereits ein Stück weit das Grundbedürfnis erfüllt, das du für dein Warum ausgewählt hast.

Wenn du beispielsweise Sicherheit als Grundbedürfnis gewählt hast, könntest du das wie folgt übersetzen: Ein klares Design, eine unaufgeregte Sprache, und in deinen Texten schreibst du, wie man zu mehr Sicherheit gelangt. Das unterscheidet dich von anderen Kanälen, die vor allem auf die Angst der Followerinnen setzen. Die stets betonen, wovor sie fliehen und worauf sie achtgeben müssen.

Wenn du die Kreativität und den Mut zur Kreativität fördern möchtest, ist dein Account bunt und einfallsreich. Du teilst inspirierende Zitate oder gibst Anregungen dazu, wie sich kurze, kreative Impulse in den Alltag integrieren lassen. Du zeigst dich selbst als jemanden, der mutig vorangeht und kreative Impulse in sein Leben integriert. Künstlerin Yvonne Lamberty möchte in ihren Kursen und Workshops zum Beispiel dazu beitragen, dass sich Menschen wieder mehr mit ihrer Kreativität verbinden. Schon beim Betrachten ihres Instagram-Accounts juckt es in den Fingern, und man möchte anfangen zu malen (siehe Abbildung 7.15).

Wenn das Grundbedürfnis Zugehörigkeit ist, wählst du einen Social-Media-Kanal, bei dem das Miteinander im Fokus steht – beispielsweise eine Facebook-Gruppe –, und führst dort viele Community-Aktionen durch, bei denen sich die Menschen gegenseitig helfen und inspirieren können. Wie das funktioniert, erfährst du in Kapitel 9, »Vertrauen gewinnen und Reichweite aufbauen«.

Abbildung 7.15 Strahlende Farben, und überall liegen Malutensilien herum, die zum Mitmachen einladen, Zugriff am 23.07.20[14]

---

[14] www.instagram.com/yvonnelamberty_

Fallbeispiel: Fotografin Aly Aesch

Aly Aesch ist eine Branding-Fotografin, spezialisiert auf weibliche Unternehmerinnen. Sie hat diese Berufung gewählt, weil sie Frauen helfen möchte, mehr von sich zu zeigen und sich verletzlich und in ihrer wahren Stärke zu zeigen. Ihr Warum-Satz lautet: »Ich helfe weiblichen Unternehmerinnen in der Schweiz, sich online als ihr wunderschönes, authentisches Selbst zu zeigen.«

Auf die Grundbedürfnisse bezogen, unterstützt Aly die Frauen also dabei, sich selbst zu verwirklichen und Anerkennung für ihr authentisches Ich zu erfahren. Es gehört zum Beispiel zu Alys Philosophie, die Bilder nicht stark zu bearbeiten, damit die Frauen auf den Businessporträts ihre Natürlichkeit zeigen können. Auf ihrem Instagram-Account setzt sie die folgenden inhaltlichen Schwerpunkte, die ihr Warum stützen (siehe auch Abbildung 7.16).

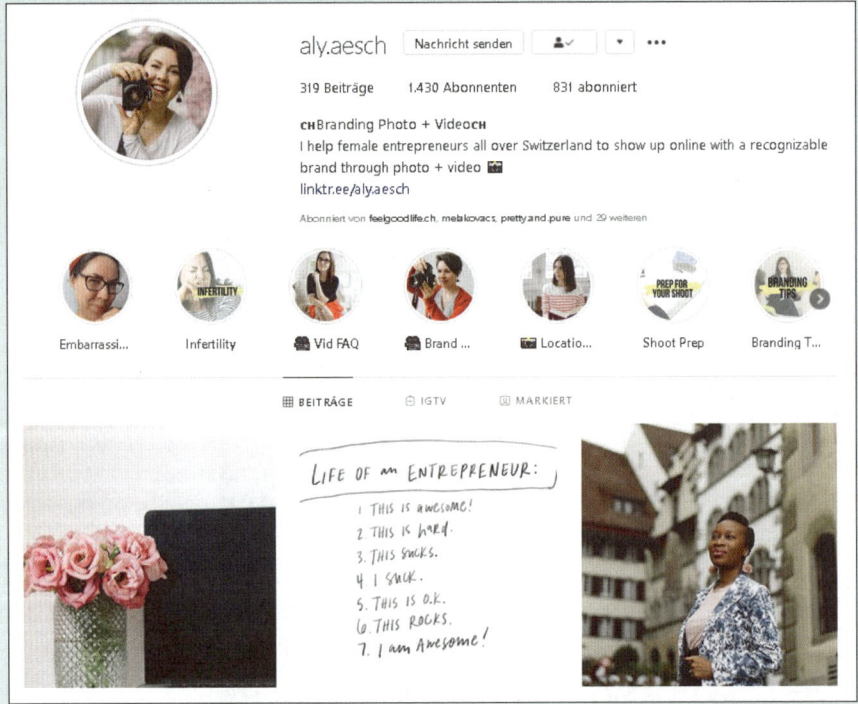

Abbildung 7.16 Aly Aesch gibt Einblicke in ihre Arbeit und ihr Leben. Zugriff 17.07.20[15]

▶ Sie teilt Fotos ihrer Arbeit mit Kundinnen.

▶ Sie gibt Tipps, wie man sich auf ein Fotoshooting vorbereitet, gelassen bleibt und sich wohlfühlt vor der Kamera.

---

15 www.instagram.com/aly.aesch

▶ Sie gibt Tipps, wie man selbst einfach Bilder von sich schießt und diese bearbeitet – wenn keine Fotografin parat steht.

▶ Sie teilt in einer Instagram-Challenge Tipps, wie man einfach Inhalte erstellt, die persönlich sind und gleichzeitig die eigene Expertise zeigen.

▶ Sie stellt in ihren Stories immer wieder persönliche Fragen, beantwortet diese und regt Frauen an, es ihr gleichzutun – zum Beispiel ein peinliches Erlebnis zu teilen.

▶ Sie teilt ihre Erlebnisse mit der Selbstständigkeit: Freude über gute Shooting-Tage und einen ausgebuchten Kalender, aber auch das Gefühl der Überforderung, wenn sie mit dem Bearbeiten der Bilder kaum hinterherkommt, die nie enden wollende Suche nach dem richtigen Preis- oder Businessmodell und ihre Ängste, als aufgrund der Corona-Krise plötzlich alle Shootings abgesagt wurden. Das sind Themen, mit denen sich Alys Zielgruppe gut identifizieren kann, da sie ebenfalls selbstständig sind.

▶ Zu guter Letzt zeigt sie sich selbst verletzlich, indem sie über ihren noch unerfüllten Kinderwunsch spricht, ihre Fruchtbarkeitsbehandlung und ihre Endometriose.

Gerade der letzte Punkt scheint auf den ersten Blick nichts mit ihrem Business zu tun zu haben. Aly sagt allerdings selbst, dass sie hier eine Vorbildfunktion einnehmen möchte: Sie zeigt sich in einem verletzlichen Thema, berührt ihre Followerinnen emotional und erhält unheimlich viel Unterstützung. Indem Aly einige Schritte mutig vorangeht und positive Reaktionen erfährt, möchte sie anderen zeigen: »Ihr könnt das auch – und der Mut wird belohnt.«

Das Wichtigste in Kürze

Auch die Gesamtstimmung eines Social-Media-Auftritts kann dein Warum stützen. Wie muss sich dein Social-Media-Account anfühlen, um das Grundbedürfnis zu befriedigen, das dein Wunschkunde mitbringt? Spürt er bereits, dass er »am richtigen Ort angekommen« ist?

8 Berühre deine Follower mit Bild, Text und Video

Wenn ein User auf deinen Post reagiert, ist das ein erstes Zeichen von Interesse und Vertrauen in dich und dein Angebot. Damit das passiert, muss er deinen Post allerdings erst einmal wahrnehmen, er muss ihn lesen oder das Video ansehen und sich vom Inhalt so angesprochen fühlen, dass er likt, teilt oder kommentiert. Wie erreichst du das?

Laut »Data never sleeps«-Report werden allein auf Instagram 55.140 Fotos in den Feed gestellt und 277.777 Beiträge in der Story geteilt – pro Minute. Dass da vieles untergeht, versteht sich von selbst. Die meisten Menschen folgen so vielen Accounts, dass sie nicht alle Beiträge wahrnehmen können. Damit Social Media trotzdem weiterhin spannend bleibt, sortieren die sozialen Netzwerke die Beiträge nach einem interessenbasierten Algorithmus. Facebook & Co. treffen also eine Vorauswahl und zeigen uns nur noch die Beiträge an, die für uns höchstwahrscheinlich interessant sind. Die Webseite Fanpagekarma zeigt, wie viel Prozent ihrer Follower die größten deutschen Fanpages auf Facebook mit ihren Beiträgen erreichen. Wie du in Abbildung 8.1 siehst, sind das derzeit ca. 4 Prozent oder weniger. Du als kleiner Anbieter wirst mit deinen Werten aber darüberliegen.

Die genaue Formel, die Facebook, Instagram & Co. nutzen, um zu entscheiden, was wir zu sehen bekommen und was nicht, ist selbstverständlich geheim. Zudem unterliegt sie einem ständigen Wandel. Dank Beobachtung und Studien können wir aber zumindest grob einschätzen, was für den Algorithmus wichtig ist. Zudem äußern sich auch die Macher der Netzwerke selbst immer wieder zu diesem Thema und geben an, was ihnen wichtig ist und welche Art von Content und Interaktion sie fördern möchten. Darauf werde ich im ersten Teil dieses Kapitels eingehen.

Anschließend zeige ich dir, wie du Posts optisch und inhaltlich so gestalten kannst, dass die User genau das machen, was deinem Post eine große Reichweite beschert: Interagieren. Da auf dem Weg zu einem guten Post einige Dinge zu beachten sind, gibt es am Schluss noch eine Checkliste für dich, anhand der du deine Posts überprüfen kannst, bevor du sie in die Welt schickst.

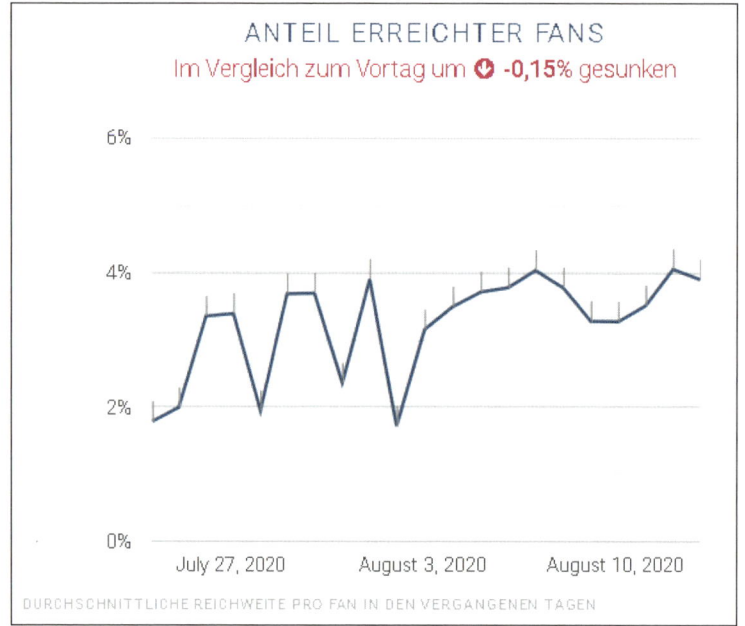

Abbildung 8.1 Wie viel Prozent der Fans sehen die Beiträge? Untersucht werden die 100 größten deutschen Facebook-Seiten. Zugriff: 13.08.20[1]

8.1 Meaningful Interaction: Wie die Algorithmen belohnen, was die Nutzer lieben

Um mit den Algorithmen der sozialen Netzwerke zu spielen, musst du kein Marketingexperte werden und dich auch nicht ständig mit der neuesten Aktualisierung der Algorithmen beschäftigen. Ehrlich gesagt, wäre das sogar ein ziemlich ineffizienter Einsatz deiner Zeit und deiner Energie. Denn meist sind die Fakten über den Algorithmus von Facebook & Co. schon wieder veraltet, wenn sie in Umlauf kommen. Es reicht, wenn du einige grundsätzliche Regeln der Algorithmen verstehst. Diese musst du auch nicht auswendig lernen, sie ergeben sich logisch aus der Überlegung, was für die Betreiber der sozialen Netzwerke wichtig ist.

Dafür möchte ich zunächst auf den Unterschied zwischen den klassischen sozialen Netzwerken hinweisen und jenen Netzwerken, die eher wie eine Suchmaschine funktionieren. Die klassischen sozialen Netzwerke – also Facebook, Instagram, Twitter und TikTok – haben ein Interesse daran, dass wir möglichst lange auf der Plattform verweilen und dort aktiv sind. Pinterest hingegen funktioniert anders.

---

1   www.fanpagekarma.com/social-media-index?region=DE

Hier sagte Gründer Ben Silbermann in einem Interview gegenüber dem Handelsblatt: »Wir animieren unsere Nutzer, offline zu gehen und etwas Neues im Leben auszuprobieren, zum Beispiel ein Rezept nachzukochen.«[2] Hier steht also das schnelle Finden von Ideen und Lösungen im Vordergrund – und die geschickte Platzierung passender Produktwerbung darum herum. Wer auf Pinterest erfolgreich sein will, muss sich daher vor allem die Frage stellen: »Welche Lösung sucht mein Wunschkunde?« – und die Pins dementsprechend beschriften und gestalten.

Auch bei YouTube ist eine suchmaschinenkonforme Beschreibung der Videos sehr wichtig – unter Verwendung wertvoller Keywords, also Schlagwörter. YouTube will den Nutzerinnen eine schnelle Lösung für ihr Problem bieten. Trotzdem ist es für die Videoplattform ebenfalls wichtig, die Menschen lange zu halten, damit sie viele Werbeclips sehen. Dass dir stets weiterführende Videos vorgeschlagen werden oder auch ein neues Video sofort startet, wenn dein Video gesehen wurde, ist eine Ausdrucksform dieser Taktik (siehe Abbildung 8.2).

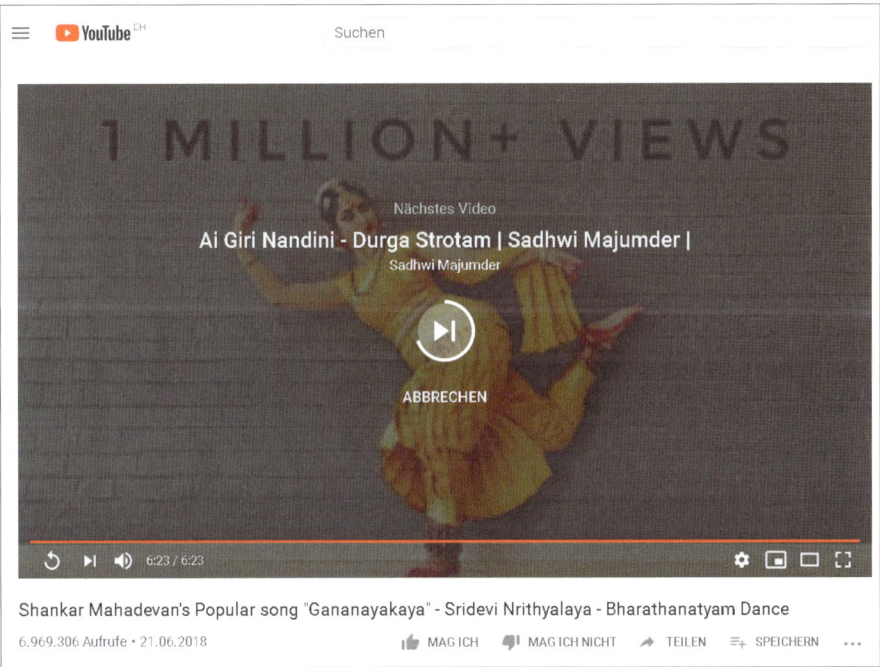

Abbildung 8.2 YouTube möchte, dass du bleibst, und startet deshalb automatisch ein Video, das dem gerade gesehenen ähnelt. Zugriff 10.10.20

---

2   www.handelsblatt.com/unternehmen/it-medien/interview-pinterest-gruender-ben-silbermann-wir-animieren-unsere-nutzer-offline-zu-gehen/23622632.html?ticket=ST-10109183-VZhQabNdeAiFkdXPOztz-ap1, Zugriff: 25.07.20

Pinterest und YouTube haben dementsprechend auch eine sehr ausgeklügelte Suchfunktion. Diese spielt in anderen sozialen Netzwerken eine eher untergeordnete Rolle.

Auf Pinterest werde ich in Kapitel 12, »Nachhaltig Inhalte produzieren: Lass dich finden«, eingehen, hier möchte ich mich zunächst auf die Logik der Algorithmen von Facebook und Instagram beschränken – stellvertretend für alle Netzwerke, die ihre User möglichst lange auf der Plattform halten möchten.

Was du wissen musst: Das Geschäftsmodell der Netzwerke besteht darin, Nutzerinnen und Nutzern möglichst passgenaue Werbeanzeigen vor Augen zu führen. So werden die User mehr Geld ausgeben, und die Anbieter hinter den Werbeanzeigen sind zufrieden und schalten noch mehr Ads. Und somit verdienen die Netzwerke noch mehr Geld. Damit passgenaue, individuelle Werbung angezeigt werden kann, haben Facebook und Instagram ein Interesse daran …

1. … dass du möglichst lange auf der Plattform verweilst, damit du viele bezahlte Anzeigen siehst.

2. … dass du möglichst aktiv bist: liken, teilen, kommentieren, speichern und so weiter. Die Netzwerke können so wichtige Daten über dich gewinnen und immer passgenauere Ads anzeigen.

3. … dass du Inhalte erstellst, die so interessant sind, dass sie andere Nutzer zu den Punkten 1 und 2 verleiten: viel Zeit auf dem Netzwerk zu verbringen und dabei viele Daten zu hinterlassen.

Das ist es, was du wissen musst. Wenn du dir dieser Grundsätze bewusst bist, erschließt sich dir fast jeder Algorithmustrick der Marketingexpertinnen von selbst.

Was heißt das jetzt für dich und deine Posts? Wenn User viel Zeit mit deinem Post verbringen, ist das ein Hinweis für den Algorithmus, dass es ein spannender Post ist. Dein Post wird mehr Usern angezeigt, und deine Reichweite steigt. Das Netzwerk belohnt dich also dafür, wenn du Posts kreierst, für die sich Menschen Zeit nehmen. Und welche Formate sind besonders zeitintensiv? Ein Bild ohne Text ist schnell konsumiert und wird es daher schwerer haben, eine hohe Reichweite zu erzielen, als ein Bilderkarussell (eine Bildergalerie zum Durchklicken). Ein Video oder gar ein Live-Video mit spannendem Inhalt sorgt dafür, dass die Menschen dranbleiben. Ein spannender Text, der eine Geschichte erzählt oder wichtige Tipps gibt, braucht ebenfalls Zeit, gelesen zu werden – kann daher also eine hohe Reichweite generieren. Wenn die User aber gar nicht erst beginnen, einen Text zu lesen, oder gleich wieder aussteigen, bringt der längste Text nichts.

Um als soziales Netzwerk interessant zu bleiben und immer wieder zu überraschen, führen Facebook und Instagram ständig neue Formate und Funktionen ein. Wenn Content-Ersteller diese nutzen, schenkt ihnen der Algorithmus im Gegenzug mehr

Reichweite. Denn die experimentierfreudigen Beitragsersteller helfen, das Netzwerk frisch zu halten, und fungieren als eine Art Betatester für (oft noch nicht ganz ausgereifte) neue Funktionen. Ein netter Nebeneffekt aus Sicht der Netzwerke: Natürlich verbringen auch die Ersteller der Posts mehr Zeit auf dem Netzwerk, wenn sie sich in immer neue Funktionen einarbeiten.

Was hingegen »abgestraft« wird, also eine geringere Reichweite erhält, sind Inhalte, die wegführen von dem Netzwerk – also vor allem Links auf andere Webseiten oder gar zu Konkurrenznetzwerken. Facebook möchte uns auf seiner Plattform halten, und wir sollen die Inhalte dort konsumieren. Bei Instagram wird diese Absicht sogar im Aufbau der App deutlich: Wer weniger als 10.000 Follower hat, darf nur einen einzigen Link setzen – und zwar in der Profilbeschreibung. Bei einzelnen Beiträgen sind keine Verlinkungen möglich. Das sind zunächst einmal schlechte Nachrichten für alle, die auf ihre Blogartikel oder andere Inhalte ihrer Webseite hinweisen möchten. Wer dieses Ziel hat, sollte schon im Post so viel Mehrwert liefern, dass die Nutzer aktiv »mehr davon« suchen – ich gehe darauf in Abschnitt 8.2.3, »Text: Mit Storytelling oder einer klaren Gliederung durch den Text führen«, sowie in Kapitel 12, »Nachhaltig Inhalte produzieren: Lass dich finden«, ein.

Der zweite wichtige Indikator für den Wert unseres Posts für Facebook und Instagram ist die Interaktion mit dem Beitrag. Facebook-Chef Marc Zuckerberg sagt, er möchte die sogenannte *Meaningful Interaction* – also die bedeutsame Interaktion – auf dem Netzwerk fördern. Gemeint ist damit, dass wieder mehr Kommunikation »wie unter Freunden« stattfinden soll. Vielleicht erinnerst du dich an das *Warum* von Facebook? Facebook will Menschen verbinden. Daher lautet der derzeit wichtigste Marketingtipp: Gestalte deinen Post so, dass Menschen damit interagieren.

Doch Interaktion ist nicht gleich Interaktion: Was zeigt dem Algorithmus, dass es sich hier um eine »bedeutsame Interaktion« handelt? Hier verdichten sich die Hinweise darauf, dass die Interaktion mehr Gewicht enthält, wenn sie den Interagierenden mehr Zeit kosten. Sprich: Ein Herz ist schnell gedrückt, ein Kommentar braucht mehr Zeit, ein langer Kommentar erst recht. Und wenn unter einem Post hin- und hergeschrieben wird, sieht das nach einer echten Diskussion aus, die klar als Meaningful Interaction gewertet wird.

Weitere Interaktionen, die weniger Zeit in Anspruch nehmen, aber ein klarer Hinweis für den Algorithmus darauf sind, dass es sich hier um einen wertvollen Beitrag handelt, sind das Teilen und das Speichern eines Beitrags – auch diese Handlungen schenken unserem Post organische Reichweite.

Aber unterschätze die Intelligenz des Algorithmus nicht. Erinnere dich einmal an die Zeit, als solche Posts auf Facebook viral gegangen sind: »Like diesen Post, wenn du diese Pizza essen würdest, und schreibe in die Kommentare, was dein liebster Belag ist.« Posts, die auf schnelle Interaktion abzielen, funktionieren heute nur noch bedingt: Facebook hat schnell festgestellt, dass diese Art von Klickgenerierung keine echte Interaktion ist und abschreckend wirkt. Sie führt letztendlich sogar dazu, dass Menschen weniger Zeit auf Facebook verbringen. Wer also Signalwörter wie »kommentiere« oder »teile« inflationär nutzt, riskiert, von Facebook als potenzieller Spammer mit einer geringen Reichweite der Posts bestraft zu werden.

Derzeit sehr beliebt auf Instagram ist ein Karussellpost mit einem Abschlussbild, dass zum Teilen, Speichern etc. auffordert – ein Beispiel aus meinem Feed siehst du in Abbildung 8.3. Wie lange das noch gut funktioniert, ist allerdings fragwürdig, weil es zum einen von den Usern schon so oft gesehen wurde, dass es immer weniger wahrgenommen wird, und weil zum anderen das Netzwerk theoretisch auch die Möglichkeit hat, Text auf Bildern zu lesen.

Abbildung 8.3 Die Aufforderung zur Interaktion auf dem Abschlussbild von Instagram ist ein Trend. Zugriff: 10.10.20[3]

---

3   www.instagram.com/hashtagbiancafritz/

174

Die Abstrafung von Signalwörtern zeigt bereits, warum es wenig Sinn ergibt, den Algorithmus der sozialen Netzwerke »austricksen« zu wollen. Dieser wird von Tag zu Tag intelligenter, und alle Tipps und Tricks funktionieren daher nur für eine begrenzte Zeit.

Der einzige Weg, den Algorithmus wirklich für sich zu gewinnen und damit eine hohe organische Reichweite für die Posts zu generieren, ist, gute Inhalte zu teilen. Und »gut« ist auf klassischen sozialen Netzwerken wie Facebook & Co. gleichbedeutend mit: Andere Userinnen und User nehmen sich Zeit für deine Inhalte und reagieren darauf.

Im Idealfall stellst du dir vor dem Posten jedes Beitrags die Frage: Würde ich selbst diesen Post …

1. … zu Ende lesen/schauen.
2. … teilen, speichern, kommentieren oder zumindest liken?

Wenn die Antwort Nein lautet, ist das ein deutlicher Hinweis darauf, dass du den Inhalt überarbeiten oder vielleicht ganz auf diesen Post verzichten solltest.

Wie oft muss ich posten?

Klar ist: Wer selten postet, hat es schwer, eine große organische Reichweite aufzubauen. Die Aktualität und die Regelmäßigkeit werden im Algorithmus der Netzwerke berücksichtigt. Insbesondere wenn du eine Weile ganz abgetaucht bist, werden es deine ersten Posts nach deiner Rückkehr auf Social Media schwer haben. Wer allerdings schlechte Inhalte postet – nur um irgendetwas zu teilen –, die keine Interaktion erzielen, hat überhaupt keine Chance, Reichweite aufzubauen. Die Qualität der Beiträge ist heute wichtiger als die Quantität. Auch das lässt sich mit den wichtigsten Grundsätzen des Algorithmus erklären: Schlechte Inhalte vertreiben die User von der Plattform. Die richtige Frage lautet daher nicht: Wie oft muss ich posten, sondern: Wie viele gute Posts kann ich pro Woche/Monat erstellen?

8.1.1 Diene ich nun meinem Warum oder dem Algorithmus?

Wenn man sich mit den Algorithmen der Netzwerke auseinandersetzt, kann einen das Gefühl beschleichen, dass man sich auf Social Media zur Marionette von Facebook & Co. macht. Und es stimmt: Die Netzwerke konditionieren uns so, dass wir Inhalte generieren, die ihnen Geld einbringen. Zugleich ist Zeit neben Gesundheit eine der wertvollsten Ressourcen in unseren westlichen Gesellschaften. Facebook & Co. lassen Milliarden von Usern, Privatleute wie Unternehmen, für sich arbeiten – um genau diese Ressource zu erhalten. Wir halten uns an die Spielregeln der Netzwerke, um selbst die Zeit und Aufmerksamkeit der Userinnen zu erhalten.

Wie also passt es zu deinen Werten, dass du mit deiner Arbeit dazu beiträgst, dass Menschen ihre Zeit auf Social Media verdaddeln und zugleich die Datenkrake mit wertvollen Inhalten fütterst?

Ich teile mit dir meine eigenen Argumente dafür, dass ich als Einfrauunternehmerin Social Media für mein Marketing einsetze:

1. Notwendigkeit: Ohne die Internetriesen Facebook und Google bist du im Netz nicht auffindbar. Eine Webseite online zu stellen, reicht heute einfach nicht mehr aus. Diese muss suchmaschinenoptimiert sein (und Suchmaschinenoptimierung orientiert sich nun mal an Google), und sie muss die Menschen dort abholen, wo sie ihre Zeit verbringen: auf den sozialen Netzwerken. Selbst wer auf alternative – und das bedeutet immer auch kleinere – Netzwerke ausweicht, wird feststellen, dass den dortigen Algorithmen eine ähnliche Logik zugrunde liegt. Die Netzwerke schenken uns einen wertvollen Service – möchten dafür aber mit Zeit und Daten bezahlt werden.

2. Ein Gegengewicht: Ich möchte auf den sozialen Netzwerken ein Gegengewicht bieten zu leeren Werbeposts. Ich will mit meinen Inhalten den Menschen dienen und damit ihre Zeit wertschätzen.

3. Die Algorithmen unterstützten das, was auch ich mir als Unternehmerin wünsche: dass meine Inhalte mit Interesse verfolgt werden und meine Followerinnen und Follower damit interagieren, damit ich sie besser kennenlernen kann. Zudem erreichen die Inhalte Menschen, die ohnehin schon Interesse an meinen Beiträgen gezeigt haben. In Sachen Community- und Vertrauensaufbau sehe ich die Algorithmen also nicht als Gegner, den es zu überlisten gilt, sondern als wertvollen Partner.

4. Meine ganz persönliche Meinung spielt natürlich auch eine Rolle: Ich empfinde Facebook als Unternehmen mit einem starken Warum. Natürlich hat das soziale Netzwerk wirtschaftliche Interessen, und die große Machtkonzentration auf ein Unternehmen ist selten gut für eine Gesellschaft. Facebook macht zudem viele Fehler in Sachen Datenschutz, unternimmt zu wenig gegen Fake-News und Mobbing und trägt zum Verlust von Achtsamkeit im Alltag bei. Auf der anderen Seite sehe ich auch ein Unternehmen, das sehr transparent kommuniziert, Fehler geraderückt, den Kunden immer ins Zentrum stellt, und nicht zuletzt einen Gründer, der einen Großteil seines Einkommens spendet. Facebook scheint sich seiner sozialen Verantwortung bewusst zu sein. Von wie vielen Unternehmen in dieser Größenordnung können wir das sagen?

Wie ist das bei dir? Ist dein Warum größer als die Bedenken, die du gegen das Spiel mit dem Algorithmus hast?

Dass die Netzwerke nur dann Geld verdienen, wenn wir gern Zeit dort verbringen, heißt: Wertvolle Inhalte gewinnen an Bedeutung. Und genau deshalb sind soziale Netzwerke der ideale Ort für unser Warum-zentriertes Marketing. Mit inhaltsleeren Posts und Clickbaiting werden Nutzer vertrieben. Mit spannenden Geschichten und wertvollen Inhalten halten die sozialen Netzwerke ihre Nutzer. Dem Algorithmus wird gefallen, was die User lieben. Also behalte deine Wunschkundin im Kopf, wenn du postest. Gestalte den Post, mit meinen Tipps, ansprechend für sie. Damit erfüllst du einen Teil des Warums – und die Reichweite bekommst du geschenkt.

Das Wichtigste in Kürze

Für eine gute organische Reichweite unserer Inhalte sollten diese:

▸ die Userinnen und User über einen längeren Zeitraum fesseln sowie

▸ zu einer Interaktion anregen, die ihr echtes Interesse beweist.

Die Qualität der Posts ist damit wichtiger als ihre Quantität. Frage dich daher in der Planung: Wie viele gute Posts kann ich pro Woche/Monat erstellen? Und vor dem Posten eines Beitrags: Würde ich ihn selbst bis zum Ende konsumieren und anschließend teilen, kommentieren, speichern oder zumindest liken?

Die Algorithmen belohnen, was die User lieben – also behalte bei allen Tipps zur Gestaltung und Formulierung von Posts stets die Interessen deiner Wunschkunden im Kopf.

8.2   Interaktion ist Gold: Wie deine Follower antworten

Für die Reichweite und Sichtbarkeit der eigenen Beiträge ist es also enorm wichtig, dass deine Follower auf diese reagieren. Derzeit scheint die Interaktionsrate einer der wichtigsten, wenn nicht sogar der wichtigste Indikator für die Algorithmen von Facebook, Instagram und anderer klassischer sozialer Netzwerke zu sein. Die Interaktionsrate zeigt, dass es sich um einen Beitrag handelt, den viele Menschen sehen sollten. Zudem hast du als Unternehmerin oder Selbstständiger mit jeder Reaktion deiner Community die Chance, mehr über diese zu erfahren. Jeder Klick, jeder Kommentar zeigt dir, auf was deine Wunschkundin ganz besonders anspricht. Das kann dir sogar wertvolle Hinweise bei der Gestaltung deiner Produkte und Dienstleistungen geben – worauf ich in Kapitel 10, »Wie Fans zu Kunden werden«, eingehen werde.

Wichtig ist zunächst, dass du die Nutzerinnen im Scrollen unterbrichst, damit sie deine Inhalte wahrnehmen. Auf TikTok beginnen einige Videos ganz direkt mit der Bitte: »Stop scrolling!« (siehe Abbildung 8.4). Aber natürlich werde ich dir sagen, wie du subtiler ins Auge fallen kannst.

Abbildung 8.4 Wie hält man den Scrolling-Daumen an? Das hier ist die direkteste Form, die oft auf TikTok verwendet wird. Zugriff: 10.10.20[4]

Dann solltest du sie bis zum Schluss fesseln und schließlich zum Interagieren bewegen. Das ist tatsächlich eine kleine Kunst, weil dein Gegenüber oft in einer reinen Konsumhaltung steckt. Zu reagieren macht Arbeit. Schritt für Schritt und mit den richtigen Techniken ist das aber möglich. Und diesen Techniken möchte ich mich jetzt widmen.

---

4   https://vm.tiktok.com/ZS9jj6t2/

8.2.1   Visualisierung: Dein Post fällt ins Auge

Bevor du eine Chance bekommst, mit deinen Inhalten zu überzeugen, muss das Auge des Users hängen bleiben an deinem Post. Dafür brauchst du eine ansprechende Optik.

Aber was bedeutet das? Was stoppt den Scrolling-Daumen? Was auf Social Media funktioniert, unterliegt wechselnden Trends. So galt bis vor Kurzem auf Instagram zum Beispiel noch, dass du vor allem professionelle, schöne Fotografien posten solltest – wie die meisten Influencer. Wenn Text auf dem Foto zu lesen war, so sollte er nur wenige Worte umfassen. Momentan sieht man insbesondere bei Expertinnen und Coaches einen anderen Trend. Sie posten Infografiken und umfangreichen Text. Das soll bewirken, dass ihre Expertise bereits auf dem Bild sichtbar wird.

Bei jedem Trend kann es allerdings eine ebenso gute Strategie sein, genau das Gegenteil zu versuchen – so fällt man auf im Feed. Cellulite-Bilder, wenn alle schlank und sportlich sind? Neonfarben, wenn alle auf Pastell setzen? Langer Text ohne Bild auf Facebook? Alles kann funktionieren – und das gilt manchmal eben auch für das Gegenteil.

Menschen eignen sich Sehgewohnheiten an und erwarten dann unbewusst beides gleichzeitig: dass diese erfüllt werden und dass hin und wieder mit ihnen gebrochen wird.

Das bedeutet für dich: Du kannst die Optik auswählen, die zu dir passt und dir gefällt! Als Leitplanke gebe ich dir aber in diesem Teil einige einfache Grundregeln für Bilder und grafische Gestaltung an die Hand, an denen du dich orientieren kannst, wenn du noch auf der Suche nach deiner eigenen Optik bist.

Fotos/Bilder

First of all: Ja, theoretisch könntest du einen optisch schönen Social-Media-Account nur mit Stockfotos (kostenpflichtig oder sogar kostenlos) erstellen, also mit Symbolbildern für jeden Zweck, die du aus Fotodatenbanken wie Unsplash (siehe Abbildung 8.5) oder Pexels lädst. Davon rate ich dir unbedingt ab. Natürlich sind diese Fotos schön und professionell. Doch auf einer Skala von null bis authentisch rangieren sie noch unter null. Sie sind austauschbar und werden dir auf allen Kanälen immer wieder begegnen. Neulich hatte ich ein Buch in der Hand mit einem Coverfoto, das ich bereits auf mehreren Webseiten und einem Magazintitelbild gesehen hatte. Ich war verwirrt: War es dieselbe Autorin? Sind Buch und Zeitschrift vielleicht im selben Verlag erschienen? Und natürlich die wichtigste aller Fragen: Weiß ich eh schon, was in dem Buch stehen wird?

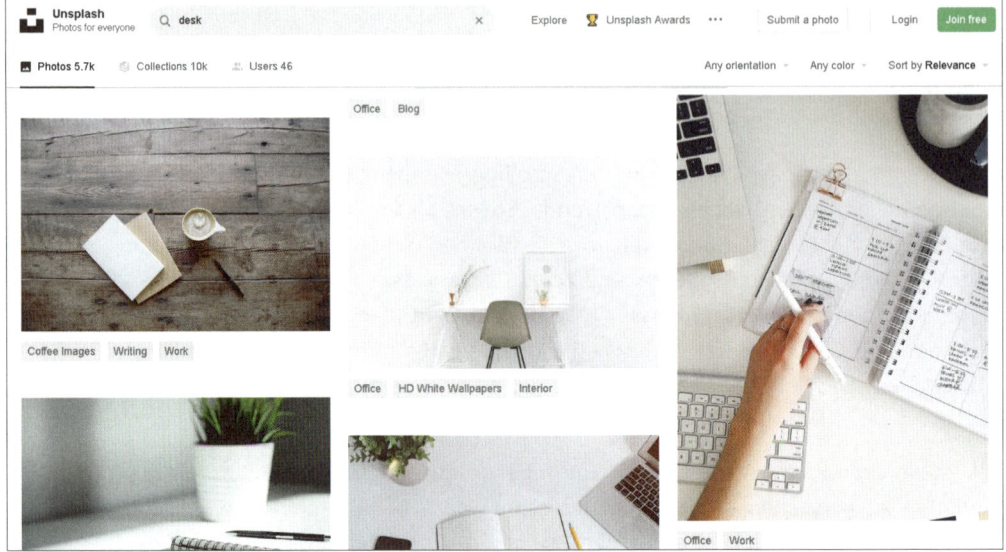

Abbildung 8.5 Möchtest du deinen Schreibtisch zeigen oder die aufgeräumten, aber x-mal gesehenen Stock-Schreibtische? Zugriff: 10.10.20[5]

Gerade in den sozialen Netzwerken möchten wir Fotos sehen, die auch wirklich mit der Person oder dem Unternehmen zu tun haben. Die Fotos sollen ihre Welt zeigen, das, was sie sehen und erleben, ihr Antlitz. Besonders Letzteres: ein Porträtfoto der Person, der man folgt. Wenn diese mit offenem Blick und vielleicht sogar einem Lachen in die Kamera sieht, ist das fast schon ein Garant für viele Reaktionen. Die Menschen wollen *dich* sehen auf deinem Social-Media-Account.

Daher solltest du immer eine große Auswahl an Fotos von dir, deinem Arbeitsplatz und deinen Utensilien parat haben und es dir zu Gewohnheit machen, dich selbst auch immer wieder aufs Neue und in den unterschiedlichsten Situationen zu fotografieren – so schaffst du dir mit der Zeit eine eigene Bilddatenbank für fast jedes Thema.

Wie professionell müssen deine Fotos sein?

Verwackelte oder zu dunkle Bilder haben heute auf Social Media keine Chance mehr. Aber es muss auch nicht jedes Bild vom Fotografen stammen. Die hohe Qualität der Bilder, die wir heute auf Instagram & Co. sehen, hängt unter anderem damit zusammen, dass die Handykameras immer besser werden und blitzschnelle Bildbearbeitung mit Apps möglich ist (eine Aufstellung meiner Lieblings-Apps findest du bei den Tool-Tipps am Ende des Buchs).

---

5   www.unsplash.com

Du kannst also sehr wohl mit Social Media Marketing starten, ohne zuvor ein professionelles Fotoshooting gebucht zu haben. Selbst Fotografen posten auch hin und wieder Handybilder.

Auf Dauer solltest du aber in Betracht ziehen, deine Handybilder mit professionellen Fotografien zu mischen. Insbesondere wenn du auch Bilder für eine Webseite oder einen Flyer brauchst, bietet es sich an, ein Shooting zu buchen, bei dem du Social-Media-Fotos mit einplanst, zum Beispiel indem du …

▸ … eine Fotografin oder einen Fotografen auswählst, der dir nach dem Shooting viele Bilder zur Verfügung stellen wird – 100 sind viel besser als 30.

▸ … viele Bilder aufnimmst, die auch quadratisch funktionieren, damit sie auf Instagram optimal dargestellt werden. Ein paar Hochformataufnahmen für die Stories auf Instagram und Facebook sind ebenfalls super.

▸ … einige Bilder mit einem ruhigen Hintergrund einplanst, die du so gestalten kannst, dass du hinterher auf einen Schriftzug oder eine Grafik zeigst oder hinüberblickst – diese Bilder kannst du vielseitig einsetzen, wie das Beispiel von Content-Design-Expertin Kathy Ursinus (siehe Abbildung 8.6) zeigt. Solltest du keine solchen Bilder haben, kannst du dich selbst mit der Freistellen-Funktion, die verschiedene Fotosoftwareprogramme bieten, aus Bildern ausschneiden und dich auf einen ruhigeren Untergrund platzieren (siehe Kapitel 15, »Tooltipps«).

Abbildung 8.6 Denke bei Fotoshootings an Bilder, mit denen du deine Botschaft gut vermitteln kannst. Zugriff 28.07.20[6]

---

6   www.instagram.com/kathy.ursinus

Wenn du Social Media als regelmäßigen Werbekanal nutzen möchtest, kann es sich auch lohnen, ein Shooting-Paket zu buchen, das mehrere kleine Shootings zu unterschiedlichen Jahreszeiten und in diversen Outfits umfasst. So stellst du sicher, dass deine Fotos aktuell sind. Du trittst dann nicht im Feed mit langen blonden Haaren auf, obwohl du sie seit zwei Jahren kurz und rot trägst. So kommt es zu keiner Diskrepanz zwischen professionellen, aber alten Fotos im Feed und der spontan eingesprochenen Story mit der neuen Frisur.

Abgesehen von Fotos, auf denen du zu sehen bist: Was funktioniert noch gut auf Social Media? Journalisten sagen: »Kinder und Tiere gehen immer.« Das klingt erst einmal so abgedroschen wie »Sex sells«, aber es steckt ein psychologischer Fakt dahinter: Unser Blick ist von allem magisch angezogen, was Emotionen auslöst: ein freundliches Gesicht oder auch etwas Niedliches wie ein Kind oder ein Tier. Natur und weite Landschaften können wir nutzen, um ein Gefühl der Ruhe zu vermitteln. Auch abschreckende Bilder lösen eine Reaktion aus – im schlechtesten Fall allerdings die, dass die User schnell weiterscrollen. Selbst wenn sie hängen bleiben, solltest du dir bewusst sein, dass du mit Ekel, Angst, Abscheu etc. sehr mächtige Emotionen bedienst.

Checkliste fürs Fotoshooting: Fotos für mein Warum

Gute Fotografinnen und Fotografen mit Erfahrung in der Branding-Fotografie möchten von dir wissen, wofür du stehst. Sie werden fragen, was deine Vision und deine Werte sind oder welches Gefühl du vermitteln möchtest. Mit deiner Vorarbeit aus Kapitel 3, »Dein Warum vertiefen und die richtigen Worte finden – verschiedene Methoden«, bist du gut vorbereitet. Teile auf jeden Fall deinen Warum-Satz und das darunterliegende Grundbedürfnis, dem du Rechnung tragen möchtest, mit deinem Fotografen. Deine festgelegten Werte können das Verständnis für dich und deine Marke ergänzen. Wenn möglich, besprich auch folgende Fragen mit der Fotografin, oder entscheide vorab für dich, damit ihr innerhalb kurzer Zeit viele passende Bilder gewinnen könnt:

▶ Welche Kleidungsstücke verkörpern dich und dein Warum? Das Bedürfnis nach »Selbstentfaltung« und allzu eng anliegende Kleidung könnten sich beispielsweise widersprechen.

▶ Welche Umgebung passt? Allzu viele Business-Shootings finden vor dem PC statt, um die Unternehmerin bei der Arbeit zu zeigen. Gibt es ein Drumherum, das besser zu dem Gefühl passt, das du vermitteln möchtest?

▶ Bist du alleine oder in Interaktion auf den Bildern? Gerade für das Grundbedürfnis Zusammengehörigkeit ergibt es Sinn, dass man dich gemeinsam mit anderen Menschen sieht.

▶ Welche Rolle spielt das Wetter auf den Bildern? Wenn du Sonnenschein brauchst: Wie sieht dein Plan B aus, falls das Wetter umschlägt?

▶ Welche Gegenstände zeigen deine Werte oder deine Arbeitsweise? Manchmal lohnt es sich, bestimmte Gegenstände mitzubringen zum Shooting. Bei mir ist das beispielsweise immer ein Notizbuch und ein Füller, denn handschriftliche Notizen und Journaling-Fragen sind Bestandteil meiner Arbeit. Und auf Fotos macht das auch viel mehr her als meine Coaching-Arbeit am PC.

Damit du am Shooting-Tag in deiner Kraft bist und strahlen kannst, frag dich:

▶ Was brauchst du, um dich sicher und wohlzufühlen? Vielleicht nimmst du deine Lieblingsmusik mit zum Shooting? Ist die Shooting-Location normalerweise frei von neugierigen Gaffern? Oder läufst du sogar erst mit Zuschauern zu Hochtouren auf?

▶ Was kannst du vor dem Termin tun, um ganz mit deinem Warum verbunden zu sein? Bring den Satz mit, lies ihn dir selbst vor, erzähle dem Fotografen davon, während er dich knipst. Man sieht deine Begeisterung auf den Bildern – versprochen!

Grafiken/Illustrationen

Du möchtest etwas zeigen, für das du kein Foto hast? Und du möchtest dabei nicht auf hundertmal gesehene Stock-Bilder zurückgreifen? Oder du suchst eine Möglichkeit, Informationen visuell zu vermitteln? Dann sind Grafiken und Illustrationen das Mittel deiner Wahl. Noch vor gar nicht allzu langer Zeit galt, dass diese nur Grafiker mit Kenntnissen komplexer Software anfertigen und anpassen können. Heute kann jeder Zeichnungen und Grafiken nutzen oder seinen Fotos hinzufügen – mit einfachen Grafiksoftwareprogrammen wie *Canva* oder Apps wie *Over* (siehe Tool-Tipps in Kapitel 15).

Kostenlose Grafiken werden natürlich ähnlich häufig verwendet wie Stock-Bilder. Der große Vorteil ist allerdings: Du kannst sie oft deinen Branding-Farben anpassen oder zumindest auf einen Hintergrund in deiner Farbe platzieren und mit deinen Schriften ergänzen. So wirken sie doch wieder individuell und spiegeln dich und deine Marke. Extratipp: Wenn du Grafiken vergrößerst und nur Ausschnitte davon verwendest, also zum Beispiel nur den Rand eines Kreises, sind sie kaum wiederzuerkennen. Ein Beispiel dafür siehst du in Abbildung 8.7.

Grafiken und Illustrationen können auch Schmuckelemente sein auf einem Foto oder einem einfarbigen Hintergrund mit einem Zitat darauf. Hier gilt: Weniger ist mehr. Du solltest Grafiken vor allem deshalb verwenden, damit sie deinem Post eine zusätzliche Bedeutung verleihen oder einen Teil deines Bilds hervorheben – nicht einfach nur, weil sie hübsch aussehen. Wenn du Social-Media-Coach bist, ergeben also beispielsweise grafische Emojis, wie Smileys und Herzen, als zusätzliche Elemente auf dem Bild durchaus Sinn – wenn du Ernährungsberaterin bist, eher weniger. Dann suchst du besser einen dekorativen Rahmen aus Chilischoten.

Zu guter Letzt können auch Infografiken wie Kreis- und Balkendiagramme auf Social Media gut funktionieren. Im Grafiktool Canva gibt es dafür sogar vorgefertigte Elemente, in die man nur noch die Zahlen und Verhältnisse eintragen muss (siehe Abbildung 8.8).

Abbildung 8.7 Bleib kreativ: Auf diesem Bild wurde viermal der gleiche Kreis und dreimal dasselbe Blatt verwendet. Quelle: Screenshot Canva

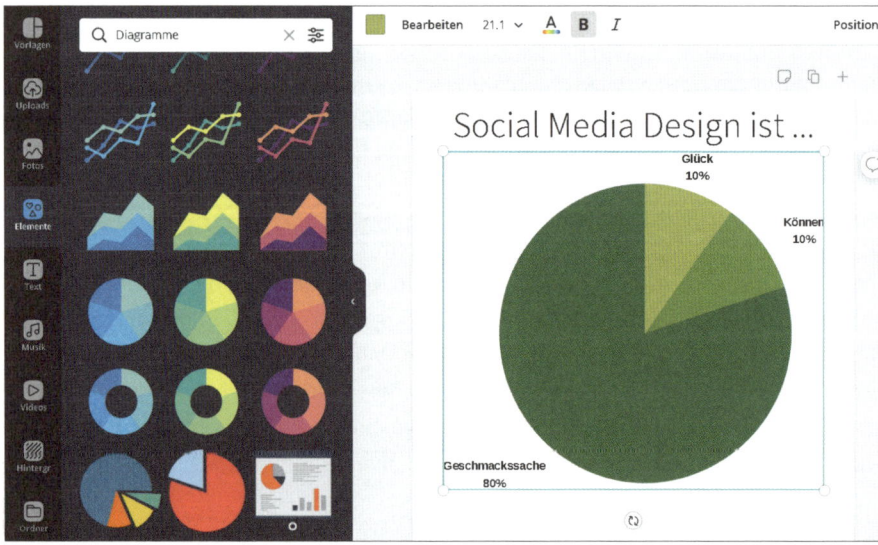

Abbildung 8.8 Mit Canva lassen sich verschiedene Infografiken ganz leicht erstellen.

Visual Branding leicht gemacht: Mit wenigen Elementen großen Wiedererkennungswert schaffen

Das Wort Branding ist nun schon einige Male gefallen – unter Branding versteht man die Entwicklung der eigenen Marke und einer wiedererkennbaren Identität. Name und Claim sind Teil des Brandings, aber auch alles, was zum optischen Erscheinungsbild gehört: das Logo, Farben, Schriften und so weiter. Wenn etwas »gebrandmarkt« ist, erkennen wir, dass es dazugehört.

In großen Unternehmen gibt es oft sehr strikte CIs – Corporate Identities –, die zum Beispiel vorgeben, dass das Logo grundsätzlich drei Zentimeter vom unteren Rand mittig platziert werden muss. Als Einzelunternehmerin oder Selbstständiger bist du mit der Gestaltung deiner Werbemittel und Marketingbeiträge sehr viel freier.

Das ist Fluch und Segen zugleich. Es ist ein Segen, weil in deinem Social-Media-Profil alle Beiträge untereinanderstehen und ein allzu gleiches Design schnell langweilt. Es ist ein Fluch, weil die Freiheit oft dazu führt, dass man sich in jedem Post neu erfinden möchte, wodurch die Handschrift der Marke so verloren gehen kann.

Du möchtest Vielfalt im Design und doch einen Wiedererkennungswert generieren? Dann empfehle ich dir ein Visual Branding Light. Dazu gehören:

▶ Ein Logo und seine Elemente – tatsächlich ist das kein Muss, aber insbesondere wenn du ein Logo von einem Grafiker oder einer Grafikerin erstellen lässt oder bereits eines hast erstellen lassen, gibt dir das schon vieles vor, was du nutzen kannst – beispielsweise erste Farben. Aber auch einzelne Schriften, Linien oder grafische Elemente können in deinen Social-Media-Posts weiterverwendet werden. Ich nutze zum Beispiel sehr gern das Hashtag aus meinem Logo als Rahmen für Bilder oder als Hintergrundmuster, wie ein Blick auf meinen Feed zeigt (siehe Abbildung 8.9).

Abbildung 8.9 Das geschwungene Hashtag aus meinem Logo ist für mich ein wiederkehrendes Designelement. Zugriff 30.07.20[7]

---

7   www.instagram.com/hashtagbiancafritz/

▶ Die Auswahl von Branding-Farben: Farben wecken Emotionen. Gerade deshalb solltest du darauf achten, dass die Farben zu deinem Warum passen. Welche Farben stützen das Gefühl, das du vermitteln möchtest? Grün zeigt die Nähe zur Natur, steht für die Hoffnung und beruhigt, Rot ist ein Signal für Ehrgeiz oder »gesehen zu werden« und so weiter. Du kannst natürlich auch schlicht deine Lieblingsfarbe als erste Farbe setzen. Wenn eine Farbe steht, wählst du bis zu vier weitere Farben, die gut zur Lieblingsfarbe passen. Um harmonische Farbkombinationen zu finden, nimmst du beispielsweise ein Naturfoto, das deine Hauptfarbe enthält, und suchst weitere Farben aus diesem Foto heraus. Die Idee dahinter: Die Natur kombiniert keine Farben, die nicht zusammenpassen. In Abbildung 8.10 siehst du, wie du das online machen kannst. Wenn du für deine Kombination lieber mit Erkenntnissen aus der Farbenlehre arbeiten möchtest, kannst du ein Farbrad nutzen und dort mit monochromatischen, komplementären und anderen Farbharmonien spielen, zum Beispiel mit dem Adobe Farbrad (siehe Abbildung 8.11).

Abbildung 8.10 Auf coolors.co lassen sich Fotos hochladen und Farbpaletten anhand der Farben auf dem Foto bestimmen.

▶ Die Auswahl von Branding-Schriften: Anfänger in Sachen Design erkennt man oft daran, dass sie besonders viele Schriften kombinieren. Deine Beiträge gewinnen an Übersichtlichkeit und wirken professioneller, wenn du dich auf zwei Schriftarten beschränkst. Sollte eine der Schriften eine eher verschnörkelte Schreibschrift sein,

achte darauf, dass du ihr eine zweite, klare Schrift gegenüberstellst und die kunstvolle eher sparsam einsetzt, beispielsweise für Signalwörter. Achte bei der Auswahl
der Schriften darauf, ob dir auch alle Umlaute und Sonderzeichen wie ä, ß, @ und
so weiter zur Verfügung stehen. Wenn du kostenlose Google-Fonts auswählen und
in dein Grafikprogramm hochladen möchtest, kannst du dir auf *fontjoy.com* Schrift-
kombinationen ansehen und ausprobieren.

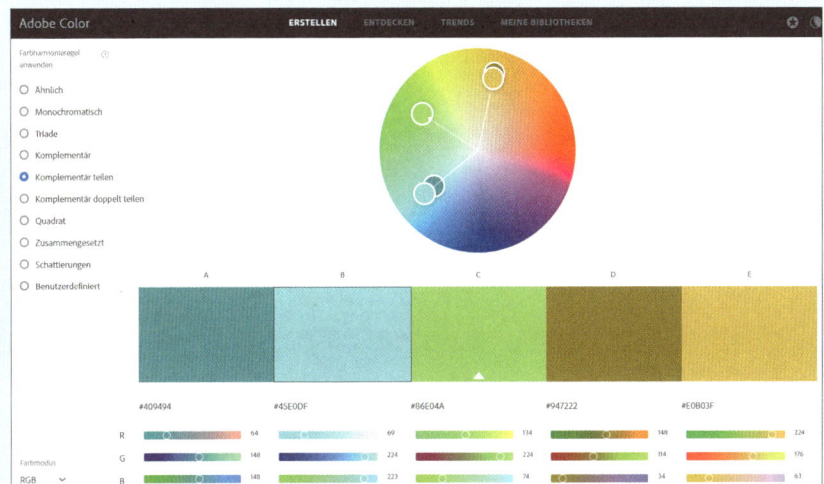

Abbildung 8.11 Das Adobe-Farbrad hilft bei der Auswahl verschiedener Farbharmonien
– ob stark kontrastierend oder nah beieinanderliegend.

▸ Filter/Bildbearbeitungssettings: Mit der Beschränkung auf bestimmte Farben und
Schriften sowie der Orientierung an deinem Logo für weitere Grafikelemente hast du
bereits einen großen Wiedererkennungswert geschaffen. Jetzt kannst du dir überlegen, ob auch alle deine Fotos einen harmonischen Bildklang haben. Damit wird besonders auf Instagram gern gearbeitet, weil hier die Bilder im sogenannten Grid direkt nebeneinanderstehen. Dafür legst du einfach einen Filter fest, den du für jedes
Bild verwendest. Wenn du mit einem Bildbearbeitungsprogramm wie Photoshop arbeitest, kannst du auch bestimmte Voreinstellungen speichern und alle deine Fotos
damit bearbeiten, damit sie die gleiche Grundstimmung haben.

▸ Feeddesign/Griddesign: Wenn du auf Instagram aktiv bist, kannst du dir überlegen,
wie du deinem Feed – also dem Nacheinander deiner Posts – ein schönes Aussehen
schenken kannst. Das ist optional. Wenn aber Ästhetik und Schönheit Teil deiner
Werte sind, solltest du auf jeden Fall darüber nachdenken. Ein einfaches und doch
einheitliches Design ist das Schachbrettdesign. Dabei wechselst du zum Beispiel
reine Fotoposts mit Zitateposts ab, bei denen Text auf einem einfarbigen Hintergrund steht. Oder du nimmst helle und dunkle Fotos, wie es Abbildung 8.13 beim
Feed des Hundeblogs Jasper & Bonnie zeigt. Aufwendiger sind sogenannte Puzzlefeeds, bei denen ein Bild ins nächste übergeht und so ein Gesamtbild im Feed entsteht. Das zu gestalten, ist sehr anspruchsvoll, da weiterhin jedes Bild auch für sich

alleine ansprechend und verständlich bleiben sollte. Der Puzzlefeed funktioniert daher dann besonders gut, wenn die Motive, die sich in den kommenden Posting-Bildern fortsetzen sollen, eher Schmuckelemente im Hintergrund sind – so bleibt das Wichtigste auf jedem Bild erhalten, wie du im Beispielfeed dieKreativtuner® siehst (siehe Abbildung 8.12).

Abbildung 8.12 Wie Puzzleteile greifen die Bilder eines Puzzlefeeds ineinander. Zugriff 30.07.20, Quelle: www.instagram.com/diekreativtuner

Abbildung 8.13 Ein Schachbrettfeed mit hellen und dunklen Fotos im Wechsel, Zugriff: 30.07.20, Quelle: www.instagram.com/jasper_and_bonnie

Text auf Bild

Ein Bild sagt mehr als tausend Worte? Dann sagt ein Bild mit einer aussagekräftigen Headline mehr aus als 2.000 Worte. Der Social-Media-Nutzer sieht auf einen Blick, was er oder sie im Post erfährt und ob es sich für ihn lohnt, den Text zu lesen, durch die Bildergalerie zu scrollen oder das Video anzusehen.

Bis vor Kurzem lautete dabei die Devise: Fasse dich so kurz wie möglich und nutze eine große Schriftgröße. Gerade auf Instagram zeigt sich, wie bereits erwähnt, derzeit ein anderer Trend: Viel Text auf Bildern oder Grafiken funktioniert ebenso. Insbesondere Experten und Coaches nutzen zum Beispiel gern Dos and Don'ts, Checklisten und Ähnliches, um auf sich aufmerksam zu machen. Sie packen möglichst viel Information in grafisch aufbereiteter Form auf die Bilder der Posts. Damit steigt auch die Verweildauer, denn die User beginnen schon im Feed, das Bild zu »lesen«. In Abbildung 8.14 siehst du zum Beispiel, wie die Stillberatung Heinzig auf dem Postbild die Vor- und Nachteile von Stillhütchen erörtert.

Abbildung 8.14 Content schon aufs Bild gepackt, Zugriff: 10.10.20[8]

> **Extratipp: Anpassbare Designvorlagen**
>
> Du musst nicht jedes Design neu erfinden. Besonders für Instagram gibt es inzwischen viele Designvorlagen, die du an deine Farben und Schriften anpassen kannst. Einige davon sind kostenlos in den Grafikprogrammen (zum Beispiel Canva und Crello) zu haben, oder du kaufst ein anpassbares Set an Vorlagen von Grafikern, zum Beispiel bei *kathyursinus.de*.

---

8   www.instagram.com/stillberatungheinzig/

Ob der Trend »viel Text auf dem Bild« Bestand hat oder ob Social-Media-User diese schon bald als Überforderung empfinden, lässt sich nicht vorhersagen.

Unabhängig von Trends gilt aber: Deine Schrift muss gut lesbar sein. Das bedeutet, dass du eine Schriftfarbe mit großem Kontrast zum Hintergrund wählen solltest. Bei unruhigem Hintergrund setzt du die Schrift am besten auf einen einfarbigen Untergrund. Diesen kannst du auch leicht transparent gestalten, damit das Foto noch durchschimmert. Der Unterschied wird in Abbildung 8.15 sehr deutlich.

Abbildung 8.15 Bei unruhigen Hintergründen ist es schwierig, einen Text in Kontrastfarbe zu wählen. Hier hilft ein einfarbiger Textuntergrund.

Textlich kündigst du in dieser Headline auf dem Bild das Thema deines Posts an – und zwar so, dass du die Menschen neugierig machst und sie den dazugehörigen Text lesen möchten. Ich werde in Abschnitt 8.2.2, »Einstieg: Neugier wecken«, noch darauf zu sprechen kommen, wie der Text auf dem Bild zugleich den Einstieg in den Post bildet.

Video-Eyecatcher

Soziale Netzwerke lieben Video-Content, weil er die User oft länger fesselt als ein Text oder ein Bild. User lieben Videos, weil sie leicht konsumierbar sind und mehrere Sinne zugleich ansprechen. Im Lockdown im Frühjahr 2020 haben viele Menschen im Homeoffice sehr plötzlich lernen müssen, via Video Kommunikation und menschliche Verbindung zu leben. Vielleicht hast auch du dabei gemerkt, dass der Kontakt via Video dem Face-to-Face-Kontakt recht nahekommt.

Auf Social Media werden besonders Live-Videos gern genutzt, um einen sehr direkten Kontakt herzustellen. Zuseher können hierbei nicht nur direkt ihre Fragen stellen, sie sehen auch, wie du auf unerwartete Situationen reagierst. Aber selbst bei einem Video aus der Konserve gilt: Hier spüren dich deine möglichen Kundinnen und Kunden sehr viel besser, als wenn du nur einen Text schreibst oder ein Bild postest. Sie sehen deine Mimik und Körpersprache, hören deine Stimme, nehmen deine ganz persönliche Art wahr. Gerade wenn du eine Dienstleistung verkaufst, bei der die Menschen direkt mit dir zusammenarbeiten, können sie so schon einen ersten Eindruck davon gewinnen, ob du zu ihnen passt.

Dass Videos funktionieren, ist längst kein Geheimnis mehr. Es bedeutet aber auch: Nur weil sich dein Bild im Feed bewegt, stoppen die Menschen ihren Scrolling-Daumen nicht mehr automatisch. Im Feed begegnen uns heute sehr viele sprechende Köpfe. Das ist logisch, denn diese Videos zu produzieren, ist sehr einfach: Handy vors Gesicht halten und losquatschen. Zugleich sieht man hier viel von der Person, und das schafft Verbindung.

Wie schaffst du es also, dich von all den sprechenden Köpfen, den Talking Heads da draußen, zu unterscheiden?

1. **Gib deinem Video Untertitel**: Zwischen 70 und 90 Prozent der User checken ihren Social-Media-Account ohne Ton. (Eine Ausnahme bildet TikTok – hier leben die Videos vom Sound.) Diese User erfahren vielleicht nie, um was es in deinem Video geht und ob es sich für sie lohnt, den Ton einzuschalten, wenn sie nur einen Talking Head sehen. Hilf ihnen mit Text. Bei aufgezeichneten Videos ist ein Untertitel ein sehr guter Service – er macht neugierig und ermöglicht es, Videos ohne Kopfhörer unterwegs zu konsumieren. Untertitel kannst du beispielsweise bei Facebook oder YouTube automatisch generieren lassen und gegebenenfalls anpassen. Das funktioniert sogar im Nachhinein bei Live-Videos. In dem Moment, in dem du live gehst, hast du keine Untertitel. Du solltest daher unbedingt darauf achten, dass dein Video einen aussagekräftigen Titel hat. Wenn dein Video nicht allzu lang ist und du mit dem Gedanken spielst, es mehrfach und auf verschiedenen Kanälen auszuspielen, kann sich auch der Aufwand lohnen, die Untertitel später manuell einzufügen. Der Vorteil dabei ist, dass du die Untertitel so in deinen Branding-Farben und -Schriften gestalten kannst – das ist mit jedem Videoschnittprogramm möglich. (Meine liebsten Programme findest du in den Tool-Tipps in Kapitel 15, ebenso wie weitere Tipps für Transkriptionsprogramme.) Für das Story-Format bei Instagram und Facebook lohnt sich der Aufwand des Untertitelns meist nicht, weil die Lebensdauer der Videos auf 24 Stunden begrenzt ist. (Es sei denn, du speicherst sie speziell als Highlights ab.) Trotzdem ist es ein toller Service, wenn du ein paar Stichworte oder einzelne Sätze manuell einfügst, damit die Userinnen sehen,

um was es geht. Das ist ganz einfach über die Textfunktion möglich. Du kannst auch die automatische Spracherkennung deines Smartphones nutzen, um Untertitel für deine Videos zu erstellen. Dafür nimmst du eine Story auf, wählst die Textfunktion und dann das Mikrofon oberhalb der Tastatur.

2. **Das unerwartete erste Bild**: Bei vielen Usern starten Videos automatisch, wenn sie durch den Feed scrollen. Damit der User dir die Aufmerksamkeit schenkt, die dein Video verdient, ist es wichtig, in den ersten Sekunden seine Neugier zu wecken. Im Idealfall sieht man also nicht einfach nur einen Talking Head, sondern etwas, das eher ungewöhnlich ist. Professionelle Videografen wählen zum Beispiel eine ungewöhnliche Kameraperspektive: durch ein Trinkglas gefilmt, die Kamera rollt am Bürostuhl befestigt auf den PC zu, oder es gibt eine Nahaufnahme. Oft genügt es, einen Gegenstand in die Kamera zu halten, über den du sprechen möchtest. Und wenn dir gar nichts einfällt, winkst du einfach fröhlich in die Kamera. Schon diese Bewegung fesselt das Auge mehr als ein sprechender Kopf. Wenn du kreativ und/oder humorvoll bist und das zu deinem Warum und dem Inhalt des Videos passt, darfst du natürlich auch gern tanzen, malen oder dein Video im Handstand beginnen. In den ersten Videosekunden gilt das Motto: Hauptsache auffallen. Das Video von LinkedIn-Expertin Think Natalia (siehe Abbildung 8.16) beginnt mit einem Einhorn auf der Schulter, und sie spricht die offensichtliche Frage der Zuseher »Warum hat sie ein Einhorn auf der Schulter?« sogar direkt an.

Abbildung 8.16 Think Natalia gilt als Einhorn des LinkedIn-Marketings. Das bietet sich natürlich an für einen Eyecatcher. Zugriff: 15.08.20[9]

---

9   Facebook Ad von www.facebook.com/thinknatalia, Screenshot.

3. **Das gute Videocover**: Wenn User nicht möchten, dass Videos direkt in ihrem Feed starten, lässt sich diese Funktion in den meisten sozialen Netzwerken auch ausschalten – zum Beispiel wenn man mobile Daten sparen möchte, eine schlechte Internetverbindung hat oder schlicht genervt ist von zu viel Bewegung im Feed. In solchen Fällen wird der Userin das Coverbild deines Videos angezeigt. Außerdem ist dieses Bild in der Übersicht aller Videos zu sehen. Es lohnt sich also, dem Cover besondere Aufmerksamkeit zu schenken und nicht einfach das Standbild zu nehmen, das das Netzwerk automatisch auswählt. Wenn es schnell gehen soll, suchst in den vorgeschlagenen Screenshots nach einem, das im Untertitel oder auf dem Bild selbst schon etwas über den Inhalt des Videos verrät und neugierig macht. Wenn du etwas mehr Zeit hast und auch deiner Videoübersicht ein einheitliches, schönes Aussehen geben möchtest, gestaltest du zum Beispiel in Canva eine Videocovervorlage mit Bild und Titel. Diese kannst du immer wieder verwenden und beim nächsten Video mit anderen Inhalten füllen. Wie hilfreich es ist, wenn man schon in der Übersicht der Videocover erkennt, um was es in den einzelnen Videos geht und aus welchem Kanal die Videos stammen, zeigt das Beispiel in Abbildung 8.17.

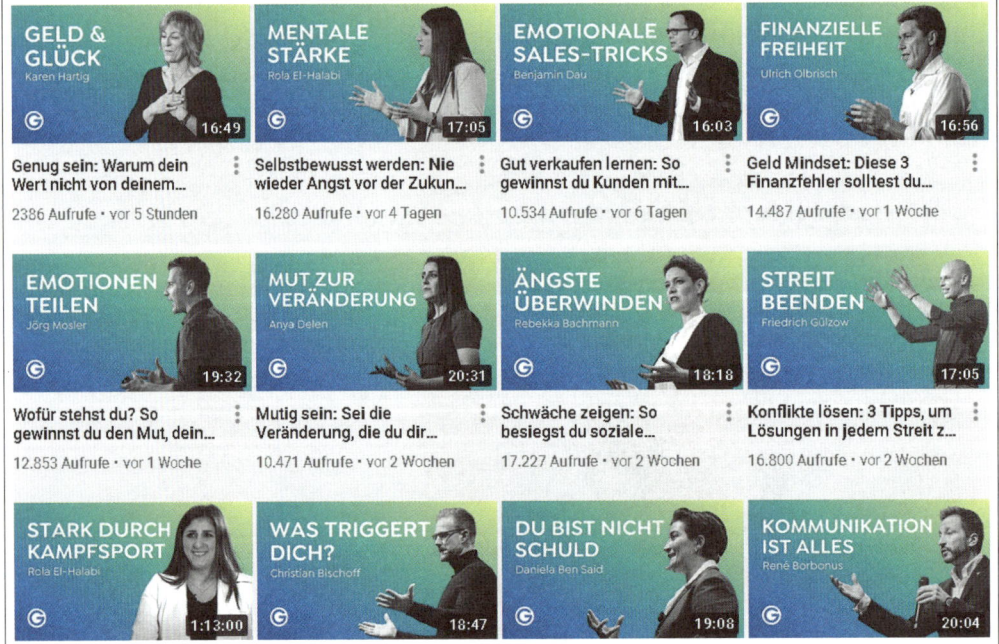

Abbildung 8.17 Titel, Person, Branding-Elemente. So sieht ein gutes Videocover aus. Zugriff 30.08.20[10]

---

10 Videoübersicht des YouTube-Kanal www.youtube.com/user/GEDANKENtanken/.

Für Videos im Facebook- oder Instagram-Feed gestaltest du die Cover in der Formatgröße des Videos. Wenn du beispielsweise ein Cover für IGTV gestaltest (das ist das Format für Videos auf Instagram, die länger als eine Minute sind), wähle dafür ein hochformatiges Bild.

Harmonisch, nicht langweilig: Bildaufteilung mithilfe der Drittelregel

Auch die Bildaufteilung entscheidet darüber, ob wir an einem Video oder Bild hängen bleiben. Schon seit der Antike orientiert sich die Gestaltung von Bildern am Goldenen Schnitt bzw. der eng verwandten Drittelregel. Wer mit diesem arbeitet, bewirkt eine harmonische und dennoch interessante Bildzusammenstellung. Die Drittelregel ist dabei etwas einfacher als der goldene Schnitt, weshalb wir uns daran orientieren. Dabei wird das Bild in der Breite und in der Höhe in drei gleich große Bereiche unterteilt. Wichtig für unsere Zwecke sind dann vor allem folgende Regeln: Wenn wir eine Person sehen, sollten ihre Augen im oberen Drittel des Bilds liegen.

Außerdem sollte das Hauptmotiv – also zum Beispiel die Person – nicht genau in der Mitte des Bilds platziert sein, eine allzu symmetrische Aufteilung des Bilds wirkt langweilig. Diese beiden Regeln erklären, warum in TV-Interviews der Interviewte stets in einem äußeren Drittel des Bilds steht und dann ins Bild hineinschaut, um die Fragen zu beantworten.

Auch in den oft hochformatigen Videos der sozialen Netzwerke ist es ratsam, dass die Nase der Hauptperson nicht direkt in der Mitte des Bildes platziert ist, sondern zumindest leicht zur Seite versetzt wird und die Augen im oberen Drittel liegen.

Ein Tipp: Bei vielen Kameras, auch modernen Handykameras, lässt sich in der Vorschau ein Raster einblenden, das beim Platzieren nach der Drittelregel hilft.

Das Wichtigste in Kürze

Fotos, Videos und Grafiken stellen den optischen Reiz dar, der darüber entscheidet, ob wir einen Post konsumieren möchten oder nicht. Wer Fans und Followerinnen dazu bewegen will, zu lesen oder ein Video zu schauen, sollte dieses interessant und emotional gestalten. Eine gewisse Professionalität ist wichtig, aber nicht jedes Bild muss vom Fotografen oder Grafiker stammen – du kannst mit kostenlosen, einfachen Tools fast alles selbst gestalten.

Ideal ist es, wenn bereits auf dem ersten Bild erkennbar ist, um was es im Social-Media-Beitrag gehen wird. Bilder lösen immer auch Emotionen aus. Passt die Emotion zu dem, was der Post vermitteln will und wie sich User auf deinem Account fühlen sollen?

Die konsequente Verwendung deiner Branding-Farben und -Schriften führt zu einem Wiedererkennungseffekt deiner Posts, ohne dass du dich gestalterisch zu sehr einschränkst.

8.2.2   Einstieg: Neugier wecken

Der Einstieg ist der erste textliche Berührungspunkt, den deine User mit deinem Post haben. Das kann die Headline sein, die auf deinem Bild steht, es können die ersten Worte in deinem Posting-Text sein (bis zum Umbruch WEITER bzw. WEITERLESEN), oder es sind die ersten gesprochenen Worte in deinem Video. Natürlich ist auch eine Kombination aus diesen Bestandteilen möglich.

Es lohnt sich *immer*, dass du der Formulierung des Einstiegs besondere Aufmerksamkeit schenkst und Liebe zum Detail beweist. Hierbei solltest du dich fragen: Wie schaffe ich es, meine User wirklich neugierig auf meinen Beitrag zu machen? Wenn es dir bereits gelungen ist, mit deinem Bild, dem Video oder der Grafik den Scrolling-Daumen zu stoppen oder zu verlangsamen, gilt es jetzt, die nächste Hürde zu nehmen. Dein textlicher Einstieg entscheidet darüber, ob die Followerin auf MEHR klickt und weiterliest oder bei einem Video dranbleibt. Und hoffentlich sogar den Ton anschaltet. Alle diese Reaktionen der User sind ein klares Signal für den Algorithmus: Hier scheint etwas Spannendes zu passieren. Was noch viel wichtiger ist: Du selbst bekommst nun die Chance, dass deine Follower deine Inhalte auch wirklich konsumieren, deine Texte lesen oder Videos schauen, damit deine Botschaften ankommen und sich verbreiten.

Wie gelingt dir ein spannender Texteinstieg? Versetze dich in die Lage der Person, die gerade durch ihren Feed scrollt. Wie wählst du selbst potenziell spannende Inhalte aus? Du nimmst dir vermutlich nur Zeit, einen Post ganz zu lesen oder ein Video anzusehen, wenn du dir davon einen Gewinn versprichst. Und dieser muss gleich zu Beginn deutlich werden.

Du kannst den Gewinn oder Mehrwert für den Leser oder die Leserin direkt in Aussicht stellen. Solche Einstiege klingen zum Beispiel so:

- ▶ »Die 4 besten Tipps für ein gesundes Frühstück«
- ▶ »Endlich keine Entscheidungsschwierigkeiten mehr«
- ▶ »Mit diesen Filtern werden deine Fotos schöner«
- ▶ »Mit Leichtigkeit einschlafen – dank dieser Routine«
- ▶ »Woran du guten Kaffee erkennst«
- ▶ »Mit diesen Tipps nie wieder Rückenschmerzen nach dem Joggen«
- ▶ »Nachhaltige Geschenkideen zu Weihnachten«
- ▶ »Dein Geheimrezept für grasgrünes Pesto«
- ▶ »Brotreste lassen sich zu allerlei Köstlichkeiten verarbeiten«
  (siehe Abbildung 8.18).

Abbildung 8.18 Mit diesem Einstieg ist sofort klar, was mich als Leserin erwartet.
Zugriff: 01.08.20[11]

Solche auf Mehrwert fokussierten Titel funktionieren wunderbar als Headline auf dem Bild oder auch als erster Satz in einem Post. Aber Vorsicht: Wenn du den Text auf dem Bild oder Videocover als Headline einsetzt, verschenke deinen ersten Satz im Post nicht, indem du dasselbe ein weiteres Mal schreibst. Nutze ihn, um noch mehr Neugier auf den Inhalt zu schüren. Zum Beispiel indem du beim »Geheimrezept für grasgrünes Pesto« schreibst: »Diese Zutat hättest du vielleicht eher in einem Putzmittel vermutet.« Der Leser fragt sich: »Welche Zutat?« Und erfährt im Text, dass es sich um Natron handelt.

Das Beispiel zeigt: Neben der direkten Nennung des Mehrwerts gibt es auch andere Methoden, die Leser mit deinem Einstieg zu ködern. Das ist wichtig, weil nicht

---

11 www.instagram.com/smarticularnet

jeder Post einen oder mehrere Geheimtipps enthält. Manche Posts erzählen eine Geschichte, andere weisen auf ein Angebot hin.

Neugier wird immer dann geweckt, wenn im Kopf der Leserin oder Zuhörerin eine Frage auftaucht und sie die Erwartung hat, dass diese Frage mit deinem Inhalt beantwortet wird. Und damit gleich eine wichtige Regel vorab: Solltest du diese Erwartung enttäuschen, verlierst du den Leser. Und zwar nicht nur für diesen Post. Die Wahrscheinlichkeit, dass die Person auf DEABONNIEREN klickt, wenn deine Posts nicht das bieten, was der erste Satz verspricht, ist groß.

Das wirst als Clickbaiting – also als eine leere Jagd nach Klicks – wahrgenommen und abgestraft. Eine Leserin, deren Erwartungshaltung erfüllt und deren Neugier gestillt wird, kehrt zurück. Dasselbe gilt natürlich für Videozuschauer. Ich werde im Folgenden zumeist von Text und Lesern sprechen, aber gleichzeitig den gesprochenen oder untertitelten Text eines Videos meinen – denn auch ein Video hat eine textliche Grundlage.

Wie kommt nun also eine Frage in den Kopf der Leserinnen? Erste Möglichkeit: Du stellst die Frage direkt.

- ▶ »Wie viel Stress erträgt der Mensch?«
- ▶ »Sind E-Bikes wirklich umweltfreundlich?«
- ▶ »Wie kriege ich mehr Follower auf Social Media?«
- ▶ »Was ist der Sinn des Lebens?«

Wenn sich deine Traumkundin und dein Traumkunde diese Frage auch stellen, lesen sie weiter. Und selbst wenn eine Person sich diese Frage noch nicht gestellt hat, will sie die Antwort vermutlich doch wissen. Unser Gehirn funktioniert so: Wir wünschen uns Antworten auf offene Fragen.

Ich habe bewusst auch Fragen gestellt, die sich nicht allumfassend beantworten lassen. Schon gar nicht auf 2.200 Zeichen (das ist die maximale Zeichenanzahl einer Caption, also des Posting-Texts auf Instagram). In einem Social-Media-Post wird auch keine wissenschaftliche und allumfassende Antwort erwartet. Du darfst sogar Fragen stellen, auf die du selbst noch keine Antwort kennst. Um dann die Leseerwartung nicht zu enttäuschen, hilft es, dass du zumindest eine Teilantwort gibst: Also erzählst du, welche Gedanken du dir schon zu diesem Thema gemacht hast und warum es dich umtreibt. Der Post zum »Sinn des Lebens« könnte zum Beispiel so weitergehen, dass du schreibst: »Ich hatte immer vermutet, zum Sinn des Lebens gehörte es, Kinder zu bekommen und diese zu guten Menschen zu erziehen. Dann habe ich erfahren, dass ich unfruchtbar bin. Ich habe mich auf die Suche nach einem neuen Sinn begeben und Folgendes ausprobiert ...« Und zum Abschluss: »Du merkst, ganz habe ich die Sinnfrage noch nicht für mich beantwortet. Hast du deine Antwort schon gefunden? Was ist der Sinn DEINES Lebens?«

Eine weitere Möglichkeit, in einem Einstieg neugierig auf den Inhalt des Texts zu machen, ist, eine Frage aufzuwerfen, ohne sie direkt zu stellen.

▶ »So hatte ich mir mein Firmenjubiläum nicht vorgestellt!« (Warum? Was ist denn passiert?)

▶ »Es geht nur um einen Satz.« (Welchen denn?)

▶ »Endlich kann ich durchschlafen.« (Wie das? Und warum ging es vorher nicht?)

▶ »Ich hatte schon immer die Welt retten wollen …« (Was hat dich abgehalten? Wie tust du es jetzt?)

▶ »Ohne Yoga würde ich heute noch Fleisch essen.« (Was hat Yoga damit zu tun? Was ist passiert?)

Ob mit direkter oder indirekter Frage: Besonders gut funktionieren die Fragen, wenn sie tatsächlich von Wunschkunden oder aktuellen Kundinnen kommen. So setzt man potenziellen Kunden quasi ihre eigenen Fragen vor die Nase.

▶ »Ich werde oft gefragt, was die beste Lösung ist für …«

▶ »Neulich fragte mich eine Kundin: Was kann ich tun, um …«

▶ Oder ein Beispiel aus meinem Feed: »Was soll ich posten, wenn ich mein Warum nicht mehr spüre?« (siehe Abbildung 8.19)

Abbildung 8.19 Die Frage steht als Headline auf dem Bild, im Texteinstieg zeige ich, dass es sich um eine Kunden-Frage handelt. Zugriff 01.08.20

Ein Fragezeichen im Kopf der Leserin oder des Lesers kann auch durch eine überraschende oder eine provokante Aussage entstehen. Oder du zeigst einen Widerspruch, der im weiteren Text aufgelöst wird.

- »Mit dem Tod meines Partners fing mein Leben an.« (Huch. Warum erst dann?)
- »Eigenlob stinkt nicht, es stimmt.«
- »Was, wenn du gar nicht arrogant bist, sondern einfach nur gut?«
- »Mach doch einfach, was du willst!«

Und zu guter Letzt kann ein spannender Einstieg ein Statement sein, das uns berührt oder aufrüttelt. Dabei haben Leserinnen und Leser zwar keine direkte Frage im Kopf, aber ihre Emotionen werden angesprochen. Sie sind erstaunt, sie überlegen, ob sie widersprechen möchten, sie fragen sich: »Wie kommt er darauf?« oder »Uff, wirklich?«, und beginnen zu lesen. Der Emotionen provozierende Einstieg sollte eher sparsam eingesetzt werden, weil er sich schnell abnutzt und nach »Sensationshascherei« aussehen kann, wenn er zu oft verwendet wird. Zudem muss der nachfolgende Text die Emotion aus dem Einstieg aufgreifen, erklären und das Statement einordnen. Einstiege, die Emotionen wecken, können zum Beispiel auch erstaunliche Fakten aus Studien sein oder Aussagen wie:

- »Sport wird überschätzt.« (Was? Mein Leben lang wurde mir das anders erzählt …)
- »Like das jetzt bloß nicht.« (Wieso nicht?)
- »Neben dir saß heute schon jemand, der an Selbstmord gedacht hat.«
- »Weiße Menschen haben das Privileg, in der Sommerpause nicht über Rassismus nachdenken zu müssen.« (siehe Abbildung 8.20)
- »Fast Fashion belastet die Umwelt mehr als Flugverkehr« (siehe Abbildung 8.21)
- »Eine Mitbewerberin? Folge ihr nicht!« (siehe Abbildung 8.22)

Emojis als Farbklecks im Text
Wenn du zu Beginn deiner Caption Emojis platzierst, schaffst du einen zusätzlichen kleinen Farbimpuls, an dem das Auge des Users beim Scrollen hängen bleiben kann. Überlege dir dafür: Welches Thema oder welches Gefühl spreche ich mit diesem Text an?

Dann wähle das dafür passende Emoji und platziere es in deinen Texteinstieg. Achte darauf, dass das erste Emoji noch vor dem Hinweis MEHR… steht, damit es im Feed deiner User sichtbar ist.

tupoka.o

···

♡ ○ ◁   ⊓

🌐 Gefällt **kobis.books.and.tea** und **11.071 weitere Personen**

tupoka.o Weisse Menschen haben das Privileg in der Sommerpause nicht über Rassismus nachdenken zu müssen. Für Schwarze Menschen,… mehr

Abbildung 8.20 Antirassismus-Aktivistin Tupoka Ogette postet im Hochsommer 2020, als die Aufmerksamkeit für Black Lives Matter nachließ.[12]

---

12 www.instagram.com/tupoka.o

Abbildung 8.21 Dieser erste Satz von Anina alias @aniahimsa lässt aufhorchen. So schlimm ist Fast Fashion? Zugriff: 01.08.20[13]

---

13 www.instagram.com/aniahimsa

Abbildung 8.22 Wenn der provokante Einstieg auf dem Bild steht, kann ich am Textanfang zeigen, in welche Richtung aufgelöst wird. Zugriff 04.08.20[14]

Das Wichtigste in Kürze

Die ersten Worte, die der Social-Media-Follower liest oder hört, entscheiden darüber, ob er in den Post einsteigen will und ihm seine Zeit und Aufmerksamkeit schenkt. Deshalb solltest du dich diesen mit Sorgfalt widmen. Die Worte können auf dem Bild oder Video stehen oder der Einstieg in den Posting-Text sein oder eine Kombination aus beidem. Beliebte Stilmittel sind:

▸ Den Mehrwert benennen.

▸ Eine Frage stellen.

▸ Eine Frage aufwerfen.

▸ Eine Emotion provozieren.

Die wichtigste Regel lautet: Sei dir bewusst über die Leseerwartung, die du mit deinem Einstieg weckst, und erfülle diese mit deinem Post.

---

14 www.instagram.com/hashtagbiancafritz

8.2.3   Text: Mit Storytelling oder einer klaren Gliederung durch den Text führen

Wenn der Social-Media-User an deinem Bild hängen geblieben ist, du mit dem Einstieg seine Neugier wecken konntest und er oder sie jetzt deinen Post zu lesen beginnt, hast du den schwierigsten Teil bereits geschafft. Du hast das große Social-Media-Grundrauschen hinter dir gelassen, und dein Gegenüber ist jetzt ganz Ohr. Herzlichen Glückwunsch.

Jetzt gilt es, diese Person nicht zu langweilen oder zu enttäuschen. Dafür hilft es, ein paar Grundsätze über spannende Texte zu kennen und zu wissen, wie Texte online gelesen werden. In diesem Abschnitt werde ich vor allem über geschriebene Texte sprechen, grundsätzlich gelten die Regeln jedoch auch für Texte in Videos. An den Stellen, an denen es für Videos andere Dinge zu beachten gibt, werde ich das zusätzlich erwähnen.

Wie bereits erwähnt: Eine wichtige Grundregel ist, dass du die im Einstieg aufgeworfene Frage beantwortest oder die dort erwirkte Emotion auffängst. Dein Social-Media-Posting ist ein Beitrag, der für sich steht – er darf nicht nur ein Teaser für deinen Blogartikel sein, sondern muss tatsächlichen Mehrwert bieten, eine Geschichte erzählen oder inspirieren.

Die zweite Grundregel: Du solltest deinen Social-Media-Post nicht überfrachten. Ein Gedanke, die Antwort auf eine Frage – fertig ist der Social-Media-Post, der deine Leserinnen zufriedenstellt.

Mit der Kombination dieser Grundregeln kannst du Posts erstellen, die zwar für sich wirken, aber gleichzeitig Lust auf mehr machen. So könntest du beispielsweise aus deiner Schritt-für-Schritt-Anleitung auf deinem Blog nur die Überschriften oder nur einen Satz pro Schritt in den Social-Media-Post stellen. Damit ist die Anleitung zwar verständlich und enthält alle Schritte, wer aber tiefer einsteigen oder etwas wirklich nachbauen möchte, liest dann lieber zusätzlich den passenden Blogartikel. Oder du führst einen Gedanken in deinem Posting-Text zwar zu Ende, reißt aber zum Schluss noch eine daraus folgende Frage an, die dann auf deinem Blog beantwortet wird. Ich werde auf das Zusammenspiel aus Blog und Social Media in Kapitel 12, »Nachhaltig Inhalte produzieren: Lass dich finden«, im Detail eingehen.

Die gute Gliederung deines Posting-Texts

Onlineleserinnen sind Scanner. Sie lassen ihre Augen zunächst über den Text fliegen, viele scrollen sogar einmal ganz nach unten dafür. Dabei nehmen sie den Aufbau wahr und suchen Ankerpunkte – Aufzählungen, ein Fazit, eine (Zwischen-) Überschrift, ein PS. Diese kurzen Texte lesen sie und entscheiden dann, ob es sich lohnt, sich Zeit für diesen Post zu nehmen. Eine klare Gliederung deines Texts schafft solche Ankerpunkte und vermittelt den guten ersten Eindruck eines klaren und »aufgeräumten« Texts. Ein gut gegliederter Text verspricht gut aufbereiteten Mehrwert. Großen Gewinn ohne große Mühsal.

Damit dein Text den Scannertest besteht:

1. Arbeite unbedingt mit kurzen Absätzen. Mehr als drei Sätze sollte ein Absatz nur im Ausnahmefall umfassen.

2. Lass gern auch mal eine Zeile Text allein für sich stehen. Das kann eine Zwischenüberschrift oder eine Frage sein, die du im nächsten Absatz beantwortest. In manchen Netzwerken hast du zusätzliche Formatierungsmöglichkeiten – zum Beispiel kannst du einzelne Wörter fetten oder kursiv setzen.

3. Mit Listen oder Aufzählungen kannst du viel Inhalt auf wenig Raum bringen. Nutze diese Möglichkeit und zeige mit Aufzählungszeichen, dass hier eine Liste steht. Auch Emojis können Aufzählungszeichen sein und bringen zudem Farbe und manchmal sogar eine zusätzliche Bedeutungsebene in die Liste (siehe Abbildung 8.23).

4. Wenn das Netzwerk keine Möglichkeit bietet, einzelne Wörter fett oder kursiv zu setzen, nutze Großbuchstaben, um sie abzuheben. Geh bitte sparsam damit um, damit sich die Nutzer nicht »angebrüllt« fühlen.

Abbildung 8.23 Emojis können Botschaften unterstreichen und Texte gliedern. Zugriff 31.08.20[15]

---

15 www.instagram.com/wurzelkraft/

5. Wenn es sich anbietet, fasse in einem Fazit am Ende des Texts deine Kernaussage noch einmal zusammen. In einem Video, in dem du auf mehrere Dinge eingegangen bist, solltest du das auf jeden Fall noch einmal tun. Denn in einem »gehörten« Text fehlt die Orientierung durch die optische Gliederung deines Texts.

6. Hashtags im Posting-Text sind mögliche Ausstiegspunkte aus dem Text. Die Leserinnen und Leser könnten neugierig werden, was noch alles zu diesem Thema geschrieben wurde, und auf das verlinkte Hashtag klicken. Setze deine Hashtags also lieber unter deinen eigentlichen Posting-Text. (Was für die Auswahl der Hashtags wichtig ist, erfährst du in Kapitel 9, »Vertrauen gewinnen und Reichweite aufbauen«.)

Emojis auf der Tastatur

Wenn du deine Posting-Texte am Rechner erstellst und Emojis einfügen möchtest, hilft dir eine einfache Tastenkombination, um auf alle Emoticons zuzugreifen, die du von deinem Smartphone kennst. Bei Windows drückst du hierfür die Windows-Taste und den Punkt gleichzeitig. Am Apple-Rechner lautet die Tastenkombination Ctrl + Cmg + Leertaste. Damit öffnet sich ein Fenster, in dem du die jeweiligen Emoticons wählen kannst (siehe Abbildung 8.24).

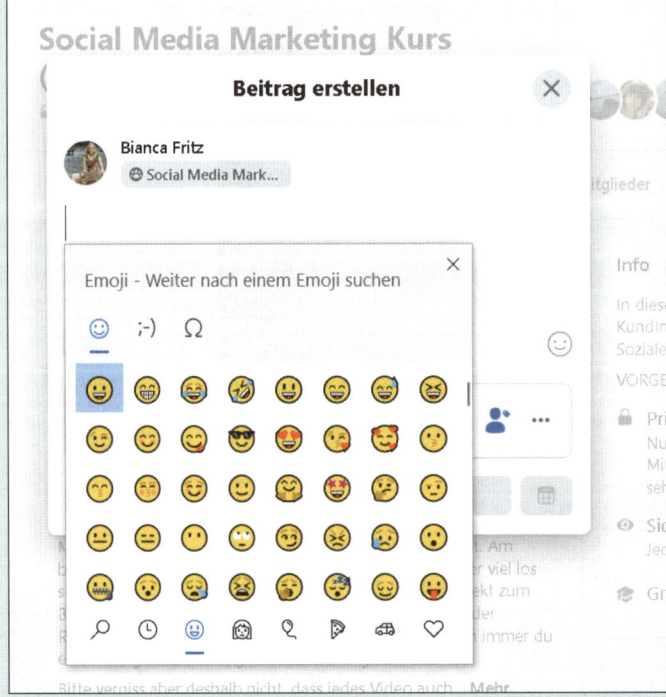

Abbildung 8.24 Mit einer Tastenkombination kannst du in sämtlichen Programmen mit Texteingabe zu den Emojis finden.

Wie man eine gute Geschichte erzählt

Bei Mehrwertposts wie »Die besten fünf Tipps, um …«, »Schritt für Schritt zum besseren …« oder Rezepten ergibt sich deine Textgliederung quasi von selbst. Du führst von einem Tipp oder Arbeitsschritt zum nächsten und gibst jedem einen eigenen Absatz. Auch deinem Leser ist die Dramaturgie sonnenklar. Und er oder sie weiß genau: Wenn ich zu früh aussteige, verpasse ich wertvolle Informationen.

Bei anderen Textarten musst du selbst eine Struktur schaffen, die die Menschen dazu bringt, bis zum Schluss dabeizubleiben. Das gelingt dir am besten, wenn du Spannung erzeugst. Und das einfachste Rezept für Spannung ist die Geschichte. Sie fesselt Menschen von jeher, egal ob am Lagerfeuer oder auf Instagram.

Informationen, die in Geschichten verpackt sind, werden nicht nur von Anfang bis Ende konsumiert, sie bleiben auch im Kopf. Der Grund dafür: Geschichten aktivieren das episodische Gedächtnis. Deine Social-Media-Fans konsumieren den Inhalt nicht einfach nur, sie erleben die Geschichte Schritt für Schritt mit. Und erlebte Inhalte können sie sich besser merken. Das Thema in eine Geschichte zu verpacken, ist also ein großer Service für den Leser oder die Leserin. Und ein gutes Mittel, dich als Dienstleister oder deine Botschaft wirklich zu verankern. Außerdem lassen Geschichten konkrete Bilder im Kopf der Person entstehen, die sie hört oder liest. Bilder lösen wiederum Emotionen aus – und ein emotional berührter Leser antwortet viel eher als einer, der nur Fakten präsentiert bekommt. Auf Umwegen erreichen wir also genau das, was wir uns für unsere Beiträge wünschen: eine hohe Interaktion und damit eine große Reichweite (siehe Abbildung 8.25).

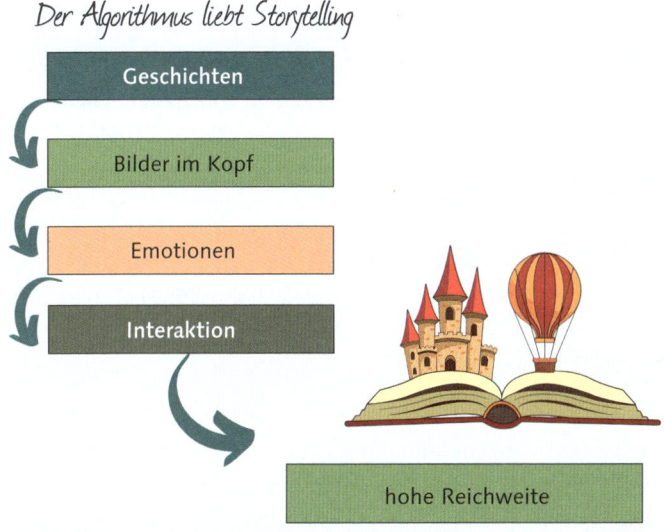

Abbildung 8.25 Warum Storytelling die Reichweite erhöht

Was gehört nun also zu einer Geschichte, und wie werden aus deinen Themen Social-Media-Geschichten? Dafür reicht es, wenn du die Basics des Storytellings verstehst – da du auf Social Media ohnehin keine umfangreichen Sagen schreiben kannst. Dir steht ja nur eine begrenzte Zeichenanzahl zur Verfügung. Für verstrickte Story-Plots mit Wendepunkten und charakterstarken Antihelden fehlt schlicht der Platz bzw. die Zeit. Wir beschränken uns also auf die absoluten Grundlagen des Geschichtenerzählens.

1. Jede Story braucht einen Helden oder eine Heldin. Dieser Held will etwas Schönes gewinnen oder möchte etwas Unangenehmes vermeiden.
2. Die Heldin muss, um dieses Ziel zu erreichen, Schwierigkeiten überwinden. Ohne Schwierigkeiten wäre es eine ziemlich langweilige Geschichte.
3. Am Schluss steht die Auflösung: Die Heldin gewinnt oder verliert etwas.

Wir finden diese simple Grundstruktur in jeder Geschichte: Harry Potter muss Lord Voldemort besiegen, damit das Böse nicht überhand gewinnt – der Held hat etwas zu verlieren. Lord Voldemort wird allerdings immer mächtiger – Herausforderung für den Helden. Am Schluss besiegt er ihn, das Gute siegt.

Hänsel und Gretel – ein Heldengespann – gehen im Wald verloren. Sie wollen: zurück zu ihrer Familie. Wenn sie es nicht schaffen, droht ihnen: allerlei Gefahr im dunklen Wald und dann auch noch die gefräßige Hexe. Schwierigkeiten: Die Brotkrumen sind weg, die den Weg nach Hause weisen sollten, dann wird Hänsel eingesperrt und gemästet. Auflösung: Gretel trickst die Hexe aus, rettet ihren Bruder, und schließlich weisen ihnen Kieselsteine den Weg nach Hause.

Diese supersimple Struktur zwingt dich, dass du ganz konkret wirst in dem, was du erzählst. Gleichzeitig hält sie dich davon ab, dich in Details zu verlieren und damit den Leser oder die Videozuschauerin zu verwirren oder zu langweilen. Deinen Followern muss zu jeder Zeit klar sein, was der oder die Heldin will und warum es schwierig ist, das zu erreichen. So entsteht Spannung. Deine Follower bleiben dran, weil eine Frage sie beschäftigt: »Schafft sie es?«

Um eine Geschichte zu schreiben, wählst du also als Erstes die Hauptperson – den Helden oder die Heldin. Mit wem dürfen deine Social-Media-Follower diese Geschichte erleben? Der Held, das kannst du selbst sein, es kann einer deiner Kunden sein oder auch eine fiktionale Figur.

Fangen wir mit dir selbst als Heldin an – diese Geschichten sind am einfachsten zu erzählen, denn sie sind bereits vorhanden, und du kennst alle Details – du warst ja selbst dabei. In Kapitel 3, »Dein Warum vertiefen und die richtigen Worte finden – verschiedene Methoden«, hast du Wendepunkte und Schlüsselmomente in deinem Leben markiert, über die du Geschichten erzählen kannst. Was erzählst du deinen

Freunden, wenn sie dich fragen, warum du zu einem bestimmten Zeitpunkt die Richtung gewechselt hast? Oder warum du dich so entschieden hast und nicht anders? Was erzählst du über deine größten Errungenschaften und Niederlagen?

Abbildung 8.26 Susanne Spenke von einem persönlichen Schlüsselmoment auf ihrem Berufsweg, Zugriff: 11.10.20[16]

Als ich die ganzheitliche Stressexpertin Susanne Spenke in meinem Social-Media-Coaching bat, zu erzählen, warum sie diesen Berufsweg eingeschlagen hat, berichtete sie mir zunächst vage, sie habe selbst einen anstrengenden Job gehabt, Schlafstörungen und habe kurz vor dem Burn-out gestanden. Das sind alles gute Gründe für einen Wechsel – aber es ist noch keine konkrete Geschichte. Also hakte ich nach: »Kannst du dich an den Moment erinnern, als dir klar wurde, dass du etwas ändern musst?« Und plötzlich kam die Geschichte: »Das war, als mein Partner mir gesagt hat, dass er Angst habe, dass ich sterben muss.«

Jetzt haben wir nicht nur eine ganz konkrete Geschichte, sondern sogar eine, bei der es um Leben und Tod geht. Und wenn wir ehrlich sind: Das sind die Geschichten, die uns am meisten fesseln. Die Geschichte ist bildhaft, weil sie eine konkrete Situation beschreibt. Wenn diese Situation in eine Szene verpackt wird, die man

---

16 www.instagram.com/yogalifesusannespenke/

hören, spüren, schmecken oder riechen kann, machen wir es dem Leser leicht, sie mitzuerleben, zum Beispiel so: »Ich stand vor der Kaffeemaschine und ließ mit zitternden Händen den achten Kaffee heraus, um noch ein paar Stunden weiterarbeiten zu können. Nur eines zählte: die Präsentation fertig kriegen für morgen früh. Da legte sich eine Hand auf meine Schulter, und ich hörte die Worte: ›Schatz – ich habe Angst, dass du stirbst.‹«

Als Nächstes muss das Problem deutlich werden: Die Heldin ist dauergestresst und hat keine Ahnung, wie sie ihr Leben retten kann. Auflösung: Sie kündigt den Job, macht sich auf die Suche, findet Yoga, findet Ayurveda, lernt alles über Stress und entscheidet: Das ist mein neuer Weg. Dieses Wissen will ich weitergeben, damit andere sich selbst retten können. Hat sie sich damit auch selbst gerettet oder sich nur eine neue Stressfalle geschaffen? Um diese Frage zu beantworten, könnte die Heldin am Ende der Geschichte wieder lächelnd neben ihrem Partner an der Kaffeemaschine stehen. Er fragt: »Kaffee?« Sie sagt: »Nein, danke, ich will spüren, wenn ich müde werde, und dann eine Pause machen.« Wie Susanne selbst die Geschichte erzählt hat, siehst du in Abbildung 8.26.

Storytelling im (Kurz-)Videoformat

Während du beim Schreiben einer Geschichte jegliche Information in den Text packen musst, kannst du beim Storytelling im Videoformat mehrere Sinnesebenen ansprechen und so mehr Informationen in kurzer Zeit vermitteln. Wenn du zum Beispiel in Nahaufnahme zeigst, wie Kaffee aus der Maschine in die Tasse fließt und man den Dampf aufsteigen sieht, brauchst du nicht mehr erzählen, wie der Kaffee riecht. Die zitternde Hand nimmt den Kaffeebecher, unsere Stressexpertin setzt die Tasse an die Lippen, und wir sehen ihr blasses Gesicht, ihre Ringe unter den Augen – wir brauchen nicht mehr erzählen, wie sie sich fühlt, wir sehen es!

Wenn du neu im Medium Video bist, mögen solche szenisch gestalteten Videos, die eine Geschichte erzählen, für dich schwierig und komplex erscheinen. Die Social-Media-Apps machen uns diese Art des Erzählens aber sehr einfach, zum Beispiel mit den Stories oder den Reels bei Instagram. Die maximale Länge von 15 Sekunden pro Einstellung sorgt dafür, dass wir häufiger die Szene wechseln. Mit den Story-Stickern können wir die Uhrzeit und den Ort angeben, ohne sie im Video zu erwähnen. Das sind wunderbare Gliederungselemente, die Orientierung schaffen. Musik im Background, bewegte GIFs und bestimmte Filter können eine Aussage noch unterstreichen und machen das Video unterhaltsamer. In unserem Beispiel passt vielleicht ein »smells soo good«-Sticker bei der Kaffee-Einstellung oder ein Schwarz-Weiß-Filter, wenn man die zitternde Tasse an den Lippen sieht. Text lässt sich mit wenigen Klicks intuitiv hinzufügen.

Selbst wer noch nie Videos geschnitten hat, kann in den Stories innerhalb kürzester Zeit eine Geschichte mit Bewegtbild erzählen lernen – und so von der Möglichkeit profitieren, die Informationen so zu verdichten, wie es nur in Videos möglich ist.

Die Stories bei Instagram und Facebook bleiben nur 24 Stunden bestehen. Es ist also ein gutes Format, um sich einfach einmal auszuprobieren. Wer sein kleines Kunstwerk sichern will, speichert es in den Profil-Highlights. Dafür wählst du beim Ansehen der Stories einfach die Funktion HIGHLIGHTS und dann ZU HIGHLIGHT HINZUFÜGEN.

Ähnlich einfach ist die Erstellung von Videos bei TikTok, das komplett auf unterhaltsame Kurzvideos setzt. Auf TikTok kann man Videos schneiden, mit Sounds unterlegen, Text einfügen und mit Filtern Effekte setzen (siehe Abbildung 8.27).

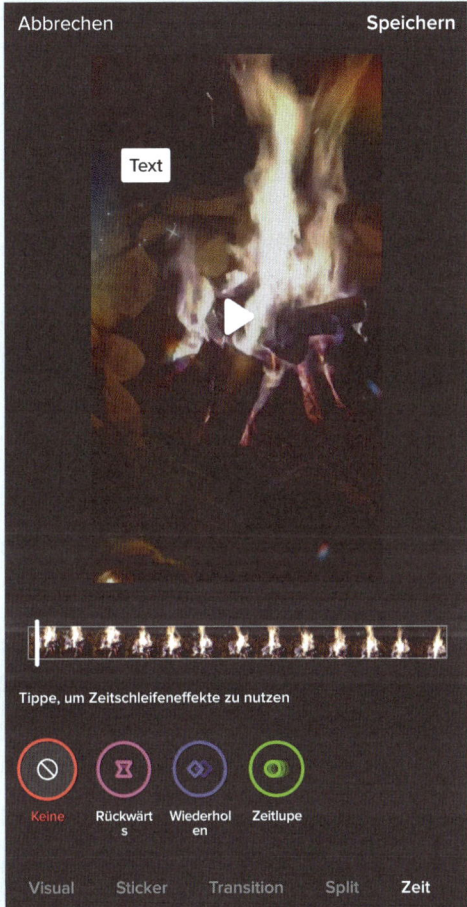

Abbildung 8.27 TikTok ist nicht nur eine App zum Teilen von Videos – sie enthält viele Features zum Bearbeiten der Videos.

Und wenn du die Grundprinzipien von Videos verstanden hast, schneidest du auch mit einfachen Schnittprogrammen auf Smartphone, PC oder Mac Videos für YouTube & Co. Intuitive Software und ein paar nützliche Hardwarebasics für deine ersten Videoaufnahmen stelle ich in den Tool-Tipps in Kapitel 15 vor. Was du jetzt schon wissen solltest: Wenn dein Handy nicht älter als drei Jahre ist, reicht deine Smartphone-Kamera absolut aus, um Videos in guter Qualität zu produzieren – du musst keine zusätzliche Kamera kaufen.

Bei all den gestalterischen Möglichkeiten sollte die Grundstruktur der Geschichte allerdings nicht aus dem Blick geraten. Damit die Menschen eine Story oder ein Video bis zum Ende verfolgen, hältst du dich an die Story-Regeln: Ein spannender Einstieg, der eine Frage aufwirft. Beginne dafür mit einem ungewöhnlichen Bild und zeige dann gleich, wer die Hauptperson ist und worin die Frage/das Problem besteht. Es folgt ein Mittelteil, der den Weg zur Lösung zeigt, und ganz wichtig: ein Schluss.

Viel zu viele Videos – insbesondere in den Stories auf Instagram und Facebook, lassen den Schluss offen. Da nimmt dich zum Beispiel eine Person auf eine spannende Konferenz mit, berichtet von ihren Learnings, aber es gibt kein »Und das ist mein Fazit«-Video mehr. Egal ob der Akku leer war oder der Abschluss schlicht vergessen wurde – für die Zuschauer ist das unbefriedigend. Du würdest ja auch nie auf die Idee kommen, am Lagerfeuer eine Geschichte zu erzählen und den Schluss wegzulassen.

Übrigens heißt Held zu sein nicht, dass du jede Geschichte gewinnen musst. Du darfst auch von Niederlagen erzählen, wenn diese Geschichte lehrreich ist für deine Follower oder wenn sie sich so besser mit dir identifizieren können. Sprich: wenn du einen guten Grund, ein Warum hast, diese Geschichte zu erzählen. Tatsächlich ist es im Sinne der Authentizität sogar wünschenswert, dass du auch von deinen nicht überwundenen Herausforderungen erzählst – so entgehst du der Gefahr, als überheblich oder als Übermensch abgestempelt zu werden.

Eine weitere Möglichkeit, den Fokus von dir als Heldin zu nehmen, ist, dass du deinen Kunden oder deine Kundin zur Hauptperson deiner Social-Media-Geschichten machst. Denn wenn wir ganz ehrlich sind, sind die meisten Menschen nicht auf Social Media, um etwas über andere zu lernen, sondern um etwas über sich selbst herauszufinden oder sich in anderen wiederzufinden. Wenn du als Anbieter also über die Heldengeschichte deiner Kunden sprichst, wenn du von ihren deren Problemen und Herausforderungen sprichst, bietest du deiner Wunschkundin die Möglichkeit, sich zu identifizieren.

Wenn dein Kunde oder deine Kundin in deiner Geschichte der Held ist, bist du der Guide oder die Helferin. Du zeigst der Person, wie sie das verhindert, was sie verhindern möchte, oder das gewinnt, was sie gewinnen will. Deine Wunschkundin liest das und denkt sich im besten Fall: Wenn er dieser Person helfen konnte, dann hilft er vielleicht auch mir.

Besonders wirkungsvoll sind solche Geschichten natürlich, wenn sie nicht von dir erzählt werden, sondern von den Menschen, denen du geholfen hast. Zum Beispiel so: »Bevor ich mit xy zusammengearbeitet habe, konnte ich mir nicht vorstellen, dass ich jemals abnehme. Ich habe seit Jahren Diäten probiert und mich gequält, aber nichts hat geholfen. Erst xy hat mir gezeigt, dass ich nicht darauf achten muss, was ich esse, sondern wie ich es esse. Sie hat mit mir ein Ernährungstagebuch gestaltet und war da, wenn ich wieder einen Rückfall in meine alten Muster hatte.

Heute wiege ich 13 Kilo weniger, ohne dass ich auch nur einen Tag auf meine Lieblingsschokolade verzichten musste.«

Der Held erzählt also selbst, wie er vor einer Schwierigkeit stand und was er wollte, und er platziert dich als den Guide, der ihn zur Lösung führte. Solche Geschichten einer Transformation sind die wirkungsvollsten Testimonials, also Kundenstimmen, die du veröffentlichen kannst. Mehr dazu erfährst du in Kapitel 10, »Wie Fans zu Kunden werden«.

Wenn du noch keine Kunden hast, deren Geschichte erzählt werden kann – oder dies aus Datenschutzgründen auch anonymisiert nicht möglich ist –, musst du deine Fantasie bemühen. Du kannst zum Beispiel anhand deiner in Kapitel 4, »Deine Wunschkundin oder deinen Wunschkunden als Mensch begreifen«, gestalteten Wunschkundin zeigen, wie ein Weg mit dir aussehen könnte. Bitte kennzeichne diese Geschichten aber im Sinne der Transparenz und Authentizität auch klar mit dem Konjunktiv oder schreibe etwas wie: »Vielleicht bist du die nächste Sandra?« – oder einen anderen Satz, der klarstellt, dass es sich hier um ein fiktives Beispiel handelt. Erfundene Beispiele sind immer die Notlösung, sie wirken hölzerner, weniger lebendig als alles, was von einem echten Kunden kommt.

Sollte deine Geschichte nicht von Menschen, sondern von unbelebten Dingen handeln, kannst du natürlich auch diese zum Leben erwecken und in eine Geschichte verpacken. Besonders gut gefällt mir dabei eine Szene aus dem Buch »Unverschämt« der Frauenärztin Sheila de Liz, in der die drei wichtigsten Hormone des weiblichen Zyklus als die drei Engel für Charlie auftreten und Abenteuer im Körper zu bestehen haben. Eine Shiatsu-Therapeutin aus meinem Onlinekurs hat die Faszie Egon erfunden. Diese leidet darunter, dass sie ständig gequetscht wird und Stöße abbekommt, ohne dass der Mensch merkt, was er da anrichtet. Erst als er Schmerzsignale sendet, sucht der Mensch Erleichterung – in der Massage. Egon hat erreicht, was er sich wollte … (siehe Abbildung 8.28).

Geschichten in Karussellposts bei Instagram

Wenn du eher der visuelle Typ bist und keine langen Texte schreiben möchtest, sind Karussellposts auf Instagram (oder Karussel-Pins bei Pinterest, die sehr ähnlich funktionieren) eine gute Lösung für dich. Wie bei einer Bildergeschichte reihst du hier mehrere Bilder oder auch Videos aneinander, die deine Follower nacheinander durchklicken. So kannst du in Kurzform deine Tipps schon einmal benennen (mehr dazu lesen die Follower dann in deiner Caption oder deinem passenden Blogbeitrag) oder auch eine Geschichte erzählen.

Du kannst auch ein Video mit deiner Geschichte erstellen, es in maximal 60-sekündige Portionen schneiden und als Karussellpost hochladen. Maximal zehn Einzelbilder oder Videos enthält ein Karussell bei Instagram. Bei Pinterest besteht der Karusselpost aus bis zu fünf Bildern.

213

Abbildung 8.28 Unbelebte Helden werden zu Geschichtenerzählern: Egon, die Faszie, von Maria Keil-Grillmeier. Zugriff: 28.08.20[17]

Die Auflösung, der Schluss der Geschichte, ist wie bereits erwähnt absolut essenziell für deine Geschichte und darf keinesfalls fehlen. Wenn der Schluss offenbleibt, führt das fast immer zu Unzufriedenheit. Und unzufriedene Social-Media-Userinnen wollen weder weiterlesen noch etwas von dir kaufen. Kläre die Leser also auf jeden Fall darüber auf, ob die Heldin oder der Held das Ziel erreicht hat.

Außerdem fühlt es sich für den Leser oder die Leserin sehr harmonisch an, dass du, sofern du mit einem starken Bild eingestiegen bist, dieses am Schluss noch einmal aufgreifst. Ich habe das schon anhand der Stressexpertin und der Kaffeemaschine gezeigt. Ein weiteres Beispiel ist mein »Traumjob«-Post aus Kapitel 3, »Dein Warum vertiefen und die richtigen Worte finden – verschiedene Methoden«. Hier spreche ich davon, wie ich mir als Kind gewünscht habe, später im duftenden Floristenladen Blumensträuße zu binden oder als Sängerin aufzutreten. Ich ziehe Parallelen zu meinem jetzigen Berufsleben, zeige: Vieles, was ich mir gewünscht habe, lebe ich schon. Und schließe die Klammer, indem ich ein Bild vom Anfang aufgreife: »Was fehlt: Ich habe viel zu selten Blumenduft um mich herum.«

---

17 www.instagram.com/p/CDnhMf_HGY4

Storydoing – Storytelling für Mutige

Storytelling bedeutet, dass du eine Geschichte erzählst, wenn sie bereits vorüber ist. Du weißt, wie sie endet. Beim Storydoing fängst du an, die Geschichte zu erzählen, wenn das Ende noch ungewiss ist. Du weißt nicht, ob der oder die Heldin erreichen wird, was sie sich wünscht. Radiosender und Zeitungen betreiben Storydoing besonders gern in der nachrichtenarmen Sommerzeit. Da es wenig zu berichten gibt, schickt beispielsweise der Radiosender SWR3 Eiswagen durchs Land und berichtet, wie sich die Menschen über geschenktes Eis freuen. Hier ist das Risiko, dass die Geschichte schlecht ausgehen wird, für den Sender natürlich sehr gering.

Anders sieht es bei einer Aktion wie »Händständ your Business« aus – einem Sommer-Onlinekurs der Texterin Judith Peters. Die Teilnehmerinnen versuchen, in vier Wochen zum frei stehenden Handstand zu kommen, und berichten gleichzeitig in den sozialen Medien darüber. Zumindest für alle Teilnehmer, die den Handstand nicht ohnehin schon können, ist das durchaus riskant: Sie könnten öffentlich scheitern. Nur schadet dieses öffentliche Scheitern wirklich ihrem Business? Und wo liegt der Gewinn?

Abbildung 8.29 In vier Wochen führte Judith Peters die Challenge-Teilnehmerinnen zum Handstand. Zugriff 11.10.20[18]

Storydoing ist gelebte Authentizität. Die Follower können live mitfiebern und mitleiden, sich emotional mit der Heldin verbinden. Und wie bei allen Challenges (ich werde in Kapitel 9, »Vertrauen gewinnen und Reichweite aufbauen«, auf Challenges eingehen) steigert das Teilnehmen an einer gemeinsamen Aktion die eigene Sichtbarkeit auf Social Media.

---

18 www.instagram.com/sympatexter/

8.2.4 Abschluss: Call-to-Action und Verabschiedung

Wenn die Geschichte zu Ende erzählt ist, der Held also gewonnen oder verloren hat oder dein letzter Tipp der Tippliste genannt wurde, ist das noch nicht der Abschluss für deinen Post. Bedenke: Du hast jetzt einen zufriedenen Social-Media-Konsumenten vor dir, den du abholen kannst. Mit dem Call-to-Action – du forderst ihn also auf, etwas zu tun.

Und damit kommen wir zurück zu der Frage, warum du diesen Post geschrieben hast. Denn neben dem Vermitteln der Inhalte, dem Inspirieren und Unterhalten deiner Community, darf und soll dein Posting auch ein strategisches Ziel verfolgen. Das kann darin bestehen, dass du Informationen über deine Wunschkundinnen und -kunden sammeln möchtest oder dass du mehr Privatnachrichten erhalten möchtest – um direkten Kontakt zu möglichen Kundinnen zu knüpfen. Wenn du in einem Post deine Expertise zeigst, kann das Ziel auch sein: möglichst viele (noch unbekannte) Menschen damit zu erreichen. Du kannst eine Zeit lang *ein* festes Ziel mit all deinen Posts verfolgen oder bei jedem Post neu überlegen, warum du ihn schreibst. Die folgende Tabelle zeigt, welche Call-to-Action dich primär zu welchem Ziel führt. Natürlich sind diese Ziele nicht ausschließlich zu verstehen. Kommentare oder die Speicherfunktion tragen zum Beispiel auch zu einer höheren Reichweite bei. Die Teilen-Funktion aber garantiert die höhere Reichweite. Verwende jeweils den wirkungsvollsten Call-to-Action für das Ziel. Die Idee dahinter: Wenn du um mehrere Dinge bittest, überfordert das deine Follower – und dann handeln sie gar nicht.

Ziel des Posts	Call-to-Action
Hohe Reichweite	Teile diesen Post.
Expertise beweisen	Speichere diesen Post.
Direkter Kontakt zu Followern	Schicke mir eine Direktnachricht.
Follower kennenlernen	Kommentiere, beantworte die Frage.
Traffic auf Webseite	Mehr dazu auf …
Lead generieren (z. B. Newsletter-Abonnenten gewinnen)	Abonniere jetzt, trag dich ein für …
Follower gewinnen	Markiere einen Freund.

Tabelle 8.1 Mit welchem Call-to-Action erreicht dein Post welches Ziel?

Ein Call-to-Action gibt deinem Post einen strategischen Sinn. Aber er ist auch ein Service für deine Leserinnen oder deine Follower. Du zeigst ihnen den nächsten logischen Schritt, wenn sie mit deinen Inhalten etwas anfangen konnten und mehr davon möchten oder sich überlegen, etwas von dir zu kaufen.

Das Problem mit den direkten Aufforderungen, etwas mit dem Post zu tun, ist, dass Facebook, Instagram & Co. diese Aufforderungen nicht gern sehen. Diese wurden zu oft für den Algorithmus austrickende Spiele nach dem Muster »like das, wenn …, teile es, wenn …« benutzt. Wer also in einem Post direkt schreibt: »Teile diesen Post«, muss damit rechnen, dass die Reichweite des Posts erst einmal unterdrückt wird. Teste in dem Fall, ob die Reichweite, die du dadurch gewinnst, dass Einzelne dem Aufruf nachkommen, diesen Verlust kompensiert. Ich persönlich konnte bisher weder bei meinen Posts noch bei den von Klienten einen Reichweitenverlust feststellen, wenn direkt zum Interagieren aufgefordert wurde – allerdings verfolgen wir auch die Philosophie, diese Call-to-Actions sparsam einzusetzen und, wann immer möglich, Synonyme für mögliche Algorithmus-Signalwörter zu suchen. Ich schreibe also lieber: »Wenn du findest, diesen Post sollten mehr Menschen lesen, freue ich mich, wenn du ihn verbreitest« als »Bitte teile diesen Post!«.

Eine Alternative ist auch, den Call-to-Action auf das letzte Bild eines Karussellposts zu packen, wie ich es in Abbildung 8.3 zu Beginn dieses Kapitels gezeigt hatte.

Ein Beispiel für einen klaren Call-to-Action siehst du im Posttext des Marketingberaters Trajan Tosev in Abbildung 8.30.

Abbildung 8.30 Klarer Call-to-Action am Ende des Texts: Trajan Tosev macht es vor. Zugriff: 31.08.20[19]

---

19 www.instagram.com/trajan.tosev/

Mein Lieblings-Call-to-Action ist keine Aufforderung, etwas zu tun, sondern schlicht eine gute Frage. Diese hilft dir, mehr über deine Follower zu erfahren und sie in die Diskussion zu bringen, was wiederum für eine höhere Reichweite deines Posts sorgt. Eine Frage enthält keine Signalwörter für den Algorithmus und ist – im Ideal-fall – wirklich ernst gemeint. Denn deine Followerinnen und Follower merken den Unterschied, ob du eine Frage nur stellst, um Interaktion hervorzurufen, oder ob du wirklich etwas wissen möchtest.

Daher halte ich wenig von der Idee – die viele Marketingexperten verbreiten –, dass jeder Post mit einer Frage an die Follower enden muss. Eine gewisse Regelmäßig-keit ist wichtig, weil sich die Menschen auch daran gewöhnen müssen, dass ihre Meinung gefragt ist, bevor sie wirklich aus ihrer Passivität kommen. Aber mit Fra-gen, die unnötig und oft rhetorisch wirken, tust du dir keinen Gefallen – etwa wenn du deine selbst gemachte Zahnpasta vorstellst und am Schluss so etwas fragst wie: »Putzt du dir auch die Zähne?« Darauf wird niemand antworten. Etwas ganz ande-res ist es, wenn du dazu schreibst, dass die Zahnpasta noch etwas seltsam schmeckt und ob jemand eine Idee hat, wie man diesen Geschmack verbessern kann. Das ist eine ernst gemeinte Frage.

Zu guter Letzt möchte ich natürlich nicht unerwähnt lassen, dass es auch Posts gibt, die ohne Call-to-Action viel Interaktion generieren. Wenn du von deiner Hochzeit erzählst, wirst du keinen Call-to-Action benötigen – die Menschen gratulieren dir auch so. Wenn du eine emotionale Geschichte aus deinem Leben erzählst, wirkt jeder Bezug auf deinen Wunschkunden gekünstelt. Lass die Geschichte lieber für sich wirken – wenn die Emotion stark ist, antworten deine Follower auch so.

Kurz gesagt: Persönliche Posts und Geschichten funktionieren oft ohne Call-to-Action, bei allen anderen ist es nicht ratsam, auf den Call-to-Action zu verzichten, weil hier die Konsumenten oft eine kleine Erinnerung brauchen.

Verabschieden? Ja oder nein?

Nach dem Call-to-Action enden viele Posts. Ich halte das für eine verpasste Chance. Weil ich ein sehr persönliches Verhältnis zu meiner Community pflege, ist es mir auch wichtig, mich zu verabschieden, wenn sie mir länger zugehört haben. Eine Verabschiedung gibt dem Post nicht nur eine persönliche Note, sondern hat auch noch den Vorteil, dass du sie für dein Branding einsetzen kannst. Ist dir schon auf-gefallen, dass fast jeder Moderator einen anderen Spruch zur Begrüßung oder Ver-abschiedung des Publikums nutzt? Dass diese Sprüche mit der Person assoziiert werden? Das kannst du mit deiner Marke auch schaffen.

Da wir im Einstieg unseres Posts keinen Platz für die immer gleiche Formel haben, weil wir dort auf engem Raum sowohl zeigen sollten, um was es geht, als auch die

Neugier der Followerinnen wecken wollen, bleibt die Verabschiedung. Bist du ein »Von Herz zu Herz«-Verabschieder? Oder spielst du mit dem sachlichen »Mit freundlichen Grüßen«. Oder aber kreierst du etwas ganz Eigenes, wie Coach und Onlineunternehmerin Laura Malina Seiler mit ihrem »Rock on und namasté«?

Wenn du dich verabschiedest, gibt dir das zudem eine Gelegenheit, deine Werte-Smileys aus Kapitel 3, »Dein Warum vertiefen und die richtigen Worte finden – verschiedene Methoden«, anzubringen – sodass sie nach und nach mit dir in Verbindung gebracht werden können.

Fazit: Eine Verabschiedung von den Followern ist ein Kann, kein Muss. Wenn sie sich für dich stimmig anfühlt, kann sie ein Wiedererkennungselement werden.

Hashtags, Ortsmarken, Menschen markieren

Inhaltlich ist dein Post jetzt vollständig. Damit er von mehr Menschen gesehen wird, gilt es nun noch, ihm ein paar optionale Merkmale zu verpassen, die ihn verlinken und damit leichter auffindbar machen.

Wenn du einen Beitrag verwendest, in dem auch andere Personen oder Unternehmen vorkommen, bietet sich beispielsweise an, dass du die Personen im Text selbst (mit @xyz) oder im Bild markierst – das wird Tagging genannt. Nicht alle Accounts erlauben es, dass du sie taggst. Und du solltest auch nicht wild alle Menschen taggen, die dein Post interessieren könnte – das wird schnell als Spam empfunden. Denn die getaggte Person bekommt eine Meldung – und wer zu oft unerwünscht getaggt wird, blockt eventuell sogar deinen Account.

Eine Ortsmarke solltest du im Prinzip jedem Post geben – insbesondere wenn du eine örtlich gebundene Dienstleistung anbietest oder ein Ladengeschäft hast. Sie sorgt dafür, dass du besonders Menschen in dieser Region angezeigt wirst und sie deine Posts finden, wenn sie nach dem Ort suchen. Sofern du ein größeres Einzugsgebiet hast, lohnt sich dabei auch Abwechslung: mal den Stadtteil verwenden, mal die Stadt selbst, den Ort nebenan, mal die Region.

Hashtags, also Wörter mit der #-Marke, sind Schlagwörter, die du in deinem Post am besten ans Ende des Texts setzt, damit er gefunden wird, wenn Menschen nach diesem Wort im jeweiligen Netzwerk suchen. Posts, die Hashtags verwenden, haben im Normalfall eine höhere Reichweite. Wie viele Hashtags ein Post im Idealfall haben sollte, darüber streiten sich die Expertinnen und Experten.

Früher hieß der Ratschlag: Nutze so viele Hashtags wie möglich, um möglichst viele Einstiegspunkte zu schaffen. Heute wirkt ein Beitrag mit vielen Hashtags wie Spam. Instagram bzw. Facebook selbst kommuniziert, dass die Nutzung von zwei bis vier Hashtags optimal sei. Die Erfahrungswerte kleiner Accounts sind oft andere. In einer Instagram-Studie von Quintly aus 2019 zeigte sich, dass Posts mit weniger

Hashtags im Generellen mehr Interaktionen generieren. Tatsächlich bilden aber kleine Accounts mit weniger als 1.000 Followern auch in dieser Studie eine Ausnahme. Sie gewinnen mit der Zahl an Hashtags auch an Interaktionen.[20]

Und welche Hashtags ergeben Sinn? Dafür fragst du dich am besten: Nach was könnten die Menschen suchen, wenn sie der Inhalt dieses Post interessiert? Meist wird eine Mischung aus populären Hashtags für eine schnelle und gute Sichtbarkeit und die Nutzung von spezifischen Nischen-Hashtags empfohlen.

Zu klein sollte die Nische allerdings auch nicht sein: Der Einsatz von Hashtags, die bisher nur drei- bis vierstellige Posting-Zahlen erreicht haben, ist lediglich in Ausnahmefällen sinnvoll, zum Beispiel bei ortsgebundenen Hashtags, eigenen Marken-Hashtags oder einer Community-Aktion oder -Challenge (siehe Kapitel 9, »Vertrauen gewinnen und Reichweite aufbauen«).

Wer sich inspirieren lassen möchte, kann beispielsweise auf *displaypurposes.com* ein Hashtag eingeben und sich von verwandten, meist etwas spezifischeren Hashtags inspirieren lassen (siehe Abbildung 8.31).

Abbildung 8.31 Bei Displaypurposes kann man verwandte Hashtags suchen und sich deren Relevanz und Beliebtheit anschen.

---

20 https://info.quintly.com/instagram-study-2019/view, Zugriff: 11.08.20.

Insgesamt gilt aber bei den Hashtags: Je spezifischer sie nicht nur zum Unternehmen, sondern auch zum Post passen, desto mehr Sinn ergibt ihre Verwendung. Wer immer dieselben Hashtags verwendet, enttäuscht nicht nur zwangsläufig die Erwartungen der User, sondern signalisiert auch dem Algorithmus: Hier wird vermutlich mit Copy-and-paste-Hashtags gespammt. Daher raten die meisten Experten inzwischen von der festen Liste an Hashtags ab, die ans Ende jedes Posts kopiert wird.

Fazit: Personen zu taggen, ist nur guter Stil, wenn sie auch mit dem Post zu tun haben oder wenn du dir sehr sicher bist, dass die Person das als einen hilfreichen Service empfindet. Ortsmarken zu verwenden, ist immer sinnvoll, und hier empfiehlt es sich, abzuwechseln. Bei Hashtags gilt: Weniger und spezifischer ist mehr. Frage dich bei der Recherche, nach was deine Wunschkunden suchen könnten, und schau nach, welche Begriffe deine Mitbewerber verwenden.

8.3   Checkliste für den guten Post

Du hast gelernt, wie du einen Post so gestaltest, dass du die Follower ansprichst, Neugierde weckst und sie so durch den Inhalt führst, dass es – mit oder ohne Call-to-Action – sehr viel wahrscheinlicher wird, dass sie interagieren.

Weil das sehr viel Input war, habe ich für dich eine Checkliste erstellt, die du jedes Mal durchgehen kannst, bevor du einen Post in die Welt hinausschickst.

Bevor ich diese mit dir teile, möchte ich dir noch eine Angst nehmen: Du musst jetzt *nicht* jeden Post so durchstylen, dass jeder Punkt abgehakt ist. Du musst nicht zum Sklaven des Algorithmus werden. Du darfst in deinem Social-Media-Account durchaus nicht perfekte Posts in die Welt schicken. Immerhin steht auch Facebook-CEO Sheryl Sandberg zu ihrem Motto »Done is better than perfect.« Daran darfst du dich immer erinnern, wenn du beim Kreieren eines Social-Media-Posts in den Perfektionismus verfällst.

Manchmal reicht es, ein schönes Bild zu posten und ein passendes Zitat in die Caption zu schreiben, und du landest damit einen Überraschungserfolg. Und selbst wenn ein Post mal ganz danebengeht und kein einziges Like erhält: Das versendet sich von selbst – denke nur an die Masse an Posts, die jeden Tag über die sozialen Netzwerke verbreitet werden. Außer dir selbst (und vielleicht noch dem einen oder anderen Mitbewerber) achtet niemand darauf, wie hoch deine Interaktionsrate war.

Die in diesem Kapitel erwähnten Tipps dienen dazu, dir an die Hand zu geben, wie Posts im Idealfall aussehen, wie du die besten Chancen hast, die Follower zur Interaktion zu bewegen und damit auch eine hohe Reichweite zu erzielen – ja vielleicht sogar viral zu gehen. Mit gut gegliederten Mehrwertposts und packende Geschichten. Wenn dir also ein Inhalt sehr am Herzen liegt, lohnt sich der Aufwand, einen Post anhand der Checkliste zu gestalten.

Checkliste: der gute Post

Abbildung 8.32 Habe ich an alles gedacht? Mit der Checkliste kannst du deinen Post überprüfen. Foto: Aly Aesch

☐ Eyecatcher: Bleibt das Auge an deinem Post hängen?

☐ Bei Text auf Bild: Kann man den Text gut lesen?

☐ Erkennen Followerinnen an der Kombination aus Bild und Textanfang auf einen Blick, um was es in deinem Post geht?

☐ Wirfst du eine Frage auf, die neugierig macht?

☐ Erzählst du im Post eine spannende Geschichte, oder gibst du wertvolle Tipps?

☐ Hat dein Post einen klaren Abschluss – die Auflösung einer Geschichte, ein Fazit, einen letzten Tipp?

☐ Ist der Text in kurzen, leicht verständlichen Sätzen geschrieben?

☐ Hat der Text eine gute Gliederung?

☐ Nutzt du die zusätzlichen Gestaltungs- und Verdichtungsmöglichkeiten, die dir ein Video gibt?

☐ Was sollen deine Follower mit deinem Post machen? Hast du an einen Call-to-Action gedacht?

☐ Möchtest du deine Follower verabschieden?

☐ Hast du an Hashtags und das Markieren von Orten, Menschen und gegebenenfalls Marken gedacht?

Diese Checkliste kannst du dir auch als PDF herunterladen auf *www.biancafritz.com/checkliste-post*.

9 Vertrauen gewinnen und Reichweite aufbauen

Mit dem Posten allein ist es auf Social Media nicht getan. Die Menschen müssen deinen Account entdecken. Und sie sollten sich dort wohlfühlen und als Mensch gesehen fühlen. Nur dann bleiben sie und bauen das Vertrauen auf, dass sie brauchen, um zu Kunden zu werden.

Stell dir vor, du lernst jemanden neu kennen. Dafür klopfst du höchstwahrscheinlich nicht an die Haustür dieser Person, sondern du siehst sie bei einer anderen Gelegenheit das erste Mal, an einem neutralen Ort, zum Beispiel auf einer Party oder Konferenz. Dort wirst du neugierig, als die Person etwas erzählt. Dann unterhältst du dich eine Weile mit ihr, und ihr tauscht vielleicht Kontakte aus. Du würdest nie auf die Idee kommen, die Person gleich zu fragen, ob sie dich heiraten möchte, oder?

Vielleicht wirst du die Person künftig zu deinen Partys einladen. Und du triffst dich mit ihr alleine, hörst zu, was sie zu sagen hat. Ihr schreibt euch private Nachrichten. Und irgendwann ist es dann so weit: Euer Vertrauensverhältnis ist stabil, und du weißt: »Ja, mit dieser Person möchte ich zusammenarbeiten«, oder vielleicht sogar: »Diese Person will ich heiraten!« Wenn du dieses Angebot jetzt vorbringst, hast du gute Chancen, dass es auch angenommen wird.

Doch zuvor musstest du diese Person erst einmal finden – du musstest also auf die Party gehen. Und dann Schritt für Schritt Vertrauen aufbauen.

Auf dein Social Media Marketing gemünzt, bedeutet das: Du musst dein Schneckenhaus verlassen, also deinen eigenen Account, und auf die Partys der anderen Accounts gehen, wenn du neue Follower gewinnen möchtest. Oder eigene Partys veranstalten. Danach gilt es den Kontakt zu intensivieren. Wenn du gleich mit der Tür ins Haus fällst, wie bei der Kaltakquise in Abbildung 9.1, wirst du hingegen höchstwahrscheinlich auf Ablehnung treffen.

In diesem Kapitel lernst du, was du konkret tun kannst, um an anderen Orten als deinem eigenen Account auf Social Media sichtbar zu werden. Du lernst, eine treue Community aufzubauen. Die hier vorgestellten Methoden sind organisch – das bedeutet, du bezahlst nicht für Reichweite, sondern erarbeitest dir diese selbst. Ads können diesen Prozess beschleunigen – darauf gehe ich in Kapitel 11, »Facebook und Instagram Ads: Katalysator für deine Sichtbarkeit«, ein. Wer mehr bezahlt, muss auf weniger Partys.

Abbildung 9.1 Kaltakquise via Facebook-Message fühlt sich wie ein extrem verfrühter Heiratsantrag an. Quelle: Screenshot aus meinem Postfach

Für den Vertrauensaufbau gibt es allerdings keine Abkürzung. Vertrauen entsteht zum einen durch deine wertvollen Inhalte, die du mit der Community teilst, und zum anderen durch den intensiven Kontakt mit deiner Community inklusive »virtueller Partys«, die du veranstaltest.

Mit Community-Aktionen schaffst du einerseits eine gemeinsame Basis für einen Verkauf. Du kniest eben nicht beim ersten Treffen mit dem Ring vor deinem potenziellen Kunden, sondern ihr lernt euch erst einmal kennen.

Andererseits kreierst du so eine Gemeinschaft, die dich unterstützt. Eine solche digitale Community wird sich für dich auf vielerlei Weisen auszahlen – nicht jede davon lässt sich strategisch planen. Menschen sind Herdentiere. Sie gewinnen sehr viel schneller Vertrauen in dich und lassen sich leichter von dir begeistern, wenn sie sehen, dass du bereits andere Menschen um dich herum begeistert hast.

Wenn du ein Herzensbusiness führst, das Gutes bewegen soll in der Welt, weißt du es vermutlich bereits: Großes schafft man nie ganz allein. Gerade als Einzelunternehmerin oder Selbstständiger braucht man die Unterstützung einer Gruppe. Eine Social-Media-Community aufzubauen, ist so viel mehr als eine reine Marketingmaßnahme.

Sieben Kontaktpunkte und mehr

Eine Marketing-Daumenregel besagt, dass es im Schnitt sieben Kontaktpunkte mit einem Anbieter braucht, bis der Kunde bereit ist, etwas zu kaufen. Im Social Media Marketing ist diese Zahl eher höher. Denn hier findet der Erstkontakt nicht auf einer Plattform statt, auf der die potenzielle Kundin bereits kaufbereit ist. Es ist etwas anderes, ob eine Person in einen Laden geht oder ob sie auf Facebook & Co. unterwegs ist, um mit Freunden zu kommunizieren oder sich unterhalten zu lassen. Gleichzeitig aber bieten uns die sozialen Netzwerke auch sehr viel mehr Möglichkeiten, Kontaktpunkte zu finden, die nicht aufdringlich sind. Jeder Post, der im Feed des Gegenübers auftaucht und wahrgenommen wird, ist ein Kontaktpunkt.

In diesem Kapitel werde ich zunächst auf die Methoden eingehen, die dir helfen, über deinen Account hinaus sichtbar zu werden. Die Partys der anderen, wenn du so willst. Dann zeige ich dir, wie du selbst deine Community pflegen und aktivieren kannst.

Das Wichtigste in Kürze

Einzig auf dem eigenen Account gute Inhalte zu produzieren, reicht nicht aus, um auf Social Media zu wachsen. Will man von neuen Menschen wahrgenommen werden, muss man sich an anderen Orten zeigen oder Geld für Ads in die Hand nehmen. Für den Aufbau von Vertrauen ist der direkte Kontakt mit deiner Community unerlässlich. Mit Community-Aktionen kannst du zudem das Gemeinschaftsgefühl deiner Follower stärken.

9.1   Socializing: Sprich mit den Menschen hinter den Accounts

Partys besuchen und Partys veranstalten sowie in Einzelgesprächen Vertrauen aufzubauen – all das braucht Zeit. Deshalb schlage ich vor, dass du bei der Planung für dein Social Media Marketing folgende Formel anwendest: Du investierst mindestens die gleiche Zeit, die du in das Produzieren wertvoller Social-Media-Beiträge steckst, in die Community-Pflege. Oder anders gesagt: Du ziehst von deiner für Social Media Marketing eingeplanten Zeit die Hälfte ab – und entscheidest dann, wie viele gute eigene Beiträge du noch regelmäßig produzieren kannst (mehr zu deiner Zeitplanung erfährst du in Kapitel 13, »Ein Social-Media-Workflow, der dich nicht erschöpft«).

In deinem Socializing-Zeitblock wirst du auf anderen Accounts, in Gruppen und mit Kooperationen sichtbar, antwortest auf Kommentare und Nachrichten und planst Community-Aktionen. Du wirst sehen: Die Ankündigung und Verbreitung von Challenges, Interviews und anderen Aktionen liefert dir wiederum Content für deinen Social-Media-Feed, sodass sich die Zeitblöcke auch überschneiden. Du musst nicht päpstlicher als der Papst sein. Die Fifty-fifty-Regel (siehe Abbildung 9.2) gibt dir aber ein Gefühl dafür, wie wichtig die Arbeit ist, die dir neue Follower bringt und Vertrauen aufbaut.

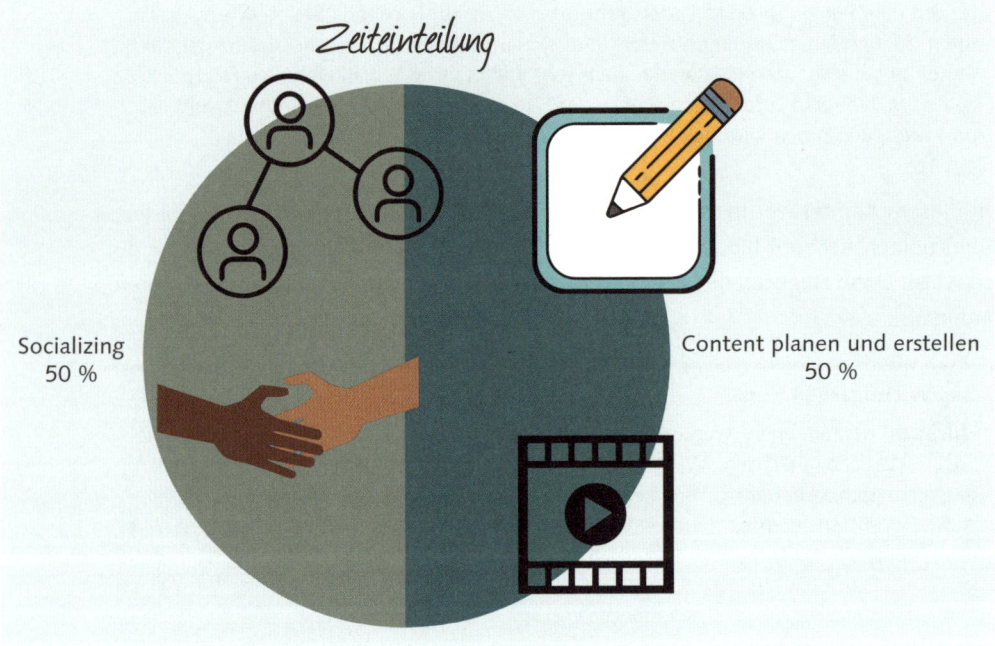

Abbildung 9.2 Mindestens die Hälfte deiner Social-Media-Zeit solltest du einplanen für deine Socializing-Aktivitäten.

Wenn du gerade erst mit dem Community-Aufbau beginnst oder deine Community schon länger nicht mehr wächst, lohnt es sich sogar, das Verhältnis noch ein bisschen mehr in Richtung Community-Pflege zu verschieben. Du könntest beispielsweise die Zwei-Cent-Strategie anwenden, die ich noch beschreiben werde. Sobald du ein Profil hast, dem es sich zu folgen lohnt, kannst du anfangen, darauf aufmerksam zu machen.

Absolute No-Gos: Follower kaufen und Bots einsetzen

Vielleicht denkst du jetzt: Okay, wenn ich ein wenig Geld in die Hand nehme, kann ich den Community-Aufbau doch sicher beschleunigen. Sobald du einen Social-Media-Account hast, melden sich nämlich auch jede Menge netter Agenturen bei dir, die dir anbieten werden, dich schnell groß zu machen. Doch für dieses schnelle Wachstum zahlst du langfristig einen hohen Preis. Die Methode der Wachstumsagenturen ist folgende: Sie kaufen Follower für dich, von denen du allerdings nicht weißt, ob sie echte Menschen mit echten Interessen sind oder ob es geschickt aufgesetzte Accounts in sogenannten Klickfarmen sind. Das bedeutet: Menschen – häufig in Niedriglohnländern – werden dafür bezahlt, dass sie deinen Account liken. Überflüssig zu erwähnen, dass diese Menschen höchstwahrscheinlich nie deine Kunden werden. Eine hohe Followerzahl allein ist kein Qualitätsmerkmal für deinen Account.

Im Gegenteil: Wenn du hauptsächlich passive Follower und eine niedrige Interaktionsrate hast, ist das ein Warnsignal für den Algorithmus, dass mit deinem Account etwas nicht stimmt oder du zumindest sehr langweilige Inhalte zu produzieren scheinst. Sprich: Mit gekauften Followern steigt deine Reichweite langfristig nicht – sie sinkt.

Noch schlimmer sind Bots: Das sind kleine Programme, die auf eine bestimmte Aktion programmiert sind. Sie kommentieren zum Beispiel unter jedem Beitrag in anderen Accounts, der mit einem bestimmten Hashtag versehen ist. Das Problem dabei: Bots sind eben nur Computerprogramme. Sie lesen und interpretieren die Posts nicht, wie ein Mensch es könnte. Sie gehen inhaltlich nicht darauf ein. Sie schreiben so etwas wie »nice pic« oder noch schlimmer: »Ich finde, du hast einen tollen Account, schau doch mal bei mir vorbei, ich glaube, meine Inhalte könnten dich interessieren.« Solchen Nachrichten sieht man nicht nur an, dass sie breit gestreut werden, sie sind auch noch aufdringlich. Zudem werden die sozialen Netzwerke immer besser darin, diese Bots zu erkennen und deren Accounts zu löschen. Das heißt für dich: Im schlimmsten Fall hast du für Bot-Software bezahlt, und dein Account wird gelöscht.

Wenn du Geld einsetzen möchtest, um schneller gesehen zu werden, arbeite lieber mit Ads, wie ich es in Kapitel 11, »Facebook und Instagram Ads: Katalysator für deine Sichtbarkeit«, beschreibe.

Für deinen Community-Aufbau gibt es eine wichtige Grundregel: Behandle jeden Account, wie du auch einen Menschen behandeln würdest.

1. Antworte, wenn irgend möglich, auf jede Privatnachricht und auf jeden Kommentar. Nicht für den Algorithmus (auch wenn der das super findet), sondern weil hinter den Accounts Menschen stehen, die auf Antwort warten. Herzchen-Kommentare sind natürlich ausgenommen. Sonst entstehen eigenartige, künstliche Unterhaltungen wie: »Mir gefällt das!«, »Danke, dass dir das gefällt!«, »Mir gefällt, dass du dich bedankst.«, »Danke, dass dir gefällt, dass ich mich bedanke.« und so weiter. Eine solche Unterhaltung bringt niemanden weiter – lass hier deinen gesunden Menschenverstand walten.

2. Kommentiere in anderen Accounts nur, wenn du auch wirklich etwas zu sagen hast. Natürlich sollst du sichtbar werden. Aber nicht um jeden Preis. Trage nicht zum unnötigen Lärm auf Social Media bei, sondern kommentiere, wenn dich etwas berührt oder du etwas Wertvolles beitragen kannst. Wer zu allem seinen Senf dazugibt, ist zwar präsent, wird aber nicht als interessant wahrgenommen.

3. Halte Kontakt. Verschwinde nicht einfach in der Versenkung, ohne dies anzukündigen – insbesondere wenn du schon Kontakte aufgebaut hast, die regelmäßig mit dir kommunizieren.

4. Gib Menschen die Möglichkeit, über sich selbst zu sprechen, und höre ihnen zu. Geh auf ihre Wünsche ein. Followerinnen sind beeindruckt, wenn du dich an etwas erinnerst, das sie dir erzählt oder in einem Kommentar erwähnt haben. Es sind die kleinen Gesten, die Vertrauen aufbauen.

5. Wenn du dich selbst als Mensch zeigst, ist es völlig in Ordnung, wenn du die Regeln 1 bis 4 hin und wieder brichst. Wir sind fehlbar. Und uns wird verziehen.

Das Wichtigste in Kürze

Plane mindestens die Hälfte deiner Social-Media-Zeit für Socializing ein, also dafür, selbst auf anderen Accounts sichtbar zu werden und mit deiner Community zu kommunizieren. Widerstehe der Versuchung, schnelles Wachstum mit Bots oder dem Kauf von Followern voranzutreiben. Und behandle jeden deiner Follower so, wie du auch einen Mensch behandeln würdest, den du gerade erst kennenlernst und dessen Vertrauen du gewinnen möchtest.

9.2   Die Zwei-Cent-Strategie: Kommentiere, und du bist sichtbar

Social-Media-Accounts können auf zwei Arten organisch wachsen – also ohne für Ads zu bezahlen: Entweder ihre Beiträge gehen viral, oder sie machen sich selbst an vielen Orten immer wieder sichtbar mit Kommentaren und Beiträgen.

Wenn du wertvolle Beiträge erstellst, die nach den Regeln in Kapitel 8, »Berühre deine Follower mit Bild, Text und Video«, gestaltet sind, hast du gute Chancen, dass deine Inhalte von anderen Userinnen und Usern geteilt werden und so vor neue Augen kommen. Sie können sogar viral gehen.

Aber was heißt das eigentlich? Wo liegt der Unterschied zwischen einem Post, der einfach gut läuft, und einem viralen Post? Eine feste Definition gibt es für diesen Begriff nicht, gerade deshalb wird er auch inflationär gebraucht. Du kannst deinen Post sicher als viral bezeichnen, wenn die Reichweite sehr viel höher ist als die

Anzahl deiner Followern. Wie ein Virus wird der Beitrag weitergereicht, und die Zahl derer, die ihn sehen, wächst rasant. Das Heimkommen-Weihnachtsvideo von Edeka (siehe Abbildung 9.3) ist ein gutes Beispiel für einen viralen Beitrag. Es zeigt einen Vater, dessen Familie erst dann zum Weihnachtsfest erscheint, als er seinen Tod vortäuscht. Emotionales Thema, gutes Storytelling und ein überraschendes Ende – der Clip ist 2015 viral gegangen, hatte innerhalb weniger Tage Millionen von Views und taucht seither immer wieder im Netz auf.

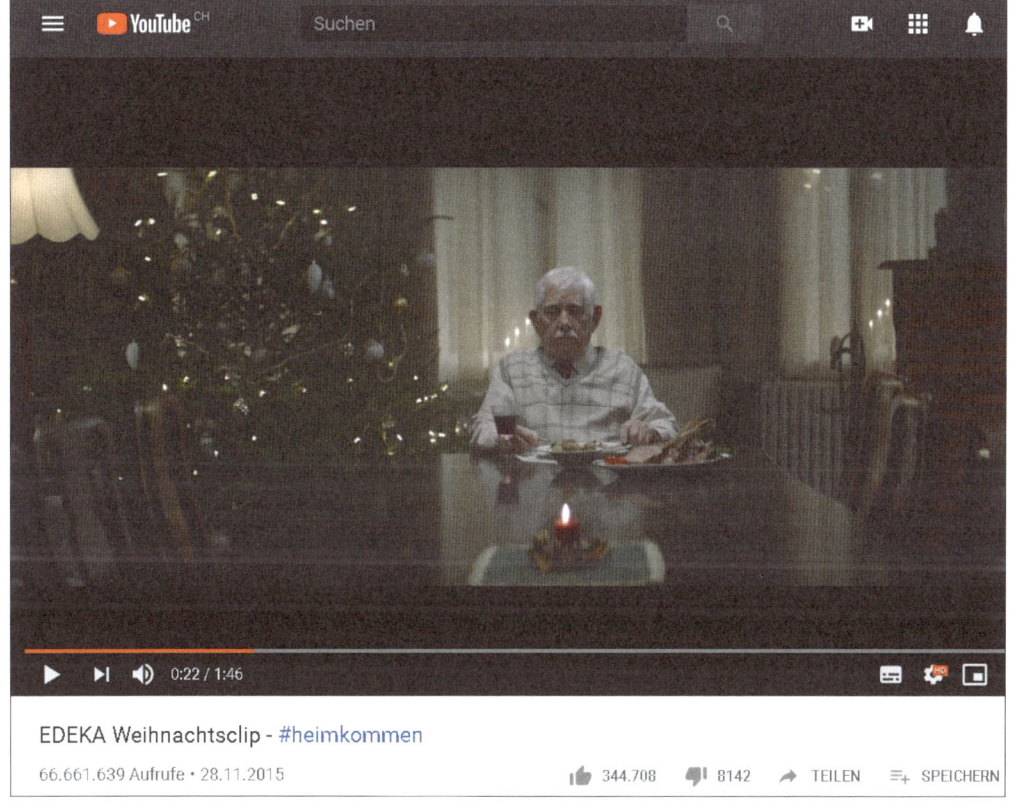

Abbildung 9.3 Der Edeka-Weihnachtclip ist ein viraler Dauerbrenner. Zugriff 11.08.20[1]

Der virale Hit scheint auf den ersten Blick ein großer Gewinn, weil man so mit nur einem Beitrag eine enorm hohe Reichweite erzielt. Ob die Follower allerdings bleiben und mit deinen Beiträgen interagieren, ja vielleicht sogar zu Kunden werden, ist aber eher fraglich. Wenn du wahllos Flyer in der Fußgängerzone verteilst, ist deine Erfolgsquote vermutlich ähnlich hoch: Du kannst dabei Leute erwischen, für die dein Thema gerade richtig kommt, oder eben nicht.

---

1   https://youtu.be/V6-0kYhqoRo

Virale Posts – derzeit sind das meist Videos – funktionieren dann besonders gut, wenn sie auf starke Emotionen setzen und einen Überraschungseffekt haben. Ein ungewöhnliches Ende, ein Lacher, eine Verfremdung des Bekannten. Solche Effekte bringen uns dazu, den Teilen-Button anzuklicken und das Video zu verbreiten. Geschickte Werbeagenturen können solche kreativen Überraschungen planen. Manchmal funktioniert es, und das Video geht viral. Oft aber »versenden« sich sogar solch sorgsam geplante Videos, wenn am selben Tag andere Nachrichten wichtiger scheinen. Als beispielsweise Notre Dame brannte, hatten lustige Videos kaum eine Chance, gesehen zu werden auf Facebook und Instagram. Um das Risiko zu minimieren, dass sich als virale Hits geplante Videos versenden, setzen Agenturen oft auf eine Kombination: Sie erstellen ein Video, das viral gehen könnte, und schalten Social-Media-Ads mit diesem Video, damit es in kurzer Zeit eine hohe Reichweite bekommt und dann organisch weitergeteilt wird.

Virale Hits haben den Nachteil, dass der Überraschungseffekt schnell verpufft. Und gerade bei Anbietern, die sonst eher seriöse Inhalte teilen und wenig mit Emotionen arbeiten, ist es schwierig, mit einem typischen viralen Video eine echte Bindung an die Marke und den Anbieter zu erreichen.

Was aufgrund der hohen Anzahl an Social-Media-Beiträgen immer seltener wird, ist der virale Überraschungshit. Auf TikTok ist das aufgrund einer Algorithmus-Besonderheit derzeit noch am wahrscheinlichsten. Hier werden die Videos grundsätzlich auf der *Für dich*-Seite auch Nutzern ausgespielt, die den Account noch nicht kennen. Wenn diese mit dem Video interagieren oder es mehrfach ansehen, wird es mehr Menschen angezeigt: Die Reichweite steigt.

So kommt es, dass man beim Ausprobieren der App auch einen Überraschungshit landen kann, was mir mit einem Video meines Hundes passiert ist, das ich in wenigen Sekunden aufgenommen hatte (siehe Abbildung 9.4). Es wurde auf TikTok mehr als 625.000 Mal gesehen. Positiver Nebeneffekt: Mein Account hatte sofort über 1.000 Follower, was die Grenze ist, um dem Profil einen Link hinzuzufügen und live gehen zu können. Da ich den Account allerdings heute für Marketinginhalte und selten für Hundevideos nutze, verpuffte der virale Effekt größtenteils.

Weil sich virale Hits also nur bedingt planen lassen und ihr Effekt oft nicht von Dauer ist, möchte ich dir eine andere Strategie empfehlen, um auf Social Media zu wachsen. Onlinemarketing-Guru Gary Vaynerchuck nennt sie die *1.80-Dollar-Strategie* oder auch *Zwei-Cent-Strategie*. Sie besagt, dass deine Followerzahl langfristig und nachhaltig steigt, wenn du 90 Mal pro Tag bei relevanten Posts kommentierst und so sichtbar wirst. Die Strategie heißt 1.80 Dollar, weil man 90 mal 2 Cent investiert – allerdings ist das nicht monetär zu verstehen. »To put my 2 cents worth« ist gleichbedeutend mit »seinen Senf dazu abgeben« oder »seine Meinung kundtun«. Wichtig dabei ist, dass nicht wahllos kommentiert wird, sondern sich die abgegebenen Kommentare wirklich auf den Inhalt der jeweiligen Posts beziehen. Im Idealfall zeigen die Kommentare darüber hinaus auch noch deine eigene Expertise.

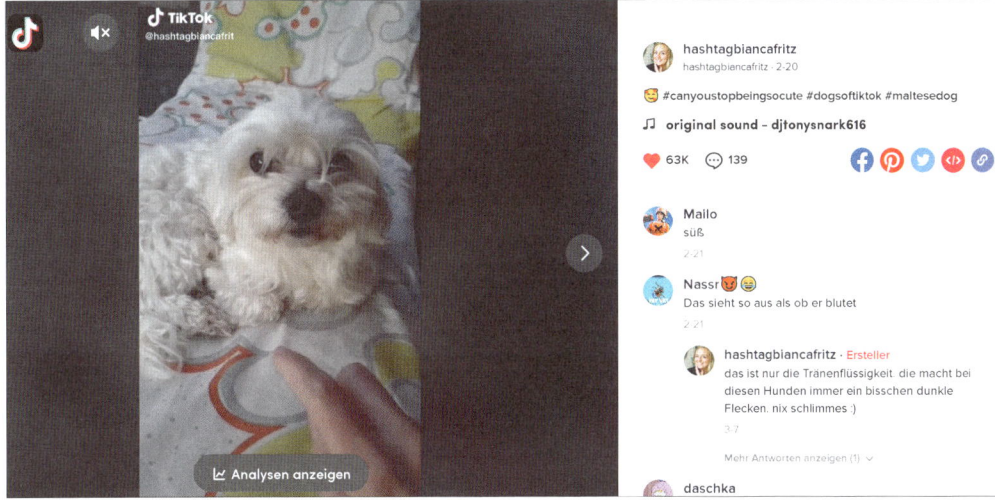

Abbildung 9.4 Niedlicher Hund, die Frage: »Can you stop being so cute?«, fertig war mein viraler Hit. Zugriff: 11.08.20[2]

Also ähnlich wie auf einer Party bietest du nicht gleich etwas an, du wirfst nicht wahllos Komplimente in den Raum, sondern du sagst etwas Relevantes, stellst eine Rückfrage oder gibst Feedback, wie ein Inhalt bei dir landet. Du suchst das Gespräch und zeigst dich freundlich und präsent.

Vaynerchuck empfiehlt, sich zunächst die zehn relevantesten Hashtags für das eigene Business auszuwählen und Posts mit diesen Hashtags zu suchen. Dann werden jeweils neun Posts ausgewählt und kommentiert. Wenn du diese Strategie verfolgen möchtest, würde ich dir empfehlen, Hashtags einzusetzen, die deine Wunschkunden nutzen – nicht unbedingt jene, die du selbst nutzt. Sonst kann es passieren, dass du nur bei Mitbewerbern landest, die eine ähnliche Fachsprache verwenden wie du selbst. Also vielleicht eher #diät oder #abnehmen anstatt den Namen der spezifischen Ernährungsweise, die du empfehlen möchtest.

Unter Umständen kann es zusätzlich hilfreich sein, auf Profilen von Mitbewerbern und nicht nur bei Wunschkunden zu kommentieren – insbesondere wenn die Mitbewerber bereits eine große Community haben, die deine Wunschkunden umfasst.

---

2 www.tiktok.com/@hashtagbiancafritz/video/6795603851777985797

Laut Vaynerchuck gewinnt man mit der 1.80-Dollar-Strategie um die 100 wertvolle Follower pro Monat. Der offensichtliche Nachteil ist der enorme Zeitaufwand: Wer wirklich bewusst wählt und kommentiert, investiert rund drei Stunden pro Tag nur in Kommentare. Selbst wenn man diese Zeit nicht nur als »Followerjagd« wertet, sondern als Zeit, in der man etwas über seine Wunschkunden lernt: Für die allermeisten Einzelunternehmer und Selbstständigen ist dieser Aufwand schlicht nicht zu leisten. Daher wird die Strategie oftmals als »zu aufwendig« verworfen, bevor man sie überhaupt ausprobiert hat.

Das ist schade, denn die Methode funktioniert auch, wenn man weniger Zeit investiert. Probiere es aus und hinterlasse mal eine Woche lang fünf wertvolle Kommentare pro Tag auf relevanten Profilen. Ich habe die Erfahrung gemacht, dass selbst dieser geringe Aufwand regelmäßig neue Follower bringt. Und zwar solche, die wirklich an deinen Inhalten interessiert sind und dir langfristig folgen. Es müssen also nicht unbedingt jeden Tag 1.80 Dollar sein. Auch zehn Cent sind besser als gar keine (zeitliche) Investition, wenn du auf Social Media sichtbar werden möchtest.

Einen Haken hat diese Strategie aber doch noch: Sie geht auschließlich von Hashtags aus. Wunschkunden, die keine oder vielleicht nicht die richtigen Hashtags verwenden, erreichst du damit nicht.

Ich empfehle dir daher eine Mischung aus folgenden Strategien, um Schritt für Schritt sichtbarer zu werden:

1. Über relevante Hashtags Profile suchen und kommentieren (klassische Zwei-Cent-Strategie).

2. In (örtlich oder thematisch) relevanten Facebook-Gruppen kommentieren und Tipps geben. Auch hier bitte ohne direkt aufs eigene Angebot hinzuweisen – lasst die Menschen, denen ihr geholfen habt, von sich aus neugierig werden. Zudem ist Eigenwerbung in den meisten Facebook-Gruppen untersagt.

3. Wunschkunden bei Instagram folgen, beobachten, was diese in den Feed spielen, und, wenn es passt, kommentieren. Oft reicht schon der Akt des Folgens, um ihre Neugier zu wecken, und sie werfen auch einen Blick auf dein Profil. Das klappt besonders gut mit kleinen Accounts.

4. Teilnahme an Challenges und Community-Aktionen, in denen sich deine Wunschkunden tummeln (mehr dazu im kommenden Abschnitt).

5. Wenn du ein lokales Unternehmen bei Instagram bewirbst: Regelmäßig nach Posts und Beiträgen mit der Ortsmarke suchen und potenziellen Kunden folgen oder dort kommentieren. Dafür wählst du die Suchen-Funktion, klickst in das Textfeld und dann auf das Ortsmarkenzeichen (siehe Abbildung 9.5).

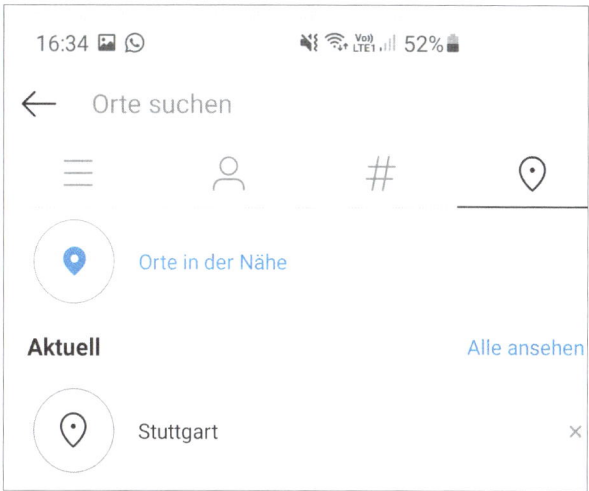

Abbildung 9.5 Auf Instagram kannst du Beiträge durchsuchen, die an Orten in der Nähe gepostet wurden oder auch an einem Ort deiner Wahl.

6. Beiträge von Mitbewerberinnen oder Anbietern mit derselben Zielgruppe kommentieren. Auf Instagram kannst auch deren Follower-Liste ansehen, deine potenziellen Wunschkunden heraussuchen und ihnen folgen.

Egal für welchen Weg du dich entscheidest, um in Gruppen oder auf anderen Profilen sichtbar zu werden – wichtig ist, dass er zu dir und deiner Art zu kommunizieren passt. Wenn du lediglich kommentierst, um gesehen zu werden, nur weil es Teil deiner Strategie ist, fällt das unangenehm auf. Wenn du kommentierst, weil dich etwas ehrlich anspricht, hat dein Beitrag eine andere Qualität und Energie – du wirst als Mensch wahrgenommen. Und damit erfüllst du das Bedürfnis nach echter Mensch-zu-Mensch-Kommunikation auf Social Media und ziehst Neugierige an.

Wenn du das konsequent befolgst, bewirkst du das, was ich den Beste-Freundinnen-Effekt nenne: Die Menschen fiebern deinen Beiträgen entgegen und kommentieren sie so liebevoll, als wärst du ihre beste Freundin. Und deine Beiträge werden geteilt. Nicht nur, weil sie gut sind, sondern auch, weil die Community tatsächlich das Bedürfnis hat, deine Beiträge freundschaftlich zu teilen und dich damit zu unterstützen. Deine Follower werden auch auf deine aktuellen Stories warten, weil es sie ehrlich interessiert, wie es dir heute geht.

Was du technisch und strategisch tun kannst, um diesen Effekt zu bewirken, steht in diesem Buch. Aber es gibt auch eine Sache, die sich nicht planen lässt, sondern deiner Einstellung geschuldet ist. Es entsteht eine besondere Verbindung, wenn du alle Menschen, die dir folgen, nicht einfach als potenzielle Kundinnen siehst, sondern als potenziell spannende Menschen. Sei offen dafür, dass sich online echte Freundschaften ergeben können.

Je größer deine Community wird, umso schwieriger wird der ganz enge Kontakt. Aber eine gewisse Neugier deinerseits, wer wirklich hinter einem Account steckt, was die Menschen berührt, die dir folgen, und wie du ihnen wirklich dienen kannst, solltest du nie verlieren.

Ungefragte Privatnachrichten und Einladungen

Es ist eine Taktik, die alle paar Monate hochkocht und die für alle Nutzer sozialer Netzwerke enorm ärgerlich ist: Fremde schicken dir eine Freundschaftsanfrage über Facebook und gleich danach die Einladung, ihre Seite zu liken – oder noch schlimmer: eine Privatnachricht mit Infos zu ihrem Angebot. Das ist vergleichbar mit einem Heiratsantrag vor dem ersten Date. Es kann nicht gut gehen. Das Pendant dazu auf Instagram sind wahllose Markierungen und ungefragte Direktnachrichten im Stil von: »Mir gefällt dein Profil. Was möchtest du beim Thema XYZ noch erreichen?« Ein Beispiel dafür siehst du in Abbildung 9.6.

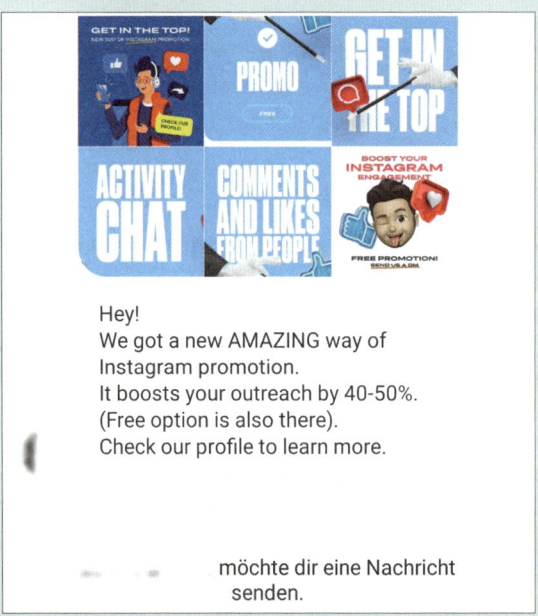

Abbildung 9.6 Kaltakquise via Instagram-Nachricht der schlimmsten Sorte, Quelle: Instagram-Direktnachrichten

Natürlich sind Direktnachrichten ein großartiges Mittel, um mit potenziellen Kunden oder Partnern auf Social Media Kontakt aufzunehmen. Auf LinkedIn beispielsweise ist diese Taktik sehr verbreitet. Es macht allerdings einen großen Unterschied, ob du dir ein Profil wirklich ansiehst und der Person sagst, warum gerade sie für dich ein interessanter Kontakt ist, oder ob du eine Massenanfrage an alle sendest, die zum Beispiel bestimmte Hashtags genutzt haben.

Ich empfehle diese Regel: Wenn jemand Interesse an etwas signalisiert hat, darfst du ihn auch darauf ansprechen. Wenn jemand einen Post deiner Facebook-Seite gelikt hat, kannst du ihn einladen, auch die Seite zu liken – sonst nicht. Wenn jemand Interesse an einem Kurs geäußert hat, notiere dir seinen Nutzernamen und schreibe ihm eine Privatnachricht, wenn der Kurs da ist. Ansonsten nutze Privatnachrichten für das, was sie ursprünglich waren: (private) Konversationen, die den Kontakt intensivieren – und auch dem Algorithmus zeigen, dass du für diese Person spannend bist.

Eine Ausnahme, die meist gut ankommt, ist es, neue Follower mit ein paar netten Worten in einer Privatnachricht zu begrüßen. Selbst ein kurzes Video mit persönlicher Ansprache ist denkbar und sehr wirkungsvoll. Oder du kannst dem neuen Follower ein kleines Geschenk machen – zum Beispiel indem du ihm einem Downloadlink zu einem PDF mit Tipps zu deinem Thema schickst. Auch eine schöne Variante ist es, Neulinge auf zwei bis drei ältere Posts hinzuweisen, die für sie spannend sein könnten. Und natürlich kannst du jederzeit eine Frage stellen und hoffen, dass die Unterhaltung gleich in Gang kommt.

Das Wichtigste in Kürze

Regelmäßig in relevanten Gruppen oder auf relevanten Profilen zu kommentieren, ist eine wirksame, wenn auch zeitaufwendige Methode, um langfristig mehr Follower zu gewinnen. Wichtig dabei ist, nur Kommentare zu schreiben, die ehrliches Interesse vermuten lassen oder Mehrwert geben. Wenn du von Mensch zu Mensch kommunizierst, erzielst du langfristig den Beste-Freundinnen-Effekt. Sei vorsichtig mit ungefragten Einladungen und Privatnachrichten – wenn aber jemand Interesse an einem Thema gezeigt hat, darfst du ihm gern mehr davon anbieten. Mit einer persönlichen Begrüßung neuer Follower bleibst du im Gedächtnis.

9.3   Mit Kooperationen sichtbar werden

Kommentare zu schreiben, ist ein Weg, auf anderen Profilen sichtbar zu werden. Eine andere Strategie ist es, dich und deinen Account von anderen Usern verlinken zu lassen, am liebsten natürlich von jenen Usern, die eine ähnliche Zielgruppe haben wie du selbst. Dein Ziel ist also, dass andere dich markieren und/oder über dich sprechen. In der Social-Media-Welt nennt man eine Empfehlung im Stile von »Schaut euch mal den Account von X an, sie hat tolle Inhalte zum Thema Y« einen Shout-out. Größere Accounts haben den Wert von solchen Empfehlungen längst erkannt. Sie verlosen diese Erwähnungen auf ihrem Profil als Preis in Community-Aktionen oder verkaufen sie sogar.

Influencer-Marketing – auch mit kleinem Budget sinnvoll?

Influencer sind Social-Media-User, die Einfluss nehmen können auf (Kauf-)Entscheidungen ihrer Follower – sei es aufgrund ihrer Reichweite, eines Promistatus oder auch einer guten Vernetzung und Bekanntheit für ein bestimmtes Thema. Große Marken arbeiten mit großen Influencern und Celebrities zusammen und lassen sich die Erwähnung des eigenen Unternehmens oder die Darstellung ihrer Produkte einiges kosten: Bei prominenten Influencern kostet ein Post gern mehrere 10.000 Euro. Zu Beginn des Influencer-Marketings stürzten sich viele Marken auf dieselben reichweitenstarken Accounts, die fast wahllos für Kosmetik, Versicherungen, Autos & Co. warben. Influencer riskieren mit solchen Geschäften ihre Glaubwürdigkeit und das Vertrauen ihrer Follower. Viele Unternehmen sind daher inzwischen umgestiegen: Sie suchen lieber gezielt Micro-Influencer mit 1.000 bis 10.000 Followern, die für ihr Thema und hinter ihrem Produkt stehen. Kleine Accounts sind oft authentischer.

Willst du als Einzelunternehmerin oder Selbstständiger jemanden dafür bezahlen, dass er für deine Produkte oder Angebote wirbt? Oder willst du dich darauf verlassen, dass zufriedene Kunden schon Werbung machen werden? Es gibt Zwischenlösungen, zum Beispiel die Arbeit mit sogenannten Advocates oder Markenfans. Diese sind von dir und deiner Arbeit begeistert. Du musst keine Influencer-Suchmaschinen durchforsten, um sie zu finden. Sichte stattdessen deine Kommentarfunktion und deine Privatnachrichten. Wer ist ständig präsent? Wer ist ein Superfan? Wenn du diesen Menschen besondere Aufmerksamkeit schenkst, werden sie gern für dich werben – manche sogar ganz ohne finanziellen Ausgleich. So kannst du sie zum Beispiel anschreiben und fragen, ob sie Betatester eines neuen Produkts sein möchten. Sie erhalten es also schon vor allen anderen und gratis und berichten im Gegenzug auf ihrem Account von ihren Erfahrungen.

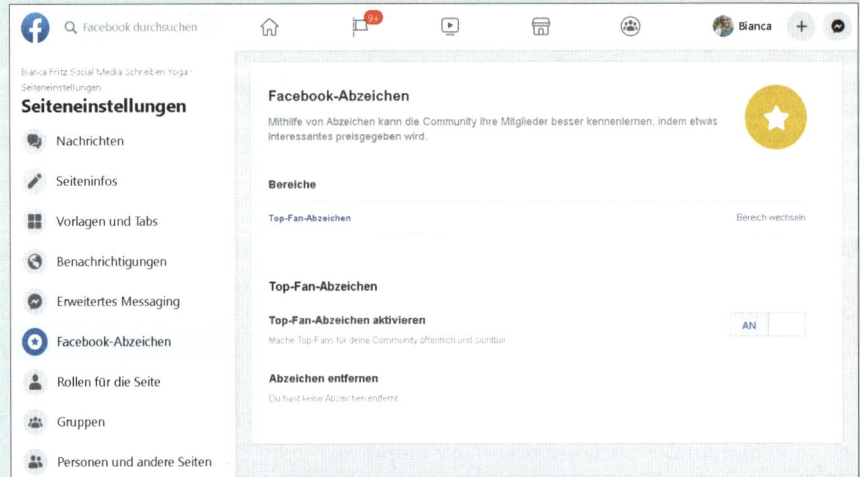

Abbildung 9.7 In den Seiteneinstellungen kannst du die Abzeichen für Top-Fans aktivieren. Zugriff: 26.09.20

Auf Facebook kannst du die Funktion aktivieren, dass besonders aktive Follower als Top-Fans gekennzeichnet werden. Diese findest du in den Einstellungen deiner Facebook-Seite im Bereich FACEBOOK-ABZEICHEN (siehe Abbildung 9.7). Vielleicht schaust du einmal auf ihr Profil und notierst dir die Geburtstage deiner Top-Fans? Wie wäre es mit einem kurzen Video zum Geburtstag, mit dem du ihnen für ihre Unterstützung dankst? Diese Kontakte gilt es ganz besonders zu pflegen, denn Markenadvokaten empfehlen dich völlig authentisch auch in ihrem Freundes- und Bekanntenkreis weiter, sie beantworten Fragen zu deinen Produkten, weil sie mit dir in Verbindung gebracht werden, und verteidigen dich, wenn es negative Kommentare gibt.

Wenn du Empfehlungen auf anderen Accounts weder kaufen noch gewinnen willst, sondern auf Augenhöhe mit anderen Accounts zusammenarbeiten möchtest, solltest du folgende Überlegungen treffen:

1. Welche Accounts haben eine ähnliche Zielgruppe wie du?
2. Wie schaffst du eine klare Win-win-Situation für beide Accounts?

Ideale Partner für Kooperationen sind Accounts, deren Dienstleistungen oder Angebote nicht im direkten Konkurrenzverhältnis zu deinem Angebot stehen. Ihr habt also zum Beispiel dieselbe Zielgruppe, aber ihr löst unterschiedliche Probleme eurer Wunschkundin. Du bietest beispielsweise eine Karriereberatung für Mütter an, dein Partner eine schnelle Lösung für gesundes Essen für die ganze Familie.

Natürlich kannst du auch mit direkten Mitbewerberinnen kooperieren, wenn beide dafür offen sind. Dabei bietet es sich an, dann gemeinsam zu überlegen: Was unterscheidet uns? Was haben unsere Followerinnen davon, wenn sie uns beide kennen?

Wenn du einen oder mehrere mögliche Partner gefunden hast, gilt es, diesen Personen den Gewinn aufzuzeigen, den eine Kooperation ihnen bietet. Wo liegt der Win-win-Effekt, wenn ihr zusammenarbeitet? Neben dem offensichtlichen Gewinn, dass ihr eine höhere Reichweite bekommt und euer Angebot so neuen Menschen aufgezeigt wird, sollte es auch einen inhaltlichen Gewinn geben.

Die meisten Social-Media-Accounts haben das Ziel, wertvollen und interessanten Inhalt für ihre User zu generieren. Wenn du das weißt und einen potenziellen Kooperationspartner anschreibst, frage dich selbst zuvor: Wie kannst du den Account, mit dem du gern zusammenarbeiten würdest, dabei unterstützen, inhaltlich wertvoll zu sein? Warum sind deine Inhalte und deine Herangehensweise für diesen Account besonders interessant?

Um bei unserem Beispiel zu bleiben, könntest du als Karrierecoach für berufstätige Mütter den Partner mit dem gesunden Essen bitten, ein (Live)-Interview auf deinem Account zu geben mit schnellen Tipps für die Familienküche. Das ist für deine Zielgruppe spannend und bietet der Person ein Forum. Zugleich bietest du an, ein Gegeninterview auf ihrem Account zu geben. Du schlägst ein paar Themen vor, die für ihre Follower spannend sein könnten, zum Beispiel: »Wie man den Perfektionismus überlistet« oder »Wie man Aufgaben im Familienalltag fairer verteilt«. Zusätzlich bittest du den potenziellen Partner, selbst etwas vorzuschlagen, wenn diese Themen noch nicht ganz den Nerv treffen. Sie oder er kennt ja die eigenen Follower am besten.

Ein Wort noch zur Größe der Accounts: Natürlich werden Accounts, die weniger Follower als du oder etwa gleich viele Follower haben, ein besonders großes Interesse daran haben, mit dir zusammenzuarbeiten. Das sollte dich aber nicht davon abhalten, auch mögliche Partner mit mehr Followern anzuschreiben! Die gemeinsame Zielgruppe und der wertvolle Inhalt sind wichtiger als der reine Zahlenvergleich. Wenn du eine sehr aktive Community hast und nicht so viele passive Mitleser, ist das auch immer ein gutes Argument für mögliche Partner. Erstarre nicht vor Ehrfurcht, wenn jemand viel mehr Followerinnen hat als du. Fragen schadet nicht. Wenn du inhaltlich wirklich etwas zu bieten hast, werden sicher viele Accounts offen sein für Kooperationen.

Um deine Fantasie etwas anzuregen, stelle ich dir jetzt einige Formen von möglichen Kooperationen vor – von einfach bis komplex. Die Liste kann keinen Anspruch auf Vollständigkeit erheben, weil ständig neue Spielformen dazukommen.

9.3.1   Share-for-share oder Shout-out-for-shout-out

Die einfachste Form einer Zusammenarbeit lautet: Ich weise auf dich hin, du weist auf mich hin. Und sie funktioniert oft sogar ohne Absprache. Damit ist diese Strategie sehr gut für Anfänger geeignet. Wer selbst guten Content erstellt und auf andere hinweist, die ebenfalls guten Content für dieselbe Zielgruppe erstellen, hat klare Chancen, dass diese Accounts auch ein Shout-out erstellen oder Inhalte teilen. Das ist gutes »Social-Media-Karma«, wenn du so möchtest.

9.3.2   Interviews

Wenn du jemanden findest, der spannende Inhalte für deine Zielgruppe erstellt, bitte ihn um ein Interview. Du kannst dieses Interviews live auf deinem Instagram-Account streamen (siehe Abbildung 9.8) oder via Facebook mit einer zusätzlichen Software (zum Beispiel Zoom oder BeLive – siehe Tool-Tipps in Kapitel 15) online gehen. Das ist die am wenigsten aufwendige und reichweitenstärkste Art, ein Interview aufzunehmen und zu teilen. Zudem können Zuschauer bei Live-Interviews auch Fragen stellen, was die Interaktionsrate und das Gemeinschaftsgefühl stärkt.

Wenn du dich mit Live-Videos nicht wohlfühlst, kannst du das Video natürlich auch vorher aufnehmen und als Video oder Audio teilen (zum Beispiel auf YouTube oder in einem Podcast).

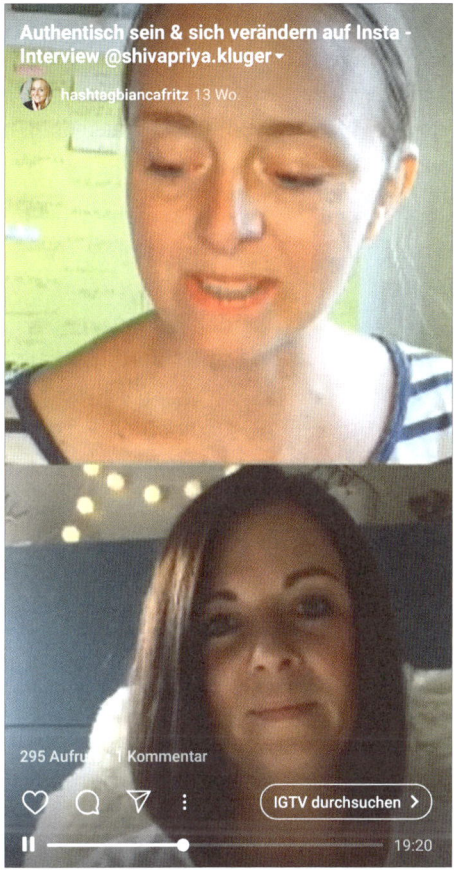

Abbildung 9.8 Live-Interviews auf Instagram können als IGTV gespeichert werden. So sind sie dauerhaft verfügbar. Zugriff: 12.10.20[3]

Zu guter Letzt kannst du das Interview hinterher transkribieren und auf dein Blog stellen. Dann verbreitetest du auf Social Media Ausschnitte oder einzelne Aussagen daraus und machst die Follower auf diese Weise neugierig. Schon das Interview mit einem spannenden Gast an sich kann dir neue Follower bringen – insbesondere wenn der Gast auf seinen Kanälen darauf hinweist, dass das Interview bei dir auf dem Account stattfindet. Noch wirkungsvoller ist diese Methode, wenn du dich selbst als Interviewgast anbietest. Als Interviewpartner hast du mehr Möglichkeiten, etwas von deiner Expertise zu zeigen, als wenn du »nur« die Person bist, die die Fragen stellt. Vergiss dabei nicht, auf die Kanäle hinzuweisen, auf denen Interessierte mehr von dir finden.

---

3 www.instagram.com/hashtagbiancafritz/channel/

9.3.3 Gastartikel

Wenn du lieber schreibst, als zu sprechen, kannst du auch geschriebene Inhalte anbieten. Klassischerweise schreibst du zum Beispiel einen Gastartikel für ein Blog mit ähnlicher Zielgruppe. Die Bloginhaberin und du selbst weisen dann auch in den sozialen Netzwerken auf den Blogartikel hin.

Weniger verbreitet sind Gast-Social-Media-Beiträge. Du gestaltest den Inhalt für einen Post – Bild und/oder Text, vielleicht auch ein Video, und dein Kooperationspartner teilt diesen Inhalt mit seinen Followern. Natürlich könnt ihr auch hier eine Gegenseitigkeit vereinbaren oder vielleicht sogar eine gemeinsame Serie planen, in der ihr unterschiedliche Aspekte eines Themas beleuchtet. Eine solche Inhaltskooperation war beispielsweise die *#besserSitzenChallenge*, in der die Veranstalterinnen @vivi.barfuss und @lorina_krngsnd über mehrere Tage auf ihren Accounts aufzeigten, warum und wie das alltägliche Sitzen schadet und wie wir es reduzieren können (siehe Abbildung 9.9).

Abbildung 9.9 Beispiel einer Inhaltskooperation: die #bessersitzenChallenge[4]

---

4 www.instagram.com/lorina_krngsnd/ und www.instagram.com/vivi.barfuss/

9.3.4 Story-Übernahme

Das Format der Stories ist nicht nur besonders beliebt auf Instagram und zunehmend auch auf Facebook, es bietet sich auch für Experimente an, da die Inhalte nur 24 Stunden bestehen bleiben (es sei denn, du sicherst sie auf Instagram in den Story-Highlights.) Für eine Story-Übernahme solltest du zu deinem Kooperationspartner ein gutes Vertrauensverhältnis aufgebaut haben, weil ihr hier Account-Zugangsdaten oder gar das Smartphone tauscht. Das funktioniert wie folgt: Du kündigst an, dass in den kommenden Stunden oder am folgenden Tag jemand anderer in deinen Stories zu sehen sein wird und welches Thema die Zuseher erwartet. Eventuell tauchst du im Gegenzug am selben Tag auf dem Account dieser anderen Person auf. Damit ihr beide sicher sein könnt, dass eure Follower von diesem Tausch profitieren, empfiehlt es sich, vorher abzusprechen, welche Inhalte geteilt werden – und auf welche Art.

Wenn beispielsweise zwei Selbstständige die Accounts teilen, könnten sie ausmachen, dass sie zuerst ihre liebsten Tools für die Arbeit im Homeoffice vorstellen, und dann darf jede ein bis zwei Minuten lang über ihren Account und ihr Angebot sprechen. Ein Story-Tausch belebt die eigenen Stories, weil es erfrischend ist, wenn dort auch einmal andere Gesichter und Ansichten in Erscheinung treten.

Eine schöne Art, sich gegenseitig eine Plattform zu bieten, ohne gleich ganz die Accounts zu tauschen, ist es auch, die andere Person jeweils kurz zu filmen und in der eigenen Story auftauchen zu lassen, zum Beispiel auf einer Konferenz oder einer gemeinsamen Fortbildung. Dort könntet ihr euch gegenseitig unterstützen, indem ihr beispielsweise eure größten Learnings aus der Veranstaltung in der Story des jeweils anderen teilt.

9.3.5 Teilnehmer-Shout-outs

Apropos Veranstaltung: Wenn du selbst einen Workshop oder einen Vortrag hältst, bitte die Teilnehmerinnen und Teilnehmer, dich in ihren Stories zu markieren. Das erinnert sie nicht nur daran, etwas auf Social Media zu teilen, sondern macht dich auch auf ihren Accounts sichtbar und füllt ihre Accounts mit deinen spannenden Inhalten. Als Dankeschön kannst du ihre Story über dich wiederum in deiner Story teilen. So tauscht du Sichtbarkeit für Sichtbarkeit.

9.3.6 Challenges

Challenges sind die Königsklasse der Kooperationen auf Social Media. Du kannst Challenges alleine veranstalten, oder du schließt dich mit anderen Accounts zusammen. Dann fordert ihr eure User zum Mitmachen bei einer Aktion auf. So verhelfen sich nicht nur die Partner gegenseitig zu mehr Sichtbarkeit, sie machen auch ihre Followerinnen und Follower sichtbar. Eventuell sind sogar noch »Sponsoren«-Accounts mit an Bord, die einen Gewinn stellen. Challenges fordern einen hohen Einsatz von allen Seiten und sind mit Vorbereitungen und Absprachen verbunden. Sie sind aber auch sehr wirkungsvoll. Deshalb widme ich der Planung von Challenges im Folgenden einen weiteren Abschnitt.

Bevor du eine Challenge veranstaltest, möchte ich dir empfehlen, bei mindestens einer Challenge als Teilnehmer dabei gewesen zu sein. So kannst du wahrnehmen, was aus Teilnehmersicht gut funktioniert und was eher nicht.

Doch du gewinnst nicht nur an Erfahrung: Viele, die bei einer Challenge mitmachen, suchen mit dem Hashtag der Challenge nach anderen Teilnehmern und stöbern neugierig auf deren Profilen herum – sie werden also mit etwas Glück zu neuen Followern.

Gewinnt man Follower nur auf Social Media?

Oft wird bei der Frage, wie man neue Follower gewinnt, nicht über Social Media hinausgedacht. Dabei findet der erste Kontakt mit dir und deinem Unternehmen häufig an einem anderen Ort statt. Daher solltest du deinen wichtigsten Social-Media-Kanal (der, den du in Kapitel 5, »Strategie für Strategiemuffel«, als deinen Hauptkanal gewählt hast) auch an anderen Orten prominent bewerben und verlinken. So gibst du Menschen die Chance, dir zu folgen, damit du dich, dein Produkt und deine Expertise zeigen kannst. Überprüfe also, ob du an den nun folgenden Orten schon prominent auf deinen Social-Media-Kanal hinweist. Besonders wirksam ist es, wenn du dem Hinweis auch die Information hinzufügst, warum man dir folgen sollte – zum Beispiel: »Für Tipps rund um faires Outdoor-Equipment folge mir auf Instagram.«

Weise auf deine Social-Media-Accounts hin:

▶ Auf deiner Webseite. Gerne nicht nur mit einem kleinen Logo im Footer, sondern prominent oben auf deiner Webseite. Eine schöne Idee ist es auch, ein Pop-up mit den letzten Beiträgen anzuzeigen, wie es beispielsweise Heike Friedrich von »Wortkreation – Easy Content Marketing« macht (siehe Abbildung 9.10).

▶ In deiner E-Mail-Signatur.

▶ Auf Flyern.

▶ Auf deiner Visitenkarte.

▶ Auf Präsentationsfolien.

▶ Auf deinem Türschild.

▶ Auf PDFs, Checklisten oder anderen Freebies – kleinen Geschenken, die du als Dankeschön für die Bestellung deines Newsletters herausgibst.

Und vergiss nicht bei Vorträgen auf Konferenzen, Networking-Events oder wenn du interviewt wirst, auch mündlich auf deinen wichtigsten Social-Media-Kanal hinzuweisen.

Abbildung 9.10 Auf der Webseite mit einem Klick zum Instagram-Follower werden, Zugriff 18.08.20[5]

9.3.7   Wie man eine Social-Media-Challenge veranstaltet

Zunächst solltest du zwischen zwei verschiedenen Arten von Challenges unterscheiden. Die erste Art hat das Ziel, dass dein Account Reichweite über deine Fans hinaus bekommt. Ich nenne diese Challenge daher Reichweiten-Challenge. Mit dieser möchtest du ein großes Publikum erreichen und neue Menschen für dich begeistern. Um das zu erreichen, motivierst du User, für einige Tage etwas auszuprobieren oder auf etwas hinzuarbeiten und darüber auf Social Media zu berichten. Dabei benutzen sie ein von dir festgelegtes Hashtag. Diese Reichweiten-Challenges funktionieren insbesondere auf Instagram sehr gut, es gibt aber auch Challenges auf TikTok oder Facebook.

Auf die zweite Art der Challenge – die Challenge, an deren Ende ein Produkt angeboten wird, gehe ich in Kapitel 10, »Wie Fans zu Kunden werden«, ein. Ich nenne sie die Verkaufsschallenge. Dabei wird zumeist eine geschlossene Facebook-Gruppe in Kombination mit einer E-Mail-Serie und einem Webinar eingesetzt. Du versorgst die Teilnehmer einige Tage mit Inhalten und Aufgaben und begeisterst sie so für dein Thema. Spätestens im Webinar zum Abschluss der Challenge machst du ihnen dann ein Angebot.

Ich habe in den vergangenen Jahren drei Reichweiten-Challenges veranstaltet – die #meineYogaChallenge 1, 2 und 3 – mit mehreren Partnern und Sponsoren. Dabei haben wir unsere Communities aufgefordert, fünf Tage lang verschiedene Fragen dazu zu beantworten, was ihr Leben in ihren Augen »yogischer« macht. Mal geben

---

5   https://easycontentmarketing.de/

sie dabei einen Buchtipp, mal teilen sie ein Mantra, mal die Lieblings-Asana. Wer die ganzen fünf Tage dabei war und gepostet hat, konnte etwas gewinnen – dafür hatten wir wertvolle Preise bei fairen und lokalen Kleinunternehmen angefragt, von denen wir wussten, dass Yoga-Praktizierende diese gut finden würden.

Um dir einen Einblick in den Aufwand und den Gewinn zu geben: Meine Kollegin und ich haben als Hauptorganisatoren jeweils ca. acht bis zehn Stunden Vorbereitung (weitere Partner und Sponsoren finden, Ankündigungsposts schreiben, Fragen beantworten) und noch einmal fünf Stunden Nachbereitung (Verlosen, Gewinner verkünden, Versand organisieren) in die Challenge gesteckt – plus jeweils etwa zwei Stunden Arbeit pro Tag während der fünf Challenge-Tage (selbst Posts kreieren, Posts der Teilnehmer liken, kommentieren, Fragen beantworten). Da eine der Gewinnbedingungen lautete, uns auf Instagram zu folgen, habe ich dort jeweils zwischen 60 und 130 Follower pro Challenge gewonnen. Tatsächlich ist mir aufgefallen, dass die Followerzahl nach den Challenges kaum zurückgegangen ist: Die Challenge-Teilnehmer waren treue Abonnenten und oft im Folgejahr wieder als Teilnehmer dabei. Die Zahl der Neuabonnenten pro Jahr durch die Challenge hat allerdings kontinuierlich abgenommen, sodass sich der Aufwand – wenn man nur an den Followergewinn denkt – kaum noch lohnte.

Ich hatte schon vermutet, dass sich das Format der Challenge totgelaufen hätte – bis ich Ende 2019 ein »Rauhnacht-Journaling« veranstaltete. Die Rauhnächte sind die Nächte zwischen Weihnachten und Dreikönig, denen in verschiedenen europäischen Traditionen eine besondere Bedeutung zugemessen wird. Hier sollen die Schleier zur geistigen Welt sehr dünn sein, weshalb sie sich gut zur Reflektion und zum Orakeln eignen. Die Idee für meine Challenge: zwölf Journaling-Fragen in den Rauhnächten und eine Anleitung, wie man sie nutzen kann. Es gab nichts zu gewinnen, und es gab auch keine Regeln wie »verwende zwingend das Hashtag und folge mir«. Ja, nicht einmal seine Erfahrungen auf Social Media zu teilen, war eine Voraussetzung für die Teilnahme. Ich selbst hatte dadurch, dass ich keine Regeln überprüfen musste, viel weniger Aufwand und staunte über 330 neue Follower innerhalb weniger Tage. Und: Viele teilten ihre Erfahrungen beim Journaling in den Instagram-Stories und verlinkten meinen Account darin – obwohl dies keine Bedingung für die Teilnahme war. Auch die neuen Follower aus dem Rauhnacht-Journaling sind sehr treu, sie folgen mir weiterhin, und ich erhalte selbst Monate später noch regelmäßig Nachrichten von ehemaligen Teilnehmern, die mir erzählen, was die Teilnahme bei ihnen bewirkt hat und welche Rauhnächte-Wünsche sich verwirklicht haben. In Abbildung 9.11 siehst du den Ankündigungspost fürs Rauhnacht-Journaling – ich hatte mich für das Format Karussellpost mit Videos entschieden, und der Post wurde kräftig verbreitet.

hashtagbiancafritz • Folgen
Basel, Switzerland

notierst. Wir werden diese in den Rauhnächten verbrennen. Wir haben das im vergangenen Jahr auch schon gemacht und ich habe so viele liebe Rückmeldungen bekommen, dass sich die Wünsche bei euch tatsächlich manifestiert haben.

💫 Also: Lust auf ein wenig Magie? 🖋️✨ Gemeinsam ist es noch kraftvoller! Falls du etwas postest (kein Muss, aber toll für mich, zu sehen, dass du dabei bist), benutze gerne den Hashtag #Rauhnachtjournaling .

🧡🧡 Und ich würde mich riesig freuen, wenn du diesen Post teilst oder bewusst eineR FreundIn schickst, der dieser reflektierte Neustart guttun würde.

Gefällt 201 Mal

21. DEZEMBER 2019

Abbildung 9.11 Das Rauhnacht-Journaling war eine Challenge ohne Bedingungen. Zugriff: 23.08.20[6]

Reichweiten-Challenges sind also nicht tot – sie haben sich nur verändert. Die Social-Media-User sind wählerisch geworden bei der Auswahl. Sie schätzen den Arbeitsaufwand und den möglichen Nutzen genau ab. Meine Tipps für eine Social-Media-Challenge lauten daher:

1. Nenne deine Aktion nicht unbedingt Challenge – der Begriff ist ausgelutscht, und viele ermüden bei dem Gedanken an noch mehr Herausforderungen in ihrem Leben. Begriffe wie »Minikurs« oder »Gratisaktion« funktionieren besser.

2. Stelle den Inhalt deiner Challenge schon bei der Planung in den Fokus: Womit kannst du dienen? Wie kannst du ein kleines Problem deiner Kundin lösen oder ihr wertvolle Inspiration geben? Diese Überlegung ist wichtiger als die Frage, ob und was es dabei zu gewinnen geben sollte.

3. Kommuniziere diesen Nutzen auch klar: Was lernen die Teilnehmenden? Warum sollten sie sich die Zeit nehmen? Mögliche Challenge-Versprechen könnten sein: »In fünf Tagen zu mehr Selbstbewusstsein«, »Endlich ein rechtssicheres Impressum auf deiner Webseite«, »Deine täglichen 5-Minuten-Malereien für mehr Kreativität«.

---

6   www.instagram.com/p/B6Vl1mQHQoJ/

4. Wähle den richtigen Kanal: Auf Instagram kann dir eine Challenge zu mehr Sichtbarkeit und mehr Followern verhelfen. In einer Facebook-Gruppe ist die Kommunikation unter den Teilnehmenden einfacher, es kann eine gute Gruppendynamik und ein Zusammengehörigkeitsgefühl entstehen. Außerdem können die Teilnehmerinnen hier Links zu ihren Ergebnissen abseits von Facebook teilen, wenn du sie in der Challenge beispielsweise an ihrer Webseite arbeiten lässt. Die Frage ist aber: Was machst du hinterher mit der Gruppe? Die dauerhafte Pflege einer Gruppe ist zeitaufwendig und läuft nicht nebenher. Gehört es zu deiner Social-Media-Strategie, eine Gruppe zu betreuen? Zum Beispiel weil »Zusammengehörigkeit« das Grundbedürfnis ist, das du mit deinem Warum decken möchtest? Dann kann eine Challenge ein guter Start für eine Facebook-Gruppe sein. Wenn du eine Verkaufs-Challenge im Kopf hast und deshalb eine Facebook-Gruppe gründen möchtest – lies mehr dazu in Kapitel 10.

5. Halte die Hürden für eine Teilnahme niedrig. Insbesondere auf Instagram haben viele User inzwischen einen durchgeplanten und auch optisch abgestimmten Feed. Sie können nicht so einfach spontan an Challenges teilnehmen, wenn die Bedingung ist, dass sie etwas in ihrem Feed posten. Die meisten sind eher bereit, in den Stories an Aktionen teilzunehmen. Es verspricht also mehr Erfolg, dies zur Teilnahmebedingung zu machen – falls du denn Bedingungen stellen willst.

6. Wenn es Bedingungen gibt, sollte es auch etwas zu gewinnen geben: Was verlost du unter den Teilnehmern, die ihre Teilnahme zeigen? Kannst du vielleicht sogar Sponsoren mit an Bord holen, die auf ihrem Kanal auf die Challenge hinweisen, damit du auch von deren Reichweite profitierst?

7. Halte die Challenge kurz und knackig – sowohl was den täglichen Aufwand für die Teilnehmenden angeht als auch in der Gesamtlänge. Drei bis fünf Tage sind ideal. Kommuniziere den erwartbaren Zeitaufwand, damit Teilnehmende gut planen können – und halte diesen auf jeden Fall unter einer halben Stunde täglich.

8. Suche dir ein noch nicht besetztes Hashtag, um alle Beiträge der Challenge zu finden, und/oder sage den Teilnehmenden, dass sie deinen Account markieren sollen, damit du alle Beiträge sehen, eventuell teilen und kommentieren kannst. Diesen Arbeitsaufwand solltest du unbedingt mit einplanen. Es geht um Community-Aufbau.

9. Gerade wenn dein Ziel der Challenge kein Verkaufsziel ist, sondern der Aufbau einer Community, überlege dir, andere Accounts anzufragen, ob sie die Challenge mit dir veranstalten möchten. Wähle dafür Accounts mit einer ähnlichen Zielgruppe.

10. Fange einige Tage vor Beginn der Challenge an, diese auf all deinen Kanälen zu bewerben – insbesondere natürlich auf dem Kanal, auf dem die Challenge statt-

findet. Ermutige die ersten Teilnehmenden und Interessenten, die Challenge zu teilen und bekannt zu machen.

11. Berichte täglich von der Challenge, deinen Ergebnissen und vor allem den Ergebnissen deiner Teilnehmenden. Das ist nicht nur eine schöne Anerkennung für alle, die mitmachen, es gibt auch Nachzüglern die Chance, doch noch aufzuspringen, und den Nicht-Teilnehmenden zumindest die Gelegenheit, passiv ein wenig dabei zu sein.

Für deine Challenge kannst du alle Formate nutzen, die dir dein Netzwerk bietet. Der Klassiker ist: Du stellst täglich eine Frage, die die Community beantwortet. Oder du gibst ihnen eine kleine Aufgabe, die sie voranbringt. Du selbst postest diese Frage zum Beispiel in Form eines Bilds mit Text oder in einem Video. Und natürlich nimmst du selbst teil oder hast die Aufgaben schon im Vorfeld beantwortet und kannst deine Ergebnisse teilen.

Ein Beispiel: Stolze sieben Mal hat Social-Media-Managerin Stefanie Grothe die #zeigdeinBusiness-Challenge veranstaltet mit Fragen für mehr Sichtbarkeit kleiner Unternehmer. Sie zeigt auch die Ergebnisse der Challenge ganz transparent – siehe Abbildung 9.12.

Abbildung 9.12 Ein Challenge-Dauerbrenner für kleine Unternehmer, Zugriff: 23.08.20[7]

---

7   www.instagram.com/stefaniegrothe_/

Nehmen wir beispielsweise an, du bist Fotografin und veranstaltest eine Challenge zum Thema »Wie du die Farben in deinen Fotos aufleben lässt«. An Tag 1 stellst du eine kostenlose App zur Bildbearbeitung vor, und die Follower sollen diese installieren sowie ein Foto hochladen, bei dem ihnen die Farben noch nicht gefallen. An Tag 2 zeigst du in einem kurzen Video verschiedene Regler und Einstellungen in der App, mit denen die Farben bearbeitet werden können, und forderst die Teilnehmenden auf, es dir gleichzutun. An Tag 3 wird das Foto weiterbearbeitet mit anderen Reglern. An Tag 4 erzählst du, worauf man beim Exportieren des Bilds aus der App achten soll, und rufst dazu auf, ein Vorher-nachher-Vergleichsbild mit dem Hashtag #bessereFarbenaufFotos zu posten. Deine Partnerin in der Challenge ist Social-Media-Designexpertin und zeigt, wie man ein Vorher-nachher-Bilder auf Instagram erstellt und gut beschriftet. Anschließend kürst die beiden schönsten Bilder, und die Gewinner erhalten ein 60-minütiges Einzelcoaching zum Thema Fotobearbeitung bei dir oder eine individuelle Designvorlage bei der Social-Media-Designexpertin.

Als zusätzlichen Service könntest du auch anbieten, an Tag 3 abends live zu gehen, um Fragen zur Bildbearbeitung zu beantworten. An Tag 4 kann deine Partnerin live gehen und Fragen zum Design für Instagram beantworten.

Oder du hast einen fairen Fahrradladen und bietest eine Challenge an, in der die Teilnehmer in zwei Tagen mit je 15 Minuten Zeitinvestment das Fahrrad wieder frühjahrsfit machen. Du erstellst dafür zwei Videos mit den Dingen, auf die man achten sollte, wenn man das Rad nach dem Winter wieder aus dem Keller holt. Du machst vor, was zu tun ist. Fordere die Teilnehmenden auf, zu zeigen, an welcher Stelle ihr Rad im Winter besonders gelitten hat. Und stehe zur Verfügung, wenn sie Fragen haben. Alle Fragen beantwortest du in Form von Stories, damit auch die anderen Teilnehmer oder passive Zuschauer profitieren. Dein Partner ist Sponsor der Challenge und Hersteller eines umweltfreundlichen Fahrradöls. Dieses verlost du unter allen Teilnehmenden. Dein Sponsor könnte inhaltlich noch ein kurzes Video dazu beisteuern, worauf man bei Ölen der Kette achten sollte.

Das Wichtigste in Kürze

Wenn du Kooperationen eingehst, nutzt du nicht nur deine eigene Reichweite, sondern auch die deiner Partner oder Sponsoren. Das ist eine gute Taktik, um über deinen bisherigen Wirkungskreis hinaus sichtbar zu werden. Wichtig ist, eine Win-win-Situation für dich und die Kooperationspartner zu schaffen und Kooperationen so auszuwählen, dass letztendlich deine Community davon profitiert. So kannst du einerseits strategisch die Zahl deiner Follower vergrößern und andererseits deinem Warum, deinem Wunschkunden zu dienen, gerecht werden.

9.4   Make Social Media social: Zurückgeben mit Community-Aktionen, Umfragen und mehr

Dein Social-Media-Account ist dein Werbekanal – und zugleich beinhaltet er so viele Möglichkeiten, wie du dich gegenüber deiner Community großzügig zeigen und eure Beziehung vertiefen kannst. Du gibst den Menschen etwas zurück als Dankeschön dafür, dass sie dir ihre wertvolle Zeit und Aufmerksamkeit schenken. Zugleich sind Aktionen toll für den Algorithmus, weil sie viele Interaktionen hervorrufen. Das soziale Netzwerk merkt also, dass bei dir Spannendes passiert, die Menschen fühlen sich willkommen und gefragt.

Die bereits besprochenen Challenges sind eine Form, diesen Dank auszudrücken – du bist einige Tage intensiv für deine Follower da und bringst sie voran. Dass ich Challenges in diesem Buch unter dem Stichwort Kooperationen aufgeführt habe, liegt vor allem daran, dass sich der große Aufwand für dich zu Beginn vermutlich nur dann lohnt, wenn du Partner mit einbindest und von deren Reichweite ebenfalls profitierst. Dennoch ist eine Challenge natürlich eine Community-Aktion par excellence, die du auch alleine für deine Follower veranstalten kannst.

Es gibt aber auch weniger aufwendige Formate, die dir ermöglichen, etwas zurückzugeben. Und damit Vertrauen und eine treue Community aufzubauen. Die folgende Liste erhebt keinen Anspruch auf Vollständigkeit. Halte, wenn du selbst auf Social Media unterwegs bist, die Augen offen für neue Aktionen, und nutze deine eigenen Ideen, um deine Community zu belohnen und stärker einzubinden. Sie danken es dir mit Vertrauen, Weiterempfehlungen und gesteigerter Aufmerksamkeit für deine Inhalte und Angebote.

Wie bei Challenges gilt: Halte die Hürde für die Teilnahme niedrig. So motivierst du mehr Menschen, mitzumachen. Du musst auch nicht jedes Mal etwas verlosen oder einen Gewinn versprechen. Manchmal reicht auch ein spielerisches Element völlig aus, die Aussicht auf ein schnelles Vergnügen kann Motivation genug sein.

9.4.1   Mitmach-Story-Templates

Wenn du auf Instagram aktiv bist, bist du bestimmt schon einmal markiert worden mit der Bitte, eine Story-Vorlage auszufüllen. Dabei wirst du zum Beispiel aufgefordert, deine Woche in lustigen GIFs, also bewegten Bildern, einzufügen. Oder einzutragen, wofür du heute dankbar bist. Oder du bringst ein Bingo oder ein Quiz in die Vorlage – die Bandbreite der Möglichkeiten ist riesig. Vielleicht solltest du auch einfach nur unterstreichen, was du lieber magst: Kaffee oder Tee, Meer oder Berge. Oder du solltest festhalten, was du an einem bestimmten Tag schaffen möchtest. Diese Vorlagen regen auf spielerische Art dazu an, etwas von sich preiszugeben, und enden oft mit dem Aufruf, andere zu markieren, die ebenfalls die Vorlage ausfüllen mögen. Sie haben also gleich mehrere Vorteile: Sie wecken das Kind in uns, das spielen will, und nehmen uns die Überlegung ab, was wir über uns erzählen könnten, um für unsere Community nahbar zu werden. Vergiss nicht: Menschen sind unter anderem auf Social Media, weil sie gern über sich sprechen; wenn du sie mit einer Vorlage dazu aufforderst, kommt das zumeist sehr gut an.

Zu guter Letzt wird durch die Vorlagen dein Account-Name auch an anderen Orten sichtbar, wenn deine Antworten geteilt werden oder du markiert wirst. Erwarte aber keinen großen Follower-Gewinn durch die Story-Vorlagen. Allein dass dein Name darauf steht, macht die Menschen noch nicht unbedingt neugierig auf deinen Account. Du kannst die verschiedenen Story-Templates inzwischen ganz einfach auf Canva gestalten – es gibt bereits vorgefertigte Designs, die du mit deinen Farben, Schriften und Fragen an die Inhalte deiner Marke anpassen kannst (siehe Abbildung 9.13).

Abbildung 9.13 Auf Canva.com gibt es viele Vorlagen für Mitmach-Templates. Zugriff: 24.08.20

9.4.2   Ich zeige deinen Account

»Wenn du auf diese Story mit einem Herz antwortest, teile ich mein Lieblingsfoto aus deinem Account.« Aktionen wie diese sind sehr beliebt, weil du so deinen Followern hilfst, an Sichtbarkeit zu gewinnen. Und natürlich bedienst du auch ein klein wenig die Eitelkeit deiner Follower, wenn du »das Schönste« auswählst.

Wenn du diese Aktion etwas abwandelst, hast du zwar mehr Arbeit, aber die Teilnehmer haben auch einen größeren Nutzen. Du könntest zum Beispiel anbieten, zu schreiben, was es bei diesem Account zu sehen gibt und warum du ihn besonders findest. Damit steigt die Wahrscheinlichkeit, dass die Mitglieder deiner Community neue Follower gewinnen, enorm. Zudem zeigst du, dass du dich mit den Accounts deiner Follower beschäftigt hast, was deine Vertrauenswürdigkeit steigert. Wenn du bereits viele Follower hast, beschränke die Anzahl der Accounts, die du empfehlen wirst – sonst wirst du den ganzen Tag damit verbringen, Accounts zu empfehlen. Und natürlich spricht nichts dagegen, die Community zu fragen, ob sie dein Profil auch teilen möchten, wenn sie deine Inhalte wertvoll finden. So kannst du locker 10 bis 50 neue Follower an einem Tag gewinnen – je nach Größe deiner Community und Relevanz deines Accounts für die Follower deiner Follower. Ich habe eine solche Aktion im August 2020 veranstaltet und zeige dir in Abbildung 9.14 zwei Screenshots daraus.

Abbildung 9.14 Andere Accounts vorstellen und der Community etwas Gutes tun[8]

---

8   Screenshot-Kombi von Stories von www.instagram.com/hashtagbiancafritz/.

9.4.3   Fragen der Community beantworten

Wenn dir jemand eine Frage stellt oder du eine Frage bereits häufiger gestellt bekommen hast, nimm dies zum Anlass, die Frage einmal öffentlich zu beantworten. Kläre mit der Person, die (zuletzt) gefragt hat, ob du ihren Namen nennen darfst, und dann antworte in deinem Post oder in der Story. Für die Community ist die Antwort auf ihre Fragen das Signal: Ihr gestaltet die Inhalte hier mit. Ich kümmere mich um euch. Oft freut sich die Person, deren Frage beantwortet wurde, ganz besonders darüber, und teilt die Antwort in ihrem Account. So können wieder neue Menschen aus ihrer Community auf dich aufmerksam werden.

9.4.4   Learnings und Aha-Momente teilen

Nichts bindet deine Community stärker an dich, als wenn sie beobachten, wie du an einer Herausforderung wächst – darüber hatte ich in Kapitel 7, »Mehrwert und Authentizität: Wie Social Media dein Warum stützt«, zum Thema Authentizität bereits gesprochen. Jetzt möchte ich ergänzen: Nichts bindet die Community stärker, als wenn sie sehen, wie du an einer Aufgabe wächst und sie dabei selbst etwas lernen können. Du hast endlich ein Tool gefunden, mit dem du Podcasts ganz einfach schneiden kannst? Erzähl davon. Du hast eine Methode gefunden, wie du deinen E-Mail-Posteingang regelmäßig auf null E-Mails bekommst und fühlst dich damit viel freier? Berichte darüber. Wenn du über etwas sprichst, das du selbst gerade erst verstanden hast, oder etwas, das dein Kunde gerade verstehen durfte, hat das eine ganz besondere Energie. Du sprühst vor Begeisterung – das kommt unheimlich gut an bei deiner Community.

Zudem kannst du fast davon ausgehen, dass dein Learning für viele andere auch neu ist – nicht nur für dich. Immerhin ziehst du ja hauptsächlich Wunschkunden an, die dir folgen, weil du schon ein paar Schritte weiter bist als sie (siehe Kasten »Kann ich selbst mein eigener Wunschkunde sein?« in Abschnitt 4.2, »Name, Lieblingsfarbe, Familienstand? Was musst du wirklich wissen?«).

9.4.5   Gewinnspiele

Natürlich kannst du deine Community nicht nur im übertragenen, sondern auch im tatsächlichen Sinne beschenken. indem du etwas zur Verlosung anbietest, was für sie spannend ist – entweder aus deinem Angebot oder von einem Sponsor. Bücher und andere physische Produkte, Coaching-Sessions, Kursteilnahmen, E-Books – die Bandbreite dessen, was du verlosen kannst, ist riesig. Bedenke, dass du bei physischen Produkten den Versand noch organisieren musst. Gerade wenn du mit Sponsoren arbeitest, lass besser sie den Versand erledigen, damit die Dinge nicht mehrfach hin- und hergeschickt werden müssen.

9.4.6   Liketime/Commenttime

Ein Instagram-Trend, der bei Influencern angefangen hat, aber auch bei kleineren Instagram-Accounts (ab etwa 1.000 Followern) gut funktioniert: Fordere die Accounts auf, in deinen Kommentaren ihren Account zu teilen und bei anderen Accounts in deinen Kommentaren Like-Herzen zu verteilen. So schenken sich alle, die mitmachen, gegenseitig mehr Interaktion und entdecken nebenher weitere Accounts, denen es sich zu folgen lohnt. Ein Beispiel für eine Liketime siehst in Abbildung 9.15 bei Fee Schönwald, Expertin für kreative Fotoideen. Sie veranstaltet diese regelmäßig und mit großem Zuspruch ihrer Community.

Abbildung 9.15 Beispiel für eine Liketime, Zugriff: 24.08.20[9]

Noch besser funktioniert das, wenn du die Community aufforderst, sich nicht nur gegenseitig zu liken, sondern bei anderen Accounts zu kommentieren – weil der Algorithmus Kommentare höher bewertet als Likes und weil die Teilnehmer die Posts anders wahrnehmen müssen, wenn sie einen Kommentar schreiben, als wenn sie einfach nur das Herz drücken.

---

9   www.instagram.com/fee_schoenwald/

Wenn du dich als Veranstalter der Liketime oder Commenttime auch beteiligst und nicht nur einen Aufruf postet, ist diese Aktion recht zeitaufwendig. Am besten bedenkst du dies schon bei der Planung und begrenzt sie auf 24 oder 48 Stunden. Rechne zudem Zeit mit ein, um Fragen zum Ablauf zu beantworten. Zugleich denken viele Teilnehmer nicht daran, auch dem Veranstalter der Aktion Likes oder ein Abonnement zu hinterlassen. Du musst sie also daran erinnern. Vielleicht machst du es sogar zur Bedingung, dass die Teilnehmer auch deinem Account folgen – wobei Bedingungen zahnlose Tiger sind, wenn sie nicht wirklich überprüft werden können. Und wer Kommentare von Menschen löscht, nur weil diese dem eigenen Account nicht folgen, macht sich sicher keine Freunde auf Social Media. Die Bedingung »folge meinem Account« ist also eher als Erinnerung zu verstehen.

9.4.7 Umfragen

Umfragen sind aus mehreren Gründen ein tolles, zeitloses Tool. Sie machen es den Followern und Followerinnen leicht, eine Handlung vorzunehmen. Besonders wenn diese nicht überlegen müssen, was sie schreiben sollen und wie sie es formulieren, sondern eine vorgegebene Antwort auswählen können. Damit macht eine Umfrageteilnahme ebenso wenig Arbeit wie ein Like – und sie ist doch wertvoller für dich. Denn du kannst Umfragen nutzen, um deine Follower besser kennenzulernen.

Umfragen erfüllen unser zutiefst menschliches Bedürfnis, gefragt zu werden. Es ist ein gutes Gefühl, zu wissen, dass unsere Meinung zählt. Tatsächlich hat es eine andere Dynamik, je nachdem, ob du einen Inhalt einfach erstellst, weil du vermutest, dass er für deine Community interessant sein könnte, oder ob du deine Gefolgschaft zuerst gefragt hast, ob sie etwas interessiert, dann das positive Umfrageergebnis zeigst und dann den Inhalt teilst. So zeigst du Wertschätzung gegenüber der Meinung und den Vorlieben deiner Community. Tatsächlich kannst du Umfragen sogar nutzen, um neue Dienstleistungsangebote oder Produktideen zu entwickeln.

Facebook stellt auf Seiten und in Gruppen eine Umfragefunktion zur Verfügung. Wenn du nur zwei Auswahloptionen anbietest, kannst du sogar GIFs statt Text für die Auswahl verwenden, was der Umfrage einen spielerischeren, leichten Charakter verleiht. Auf Instagram ist die Umfrage derzeit nur in den Stories und mit zwei Antwortoptionen möglich. Zudem kannst du die Community mit einem kleinen Regler abstimmen lassen, in welchem Maße sie mit etwas übereinstimmt. Außerdem steht vielen Nutzern in der Story ein Quiz zur Verfügung, das ebenfalls Spielmöglichkeiten eröffnet oder als Umfrage umfunktioniert werden kann. Die GIF-Umfrage von Facebook und die Umfragemöglichkeiten bei Instagram-Stories siehst du auch in Abbildung 9.16.

Abbildung 9.16 Umfragen kannst du sowohl auf Facebook als auch in den Instagram-Stories erstellen.

Fazit: Umfragen sind nicht nur schnell erstellt, du profitierst auch von einer hohen Interaktionsrate und erhältst wertvolle Informationen. Zugleich spürt deine Community dadurch Wertschätzung. Lass dir diese Funktion also keinesfalls entgehen.

Das Wichtigste in Kürze

Wenn du Community-Aktionen veranstaltest und die Follower in deine Content-Produktion einbindest, indem du sie fragst und ihre Fragen beantwortest, wirst du als großzügig wahrgenommen. Als Mensch hinter dem Account. Du baust eine treue Community auf, die dich schätzt und unterstützt. Zugleich steigern die Aktionen deine Sichtbarkeit, weil sie die Interaktion der Menschen mit deinem Account fördern.

Wenn du dieses Kapitel gelesen hast, überlege dir, welche der vorgestellten Taktiken du anwenden möchtest, um mehr Follower zu gewinnen und deine Community für ihre Treue und Aufmerksamkeiten zu belohnen. Trage ins Workbook ein, was du wann angehen möchtest, damit es nicht in Vergessenheit gerät.

10 Wie Fans zu Kunden werden

Du lieferst wertvolle Inhalte, hast eine unterstützende Community gebildet und bist als verlässlicher Anbieter bekannt. Im Idealfall warten deine Follower begierig darauf, dass du ihnen ein Angebot machst. Wie sprichst du darüber, ohne zum Marktschreier zu werden?

Ich möchte dich noch einmal an das Bild der Party erinnern. Wenn du die Methoden aus Kapitel 9, »Vertrauen gewinnen und Reichweite aufbauen«, genutzt hast, um eine dir zugewandte Community aufzubauen, und wenn du diese zudem regelmäßig mit wertvollem Content nährst, hast du schon einige Partys gegeben. Und viele spannende auch tiefergehende Gespräche mit potenziellen Kundinnen geführt. Jetzt ist die Zeit für den Heiratsantrag gekommen – du fragst, ob dein Gegenüber dein Angebot kaufen möchte.

Über die eigenen Angebote zu sprechen, kann beängstigend sein. Es könnte ja jemand ablehnen – oder noch schlimmer: Niemand sagt Ja. Aber erinnern dich daran, wofür du Social Media betreibst. Ja, die sozialen Kanäle sind der ideale Ort, um dich zu zeigen und mit deinem Warum und deiner Persönlichkeit Vertrauen aufzubauen. Aber letztendlich sind und bleiben sie ein Marketingkanal. Du suchst keine Freunde – auch wenn durchaus Freundschaften entstehen dürfen –, sondern hast ein Angebot zu vermarkten, und zwar nicht nur um des Verkaufens Willen, sondern weil du weißt, dass du damit die Welt ein klein wenig besser, bunter und schöner machen kannst.

In diesem Kapitel zeige ich dir, wie oft du und wie du auf Social Media über dein Angebot sprechen kannst. Du erzeugst Spannung und überzeugst durch Klarheit. So, dass es die User kaum noch erwarten können, auf deiner Webseite oder in deinem Newsletter mehr über deine Angebote zu erfahren. Denn das ist eine Kundenreise, die Erfolg verspricht: Jemand erfährt von dir, folgt dir auf Social Media, baut dort Sympathie und Vertrauen auf und kauft schließlich bei dir.

Eins gleich vorab, um Enttäuschungen zu vermeiden: Das Kaufangebot ist ein Heiratsantrag, den du vermutlich mehrfach machen musst. Gerade auf Social Media, da ziemlich viele heiratswillige Anbieter unterwegs und das Angebot groß ist. Und manche Wunschkunden werden noch mehr Zeit und Information brauchen, um Ja zu sagen. Donald Miller beschreibt das Verkaufen in seinem Buch »Building a StoryBrand«[1] mit folgendem Dialog, den ich sehr treffend finde:

Du: »Willst du mir heiraten?«

Kunde: »Nein.«

Du: »Willst du mit mir ausgehen?«

Kunde: »Na gut.«

Du: »Willst du mich jetzt heiraten?«

Kunde: »Nein.«

Du: »Würdest du noch einmal mit mir ausgehen?«

Kunde: »Klar, du bist interessant, und was du erzählst, ist wertvoll. Warum also nicht.«

Du: »Willst du mich heiraten?«

Kunde: »Okay, ich heirate dich.«

Also gib den Kunden Zeit und lass dich nicht entmutigen, wenn du zunächst einen Korb bekommst. Kaufentscheidungen dauern oft so viel länger, als wir vermuten. Und wer kein Angebot mehr bekommen möchte, muss dir ja auch nicht folgen – Teil deiner Community zu sein, ist schließlich absolut freiwillig.

Zudem hat es auch Vorteile für dich, wenn die potenziellen Kundinnen nicht sofort kaufen. Denn du möchtest vor allem die Kunden ansprechen, die wirklich von dir überzeugt sind, sogar schon bevor sie mit dir arbeiten oder dein Produkt in der Hand halten. Sie werden zufriedener sein und dich begeistert weiterempfehlen.

Übe dich in Geduld, biete weiter Mehrwert, denk dir spannende Dates aus (siehe Abschnitt 10.3.4 über die Königinnen der Freebies) und frage immer wieder nach – es lohnt sich!

10.1   Drei Säulen für guten Content-Mix: Mehrwert, Persönliches, Angebot

Es gibt zwei grundsätzliche Fehler, die du regelmäßig auf den sozialen Netzwerken beobachten kannst:

---

[1]   Donald Miller: Building a StoryBrand: Clarify Your Message So Customers Will Listen. Harper Collins Publishers, 2017.

1. Die Account-Inhaber sprechen nur über ihr Angebot, wollen also mit jedem Post verkaufen. Sie haben nicht verstanden, wie wichtig persönliche und wertvolle Inhalte für den Vertrauensaufbau sind.

2. Die Anbieter posten nur noch Mehrwert und Persönliches und sprechen gar nicht mehr über ihr Angebot. Sie verstecken sich hinter ihrem Mehrwert, weil sie »niemandem etwas andrehen« möchten.

Letzteres geschieht gerade bei Warum-getriebenen Unternehmerinnen und Selbstständigen häufig. Sie nutzen die Kanäle nur noch, um zu geben. Das ist allerdings genauso sinnvoll, wie auf einen Acker immer nur frische Samen zu streuen und niemals zu ernten.

Und: Es ist letztendlich sogar schlechter Service. Wenn du Vertrauen aufgebaut und deine Expertise unter Beweis gestellt hast, möchten deine Wunschkunden mehr davon. Sie wollen etwas kaufen. Wenn sie auf deinen Social-Media-Accounts aber nicht leicht fündig werden, verwirrt sie das. Die Wahrscheinlichkeit, dass ein Wunschkunde, den du durch deine Inhalte an dich gebunden hast, eine Privatnachricht schreibt und fragt: »Wie kann ich an dein Produkt kommen oder mit dir arbeiten?«, ist sehr gering. Sehr viel wahrscheinlicher zuckt er ratlos mit den Schultern. Und dann verlierst du ihn – trotz all deiner Mühen – an Mitbewerberinnen, die ihr Angebot klarer benennen.

Wie aber gelingt es dir, einerseits der Besonderheit der sozialen Netzwerke gerecht zu werden, dass sie primär keine Verkaufsplattformen sind, und andererseits dein Angebot deutlich zu machen? Das Geheimnis liegt im richtigen Verhältnis deiner Inhalte. Eine Daumenregel lautet: Auf drei Portionen wertvolle Inhalte darf eine Portion Werbung für deine Angebote kommen. Abbildung 10.1 zeigt die drei Säulen für guten Content und die gewünschte Verteilung.

Die Regel, so einfach sie klingt, wirft in der praktischen Umsetzung einige Fragen auf, insbesondere wenn man versucht, sie auf einen Redaktionsplan umzumünzen. Muss also jeder vierte Post ein Angebot enthalten? Wie ist das mit Posts, mit denen ich zwar eine persönliche Geschichte erzähle, aber am Schluss darauf hinweise, dass ich zu diesem Thema auch coache? Und was ist, wenn ich kurz vor Anmeldeschluss eines Workshops stehe oder vor dem Launch meines Angebots? Ist es dann nicht auch sinnvoll, mehr Angebotstexte oder Videos posten?

Die Daumenregel ist lediglich ein Hilfsmittel für deinen Content-Mix, und du musst nicht anfangen, Posts abzuzählen. Das würde zu absurden weiteren Fragen führen wie: Muss ich bei jedem Neuabonnenten meiner Social-Media-Kanäle wieder bei eins zu zählen beginnen? Auch intensive Phasen der Bewerbung eines Produkts oder Kurses verschmerzt deine Community ohne Weiteres. Bisher haben mir alle Onlineunternehmerinnen sogar ein überraschendes Phänomen bestätigen können:

In aktiven Werbephasen haben sie Follower gewonnen, nicht verloren! Und das, obwohl viele von ihnen Angst hatten, zu viel über ihr Angebot zu sprechen.

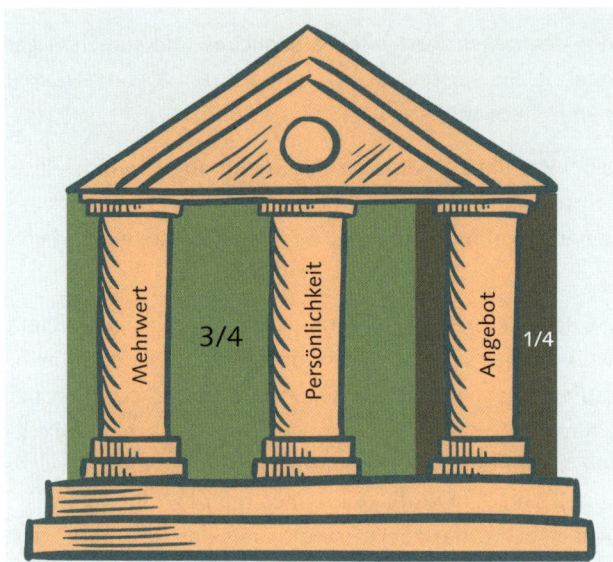

Abbildung 10.1 Ein stabiles Content-Haus hat drei Säulen und achtet auf die richtige Verteilung der Inhalte.

Woran kann das liegen? Ich vermute, dass viele in den Verkaufsphasen klarer als sonst auf den Punkt bringen müssen, wofür sie stehen und was sie anbieten – User schätzen diese Klarheit.

Bei den gemischten Posts, die sowohl Mehrwert oder Persönliches bieten als auch ein Angebot erwähnen, würde ich mich bei der Content-Produktion fragen: Wo liegt der inhaltliche Schwerpunkt dieses Posts? Gebe ich Mehrwert, zeige ich mich authentisch, oder bewerbe ich mein Angebot? Dieser Schwerpunkt ist es auch, der bei deinen Followern hängen bleiben wird. Du musst dich nicht sorgen, dass du sie mit Werbung am Ende des Posts vergraulst, und kannst diesen Post zu denen zählen, die auf den drei Säulen der »Nicht-Werbe-Posts« stehen.

Wovon ich allerdings abraten würde, ist, unter jeden Post Werbung zu stellen, weil das bei Usern einen fahlen Eindruck hinterlässt. Die schlechteste Idee dabei ist es, Wort für Wort die identischen Werbezeilen via Copy-and-paste an das Ende eines Posts zu klatschen. Das fällt neben den Nutzern auch dem Algorithmus unangenehm auf, und er wertet es als mögliche Spam-Aktivität. Werbung am Ende eines Posting-Texts solltest du immer nur dann verwenden, wenn deine Geschichte logisch darauf zuführt – dein Angebot also zum Beispiel die Lösung für den Helden in deiner Geschichte ist. Wenn sich die Nennung deines Angebots wie ein Zusatz anfühlt, den du genauso gut weglassen könntest, dann höre hier auf dein Bauchgefühl und nutze lieber einen gesonderten Post, um sauber auf dein Angebot hinzuweisen.

Hinter der Unsicherheit, wie viel Werbung zu viel ist, steckt oft die Befürchtung, dass die Anbieter ihre Community mit zu viel »Werbung« für die eigenen Angebote nerven könnten. Daher bleiben insbesondere Warum-getriebene Unternehmerinnen oft weit unter dem besagten Viertel Werbeanteil zurück. »Fear of Overmarketing«, die Angst, zu präsent zu sein, nennt man dieses Phänomen. Wenn es dir bisher ähnlich ging, möchte ich dir ein paar Argumente an die Hand geben, mit denen du dieser Sorge begegnen kannst.

1. Dein Content und dein Angebot haben dasselbe Ziel: Sie sollen dein Warum erfüllen und deinen Wunschkunden unterstützen. Wenn dein Wunschkunde also deinen Content spannend findet, wird er auch dein Angebot interessant finden.

2. Tatsächlich hat man als Anbieter oft das Gefühl, dass die einzelnen User etwas längst gesehen haben müssten, dass sie noch gar nicht wahrgenommen haben. Weil es vom Algorithmus gar nicht an sie ausgespielt wurde oder weil sie gerade nicht aufnahmebereit waren, als dein Angebot in ihrem Feed aufgetaucht ist. Eventuell haben sie sich sogar kurz gedacht: »Das schau ich mir später noch an« – und es dann völlig vergessen. Am Ende ärgern sie sich sogar, dass sie beispielsweise einen Anmeldeschluss zu deinem Kurs verpasst haben. Eine Daumenregel für dich, um festzustellen, ob du dein Angebot zu sehr in den Fokus rückst, könnte sein, dass du die Interaktion deiner User mit den Angebotsposts beobachtest. Es ist legitim und nicht unüblich, dass Angebotsposts weniger Interaktion aufweisen als andere Posts – was soll der User auch kommentieren, wenn du dein neues Produkt zeigst? Solange die Interaktionsrate von Angebotspost zu Angebotspost nicht deutlich abnimmt, kannst du davon ausgehen, dass deine Follower es noch immer interessant finden, wenn du über dieses Angebot sprichst. Dass sie vielleicht sogar überlegen, es zu kaufen.

3. Studien zeigen, dass Marken und Anbieter, die häufiger sichtbar sind, von den möglichen Kunden tatsächlich als sympathischer wahrgenommen werden. Unbewusst greifen Personen häufiger zu Produkten, die ihnen öfter angeboten wurden. In der Psychologie nennt man das den »Mere Exposure Effect« – also den Effekt des bloßen Kontakts. Ist das nicht faszinierend? Die Sorge vor zu viel Marketing ist sogar wissenschaftlich widerlegt! Allerdings gibt es eine Ausnahme: Wenn dir eine Person oder ein Produkt schon bei der ersten Begegnung unsympathisch war, wird es nicht automatisch besser dadurch, dass du häufig Kontakt mit ihr hast – die Abneigung kann sich sogar noch verstärken. Das soll dich aber nicht abschrecken, denn es ist nicht deine Aufgabe, Menschen, die dich nicht mögen, von dir oder deinem Produkte zu überzeugen. Arbeite lieber mit denen zusammen, die gar nicht genug von dir bekommen können.

Das Wichtigste in Kürze

Wenn du deine mögliche Kundschaft mit Mehrwert- und persönlichen Posts auf dich aufmerksam machst, möchte sie auch bei dir kaufen. Nicht über dein Angebot zu sprechen, ist also schlechter Service. Für einen ausgewogenen Social-Media-Account empfiehlt sich ein Verhältnis von 3 : 1 – drei Teile Mehrwert und Persönliches gemischt mit einem Teil Hinweis auf konkrete Angebote. Wenn es sich anbietet, darfst du auch innerhalb von Posts mischen. Die Angst, zu viel zu werben, ist gerade bei Warum-getriebenen Unternehmerinnen verbreitet – aber fast immer unbegründet.

10.2   Seeding – lass deine Kunden von Anfang an teilhaben

Eine elegante Art, künftige Kunden mit Produkten und Angeboten vertraut zu machen, ist, sie am Entstehungsprozess deiner Werke teilhaben zu lassen. Dabei kannst du deine Community einfach zusehen lassen, ihnen Einblick in deine Werkstatt geben. So nutzen beispielsweise zahlreiche Malerinnen und Maler TikTok-Videos und zeigen im Zeitraffer oder im Detail das Entstehen ihrer Kunstwerke – erwerben kann man sie dann in einem Onlineshop. Der Eco-Bikini-Store Iloshe zeigt Schritt für Schritt, wie seine Bikinis in Handarbeit genäht und verpackt werden (siehe Abbildung 10.2). Wenn Zuschauer quasi dabei sind, wenn etwas entsteht – und sei es auch nur für wenige Sekunden, wie in einem TikTok-Video –, wissen sie, wie viel Liebe in dem Werk steckt, und fühlen sich anders damit verbunden.

Aber auch wenn du kein physisches Produkt in Handarbeit herstellst, kannst du diesen Effekt für dich nutzen. Du lässt deine Community zum Beispiel an deinen Gedanken teilhaben, die zu dem Endprodukt führen. Oder aber du lässt sie tatsächlich mitbestimmen, wie etwas aussehen wird. Im Co-Creator-Mindset – also der Überzeugung, dass die Community mitbestimmen sollte –, liegt eine mögliche Strategie für erfolgreiche Produkte verborgen. Marketingexperte Seth Godin schreibt in »Das ist Marketing«[2]:

> Es ergibt keinen Sinn, einen Schlüssel herzustellen und dann nach einem Schloss zu suchen, das sich damit öffnen lässt. Die einzig produktive Lösung ist, ein Schloss zu finden und dann einen Schlüssel anzufertigen.

Oder anders gesagt: Wenn du deine Wunschkunden kennst, ist es leichter, ein Produkt für sie zu finden als einen Kunden für ein bereits fertiges Produkt. Und um ein perfektes Produkt für deine Wunschkunden zu kreieren, musst du dich, wenn du eine aktive Community aufgebaut hast, nicht auf deine Vermutungen verlassen. Du kannst sie auch einfach danach *fragen*, was sie brauchen.

---

2   Seth Godin: Das ist Marketing! So wird man wirklich sichtbar. Redline Verlag, 2019.

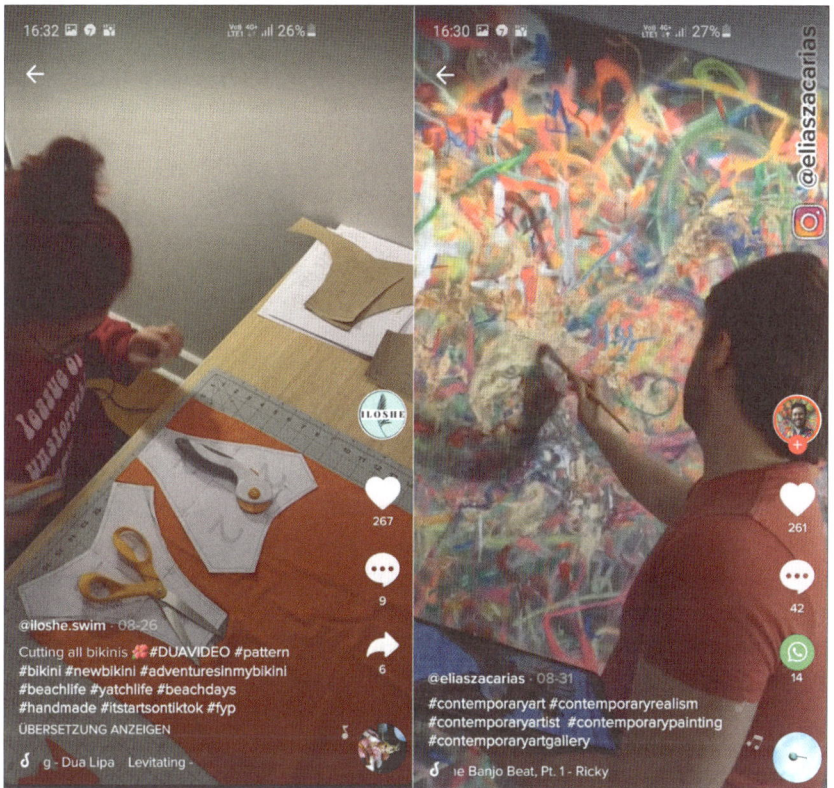

Abbildung 10.2 Ob Bikini oder Gemälde: Werden Entstehungsprozesse dokumentiert, verkauft sich das Produkt besser. Quelle: TikTok

Anstatt also zum Beispiel einen Onlinekurs für deine Wunschkunden zu entwerfen, zu produzieren und zu vermarkten, empfehlen Online-Businesscoaches, erst das Bedürfnis in der Zielgruppe abzufragen, dann den Kurs zu verkaufen und ihn sogar erst danach zu erstellen. Das Bedürfnis kannst du zum Beispiel abfragen, indem du Fragebogen an deine potenzielle Zielgruppe schickst, mit Wunschkunden telefonierst und Interviews darüber führst, was sie gerade brauchen. Eine weitere Möglichkeit, wenn du noch zwischen zwei Angeboten oder Schwerpunkten schwankst: Du erstellst Facebook-Anzeigen zu den unterschiedlichen Angeboten, spielst sie an deine Zielgruppe aus und misst, was besser ankommt. Hier gilt natürlich: Je mehr du investierst, umso aussagekräftiger ist dein Ergebnis. Oder aber du nutzt die Umfragetools der sozialen Netzwerke und fragst deine Community gezielt, was du wissen möchtest.

Je früher du über ein kommendes Produkt oder Angebot sprichst, umso eher pflanzt du den Samen, der sich zur Neugier bei deinem Wunschkunden auswachsen kann. Deshalb heißt dieser Prozess auch Seeding. Wenn du zudem auch noch Rückmeldungen aus der Community aufnimmst und in die Entwicklung deiner Angebote einfließen lässt, fühlen sich deine Follower schon jetzt stark verbunden mit deiner Arbeit. Sie sind stolz darauf, etwas beigetragen zu haben. Das führt im Idealfall dazu, dass ihnen die Kaufentscheidung leichter fällt oder sie dein Angebot weiterempfehlen.

Aber auch wenn dein Angebot schon auf dem Markt ist, hast du die Chance, die Kunden mitzunehmen, noch nicht vertan. Insbesondere dann, wenn dein Angebot nicht jederzeit zu haben ist, sondern immer nur zu bestimmten Zeiten verkauft wird, kannst du auch lange vor der nächsten Verkaufsphase bereits zeigen, was deine aktuellen Kundinnen und Kunden mit dem Angebot erleben. In der Onlinemarketingwelt nennt man die Verkaufsphase eines Produkts einen Launch, die Phase, bevor man etwas in den Warenkorb legen kann, den Pre-Launch. Facebook-Marketingexpertin Katrin Hill sagt, die Pre-Launch-Phase für ihren nächsten Kurs beginne mit dem Start des aktuellen Kurses. Sie lässt immer wieder hinter die Kulissen blicken, was in ihrem Kurs gerade Thema ist und was ihre Kundinnen und Kunden mit dem Gelernten erreichen. Sie macht teilweise sogar Werbung für das Angebot ihrer Teilnehmerinnen. Wenn es dann auf den nächsten Launch zugeht, macht Katrin Hill auf den Frühbucherbonus und die Warteliste aufmerksam (siehe Abbildung 10.3). Damit sind die Kunden für die nächste Runde bereits vorgewärmt.

Abbildung 10.3 Ein Beispiel für Seeding: Katrin Hill schreibt im Juli über den Beginn ihres Kurses Mitte September. Zugriff 17.09.20[3]

---

3   www.facebook.com/KatrinHillcom

Auch wenn du ein Produkt anpasst oder weiterentwickelst, ist das ein spannender Prozess für deine Social-Media-Follower. Du nimmst sie mit in dein Tagesgeschäft und machst damit automatisch neugierig auf deine Angebote. Für die meisten Anbieter fühlt sich diese Art, über ihr Angebot zu sprechen, sehr natürlich an – und nicht wirklich nach Werbung, obwohl es eine sehr starke Werbewirkung hat.

Denn: Du wirst nie wieder so begeistert über dein Angebot sprechen wie in diesen Momenten, in denen du selbst etwas kreierst oder die Wirkung und den Erfolg deiner Kundinnen und Kunden miterleben kannst. Nutze diese besondere Energie unbedingt, um auf den sozialen Netzwerken mit deinem Angebot sichtbar zu werden.

Das Wichtigste in Kürze

Wenn du erst an dem Tag, an dem dein neues Produkt oder deine neue Dienstleistung auf den Markt kommt, anfängst, darüber zu sprechen, vergibst du eine große Chance auf unaufdringliches und sehr wirksames Marketing. Seeding bedeutet, die Information darüber, dass da etwas kommt, so früh wie möglich im Kopf der Wunschkunden zu verankern und sie am Entstehungsprozess teilhaben zu lassen. Wenn du die Meinung deiner Community mit einbeziehst und vielleicht sogar einige deiner treusten Fans zu Betatestern deines neuesten Angebots machst, schaffst du im Idealfall einen Kreis an Menschen, die gern und kostenlos für dich und dein Produkt werben. Denn sie haben das Gefühl, ein Teil davon zu sein. Aber auch wenn es deine Dienstleistung schon gibt: Lass die künftigen Wunschkunden hinter die Kulissen schauen und teilhaben an dem, was andere mit dir erleben. Teile deine Gedanken zu Anpassungen und Verbesserungen deines Angebots, von denen sie profitieren werden.

10.3 Klar statt laut: über dein Angebot sprechen

Über das eigene Angebot zu sprechen, kann aus mehreren Gründen schwerfallen. Über den ersten hast du bereits gelesen: Man hat Angst, die Content-verwöhnte Community mit Werbung zu irritieren. Der zweite mögliche Grund ist einer, bei dem ich dir leider im Rahmen dieses Buchs nur bedingt weiterhelfen kann: Du bist nicht überzeugt von dem, was du zu verkaufen hast. Sollte das der Fall sein, ist der einzige Rat, den ich dir hier geben kann, deine Community oder anderweitig gewonnene Kunden miteinzubeziehen und dein Angebot so zu verbessern, dass du mit einem guten Gefühl dahinterstehen kannst. Der dritte Grund ist gleichzeitig eine Tugend: Bescheidenheit. Es liegt dir fern, zu behaupten, dass du in irgendwas der oder die Beste bist, und du willst dich »nicht so aufspielen«. Verkaufen klingt für dich nach Marktschreierei, und da mitschreien zu müssen, ist dir zutiefst zuwider?

Zum Glück musst du gar nicht schreien. Auf den sozialen Medien ist viel los – also wäre die Strategie, besonders viel und besonders laut für die eigenen Dienste zu werben, nicht nur kontraproduktiv, sondern vor allem auch richtig anstrengend. Der Trick ist vielmehr, dass du klar kommunizierst und deinen Fokus weiterhin auf dein Warum und auf deine Wunschkundin richtest. Anders gesagt: Sprich nicht so viel darüber, warum du der beste Anbieter für SUP-Eco-Touren bist, sondern versetze dich in deinen Kunden. Was wünscht er sich? Eins sein mit der Natur? Die Elemente spüren? Wie kannst du dabei helfen?

Ein guter Angebotstext – egal ob du ihn für deine Webseite, eine Facebook Ad oder einen Post formulierst – macht einen Wunschkunden zunächst neugierig, sorgt für den »Sie spricht doch von mir!«-Effekt und zeigt dann glasklar auf, warum dein Produkt oder warum du die Lösung bist. Das gilt auch für den gesprochenen Text in einem Video.

Wie kann ein solcher Angebotstext konkret aussehen? Ich möchte dir zwei Formeln zeigen, die für diverse Angebotstexte funktionieren. Sie zeigen klar einen möglichen Aufbau dieser Texte.

Anschließend gehe ich darauf ein, warum die beste Werbung nicht aus deinem eigenen Mund kommt. Ich zeige dir, wie ungemein wichtig Empfehlungsmarketing im Onlinebereich ist.

Zum Schluss geht es um die Königsdisziplin des kostenlosen Contents: Verkaufschallenges und Webinare. Sie sind das große Mehrwertfinale, bevor du deinem Wunschkunden ein Angebot machst. Oder anders gesagt: das romantische Date mit traumhaftem Ausblick, auf dem du endlich den Heiratsantrag aussprichst.

10.3.1   Versprechen – Vorgehen – Autorität

Wie in Kapitel 8, »Berühre deine Follower mit Bild, Text und Video«, erwähnt, ist der Onlineleser ein Homo oeconomicus vom Feinsten. Er oder sie will sofort wissen: Was bedeutet das für mich? Was habe ich davon, wenn ich weiterlese oder dieses Video ansehe? Für Angebotstexte gilt dies ganz besonders. Denn hier willst du die Leserin davon überzeugen, dass sie einem Inhalt ihre Aufmerksamkeit schenkt, der sie am Ende auch noch Geld kosten könnte. Sie fragt sich also: Warum sollte ich mich dafür interessieren, ein Angebot anzusehen?

Daher ist das Erste, was du erwähnen solltest, die Antwort auf die Frage: Welches Problem löst dein Angebot? »When you confuse, you loose«, sagt Donald Miller in »Building a StoryBrand« – wer verwirrt, verliert Kunden.

Die Frage, die sich dabei für dich stellt, ist, auf welcher Ebene du das Problem des Kunden ansprechen willst. Willst du lediglich sagen, was dein Produkt oder deine Dienstleistung tut? Oder willst du ansprechen, wie sich dein Kunde fühlt?

Meine Empfehlung: Setze beim Gefühl an, ja sogar bei einem Grundbedürfnis, das du mit deinem Warum erfüllen möchtest. Natürlich kannst du das nicht bei jedem deiner Posts über deine Angebote tun (es sei denn, du findest sehr viele unterschiedliche Formulierungen). Aber die Texte, bei denen du es tust, werden umso wirkungsvoller sein.

Ein Beispiel: Der Luxusbettwäschehersteller Bo&Button verkauft fair gehandelte Bettwäsche aus Biobaumwolle. Welches Kundenproblem löst diese Bettwäsche?

Obwohl es die Fairness- und Biolabel sind, die Bo&Button von Mitbewerbern unterscheiden, beruft sich das Unternehmen in der Kommunikation auf ein Grundbedürfnis: den Schlaf! In den Social-Media-Posts, in der Beschreibung des Unternehmens, ja sogar in der Beschreibung der Produkte, steht der gute Schlaf an erster Stelle. »Work hard. Sleep soft.« »Wenn du dir nach einem anstrengenden Tag das Kissen aufschüttelst und dich einfach nur noch in dein Bett legst … #bestfeelingever.« Die Posting-Bilder zeigen in die Kissen gekuschelte Menschen und Tiere (siehe Abbildung 10.4). Vielleicht entfleucht dir beim Betrachten und Lesen sogar ein Gähnen, weil du an dein Grundbedürfnis Schlaf und Ruhe erinnert wirst. Die Bettwäsche sei weich und luxuriös, heißt es. Erst danach wird genannt, was den Hersteller besonders macht: die Fairness und die Zertifikate.

Hiermit folgt Bo&Button in seiner Kommunikation der Formel:

1. Versprechen: Bei diesem Problem helfen wir dir bzw. helfen dir, es zu erreichen. In diesem Fall der gute, erholsame Schlaf.
2. Vorgehen: Wie wir es erreichen. In diesem Fall mit weicher, luxuriöser Bettwäsche.
3. Autorität: Was uns auszeichnet, warum du uns vertrauen kannst. In diesem Fall: faire Produktion, Biolabel, faire Preise, positive Kundenrezensionen.

Eine Message wie »Schlafen mit gutem Gewissen« wäre sehr viel weniger kraftvoll. Das ist lediglich eine Behauptung, die viele Leserinnen oder Leser ausschließt. Denn mal ehrlich: Wie viele Menschen da draußen haben sich schon schlaflos hin- und hergewälzt, weil sie die ganze Zeit an die nicht fair gehandelte Baumwolle ihrer Kissenhüllen denken mussten?

Du nennst also gleich zu Beginn dein Warum – verpackt in einen Satz –, bei welchem Problem du helfen wirst oder welches grundsätzliche Bedürfnis du abdecken möchtest. Dann beantwortest du die Frage nach dem Wie: ein Kurs, ein Produkt, ein bestimmtes Vorgehen. Und dann erst erwähnst du, was dich besonders macht. Also zum Beispiel deine Erfahrung, Labels, Auszeichnungen, Erfolgskennzahlen oder begeisterte Kundenstimmen. Wenn du so deine Angebotstexte aufbaust, beantwortest du dem Leser automatisch seine oft unbewussten Fragen und holst ihn emotional ab.

1. Toll, das will ich. Aber wie soll das gehen?

2. Verstehe. Aber warum sollte das funktionieren? Warum sollte ich gerade dir vertrauen?

3. Okay, das scheint Hand und Fuß zu haben.

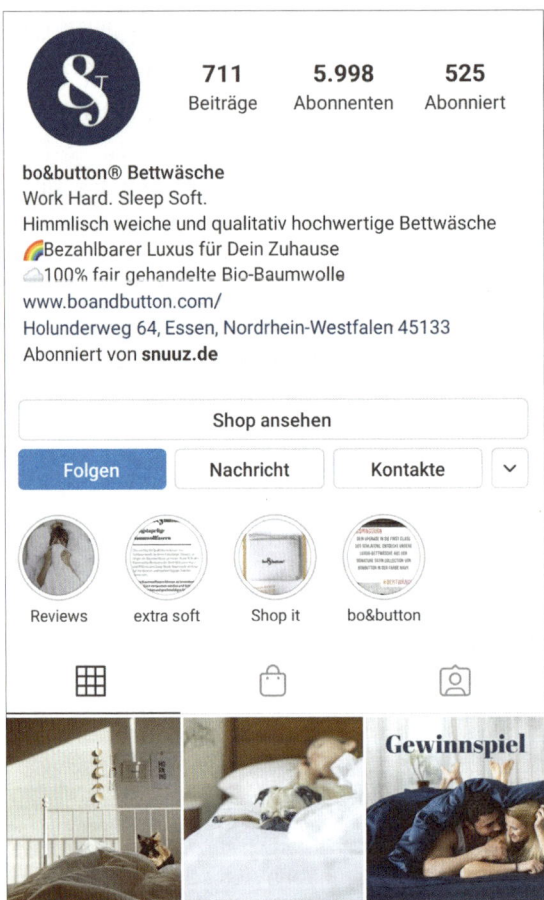

Abbildung 10.4 Das Instagram-Profil von Bo&Button stellt nicht die eigenen Labels ins Zentrum, sondern den guten Schlaf der Kunden. Zugriff: 18.09.20

Ein zweites Beispiel: Du bietest Workshops zum Thema Zeit- und Selbstmanagement für Führungskräfte an. Im Workshop lernen die Teilnehmer Wochen- und Tagespläne aufzustellen, um mehr zu schaffen und gleichzeitig weniger Stress zu spüren. Was ist das darunterliegende Bedürfnis? Es könnte Sicherheit sein (wenn mit der schwierigen Organisation aller Aufgaben auch Existenzängste verbunden sind), Verbundenheit (wieder mehr Zeit für die Familie, Freunde etc.) oder auch Selbstverwirklichung (endlich kannst du alle deine Ideen umsetzen). Entscheide dich für das wichtigste Bedürfnis deine Wunschkunden. Und wenn du unsicher bist: Frage einfach direkt bei ihnen nach.

Je nachdem, klingt dein erster Satz, das große Versprechen, dann zum Beispiel so:

▶ Variante 1: Was, wenn du all das locker schaffen könntest?

▶ Variante 2: Entspannt mit der Familie zu Abend essen, weil alle Aufgaben erledigt sind.

▶ Variante 3: Endlich Zeit für alle deine Projekte.

Dann schreibst du über das Wie, zum Beispiel: »In unserem Workshop lernst du in nur zwei Tagen deine Zeit so zu planen, dass du dranbleibst und mehr Aufgaben in weniger Zeit umsetzt.«

Zuletzt lieferst du einen Beleg für die Wirksamkeit oder deine Autorität auf dem Gebiet, zum Beispiel: »Schon 200 Führungskräfte waren begeistert von unserem Kompaktworkshop.« Oder: »Unser Workshop hat bereits Führungskräften von Bosch und Ikea geholfen.« Oder: »Seit 20 Jahren bieten wir diesen Workshop an, und unsere Teilnehmer haben dadurch schon 1.578 Arbeitsstunden eingespart. Und einige graue Haare weniger.«

Nach diesen drei Schritten kommt der wichtigste und einfachste Schritt: der Abschluss. Sag den Wunschkundinnen, wo sie kaufen oder buchen können. Oder schick sie bei komplexen und hochpreisigen Produkten auf eine Webseite, auf der sie weitere Informationen finden.

Wähle ein aktuelles Produkt oder Angebot, das du bewerben möchtest, und schreibe einen Text nach der Formel »Versprechen – Vorgehen – Autorität« in dein Workbook. Diesen Text kannst du auf Social Media oder in der Angebotsbeschreibung auf deiner Webseite verwenden.

10.3.2 From-Zero-to-Hero-Formel

Die From-Zero-to-Hero-Formel ist sehr ähnlich aufgebaut wie der Dreiklang Versprechen – Vorgehen – Autorität, den du gerade kennengelernt hast. Ein Unterschied ist, dass die Formel nicht bei der Erfüllung der Kundenwünsche ansetzt, sondern beim aktuellen Pain-Point – also den Problemen, die dein Wunschkunde gerade hat. Du beginnst also nicht mit »ich bring dich hin zu …«, sondern eher mit einem »ich bringe dich weg von …«. Mit den Pain-Points zu starten, ist in der Marketingwelt etwas in Verruf geraten. Die Kritik lautet, dass man den Kunden lieber locken solle, als ihn an seinen Schmerz und seine Probleme zu erinnern.

Ich glaube, dass es gute Argumente dafür gibt, beim Pain-Point anzusetzen. Wenn du zum Beispiel einen Wunschkunden hast, der zwar sein Problem kennt, sich aber noch gar nicht vorstellen kann, wie er sich fühlen könnte, wenn dieses Problem nicht mehr da ist, dann ist es wichtig, dass du ihn da abholst, wo er gerade steht. Gerade bei Coachings und anderen persönlichen Dienstleistungen haben die Wunschkundinnen die Ursache ihres Problems vermutlich noch gar nicht erkannt – sie spüren nur die Auswirkungen.

Ein typischer Zero-to-Hero-Text klingt so:

»Bist du ständig erschöpft und kannst trotzdem nicht schlafen? Sobald du versuchst, zu meditieren oder eine der vielen anderen Entspannungstechniken anzuwenden, drehen sich deine Gedanken im Kreis, und du spürst dein Herz in deiner Brust hämmern?«

So ging es mir auch. Ich habe über Jahre hinweg Schlaftabletten genommen und einen Ratgeber um den anderen gelesen, um endlich zur Ruhe zu kommen – ohne Erfolg. Dann bin ich auf Methode xyz gestoßen, die mich gelehrt hat, wie ich meine Tagesgewohnheiten verändere. Heute habe ich einen fixen Tagesplan, schlafe jede Nacht acht Stunden und packe meine Projekte mit ungeahnter Energie an.

Das kannst auch du schaffen – ohne dass du, wie ich damals, jahrelang im Dunkeln tappst. Seit drei Jahren unterrichte ich die Methode xyz in kleinen Gruppen, in denen wir uns gegenseitig darin unterstützen, unsere Gewohnheiten zu verändern. Und meine Kunden sagen: ›Ich hätte nie gedacht, dass ich mich nach nur drei Monaten mit kleinen Veränderungen wie ein anderer Mensch fühlen kann.‹

Melde dich jetzt für meinen Newsletter an und erhalte kostenlos den Guide ›Jeden Tag ein bisschen besser‹ sowie Informationen über die nächste Runde meines Coachings.

Die Struktur der From-Zero-to-Hero-Formel sieht also so aus:

▶ »Hast du dieses und jenes Problem?«

▶ »Ich weiß, wie du dich fühlst. Das hatte ich auch.« (Vertrauen und Gemeinsamkeit schaffen)

▶ »Doch dann hat mir etwas geholfen.« (Wendepunkt: Produkt oder Dienstleistung vorstellen, das die Lösung enthält)

▶ »Das kannst du auch. Und ich bin die Richtige, dir das weiterzugeben.« (Autorität zeigen mit Zahlen, Ausbildungen, Kundenstimmen)

▶ »Hier erfährst du mehr./Hier kannst du buchen.« (Call-to-Action)

Wie du siehst, ist die From-Zero-to-Hero-Formel besonders wirksam, wenn du eine Problemlösung weitergibst, die du selbst gesucht hast. Entweder hast du das passende Produkt entwickelt oder etwas so durchdrungen, dass du heute in die Dienstleister- oder Lehrerrolle schlüpfen kannst. Unternehmer Bodo Schäfer ist ein typisches Beispiel dafür, mit der From-Zero-to-Hero-Formel zu werben. Er wiederholt auf allen Kanälen unermüdlich, wie er vom armen Schlucker zum Millionär wurde, und bietet dann an, sein System zu lernen. In sehr verknappter Form zeigt auch der Posttext in Abbildung 10.5 die From-Zero-to-Hero-Formel.

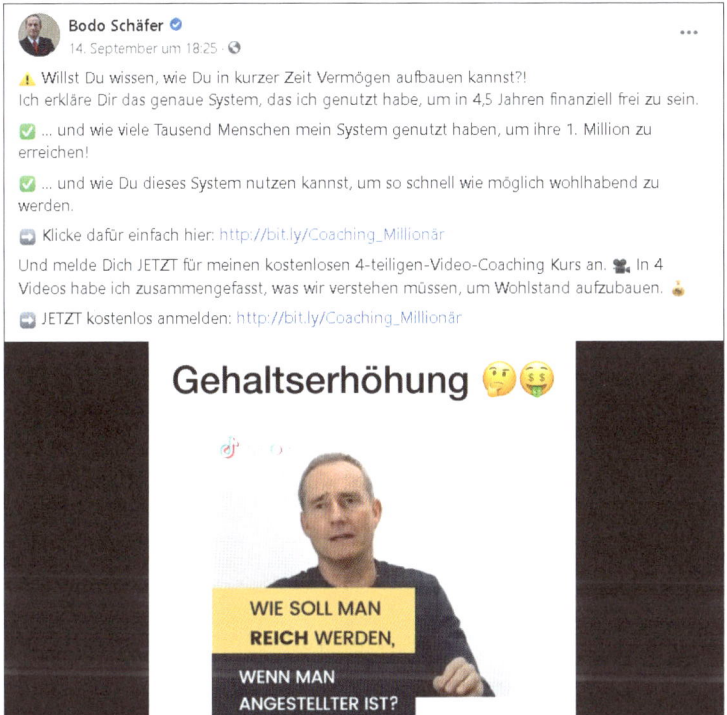

Abbildung 10.5 Die Message »ich habe das geschafft und helfe dir jetzt« bei Bodo Schäfer, Zugriff 18.09.20[4]

Aber natürlich kannst du die Geschichte auch anhand eines Kunden erzählen. Wie ist er mit deiner Hilfe oder deinem Produkt zum Helden geworden? Wie hat deine Heldin ihr Problem gelöst? Der Idealfall ist, wenn ehemalige Kundinnen dir Testimonial in Form der From-Zero-to-Hero-Formel geben. Also in etwa so: »Bevor ich mit xy gearbeitet habe, hatte ich keine Kundenanfragen und hätte meine Selbstständigkeit fast an den Nagel hängen müssen. Heute habe ich eine Mitarbeiterin angestellt, weil ich die Aufträge nicht mehr alleine abarbeiten kann – ich wurde von der Selbstständigen zur Unternehmerin ...«

Wähle ein aktuelles Produkt oder Angebot, das du mit der From-Zero-to-Hero-Formel bewerben könntest. Dann schreibe eine Geschichte über dich oder einen dei-

---

4   www.facebook.com/bodo.schaefer.24

ner Kunden. Diesen Text kannst du auf Social Media oder in der Angebotsbeschreibung auf deiner Webseite verwenden.

Facebook- und LinkedIn-Veranstaltungen

Für alles, was du mit einem Datum verbinden kannst, sind die Facebook-Veranstaltungen und die LinkedIn-Events sehr praktische Formate, um dein Angebot in der Community zu verbreiten. Auf Facebook musst du eine Business-Seite erstellt haben, um Veranstaltungen einstellen zu können (mit einem persönlichen Profil ist dies nicht möglich). Auf LinkedIn kannst du Veranstaltungen sowohl mit deinem persönlichen Profil als auch mit deiner Business-Seite erstellen. Das Veranstaltungsformat ist aus zwei Gründen auf beiden Plattformen sehr attraktiv: Du kannst zunächst gezielt deine Kontakte einzeln zur Veranstaltung einladen. Damit kannst du sichergehen, dass sie deine Veranstaltung nicht übersehen. Du umgehst also den Algorithmus: Jeder, den du gezielt einlädst, bekommt auf jeden Fall einen Hinweis vom Netzwerk.

Und dann kommt der Clou: Wenn die Eingeladenen angeben, sich für die Veranstaltungen zu interessieren, erhalten sie Updates, die du in der Veranstaltung postest. Du postest dafür einfach Beiträge innerhalb der Veranstaltung. Wo du das bei Facebook machen kannst, siehst du in Abbildung 10.6. Damit werden die Interessierten immer wieder zwischendurch an das Event erinnert, sodass es im Social-Media-Strudel nicht untergeht.

Abbildung 10.6 Wenn du innerhalb einer Veranstaltung Beiträge postest, werden die Interessierten darüber informiert.

Also überlege dir: Aus welchem deiner Angebote kannst du eine Veranstaltung machen? Das Format bietet sich natürlich für Workshops oder Kurse an, aber auch für Eventreihen – hier sogar besonders gut, weil du die Interessierten nur einmal einladen musst, aber mehrere Teilnahmetermine möglich sind. Und selbstverständlich kannst du auch reine Onlinetermine, Webinare, Challenges oder Onlineworkshops als Veranstaltungen bewerben. Die Veranstaltungen kannst du ebenfalls als Beiträge in deinem Feed posten. Allerdings ist die organische Reichweite hier erfahrungsgemäß eher gering. Die Netzwerke lassen sich dieses sehr werbewirksame Format gern bezahlen.

Ein Tipp zum Schluss: Lade zu Veranstaltungen nur diejenigen deiner Kontakte ein, die an deinem Thema auch wirklich Interesse haben könnten. So verhinderst du von vornherein, dass sie das Gefühl haben, du würdest eure Verbindung im Netzwerk zum »Spammen« missbrauchen.

10.3.3   Empfehlungsmarketing und Testimonials

Woher weiß ich als User im Internet, ob ein Anbieter wirklich das hält, was er verspricht? Immerhin sind online getätigte Käufe ein Risiko – ich sehe erst vollkommen hinter die Kulissen, wenn ich das Produkt erworben habe, und lerne im schlimmsten Fall dann auch den Anbieter von einer weniger hilfsbereiten Seite kennen, als es sein Marketing vermuten ließ. Und auch bei physischen Produkten oder lokalen Dienstleistungen will ich sichergehen, dass der Anbieter wirklich hält, was er verspricht, bevor ich auf BESTELLEN klicke oder mein Haus verlasse.

Deshalb ist der sogenannte »Social Proof« online von besonderer Bedeutung, also die Bestätigung durch andere Menschen. User fühlen sich sicherer mit einer Entscheidung, wenn andere bereits gute Erfahrungen mit einem Produkt gemacht haben. Das gilt insbesondere, wenn die, die dich empfehlen, ihnen ähnlich sind – gleiche Probleme oder Wünsche haben. Ja, selbst wenn sie nur sehen, dass andere »wie sie« Interesse am selben Produkt oder einem Dienstleister zeigen, ist das ein Hinweis darauf, dass sie nicht ganz falsch liegen können. Offenbar steckt in uns Menschen mehr Herdentier, als uns bewusst ist. Und dieses Herdentier wird bedient, wenn auf einer Verkaufsseite Hinweise aufpoppen wie »Klara H. aus Wien hat dieses Produkt soeben gekauft« oder »35 andere User sehen sich dieses Hotel gerade an«.

Geht es nicht weniger aufdringlich? Natürlich: Zum einen ist eine gesunde, interagierende Community, wie du sie dir mit den Tipps aus Kapitel 9, »Vertrauen gewinnen und Reichweite aufbauen«, geschaffen hast, bereits ein wertvoller Hinweis für potenzielle Käufer, dass du dich als Anbieter verlässlich und vertrauenswürdig zeigst. Selbst wenn noch keiner deiner Follower bei dir gekauft haben sollte: Dass sie dir folgen und mit dir interagieren, ist für Wunschkunden bereits ein Zeichen für deine Rechtschaffenheit.

Zum anderen sind Testimonials – also Kundenstimmen – oder auch Kundenbewertungen ein wunderbar unaufdringliches Mittel, um die eigene Glaubwürdigkeit zu demonstrieren. Auf deiner Webseite sollten diese auf keinen Fall fehlen, und auch auf Facebook, LinkedIn und Google Business kannst du Bewertungen sammeln – schreibe einfach deine jetzigen und ehemaligen Kunden an, schicke ihnen den Direktlink und bitte sie, eine Bewertung abzugeben.

Aber auch auf Social Media kannst und solltest du Kundenstimmen teilen. Dort sind sie sogar besonders wirkungsvoll, wenn du den Kunden oder die Kundin taggst (also mit @Name markierst). Das gibt deinen potenziellen Wunschkunden die Möglichkeit, die Person bei Fragen direkt anzuschreiben. Das verleiht dir mehr Glaubwürdigkeit, als wenn du einfach nur einen Namen des Kunden hinschreibst oder die Kundenstimme gar anonym ist. Als wie »echt« oder glaubwürdig eine Kundenstimme auf Social Media wahrgenommen wird, hängt tatsächlich stark davon ab, wie sie präsentiert wird. Hier die Formate in absteigender Reihenfolge – von sehr hoher bis hin zu mittelmäßiger Glaubwürdigkeit:

▸ Video: Die Kundin spricht selbst über ihre Erfahrungen – auf deinem oder sogar ihrem eigenen Social-Media-Account.

▸ Video: Der Kunde wird von dir interviewt zu seinen Erfahrungen. Hier kannst du die Aussagen durch deine Fragen steuern.

▸ Foto mit Audiospur: Du zeigst ein Foto des Kunden und spielst dabei sein Feedback ein, das er dir zum Beispiel als Sprachnachricht zugesendet hat. Um ein Audiogram zu erstellen – also ein Bild als Video, auf dem die Tonspur in Wellenform mitläuft –, kannst du zum Beispiel das Tool Headliner verwenden (siehe Tool-Tipps).

▸ Foto mit Text und Name: Du stellst die Kundin mit Foto vor, stellst ihr Feedback als Text dazu und markierst sie oder nennst zumindest ihren vollen Namen und die Webseite, sodass andere sie gegebenenfalls kontaktieren könnten.

▸ Screenshot einer Mail, Privatnachricht oder Bewertung aus einer anderen Plattform: Das wirkt immer echt – selbst wenn du aus Datenschutzgründen den Namen und das Bild des Bewertenden schwärzt. Ein Beispiel siehst du in Abbildung 10.7 Businesscoach Christina Waschkies teilt bei der Bewerbung eines neuen Angebots gleich 22 anonymisierte Zitate ihrer Kundinnen darüber, wie sie sich dank der Arbeit mit ihr fühlen.

▸ Text und Name.

▸ Text ohne Name bzw. anonym.

Selbst wenn du in deinem Business aus Datenschutzgründen nur Testimonials ohne Foto und Namen sammeln kannst: Teile sie! Sie sind eine wichtige Orientierungshilfe im Netz, auf die deine potenziellen Kundinnen warten. Achte aber darauf,

dass du die Kundenstimmen nicht stark bearbeitest und vielleicht sogar Dialektbe-
griffe und kleine Fehler belässt, falls diese im Originaltext standen – das zeigt, dass
die Texte authentisch sind.

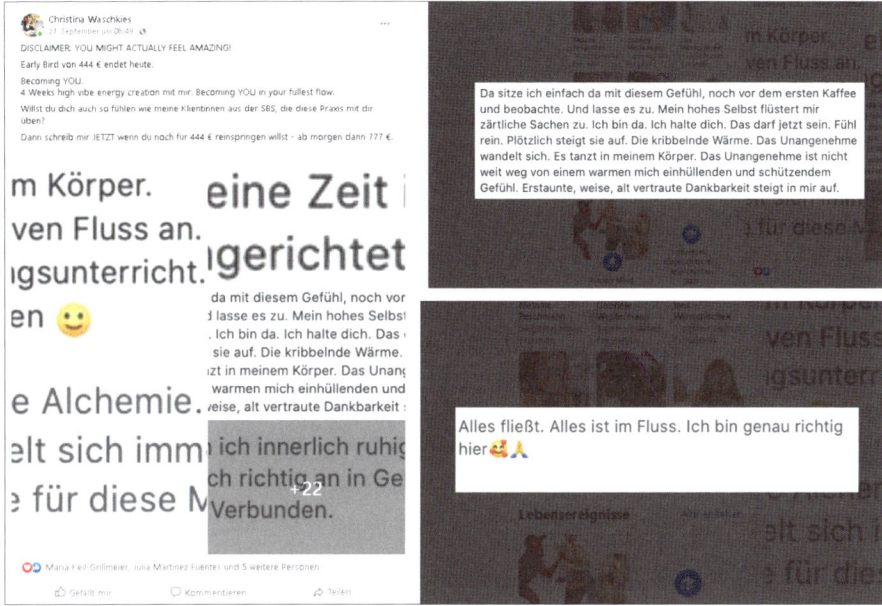

Abbildung 10.7 Christina Waschkies nutzt Testimonials, um ihren neuen Kurs zu bewerben.
Quelle: Facebook

Apropos Authentizität: Die meisten deiner Kundinnen sind froh, wenn du ihnen
Fragen dazu vorgibst, was sie in einem Testimonial sagen oder schreiben sollen.
Diese Art von Führung schadet der Authentizität der Aussagen nicht und sorgt
zudem dafür, dass deine Testimonials ähnlich aufgebaut sind und sich Leser/Hörer
gleich darin zurechtfinden. Leitfragen, die zu aussagekräftigen Testimonials führen,
sind zum Beispiel:

▶ Wo hast du vor der Zusammenarbeit mit mir gestanden? Was war dein
  Problem?

▶ Wie geht es dir heute damit?

▶ Welche drei Dinge haben dir besonders gut gefallen/fandest du besonders
  hilfreich?

▶ Was würdest du einer Freundin raten, die sich für mein Angebot/mein Produkt
  interessiert?

Du kannst dein Kundenfeedback standardisiert mit Fragebogen einholen, insbesondere wenn du viele Kunden hast, oder ganz individuell abfragen. Denke daran,

dass die Bitte um ein Testimonial auch immer eine gute Gelegenheit ist, nachzufragen, was du weiter verbessern kannst, um dein Warum für deine Wunschkunden noch passender zu erfüllen.

10.3.4   Die Königinnen der Freebies: Verkaufschallenges und Webinare

Freebies sind Geschenke, die du deinen Followerinnen und Followern machst – meist im Gegenzug für ihre E-Mail-Adresse. Wenn du zurückdenkst an die Party: Du möchtest, dass dir das Gegenüber seine Handynummer gibt, damit du den Kontakt intensivieren kannst. Natürlich könntest du einfach direkt danach fragen mit der Begründung: »Damit ich dich besser kennenlernen kann!« Mehr Erfolg verspricht aber, einen konkreten Anlass zu haben, wann und warum du dich melden möchtest.

Ein Freebie kann ein einfaches PDF zum Download sein, ein Audiofile, eine E-Mail-Serie mit einem Kurs, ja theoretisch natürlich auch eine kostenlose Session bei dir – ich würde dir allerdings empfehlen, von Anfang an mit Freebies zu arbeiten, die skalierbar sind, weil du hoffentlich viele E-Mail-Adressen sammeln wirst und mit dem Verteilen von Freebies nicht an deine zeitlichen Kapazitäten stoßen möchtest.

Diese Geschenke sind Angebote, damit dich dein Gegenüber noch näher kennenlernen darf, als es auf Social Media möglich ist. Es sind die erneuten Dates – vielleicht sogar schon nach dem ersten Nein zu einem Angebot. Deine Follower probieren dich aus. Dir gibt das zugleich die Möglichkeit, mit ihrer E-Mail-Adresse ein wertvolles Gut zu erhalten. Denn bitte denk bei aller Begeisterung für Social Media daran, dass deine Kontakte dort nicht dir gehören. Wenn das Netzwerk verschwindet oder dein Account gelöscht wird, sind alle Kontakte weg. Daher solltest du den Menschen auf Social Media regelmäßig auch das Angebot machen, ihnen etwas für ihre E-Mail-Adresse zu schenken.

Die besten Geschenke, die du machen kannst, führen direkt zu einem Produkt von dir. Sie zeigen, dass du die logische Lösung für das Problem deines Wunschkunden bist. Die Königinnen dieser Freebies, Webinare und Verkaufschallenges, stelle ich dir jetzt vor.

Webinare und Verkaufschallenges sind zwei wohlerprobte Arten, online deine Services zu verkaufen. Wenn du dir die Kundenreise online wie eine Art Trichter vorstellst, stehen sie vor dem eigentlichen Verkauf (siehe Abbildung 10.8). Du gewinnst Teilnehmerinnen aus deiner organisch aufgebauten Community oder schaltest Anzeigen, um deine Zielgruppe zu erreichen und einzuladen. Da du in den Challenges und Webinaren viel gibst, kannst du mitunter sogar Menschen als Kunden gewinnen, die dich noch nicht kannten.

Abbildung 10.8 Vom Interessenten zum Kunden – ein typischer Salesfunnel im Onlinemarketing

Da beide Methoden aufwendig sind, eignen sie sich besonders für komplexe oder hochpreisige Angebote wie Onlinekurse oder Coachings. Theoretisch kannst du sie aber natürlich auch anwenden, um physische Produkte oder günstigere Angebote zu bewerben. So habe ich zum Beispiel in der Mitte der bereits erwähnten Rauhnachtjournaling-Challenge beschlossen, dass ich das Momentum, das durch das gemeinsame Journalen entstanden ist, nutzen wollte, um ein Kartenset mit Journaling-Fragen zu erstellen und zu promoten. Tatsächlich hat fast ein Drittel der Challenge-Teilnehmer dieses Kartenset vorbestellt und gekauft.

In Kapitel 9, »Vertrauen gewinnen und Reichweite aufbauen«, hast du gelernt, was du zum Veranstalten einer Challenge brauchst, die dir eine größere Reichweite und neue Follower beschert. Verkaufschallenges funktionieren im Prinzip sehr ähnlich. Du greifst dir etwas heraus, womit du deine Community in wenigen Tagen unterstützen und wachsen lassen kannst. Challenges sind eine wunderbare Möglichkeit, um deine Art zu arbeiten und dich selbst zu zeigen. Du bietest Mehrwert und am Schluss die Möglichkeit, weiter mit dir zu arbeiten.

Bei Verkaufschallenges muss es dir gleich zweimal gelingen, das Interesse deiner möglichen Wunschkunden zu wecken. Zunächst einmal müssen sie sich für die Challenge anmelden. Dafür sollte der Nutzen der Teilnahme klar ersichtlich sein. Was hat deine Wunschkundin davon, wenn sie deine Challenge mitmacht? Ein Beispiel für einen Aufruf zu einer Challenge siehst du in Abbildung 10.9.

Abbildung 10.9 Ivana Drobek bewirbt ihre Website-Powerwoche. Zugriff: 12.10.20[5]

Für das Thema deiner Challenge wählst du am besten ein »kleines Problem« aus. Im Idealfall ist es etwas, das dein Wunschkunde gelöst haben sollte, bevor er dein eigentliches Angebot braucht. Versuche also nicht, alle Probleme deines Kunden auf einmal zu lösen. Denn am Schluss musst du noch einmal Interesse wecken und zeigen, dass sich da ein erneuter »Graben« auftut. Das kann eine Wissenslücke sein oder schlicht der Wunsch, etwas nicht allein umsetzen zu müssen. Dein Angebot ist die logische Lösung für dieses neue Problem. Es schließt diesen Gap wieder.

So nutzen beispielsweise mehrere Businesscoaches Challenges, Webinare oder kleine Workshops dazu, mit ihren Wunschkunden ihr erfolgreiches neues Quartal zu planen. Und sie stellen dann zum Schluss der Aktion ihr Programm vor, mit dem es den Wunschkunden leichter gelingen soll, ihre gesetzten Ziele auch zu erreichen. Sie schenken also einerseits kostenlosen Mehrwert, zugleich aber wecken sie Begehrlichkeiten und zeigen die nächste Lücke bzw. Hürde auf der Reise auf. Andere Anbieter überzeugen durch Hilfsbereitschaft, Fachkompetenz und Rund-um-die-Uhr-Präsenz für alle Fragen während der Challenge. So gelingt es beispielsweise Technik- und Sichtbarkeitsmentor Frank Katzer regelmäßig – nachdem er fünf Tage lang kleine Technikaufgaben gestellt hat und für alle Fragen da war –, neue Menschen für eine Mitgliedschaft in seinem Mentoring-Bereich zu begeistern. Sie möchten einfach auf diesen Support nicht mehr verzichten – siehe Abbildung 10.10.

---

5   www.facebook.com/photo?fbid=4437479032960041&set=picfp.100000939655721

Abbildung 10.10 Hunderte Teilnehmer, viele Tutorials, Live-Fragestunden und jede Menge Interaktion und Support in der OnlineTechnikChallenge

Verkaufschallenges finden oft in geschlossenen Facebook-Gruppen statt. Diese sind ideal, weil hier eine Gruppe gemeinsam Ergebnisse und Erlebnisse austauschen kann, wodurch eine besondere Dynamik entsteht. Gleichzeitig sind sie betreuungs-intensiv. Es ist aber natürlich ebenfalls möglich, eine Challenge auf anderen Plattfor-men zu veranstalten, beispielsweise nur via Mailingliste: Jeden Tag wird eine neue Aufgabe zugesandt. Theoretisch kann auch einfach auf dem Profil der sozialen Netz-werke jeden Tag eine Aufgabe gepostet werden – wie bei der Challenge ohne Ver-kaufsziel. Im Idealfall wird eine Challenge immer von einer E-Mail-Serie begleitet, damit die Teilnehmer täglich an ihre Aufgabe erinnert werden.

Ein Webinar, das zum Verkaufen eines Programms oder Angebots genutzt wird, ist ebenfalls sehr effektiv und eignet sich für dich, wenn du es eher schwierig und mühsam findest, jene Dynamik aufzubauen und zu erhalten, die eine Challenge braucht. Es hängt auch von deinem Produkt ab: Für ein Coaching ist eine Challenge super, weil die Wunschkunden hier von Anfang an eine Entwicklung spüren kön-nen, aber auch erfahren, dass sie selbst mitarbeiten müssen. Ein Selbstlernkurs für

Autodidakten, der hauptsächlich zur Vermittlung von Wissen dient, passt besser zu einem Webinar. Denn im Webinar macht du genau das: Du gibst dein Wissen weiter – quasi als Kostprobe dessen, was die Menschen in deinem Programm erwartet. Webinare sind zumeist 45- bis 90-minütige Vorträge, in denen sich die Person vorstellt, etwas lehrt (zum Beispiel »die drei größten Fehler bei der Gestaltung einer Webseite«) und dann ihr Programm als Lösung anbietet: »Im Kurs lernst du, wie du deine Webseite einfach selbst mit WordPress gestaltest.« Eine Frage-Antwort-Runde steht ganz am Schluss des Webinars und wird angekündigt. So bleiben auch mehr Teilnehmer bei der Stange und hören sich das Angebot an.

Webinare werden mit Posts und Veranstaltungen beworben und finden dann auf Zoom, Webinarjam oder einer anderen virtuellen Webinar-Plattform statt. Die meisten Anbieter verkaufen ihre Programme mit Live-Webinaren, weil diese ein Momentum kreieren können und weil sie hier auch live auf die Fragen ihrer Teilnehmer eingehen können. So demonstrieren sie besonders glaubhaft ihre Expertise. Einige Onlineunternehmer haben aber auch einen Funnel aufgebaut, in dem die Anmeldung zum Webinar mit einer Mailautomatisierung funktioniert und das Webinar aus der Konserve kommt. Meine Empfehlung: Bevor du einen solch voll automatisierten Funnel aufbaust, solltest du Erfahrung in Live-Webinaren gesammelt haben. Wenn dein Weg funktioniert und du dein Angebot mit Live-Webinaren verkaufst, kannst du einen Evergreen-Funnel daraus bauen – also ein Verkaufs-Webinar dauerhaft und automatisiert ins Programm nehmen.

Auch bei Webinaren gilt: Damit sie gute Verkaufszahlen liefern, werden sie durchweg mit einer E-Mail-Serie kombiniert. Die meisten Anbieter orientieren sich hier an einer E-Mail-Abfolge, die aus dem Launch-System von Jeff Walker stammt. Er mischt dabei Dringlichkeitsbotschaften wie »um Mitternacht schließen die Pforten« mit Kundengeschichten – »was xy mit meinem Kurs erreichte« – und Nachrichten, die mögliche Zweifel der Käufer aufgreifen und zerschlagen sollen: »Vielleicht fragst du dich, ob mein Programm das richtige für dich ist, wenn …«[6].

Das Wichtigste in Kürze

An einem vollen Ort wie dem Internet kannst du kaum durch Lautstärke hervorstechen, wohl aber durch Klarheit. Diese zeigt deiner Wunschkundin augenblicklich, ob du der richtige Anbieter für sie bist. Bei der Formulierung deiner Angebote gehst du daher am besten in drei Schritten vor: Hole die Kunden bei ihrem Problem oder einem Bedürfnis ab und gib ihnen ein Versprechen, zeige, wie du das Problem lösen kannst, und sprich dann darüber, was dich zur Autorität auf dem Gebiet macht. Zum Schluss lass die Interessenten wissen, was sie jetzt tun können, um zu buchen oder mehr zu erfahren. Für

---

6   Jeff Walker: Launch. Die ultimative Anleitung für das E-Mail-Marketing. books4success, 2015.

die Formulierung der Texte kannst du die Formate Versprechen – Vorgehen – Autorität oder die From-Zero-to-Hero-Formel nutzen.

Lass Kunden für dich sprechen mit authentischen Testimonials – am besten in Form kurzer Videos. Dieses Empfehlungsmarketing ist nicht nur auf deiner Webseite, sondern auch auf den sozialen Netzwerken enorm wertvoll.

Verkaufschallenges und Webinare sind gute Methoden, Mehrwert und ein Angebot zu verknüpfen und schaffen einen großen Kaufanreiz. Bei Challenges lösen die Traumkunden mit dir bereits ein kleines Problem, bei Webinaren gibst du eine Kostprobe deines Wissens.

10.4   Welche Marketingmethoden deinem Warum nicht dienen

Wann wird Marketing eigentlich unangenehm? Versetze dich in die Rolle deines Wunschkunden. Du hast einen Kanal aufgebaut, auf dem er oder sie sich wohlfühlt. Du hast dich dabei auf dein Warum besonnen und dich gefragt, was deine Kundin braucht und wie du ihr das schon durch dein Marketing geben kannst. Wenn du dich beim Sprechen über dein Angebot auf das besinnst, was du in diesem Kapitel gelernt hast, ist dein Angebot schlicht ein Service. Du bietest ihnen den nächsten logischen Schritt an. Die Followerinnen können es annehmen oder dir lieber noch eine Weile zusehen, bis du das nächste Angebot machst. Diese Art von Marketing ist klar und unaufdringlich.

Allerdings passiert es immer wieder, dass man beim Beschreiben seines Angebots in alte Muster verfällt, die man aus der klassischen Werbesprache übernimmt. Wir haben diese Strategien so oft gesehen und gehört, dass sie uns – oft unbewusst – in Fleisch und Blut übergegangen sind. Je nachdem, welches Warum du gewählt hast und welches Grundbedürfnis du bedienen möchtest, ist das allerdings kontraproduktiv. Wie glaubwürdig bist du, wenn du eine Facebook-Gruppe aufgebaut hast, in der sich die Menschen austauschen dürfen, und du diese als sicheren Ort deklarierst – und dann plötzlich bombardierst du diese Gruppe mit Sätzen wie: »... jetzt kaufen oder dich ewig fragen, warum du nicht gehandelt hast, als du es noch konntest.«? Wie passt dieses Angstschüren an deinen sicheren Ort?

Damit dir das nicht passiert, möchte ich dein Bewusstsein für unangenehme Marketingsprache schärfen und Alternativen vorschlagen.

▸ **»Das ist das aktuellste/neuste Produkt.«** Wenn du die Aktualität deines Angebots oder seiner Features in den Mittelpunkt rückst, ziehst du Kundinnen an, die immer auf der Suche nach dem »neusten Schrei« sind. Das sind keine sehr loyalen Wunschkunden. Sie verbinden das Produkt nicht mit dir und deiner

Mission und sind morgen wieder weg, wenn ein Mitbewerber ein neueres Feature hinzufügt. Diese Art von Sprache spielt auch mit FOMO – der Angst der Kunden, etwas zu verpassen. Besser ist das Produkt, das genau auf die Bedürfnisse der Kunden zugeschnitten ist. Vielleicht kannst du sogar in die Gegenrichtung argumentieren und erklären, dass die Kunden an deinem Angebot eben langfristig Freude haben werden.

- ▶ **»Der beste Anbieter.«** Wer misst und bestimmt, wer der beste Anbieter am Markt ist? Das Beste ist das, was deine Wunschkunden am dringendsten brauchen oder besonders schätzen. Zudem stellst du dich mit einer solchen Behauptung über andere. Das kann sauer aufstoßen – insbesondere wenn du als Grundbedürfnis auf deinen Kanälen sonst die Zusammengehörigkeit lebst. Besser ist: Beschreibe, was dich als Anbieter ausmacht – mit Zahlen, Qualifikationen, Erfahrungen und Kundenstimmen. Dann lasse deine Wunschkundinnen selbst entscheiden, ob dich das für sie zum besten Anbieter macht.

- ▶ **»Nutze jetzt deine einmalige Chance: nur noch bis morgen früh erhältlich!«** Verknappungstechniken sind ein zweischneidiges Schwert. Auf der einen Seite sind sie ein wertvolles Marketinginstrument, weil sie den Wunschkunden aus seiner Bequemlichkeit lösen. Menschen brauchen oft eine Begründung dafür, warum sie das Angebot gerade jetzt kaufen sollten. Sonst warten sie vielleicht ewig. Das kann als Anbieter schmerzen, besonders wenn man weiß, dass man diesen Menschen mit dem eigenen Angebot wirklich helfen könnte. Ein sanfter Schubs in die richtige Richtung wäre da hilfreich – zum Beispiel indem man sie darauf hinweist, dass es nur eine begrenzte Anzahl von Plätzen gibt. Das Problem: Wir werden im Onlinemarketing überschwemmt mit künstlichen Verknappungen. Es wird häufig dort eine Not signalisiert, wo keine ist – und das lässt das Vertrauen in die Anbieter schwinden. Überall zählen Countdowns die Sekunden, und Pop-ups erinnern uns daran, dass wir jetzt wirklich schnell sein müssen. Und manchmal steht das Angebot schon kurz danach wieder zur Verfügung. Mein Tipp lautet daher: Sprich unbedingt darüber, dass dein Angebot begrenzt ist – aber nutze dabei keine künstlichen Verknappungen, sondern die natürliche Knappheit. Was meine ich damit? Wenn die Zahl der Mitglieder einer Gruppe beschränkt ist, um ein gutes Erlebnis zu sichern, und nur noch zwei Plätze frei sind – sprich darüber. Wenn eine Veranstaltung ausverkauft ist, nimm sie nicht von deiner Webseite, sondern lege ein Banner darüber: »Ausverkauft«. Das ist jetzt schon werbewirksam für künftige Veranstaltungen. Außerdem kannst du dich auf Social Media ehrlich darüber freuen, dass du ausgebucht bist. Wenn dein Kurs zu einem bestimmten Zeitpunkt beginnt und es deshalb auch einen Anmeldeschluss gibt, ist auch das eine natürliche Zeitverknappung. Wenn du einen Frühbucherrabatt gibst, »damit du besser planen kannst«, verstehen das deine Kunden. All das sind Begrenzungen, die deine Kundin gut nachvollziehen kann. Sie empfindet sie als sanften Schubs, als Erinnerung zu buchen – nicht als Manipulation.

▶ **»Wenn du das nicht kaufst, wirst du …«** Sätze, die so beginnen, spielen mit der Angst der Kundinnen und Kunden. Sie werden von vielen Menschen als »pushy« oder auch bedrängend wahrgenommen. Zweifel säen, Angst entfachen – all das funktioniert. Ob es auch zu deinen Werten passt, musst du selbst entscheiden. Wenn die Antwort Ja lautet, führe dir vor Augen, dass du solche Mittel nur sehr bewusst und sparsam einsetzen solltest. Wenn die Kunden dein Angebot diesmal nicht wahrnehmen und das Schlimme, was du prognostiziert hast, nicht eintritt, verlierst du an Vertrauen. Du erinnerst dich, was dem Mann passierte, der zu oft vor dem Wolf warnte?

▶ **»Für Groß und Klein unverzichtbar.«** Wenn du von deinem Angebot sehr überzeugt bist, willst du es der ganzen Welt verkaufen. Das ist eine wunderbare Einstellung. Nur schreiben/sagen solltest du das mit diesen Worten besser nicht. Wenn wir lesen, dass etwas »für alle gut« ist, schlafen uns die Füße ein. Wir sind doch nicht alle! Besser: Sprich das Bedürfnis an, das dein Kunde hat. Das kann durchaus ein Bedürfnis sein, das jeder hat – wie das Beispiel Bo&Button zeigt, die einfach nur guten Schlaf in weicher Bettwäsche versprechen.

▶ **»Dieses Angebot wird dein Leben verändern!«** Vorsicht mit sehr großspurigen Behauptungen wie dieser. Es mag sogar sein, dass dein Angebot mein Leben verändern kann, aber warum sollte ich dir das glauben? Besser: Show, don't tell. Also zeig mir, warum und wie dein Angebot das Leben deiner Kundinnen und Kunden verändert hat. Wenn ich mich in ihnen wiederfinde, beginne ich zu glauben, dass du auch mir helfen kannst.

▶ **»Alles, was meine Kollegen erzählen, ist Blödsinn. Nur ich weiß, wie es geht.«** Puh – gerade unter Coaches ist dieses Kollegen-Bashing oder Herabwerten anderer Methoden recht verbreitet. Nur: Inwiefern wertet es dich auf, dass du andere abwertest? Bitte lass dich nicht dazu verleiten. Zeige mir, dass deine Methode funktioniert – dann dürfen die Methoden der anderen auch funktionieren, ohne dass es eine Gefahr für dich ist.

Insgesamt wirkt Marketing sanfter, wenn wir vor allem mit dem argumentieren, was eine Person erreichen kann. Wir machen es der Person schmackhaft, unser Produkt zu kaufen oder mit uns zu arbeiten. Wir malen ihr in allen Farben aus, wie sie sich fühlen wird. Das wird als Pull-Marketing beschrieben – wir ziehen jemanden mit unseren Beschreibungen an. Und es ist das Gegenteil von Push-Marketing – Marketing mit Druck. Wenn sich Kundinnen und Kunden nur für dich entscheiden, weil sie sich in eine Ecke gedrängt gefühlt haben und keinen anderen Ausweg sahen, ist das keine gute Basis für eine schöne Zusammenarbeit oder auch nur für

Weiterempfehlungen deines Produkts. Zeig ihnen lieber, was sie erreichen können, wie sie es erreichen und warum sie es gerade mit dir erreichen sollten.

Das Wichtigste in Kürze

Widerstehe der Versuchung, in klassische Werbesprache mit Verallgemeinerungen, Druckmitteln, Übertreibungen und nicht belegbaren Behauptungen zu verfallen. Bleib bei dir, deinem Warum und der Frage, was für deine Wunschkundin wirklich wichtig ist. Viele psychologische Werbestrategien kannst du für dich ummünzen, zum Beispiel indem du deine natürliche Knappheit kommunizierst, anstatt eine künstliche Verknappung zu schaffen.

11 Facebook und Instagram Ads: Katalysator für deine Sichtbarkeit

Schon mit ein paar Euro täglich kannst du deine Social-Media-Inhalte vor die Augen von Menschen bringen, die dich noch nicht kennen. Aber: Ohne Strategie und Kenntnisse über die Netzwerke verbrennst du mit Ads dein Geld. Hier lernst du die Basics für deine ersten Anzeigen.

Neulich habe ich gelesen, wie eine Onlinekursanbieterin gepostet hat: »Ich habe 350 Anmeldungen für meine Challenge – und alles organisch – also ehrlich verdient.« Natürlich ist es ein sehr gutes Zeichen, wenn man, auch ohne Geld in die Hand zu nehmen, viele Interessenten auf seine Seite ziehen kann. Aber ist bezahlter Traffic »unehrlich«? Seit wann ist es unehrenhaft, für Werbung zu bezahlen? Ob Social-Media-Nutzer dir folgen, dich gut finden und letztendlich etwas von dir kaufen, hängt von deinen wertvollen Inhalten und deiner Persönlichkeit ab. Ob nun beim Erstkontakt mit dir und deiner Marke das Wort »gesponsert« über deinem Post stand oder der Post organisch in ihre Timeline gespielt wurde, ist dabei eher nebensächlich. Überzeugen musst du so oder so.

Vielleicht gefällt dir auch der Gedanke nicht, dass Facebook die Anzeigen anhand der zuvor über die Nutzer gesammelten Daten ausspielt. Das sei eine manipulative Werbeform, höre ich häufig – als hätte Werbung zuvor noch nie versucht, uns zu manipulieren. Und: Auch der organische Inhalt wird dir doch aufgrund deiner bisherigen Handlungen auf der Plattform ausgespielt, ist also nicht weniger manipulativ. Zudem muss ich sagen, dass ich es aus Nutzersicht persönlich sehr viel angenehmer finde, Werbung angezeigt zu bekommen, die mich auch interessiert. Ich erinnere mich nur ungern an die Zeit zurück, als mir ständig eine Penisverlängerung angeboten wurde.

Als Ad-Anbieter ist es natürlich großartig, zu wissen, dass du hier nur gezielt denen die Anzeigen zeigst, die sich vermutlich auch für dich interessieren, und nicht blind Werbung verteilst wie bei einer Postwurfsendung.

Wenn du deine Message geschärft hast, guten Content produzierst und hinter deinem Angebot stehen kannst, kommt irgendwann der Zeitpunkt, an dem du schneller wachsen möchtest, als dies organisch möglich ist. Selbst wenn du alle Ideen und Strategien aus Kapitel 9, »Vertrauen gewinnen und Reichweite aufbauen«, zum Community-Aufbau befolgst – Ads sind ein Katalysator für dein Business. Also, bist du bereit, in den nächsten Gang zu schalten und mit deinem Herzensbusiness noch mehr Menschen zu erreichen?

Vielleicht zuckst du jetzt unsicher mit den Schultern, weil du es mit Ads bereits versucht hast, aber den Business-Manager von Facebook völlig unübersichtlich fandest und das Gefühl hattest, dass dein Geld einfach so verpufft ist.

Damit hast du vermutlich auch recht. Ads zu schalten, ist eine Kunst, die man lernen muss. Man wird nur durch Testen und Ausprobieren langsam besser. Zudem scheint es, als drehe sich in der Welt der Social-Ads noch schneller als beim organischen Traffic. Was heute eine gute Strategie war, kann in wenigen Wochen schon nicht mehr funktionieren. Eine Ad, die vor einem halben Jahr super funktionierte, kann jetzt floppen.

Ich möchte dir in diesem Kapitel einen generellen Überblick darüber geben, wie Ads funktionieren und für was sie eingesetzt werden. Ich werde dich durch die wichtigsten Bereiche des Ad-Managers führen, indem ich dir zeige, wie du Ads für dein Herzensbusiness anwenden kannst. Am Ende des Kapitels wirst du deine ersten Kampagnen selbst aufsetzen können. Wenn du dich lieber dafür entscheidest, dass du diese Arbeit an eine Ad-Spezialistin übergibst, die täglich mit Ads arbeitet, weißt du Bescheid, wovon sie spricht, und kannst sie besser instruieren.

Das Wichtigste in Kürze

Ads können dein Wachstum enorm beschleunigen. Mit seiner Datensammlung ist Facebook in der Lage, deine Anzeigen auf Instagram und Facebook genau den Menschen auszuspielen, die für dich relevant sind.

11.1   Warum alles, was du bisher gelernt hast, auch für Ads gilt

Wenn du bereits gehört hast, dass Ads zu schalten eine Abkürzung ist, um schnell an viel Reichweite zu kommen, muss ich dich vermutlich etwas enttäuschen. Denn diese Aussage stimmt nur zum Teil. Rein technisch gesehen ist es richtig: Du bezahlst das soziale Netzwerk – in diesem Fall Facebook (und Instagram) –, deinen Beitrag Menschen zu zeigen, für die dieser interessant sein könnte. Das Problem dabei: Du zahlst sehr viel höhere Beträge, wenn du nicht verstanden hast, was gute Social-Media-Beiträge ausmacht. Woran liegt das?

Zum einen bist du vermutlich nicht der einzige Mensch da draußen, der seine Inhalte an eine bestimmte Zielgruppe ausspielen will – nehmen wir zum Beispiel

286

»Männer zwischen 35 und 50, die Deutsch sprechen und Hunde mögen«. Die Preise für deine Ads berechnen sich nach dem Angebot-Nachfrage-Prinzip: Facebook (wie auch alle anderen Netzwerke) reserviert nur einen bestimmten Anteil an sichtbaren Beiträgen für bezahlte Werbung. Wir dürfen davon ausgehen, dass sie regelmäßig messen und überprüfen, wie viel Werbung von den Social-Media-Nutzern als akzeptabel angesehen wird. Diese Plätze werden dann via Auktionsverfahren an die Anbieter vergeben, die …

1. … bereit sind, einen hohen Preis dafür zu bezahlen – das Netzwerk finanziert sich über Anzeigen.

2. … Anzeigen erstellen, die den Social-Media-Usern gefallen. Das bedeutet, die User nehmen den Inhalt wahr, konsumieren ihn und reagieren darauf.

Punkt Nummer 2 zeigt: Wenn du kein unbegrenztes Budget für Marketing zur Verfügung hast, ist es wichtig, dass du vorab lernst, welche Inhalte auf Social Media gut funktionieren. Dafür lege ich dir besonders Kapitel 8, »Berühre deine Follower mit Bild, Text und Video«, dieses Buchs ans Herz, wo du lernst, gute Posts zu produzieren, die Interaktionen generieren.

Solltest du auf der Suche nach einer Abkürzung zu hoher Reichweite direkt in dieses Kapitel gesprungen sein – blättere zurück. Dein Budget wird es dir danken. Denn alles, was organisch gut funktioniert, wird höchstwahrscheinlich auch als Ad erfolgreich sein (siehe Abbildung 11.1).

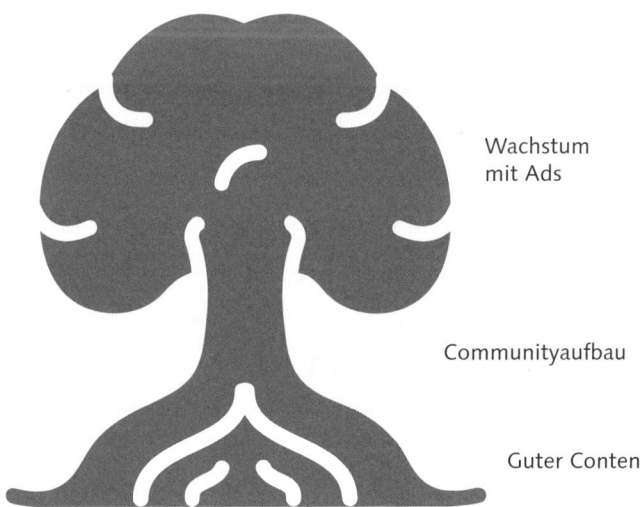

Wachstum
mit Ads

Communityaufbau

Guter Content

Abbildung 11.1 Ein schnelles Wachstum durch Ads ist viel wahrscheinlicher, wenn du eine stabile Basis geschaffen hast.

> **Das Wichtigste in Kürze**
>
> Wer erfolgreiche Ads schalten möchte, sollte zuerst lernen, womit er organisch gut ankommt. Wenn dieses Basiswissen besteht und man die eigene Botschaft geschärft und verinnerlicht hat, kann man mit Ads schneller wachsen.

11.2 Wann Ads Sinn ergeben

In diesem Buch möchte ich dir einige Ansätze für deine persönliche Ad-Strategie an die Hand geben. Wie du schon gesehen hast, muss eine Strategie nichts Kompliziertes sein. Strategisch Ads zu schalten, bedeutet in diesem Fall lediglich, dass du dir überlegst …

- ▶ … warum du Anzeigen schalten möchtest. Was ist das Ziel deiner Kampagne?
- ▶ … wen du erreichen möchtest? Wer ist deine Zielgruppe?
- ▶ … wie du dabei am besten vorgehst.

Diese Fragen kommen dir sicher aus Kapitel 5, »Strategie für Strategiemuffel« bekannt vor.

Bevor du überhaupt daran denkst, Geld in die Hand zu nehmen, solltest du dir klar darüber werden, was deine Anzeige erreichen soll. Das ist für Social-Media-Anzeigen besonders wichtig, weil du dieses Ziel beim Erstellen der Anzeige auch als Erstes angeben musst. Dann kann dich der Algorithmus optimal dabei unterstützen, dieses Ziel auch zu erreichen.

Falls du jetzt skeptisch die Stirn runzelst und der Meinung bist, dass du den Algorithmus irgendwie auch austricksen kannst, um möglichst viel für möglichst wenig Geld zu bekommen, kann ich dir nur viel Glück wünschen. Vielleicht hast du eine Chance, besser zu sein als der Algorithmus, wenn du seit Jahrzehnten Ads schaltest und dich Tag für Tag damit auseinandersetzt. Vermutlich bleibst du aber auch dann hinter dem zurück, was ein großes Team an Mitarbeitenden bei Facebook ständig weiterentwickelt.

Aber du musst auch gar niemanden austricksen: Facebook hat ein großes Interesse daran, dass deine Anzeigen funktionieren. Zufriedene Anzeigenkunden schalten weiter Anzeigen und bringen dem Netzwerk Geld und Daten. Also: Lass dir helfen – vertraue besonders zu Beginn lieber auf die Automatismen. Sie werden von Tag zu Tag besser, und wenn du gute Inhalte für deine Ads kreierst und regelmäßig Ads schaltest, gibst du Facebook sogar noch mehr wertvolle Informationen, die es nutzen kann, um deine Ads noch erfolgreicher zu schalten.

Was sind strategisch gute Gründe, um eine Anzeige zu schalten? Die meisten sinnvollen Gründe für Ads hängen direkt mit deinem Verkaufsprozess zusammen.

▸ Du möchtest Adressen für deinen Newsletter sammeln und bietest dafür ein Freebie an.

▸ Du lädst neue Kontakte in eine kostenlose Challenge oder ein Webinar ein.

▸ Du zeigst Menschen einen wertvollen Beitrag (entweder direkt im Feed oder auf deiner Webseite), um später diejenigen erneut mit einer Anzeige zu beglücken und ihnen ein Angebot zu machen, die Interesse an deinen Inhalten gezeigt haben. (In der Ad-Manager-Sprache heißt das »retargeten« – sprich, du nimmst sie erneut ins Visier.)

▸ Du möchtest, dass Menschen bei deiner Veranstaltung auf INTERESSIERT klicken, damit du sie weiter mit Updates zu der Veranstaltung versorgen kannst.

▸ Du warst lange inaktiv oder hast einfach keinen guten Content mehr gepostet und willst jetzt wieder richtig sichtbar werden auf Social Media. Organische Reichweite hast du kaum noch, weil du so lange weg warst. Also bezahlst du dafür, dass dein neuer wertvoller Beitrag gezielt deinen Fans angezeigt wird. Im Idealfall reagieren sie darauf, und du hast künftig wieder mehr organische Reichweite.

▸ Du verkaufst bereits länger online Programme oder Produkte, hast aber das Gefühl, dass sich dein Followerkreis nicht erweitert. Vor der nächsten Verkaufsaktion möchtest du neue Menschen auf dich aufmerksam machen, die »so ähnlich sind« wie deine bisherigen Follower.

▸ Du nutzt Anzeigen zur Marktforschung für deine Angebote. Dabei testest du verschiedene Anzeigenbilder und -texte für Angebote, die du erstellen möchtest. Du schickst die Interessenten dabei zum Beispiel zu einer Warteliste. Dabei beobachtest du, welches Angebot mit welchem Schwerpunkt und welcher Beschreibung besonders gut ankommt. Das kannst du sogar machen, *bevor* du das Angebot umsetzt. Es ist die Königsdisziplin des Co-Creator-Mindsets, über das ich in Kapitel 10, »Wie Fans zu Kunden werden«, gesprochen habe.

Wann Ads keinen Sinn ergeben:

▸ Du willst mehr Likes und Interaktionen für deine Beiträge, weil es dich frustriert, dass da so wenig passiert.

▸ Du hast das Gefühl, es sieht nicht gut aus, dass du kaum Fans auf deiner Seite hast, und du willst mehr *Gefällt mir*-Angaben für diese Seite.

Vielleicht bemerkst du es schon: Alles, was auf einen Verkauf hinarbeitet – auch über Umwege –, ist ein guter Grund, Anzeigen zu schalten. Alles, was eher mit dem Ego zusammenhängt, ist kein guter Grund.

Ads ersparen es dir nicht, guten Content zu produzieren. Ads können dir lediglich helfen, eine neue Zielgruppe für deine Angebote zu interessieren oder deine bisherigen Follower zu reaktivieren.

Es ist wichtig, dass du dein grundsätzliches Ziel für die Ads kennst, damit du es in die im Werbeanzeigenmanager möglichen Zielangaben übersetzen kannst. Und natürlich auch, damit du überprüfen kannst, ob du das Ziel erreichst.

Das Wichtigste in Kürze

Auch Ads brauchen eine Strategie, die beim Warum beginnt. Im Normalfall ist dein Warum für deine Ads direkt oder indirekt mit einem monetären Gewinn verbunden, du gibst schließlich Geld für die Anzeigen aus.

11.3 Schritt für Schritt zur wirksamen Ad

Im Folgenden möchte ich mit dir die wichtigsten Schritte ansehen, die du gehen solltest, um Facebook und Instagram Ads zu schalten. Du lernst, wie sich deine strategischen Ziele für die Angaben des Werbeanzeigenmanagers übersetzen lassen.

Der Werbeanzeigenmanager ist Teil des Business-Managers, und diesen erreichst du über *https://business.facebook.com/*. Solltest du noch kein Facebook-Business-Konto angelegt haben, hol dies bitte jetzt nach und verknüpfe deine Seiten und deinen Instagram-Business-Account ebenfalls mit dem Facebook-Business-Account. Anschließend kannst du ein Werbekonto eröffnen und dein Zahlungsmittel hinterlegen. Das Netzwerk leitet dich hier gut durch diese ersten Schritte.

Insgesamt wirkt der Facebook-Werbeanzeigenmanager zunächst unübersichtlich und beängstigend. Vielleicht hast du, wenn dieses Buch erscheint, Glück und bereits Zugriff auf die Facebook Business Suite, in der die Erstellung von Anzeigen und Beiträgen einfacher von der Hand gehen soll. Aber selbst wenn nicht, lohnt es sich, den Weg über dieses Portal zu gehen, weil du hier mehr Möglichkeiten hast und alle Anzeigen – von Facebook und Instagram – aus dieser Zentrale heraus gut steuern kannst.

Lass dich nicht dazu verleiten, einfach nur den BEWERBEN-Button beim Post anzuklicken (siehe Abbildung 11.2). Hier hast du lediglich eingeschränkte Möglichkeiten, dein Ziel und die Zielgruppe zu definieren. Viele User verschenken an dieser Stelle Geld, weil sie sich keine echte Strategie überlegen mussten, sondern das »Pushen« ihres Beitrags vermeintlich einfach war.

Abbildung 11.2 Der »Beitrag bewerben«-Button ist die Abkürzung zur Ad, führt aber oft zu schlechteren Ergebnissen, weil viele Optionen fehlen.

Der unbequemere, aber effektivere Weg führt über den Werbeanzeigenmanager. Versuch dich beim Erstellen deiner Anzeige nicht in den kleinsten Details irgendwelcher Untermenüs zu verlieren, sondern lege den Fokus auf das Ziel und die Zielgruppe.

Facebook-Pixel einbauen

Um eine mehrstufige Ad-Strategie aufzubauen, bei der du gezielt den Menschen Anzeigen zeigst, die bereits deine Webseite besucht oder vielleicht sogar dein Produkt in den Einkaufswagen gelegt und nicht gekauft haben, musst du auf deiner Webseite ein Facebook-Pixel einbauen. Selbst wenn du jetzt noch nicht vorhast, solche Anzeigen zu schalten, lohnt es sich, das Pixel bereits heute zu installieren. So gibst du Facebook die Möglichkeit, bereits jetzt deine Webseitenbesucher zu registrieren – diese Daten werden derzeit 180 Tage gespeichert.

Das Facebook-Pixel findest du im Werbeanzeigenmanager unter dem Events Manager als »Datenquelle« (siehe Abbildung 11.3). Wenn du dort die Einrichtung startest, bietet dir Facebook die Möglichkeit, entweder das Pixel mit deinem Webseitenbetreiber einzurichten oder einen Codeschnipsel zu kopieren, den du oder dein Admin in die Webseite einfügt.

Dann fehlt dir nur noch der Datenschutz: Wichtig ist, dass du in deiner Datenschutzerklärung auf das Facebook-Pixel hinweist. Zusätzlich musst du einen DSGVO-konformen Cookie-Balken auf deiner Webseite integrieren. Dieser gibt deinen Webseitenbesuchern die Möglichkeit, das Sammeln von Marketingdaten aktiv abzulehnen. Bei mit WordPress erstellten Webseiten kannst du dafür zum Beispiel das kostenpflichtige

Plug-in von lawlikes.de, DSGVO Pixelmate, nutzen. Wenn du eine einfache Webseite nach dem Baukastensystem hast, ist der Cookie-Balken vermutlich bereits integriert.

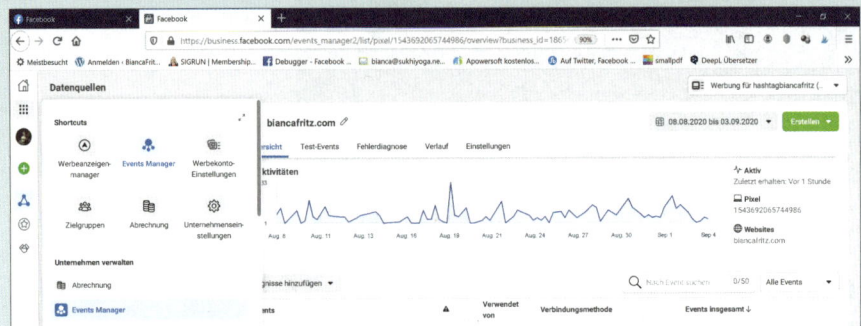

Abbildung 11.3 Das Pixel findet sich im Events Manager. Wenn es aktiviert ist, zeigt der Graph die Webseitenbesuche an. Quelle Screenshot, Zugriff 04.09.20

Was zu Beginn besonders all jene verwirrt, die zum ersten Mal Ads schalten oder bisher nur wenige Ads geschaltet haben, ist die Struktur des Werbeanzeigenmanagers. Diese ist klar darauf angelegt, dass du viele Ads schaltest und diese auch vergleichen kannst. Deshalb hier ein kurzer Überblick über die Ebenen, in denen du deine Anzeige gestaltest (siehe auch Abbildung 11.4).

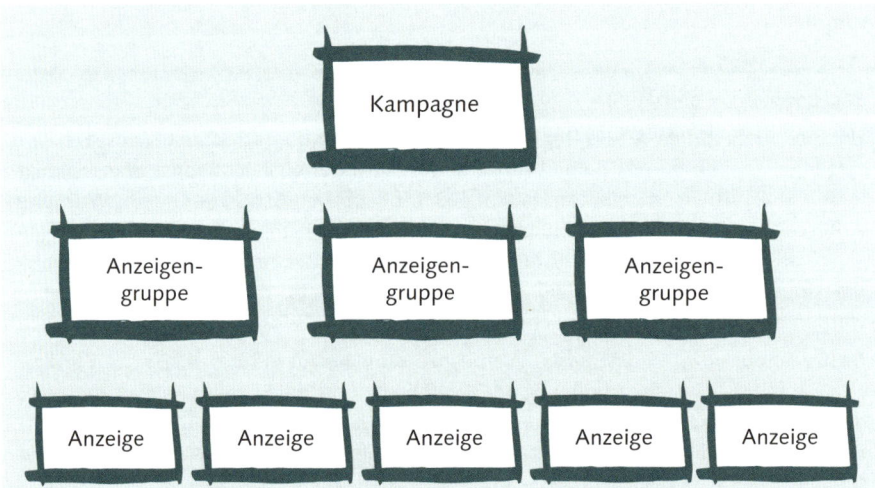

Abbildung 11.4 Eine Kampagne kann mehrere Anzeigengruppen umfassen, und in jeder Anzeigengruppe können mehrere Anzeigen liegen.

▶ KAMPAGNE: Hier legst du das Ziel deiner Ads fest. Dieses Ziel definiert deine Kampagne, und du kannst es später nicht ändern. Außerdem legst du das tägliche maximale Budget fest. Am besten gibst du der Kampagne einen Namen, der ebenfalls das Ziel und ein Datum enthält, damit du im Anzeigenmanager leicht die Übersicht behältst, zum Beispiel also: »OnlinekursABC_Conversion_Sept20«.

► ANZEIGENGRUPPE: Jede Kampagne kann mehrere Anzeigengruppen umfassen, und diese können wiederum mehrere Anzeigen enthalten. Auf der Ebene der Gruppen legst du die Zielgruppe fest, also die Eigenschaften der User, die deine Ads sehen sollen. Wenn du hier einen Namen vergibst, sollte er Eigenschaften der Zielgruppe enthalten, weil diese das wichtigste Merkmal der Ad-Gruppe sind, also zum Beispiel: »Frauen_Europa_frischverlobt_Hochzeitskleid«. Auch hier hast du noch einmal die Möglichkeit, ein Budget festzulegen. Das ergibt allerdings nur dann Sinn, wenn du dein Gesamtkampagnenbudget auf eine ganz bestimmte Art über alle Anzeigengruppen verteilen willst, zum Beispiel um ihre Wirkung zu testen. Wenn du hier nichts definierst, steckt Facebook automatisch mehr Geld in die Gruppe, die das Ziel besser erreicht. Anzeigenexperten empfehlen außerdem, kein Enddatum für die Anzeigengruppe festlegen, weil Facebook sonst versucht, das Geld auch unbedingt in dieser Zeit auszugeben, anstatt auf die optimale Verteilung Rücksicht zu nehmen. Die Platzierung der Anzeigen kannst du auf Ebene der Anzeigengruppe ebenfalls wählen. Allerdings gilt hier gerade für Anfänger: lieber nicht herumspielen. Facebook optimiert zumeist besser, als du es kannst. Eine manuelle Platzierung kann aber zum Beispiel sinnvoll sein, wenn du nicht möchtest, dass deine Anzeige auch auf Instagram läuft, weil du dort keinen Account betreibst. In dem Fall suchen Menschen eventuell umsonst auf Instagram nach deinem Account – und das möchtest du verhindern.

► ANZEIGEN: Anzeigen sind der sichtbare Part deiner Kampagne – der Ort, an dem du kreativ werden kannst. Es empfiehlt sich, verschiedene Bilder, Texte, Überschriften und Formate (Text mit Bild, Video, Karussell …) auszuprobieren, damit du herausfinden kannst, was besonders gute Ergebnisse einspielt. Du kannst Anzeigen direkt in deinem Werbeanzeigenmanager gestalten oder dort einen Post auswählen, den du bereits veröffentlicht hast. Das ist sinnvoll, wenn ein Post von dir besonders gut angekommen ist, also schon viele Interaktionen gesammelt hat. Anzeigen können kopiert werden in andere Anzeigengruppen oder Kampagnen. Somit kannst du sie zum Beispiel mit verschiedenen Zielgruppen testen.

Das Wichtigste in Kürze

Nutze nicht den BEWERBEN-Button, sondern mach dich mit dem Aufbau und der Funktionsweise des Facebook-Werbeanzeigenmanagers vertraut. Dieser zwingt dich dazu, strategische Entscheidungen zu treffen, wenn du eine Ad schaltest. Du arbeitest dabei auf drei Ebenen: Kampagne, Anzeigengruppe und Anzeige. Aktiviere zudem dein Pixel, wenn du in Zukunft vorhast, Menschen, die dich bereits kennen, gezielt Anzeigen auszuspielen. Das ist eine sehr erfolgversprechende Strategie.

11.3.1   Ziele verstehen und festlegen

Um deine Kampagne mit Anzeigengruppen und Werbeanzeigen zu erstellen, wählst du am besten den »Guided Creation Guide« und nicht die »Quick Creation«, weil du hier Schritt für Schritt durch die Erstellung geführt wirst. Du hast zwar mehr Optionen, was Anfänger verwirren kann, aber zugleich kannst du die Entstehung der Anzeige auch besser nachvollziehen.

Zunächst wirst du gebeten, deine Kampagne zu benennen und ihr ein Ziel zu geben. Wie bereits erwähnt, ergeben abhängig davon, in welcher Phase du gerade steckst, ganz unterschiedliche Ziele Sinn. Ich erkläre dir hier die Ziele, die du als Kleinunternehmer oder Selbstständige am wahrscheinlichsten brauchen wirst. Was viele nicht wissen: Facebook hat die Ziele sogar schon in unterschiedliche Phasen gegliedert (siehe Abbildung 11.5).

▶ BEKANNTHEIT: Hier verfolgst du nur das Ziel, vor möglichst viele Augen zu gelangen. Das ist meiner Einschätzung wenig sinnvoll – du willst vor allem von denen gesehen werden, die auch bereit sind, in Aktion zu treten. Daher kannst du direkt zu den Zielen aus der Phase ERWÄGUNG vorspringen. (Es gibt eine Ausnahme für die etwas erfahreneren Ad-Ersteller: Wenn du mit einer Costum Audience arbeitest, also einer Zielgruppe, die dich bereits kennt, kann hin und wieder das Ziel REICHWEITE Sinn ergeben, um dich möglichst vielen Menschen in Erinnerung zu rufen. Wenn du das noch nicht verstehst, verwirf es für den Moment wieder.)

▶ ERWÄGUNG: Hier werden deine Ads vor allem jenen Facebook- und Instagram-Nutzern angezeigt, die am wahrscheinlichsten interagieren – Nachrichten schreiben, eine App installieren, Videos ansehen und vieles mehr. Sie erwägen dich also als Anbieter bereits. In dieser Phase wird Vertrauen aufgebaut.

▶ CONVERSION: Diese Ziele sollen möglichst schnell den Gewinn steigern – sie führen direkt zu Angeboten mit Preisschild. Daher sind die Kampagnenziele aus der Kategorie CONVERSION eher für eine warme Zielgruppe geeignet, die dich schon kennt und Interesse an dir gezeigt hat. Außerdem wird der Bereich CONVERSION genutzt, um die Menschen zu deiner Landingpage zu führen, auf der sie dein Freebie herunterladen oder sich für deinen Newsletter oder dein Webinar eintragen können. Um Freebies zu vermarkten oder Webinar-Anmeldungen zu kreieren, kannst du Conversion-Ads auch einer kalten Zielgruppe ausspielen. Da Conversion-Ads zu einem direkten Gewinn führen – in Euro oder E-Mail-Adressen , sind sie natürlich besonders beliebt und daher oft teurer als die Ads für die Bereiche BEKANNTHEIT und ERWÄGUNG.

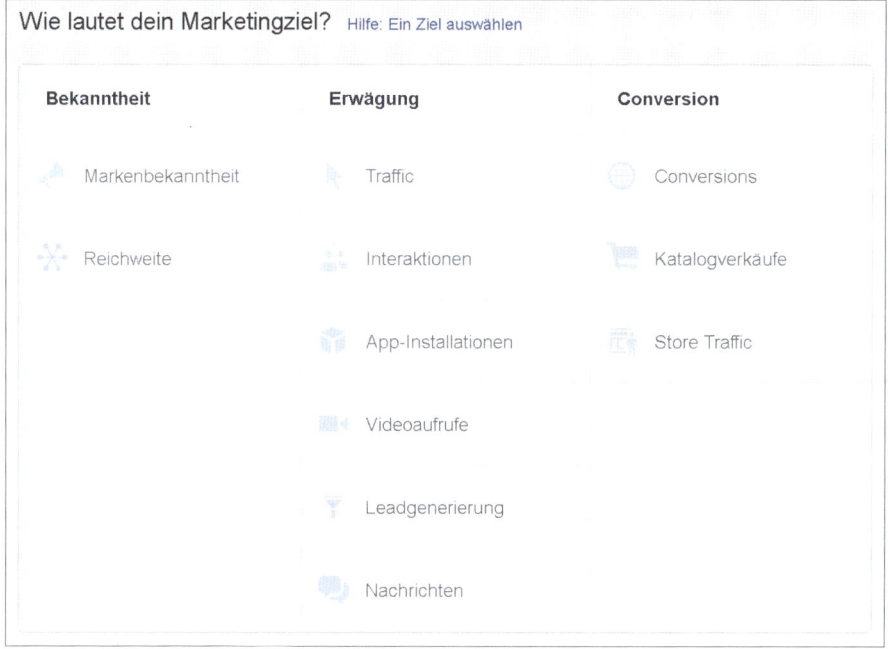

Abbildung 11.5 Die möglichen Ziele deiner Facebook-Marketingkampagne im Werbeanzeigenmanager, Zugriff: 05.09.20

Nehmen wir also an, du möchtest neue Menschen, die zu deiner Zielgruppe gehören, für dich interessieren oder dich deinen alten Followern wieder in Erinnerung rufen. Wie bereits erwähnt, würde ich als kleines Unternehmen dafür zunächst auf die Ziele der Kategorie Erwägung setzen. Es geht nicht darum, dass du so bekannt wie Coca-Cola wirst, sondern darum, dass du neue Kunden findest, die zu dir passen. Dafür eignen sich folgende Zielsetzungen aus dem Bereich Erwägung besonders gut:

Traffic

Traffic-Ads werden besonders den Kundinnen und Kunden angezeigt, die gern auf Links klicken. Mit Traffic-Ads kannst du die Facebook-User also auf deine Webseite holen, wenn sie dort einen Inhalt lesen oder ansehen sollen. (Achtung: nicht, wenn sie dort etwas kaufen sollen! Da sind Conversion-Ads besser geeignet – ich gehe darauf noch ein.) Wie du bereits gelernt hast, mag Facebook es eigentlich nicht, dass wir die User vom Netzwerk zu unserer Webseite schicken – deshalb lässt es sich die Reichweite für Posts mit Links gern bezahlen. Traffic-Ads eignen sich besonders gut, um zum Beispiel auf einen Blogartikel aufmerksam zu machen. Du leitest die Menschen auf deine Webseite, um dich ihnen dort mit deiner Expertise und deiner Persönlichkeit zu zeigen. Ein Extratipp: Achte bei Traffic-Kampagnen im nächsten Schritt – also dem Bereich Anzeigengruppe – unbedingt darauf, dass du nicht auf Link-Klicks, sondern auf Landing Page-Aufrufe optimierst (siehe Abbildung 11.6). Der Grund dafür: Auch auf MEHR ANZEIGEN zu klicken, wird als Link-Klick gewertet – also als erfolgtes Ergebnis der Kampagne. Dein gewünschtes Ergebnis ist aber, dass die Menschen auf deine Webseite surfen.

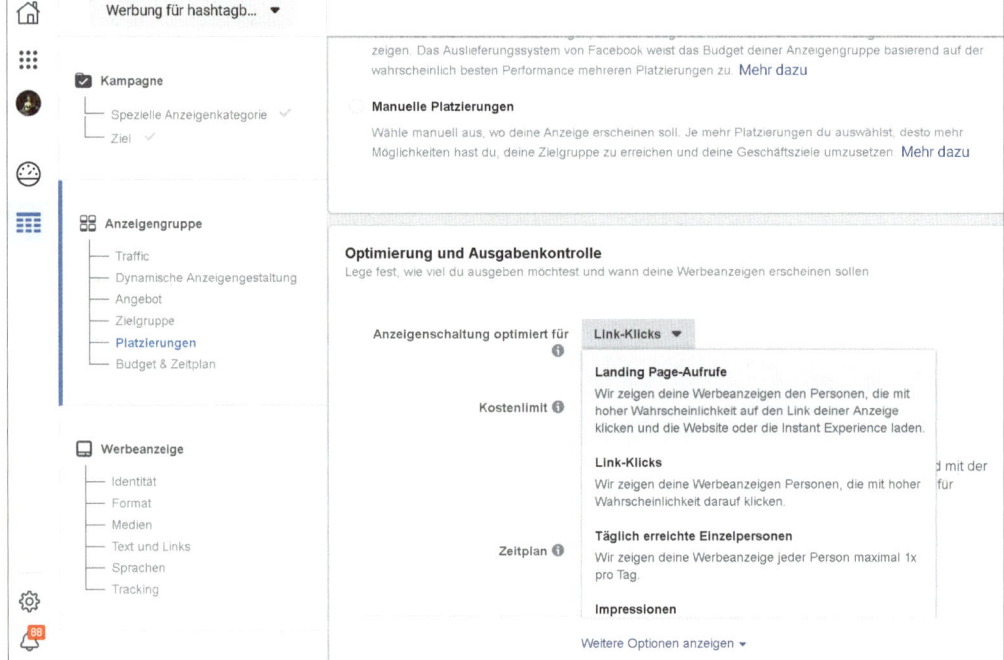

Abbildung 11.6 Kleine Stolperfalle: Die Optimierung auf Landing Page-Aufrufe ist sinnvoller als die auf Link-Klicks. Zugriff: 05.09.20

Übrigens: Wenn die Menschen schon auf deiner Webseite sind, hast du die Chance, dich dauerhaft mit ihnen zu verbinden. Also weise zum Beispiel in deinem Blogartikel oder mit Bannern auf der Webseite am besten mehrfach darauf hin, dass dir die Menschen auf Social Media folgen können. Oder noch besser, dass sie sich in deine Mailingliste eintragen. Im Idealfall bietest du ihnen einen Anreiz – ein Freebie.

Aber auch wenn die User sich nicht weiter verbinden möchten, hast du jetzt einen großen Vorteil: Sie waren auf deiner Webseite, und dein (hoffentlich aktives) Facebook-Pixel hat sie als Webseitenbesucher gezählt. Sie wurden also als jemand registriert, der prinzipiell Interesse an deinem Thema hat. Du kannst diesen Personen später gezielt weitere Ads ausspielen.

Interaktionen

Wenn du dieses Ziel wählst, wird deine Anzeige besonders denen angezeigt, die diesen Inhalt höchstwahrscheinlich liken, kommentieren oder teilen, also den eher aktiveren Social-Media-Nutzern innerhalb der von dir definierten Zielgruppe. Aber denk daran: Zaubern können Anzeigen nicht. Du musst den Inhalt also auch mit diesem Ziel so gestalten, dass die User gern mit ihm interagieren. Eine Interaktionen-Kampagne kann dir helfen, schnell »Social Proof«, also soziale Bestätigung, für einen Post zu bekommen, der dir besonders am Herzen liegt. Andere sehen, dass dieser Post gut ankommt, und lesen ihn ebenfalls. Du kannst so zum Beispiel einen Mehrwertpost bewerben, der deine Expertise und deine Persönlichkeit zeigt – ohne gleich etwas verkaufen zu wollen.

Eine beliebte Strategie ist, einen Post erst mit einer Interaktionen-Ad zu bewerben, diese nach ein paar Reaktionen zu stoppen, und dann eine Traffic-Kampagne mit exakt demselben Post zu schalten. Oder du nutzt die Möglichkeit, Menschen, die interagiert haben, zu retargeten, also ihnen erneut Inhalte von dir mit einer Ad zu zeigen.

Videoaufrufe

Das Ziel Videoaufrufe ist für dich spannend, wenn du Videos mit Mehrwert auf deinen sozialen Netzwerken teilst, also wenn du zum Beispiel Tipps gibst in Videos oder live gehst, um dein Wissen zu teilen. Facebook teilt dein Video mit denen, die gern Videos schauen. Du kannst aufgenommene Videos, aber auch gespeicherte Live-Videos bewerben. Denke daran, deine Mehrwertvideos zu untertiteln und ein aussagekräftiges Einstiegsbild zu verwenden. Die Ad für Videoaufrufe finde ich besonders wertvoll, weil du in einem Video innerhalb kürzester Zeit viel Inhalt und viel von deiner Persönlichkeit zeigen kannst. Außerdem kannst du später diejenigen, die sich Zeit genommen haben, dein Video anzusehen, zu einer Zielgruppe zusammenfassen und ihnen andere Anzeigen ausspielen (siehe Abbildung 11.13). Deine Videoaufrufe-Ads sind erfahrungsgemäß dann besonders erfolgreich, wenn dein Video bereits auf deiner Seite steht und dort organisch Interaktion erzielt hat. Du bewirbst also ein bereits erstelltes Video, anstatt eines neu im Anzeigenmanager hochzuladen.

Leadgenerierung

Das Ziel Leadgenerierung soll dir die Anmeldungen für deine Mailingliste oder andere Formulare erleichtern. Die User bekommen direkt ein Formular von Facebook angezeigt, in dem bereits ihre Daten eingetragen sind, die sie für die Facebook-Anmeldung angegeben haben. Im deutschsprachigen Raum sieht man noch relativ wenige dieser Ads. Ein Grund dafür könnte sein, dass die Anbieter in der

Lead-Ad weniger Informationen unterbringen können über das, wofür die Nutzer sich anmelden, als auf einer eigenen Landingpage. Ein weiterer möglicher Grund: Es fühlt sich als User so an, als würde man Facebook noch mehr Daten geben – und nicht direkt der gewünschten Person. Und das hat auf manche eine abschreckende Wirkung. Zudem verschenkst du schlicht Traffic auf deiner Webseite mit dieser Ad-Form. Eine Alternative ist, das Ziel CONVERSION zu nutzen und die Dankesseite deiner Anmeldung als COSTUM CONVERSION EVENT zu wählen. Darauf gehe ich im nächsten Abschnitt ein.

Conversion

CONVERSION ist das Ad-Ziel, das die meisten Anbieter verwenden, wenn sie etwas online verkaufen und direkt die Wirksamkeit ihrer Ad messen möchten. Zudem kannst du Conversion-Ads verwenden, um das Einsammeln von E-Mail-Adressen, also Leads, voranzutreiben. Facebook misst jede Art von »Abschluss« auf deiner Webseite – du musst dem Netzwerk allerdings sagen, woran es diesen Abschluss erkennt. Zumeist wirst du die Produkte direkt über deine Webseite oder über einen in deiner Webseite integrierten Shop verkaufen. Du musst daher vor dem Erstellen deiner Conversion-Ad das Facebook-Pixel installiert haben.

Am besten spielst du den gewünschten Abschluss einmal durch und bestellst selbst etwas auf deiner Webseite oder meldest dich für deinen eigenen Newsletter an. Dann kopierst du dir die exakte URL (Linkadresse) deiner Dankeschön-Seite, die beim Kaufabschluss oder nach dem Eintragen bzw. Bestätigen der E-Mail-Adresse erscheint. Mit diesem Link gehst du in deinen Events Manager und erstellst eine Costum Conversion (siehe Abbildung 11.7). Du gibst ihr einen eindeutigen Namen, zum Beispiel »Dankesseite_Shop_ProduktXY« und fügst den Link zur Dankesseite ein. Wähle hier die Option LINK IST GLEICH.

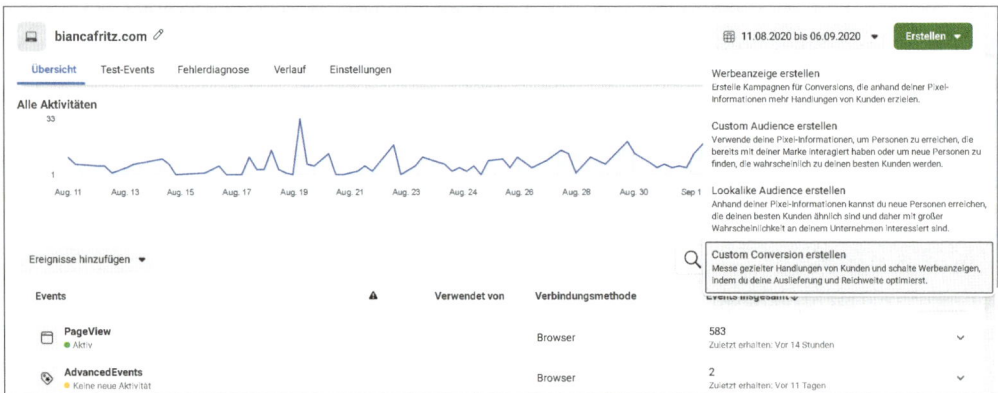

Abbildung 11.7 Die Costum Conversions erstellst du im Events Manager, nachdem du dein Pixel installiert hast. Zugriff: 05.09.20

Wenn du eine URL gewählt hast, fragt dich Facebook noch nach dem Wert der Conversion. Bei einem Freebie zur Leadgenerierung, also zum Sammeln von Leads, hast du keinen direkten monetären Gewinn – dann kannst du also »0« eingeben. Wenn du etwas mit der Conversion-Ad verkaufst, ist es sinnvoll, den Gewinn einzugeben, den du mit jedem verkauften Produkt erzielst (siehe Abbildung 11.8). Die Idee dahinter: Du siehst so beim Überprüfen der laufenden Ad auch, ob du mehr für deine Anzeigen ausgibst, als du an den Verkäufen verdienst.

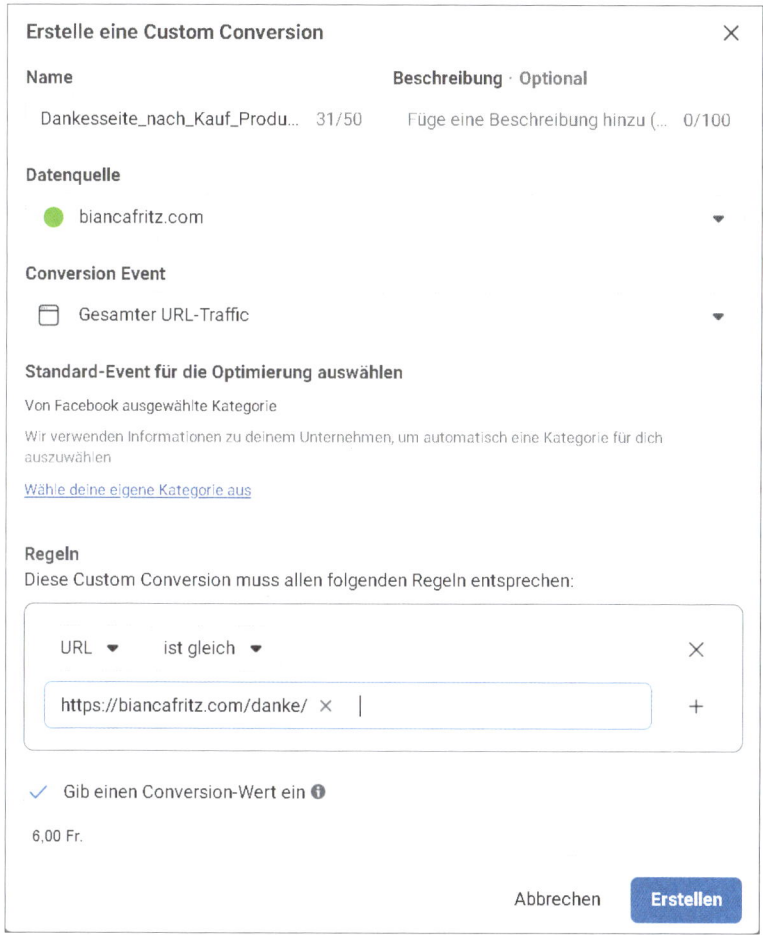

Abbildung 11.8 Wähle »URL ist gleich« deine Dankesseit und gib bei »Conversion-Wert« deinen Gewinn bei Kaufabschluss an. Zugriff: 06.09.20

Wenn du die Costum Conversion eingerichtet hast, solltest du sie testen, bevor du eine Conversion-Ad schaltest. Am besten kaufst du dafür einmal selbst dein Produkt oder bestellst deinen Newsletter. Ein grünes Licht zeigt dir, dass die Costum

Conversion aktiv ist, ansonsten musst du sie reaktivieren oder auf Fehlersuche gehen.

Einige Shop-Integrationen sind Partner von Facebook. Dadurch ist die Einrichtung einer Costum Conversion einfacher. Sie funktioniert dann, ohne dass du den Link suchen und kopieren musst, weil Facebook alle nötigen Informationen von der Webseite selbst bekommt. Ob diese einfachere Einrichtung auch mit deinem System funktioniert, findest du heraus, indem du im Events Manager die Partner-Integrationen ansiehst. Sie verstecken sich unter dem Händeschüttelsymbol (siehe Abbildung 11.9).

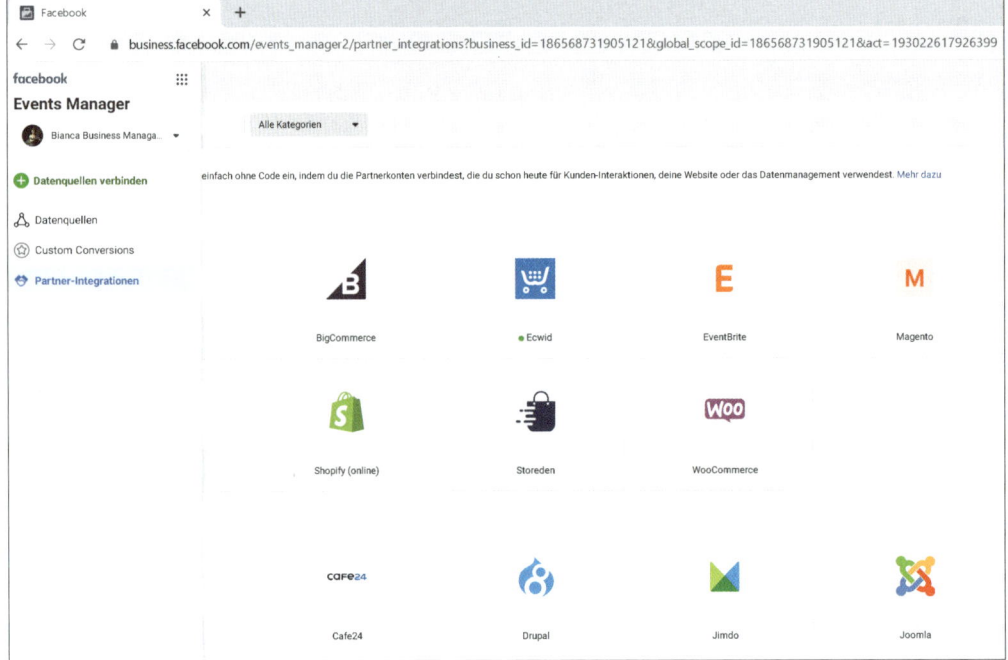

Abbildung 11.9 Wenn dein System ein Partner von Facebook ist, siehst du einen grünen Punkt – wie hier beim Ecwid-Shopsystem. Zugriff: 06.09.20

Hast du im Events Manager deine Costum Conversion gestartet oder deine Partner-Integration eingerichtet, kannst du loslegen mit deiner Conversion-Ad. Du wählst also das Ziel CONVERSION, legst ein Budget fest und wählst im nächsten Schritt bei der Anzeigengruppe, mit welchem Event Facebook die Conversion messen soll (siehe Abbildung 11.10). Dort findest du auch deine Costum Conversions wieder oder kannst sie neu erstellen.

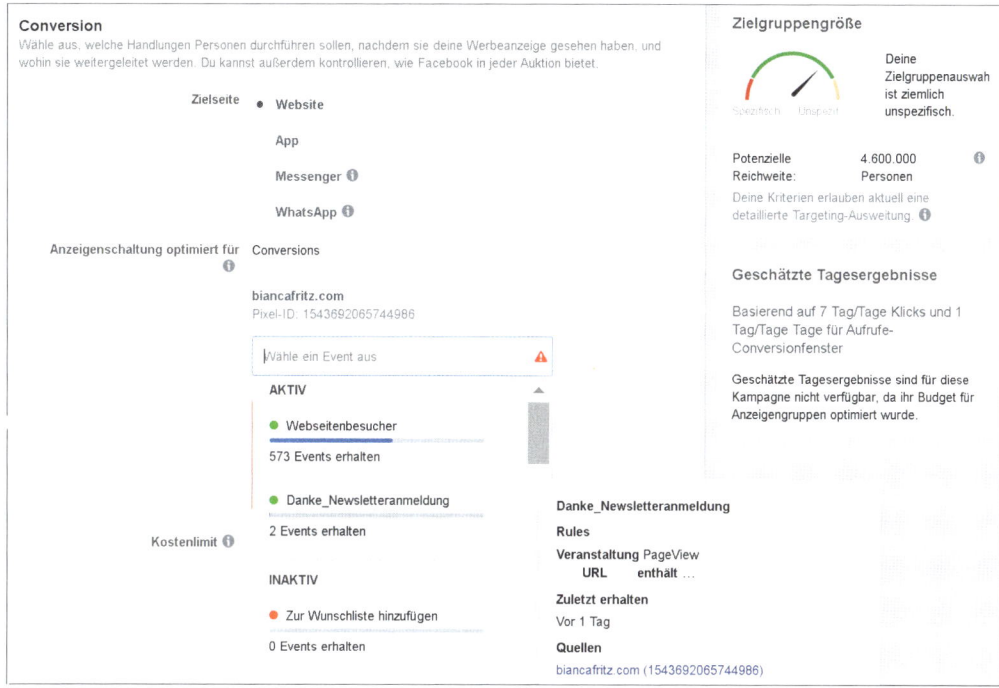

Abbildung 11.10 In den Events zum Pixel findest du deine Costum Conversions wieder. Zugriff: 06.09.20

Die Sache mit den A/B-Tests

Auf der Ebene der Kampagnenziele wirst du auch gefragt, ob du A/B-Tests erstellen möchtest, um verschiedene Anzeigengruppen (mit Zielgruppen) oder Anzeigengestaltungen gegeneinander antreten zu lassen und herauszufinden, was gut funktioniert. Prinzipiell ist das eine gute und schnelle Möglichkeit, zu testen. Die meisten Kleinunternehmer entscheiden sich allerdings lieber dafür, manuell zu testen (ich gehe noch darauf ein, wie das funktioniert), weil die A/B-Tests oft hohe Budgets brauchen. In meinen bisherigen Versuchen waren A/B-Tests erst ab einem Anzeigenbudget von rund 100 Euro pro Tag möglich. Wenn du allerdings sehr genau wissen möchtest, welche Anzeige oder welche Zielgruppe besser funktioniert, kommst du um A/B-Tests nicht herum, weil Facebook bei manuellen Testungen bereits ungefragt deine Ergebnisse optimiert – sprich, das Netzwerk spielt die Testobjekte, die weniger gut laufen, auch automatisch seltener aus.

Das Wichtigste in Kürze

Auf der Ebene der Kampagne legst du das Ziel deiner Ads fest – was sollen deine Anzeigen erreichen? Versuche nicht, Facebook hier »auszutricksen«, weil das Netzwerk seine User gut kennt und daher deine Anzeige innerhalb deiner Zielgruppe genau an diejenigen ausspielen wird, die dich am wahrscheinlichsten bei der Erreichung deines Ziels unterstützten.

11.3.2 Zielgruppen: Wunschkundeneigenschaften in Ad-Interessen übersetzen

Du hast drei verschiedene Möglichkeiten, Zielgruppen für deine Ads festzulegen. Wie du diese findest, siehst du in Abbildung 11.11. Entweder du orientierst dich an Gruppen, die bereits Interesse an deinen Inhalten gezeigt haben – zum Beispiel deine Webseite besucht haben, mit Beiträgen interagiert haben oder bei einer Veranstaltung auf INTERESSIERT geklickt haben. Dafür erstellst du eine sogenannte COSTUM AUDIENCE. Die zweite Möglichkeit steht dir zur Verfügung, sobald du bereits Costum Audiences erstellt hast – die LOOKALIKE AUDIENCE. Dabei lässt du Facebook für dich Menschen auswählen, die deiner Costum Audience ähneln – also den Menschen ähneln, die bereits Interesse an dir gezeigt haben. Zuletzt kannst du deine Zielgruppe auch selbst definieren. Dafür legst du demografische und soziografische Faktoren wie etwa ihre Interessen fest.

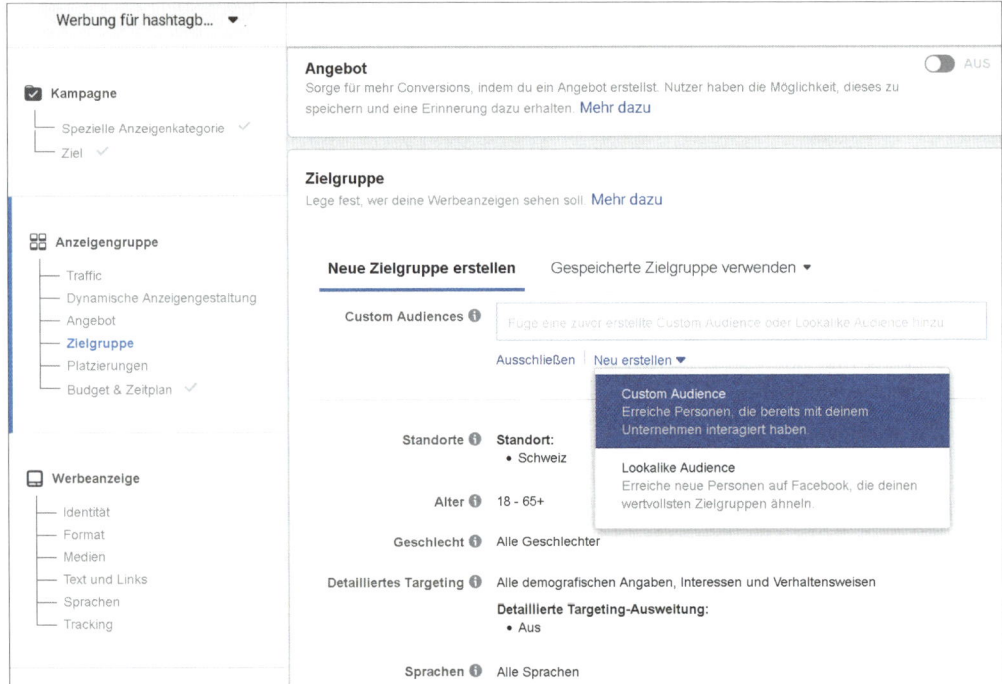

Abbildung 11.11 Für Costum Audience oder Lookalike Audience wählst du »Neu erstellen«, oder du gibst Alter, Standort etc. ein. Zugriff: 07.09.20

Costum Audiences

Um Costum Audiences zu erstellen, wählst du aus, wie die Zielgruppe schon mit deinem Unternehmen in Kontakt gekommen sein soll. Wie du auf Abbildung 11.12 siehst, hast du hier wieder zahlreiche Möglichkeiten, und ich spreche nur eine Auswahl an, die für dich wahrscheinlich von Bedeutung ist.

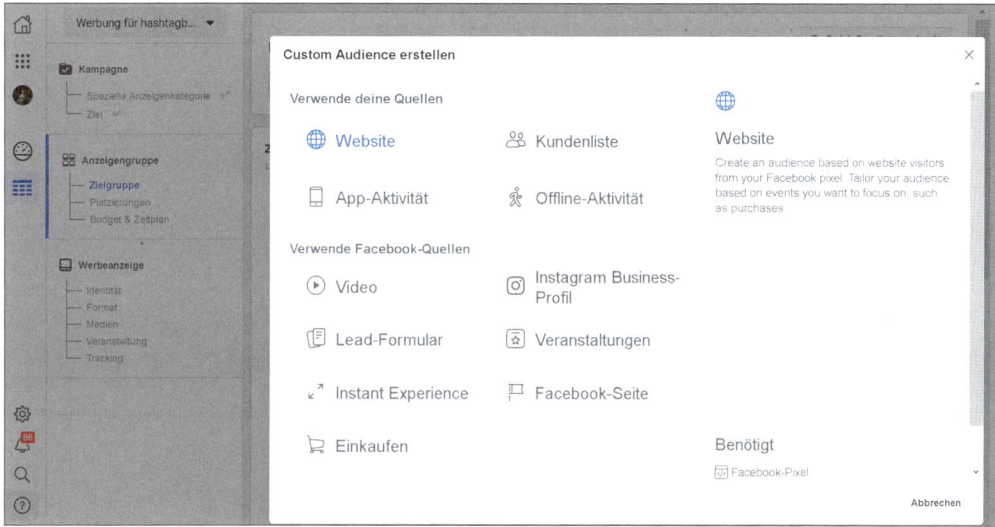

Abbildung 11.12 Hier kannst du festlegen, aus welchen Quellen Facebook erfahren soll, wer schon Kontakt mit dir hatte. Zugriff: 07.09.20

▶ WEBSITE: Um die Menschen zu erreichen, die schon auf deiner Webseite waren, musst du dort dein Facebook-Pixel installiert haben. Wie das funktioniert, habe ich bereits beschrieben. Du kannst nur diejenigen als Zielgruppe targeten (ins Visier nehmen), die dies im Cookie-Banner auf deiner Webseite erlaubt haben. Wer vor Kurzem auf deiner Webseite war, dort einen Blogartikel gelesen oder sich über ein Angebot informiert hat, kann sich höchstwahrscheinlich an dich erinnern und gilt als »warme« Zielgruppe.

▶ VIDEO: Wie bereits beschrieben, sind Videos ein ideales Mittel, mit dem dich dein Wunschkunde innerhalb kürzester Zeit sehr gut kennenlernt. Daher ergibt es Sinn, eine Costum Audience anzulegen mit Menschen, die bereits Videos von dir angesehen haben. Dabei kannst du selbst entscheiden, wie lange die Person bei deinem Video verweilt haben soll. Wer nur drei Sekunden zugesehen hat, weiß vermutlich wenig über dich. Darüber hinaus hängt deine Wahl sehr von der Dramaturgie deines Videos ab. Machst du ein Angebot im Video? In welcher Sekunde? Wann stellst du dich vor? Du kannst natürlich auch zwei Costum Audiences erstellen, eine für die Zielgruppe, die nur kurz hängen geblieben ist, um ihr das Video noch einmal zu zeigen, und eine für die, die es (fast) fertig ge-

sehen haben, um ihr ein Angebot zu machen. Abbildung 11.13 zeigt deine Aus-
wahlmöglichkeiten.

Abbildung 11.13 Zuschauer werden für dich als Zielgruppe umso wertvoller, je mehr Zeit
sie mit deinem Video verbracht haben. Zugriff: 05.09.20

▶ FACEBOOK-SEITE oder INSTAGRAM BUSINESS-PROFIL: Hier kannst du deine aktiven
Fans als Zielgruppe definieren und ihnen deine Ads bei Instagram und Facebook
anzeigen lassen. Das ist besonders dann sinnvoll, wenn du, wie in Kapitel 9,
»Vertrauen gewinnen und Reichweite aufbauen«, mit Seeding gearbeitet hast
und deine Follower schon neugierig auf dein Produkt sind – sie sind also eine
sehr gut aufgewärmte Zielgruppe.

▶ VERANSTALTUNGEN: Wenn du in den letzten 365 Tagen mit Facebook-Veranstaltungen gearbeitet hast, für die genau jene Menschen auf INTERESSIERT MICH oder
ZUSAGE geklickt haben, denen du jetzt gern einen Beitrag oder eine neue Veranstaltung zeigen würdest, empfehle ich dir, mit der Costum Audience VERAN-
STALTUNG zu arbeiten. Hier kannst du genau diesen Personen deine Ad anzeigen
lassen.

▶ Zum Schluss möchte ich dir noch von einer Option abraten, die dir Facebook
bietet: Du hast theoretisch die Möglichkeit, eine Liste mit den E-Mail-Adressen
deiner bisherigen Kunden oder Newsletter-Abonnenten hochzuladen und diese
Personen auf Facebook mit deiner Anzeige zu targeten. Allerdings ist es derzeit
quasi nicht möglich, dies datenschutzkonform zu tun. Also falls du das vorhast:
Sprich unbedingt zunächst mit einem auf Onlinerecht spezialisierten Anwalt
oder einer Anwältin.

Lookalike Audience

Wenn du eine Lookalike Audience erstellen möchtest, wählst du eine deiner bereits
erstellten Custom Audiences, der deine neue Zielgruppe ähneln soll. Dann gibst du

an, um wie viel Prozent deine neue Zielgruppe in ihren Eigenschaften von der Costum Audience abweichen darf. Das ist natürlich eine sehr theoretische Angabe, weil du nicht genau weißt, wie Facebook diese Ähnlichkeit berechnet. Je größer die mögliche Abweichung, umso größer wird natürlich auch die potenzielle neue Zielgruppe. Daher ist eine gute mögliche Vorabüberlegung für dich: Wie viele neue Menschen sollen meine Anzeige sehen? Oder aber du probierst verschiedene Prozentangaben aus und schaust, welche für dich die besten Ergebnisse bringt.

Zielgruppe selbst erstellen

Nehmen wir an, du hast noch nie mit Anzeigen gearbeitet, kein Pixel in deine Webseite integriert und erst recht keine Costum Audiences erstellt. Jetzt möchtest du schnell eine kalte Zielgruppe erreichen, die sich für dein Thema interessieren könnte oder an einem bestimmten Ort wohnt. Dann wirst du höchstwahrscheinlich mit den demografischen und soziografischen Daten arbeiten, die du von deinen Wunschkunden kennst. Solche selbst gewählten Zielgruppen sind häufig nicht ganz so effektiv wie Costum oder Lookalike Audiences. Dafür sind sie schnell erstellt. Speichere dir deine so erstellten Zielgruppen immer unter einem eindeutigen Namen ab, dann findest du sie künftig unter den »gespeicherten Zielgruppen« wieder und sparst dir somit Arbeit, wenn du sie erneut verwenden möchtest.

Für die Definition deiner Zielgruppe nimmst du dir am besten die Workbook-Seiten aus Kapitel 4, »Deine Wunschkundin oder deinen Wunschkunden als Mensch begreifen«, zur Bestimmung deiner Wunschkunden zur Hand. Diese enthalten wichtige Informationen darüber, was du bei den einzelnen Feldern eingeben solltest. Die Felder ALTER, GESCHLECHT und SPRACHE sollten keine Fragen für dich aufwerfen. Bei STANDORTE kannst du Städte, ihre Umkreise, Länder oder auch Regionen, zum Beispiel ganz Europa, anwählen. Und du kannst einzelne Regionen ausschließen. Gerade bei lokalen Angeboten ist die Unterscheidung wichtig, ob du Menschen ansprechen möchtest, die hier wohnen, oder auch jene, die den Ort besucht haben (siehe Abbildung 11.14).

Dann geht es in den Bereich des detaillierten Targetings, und hier kannst du beweisen, wie gut du deinen Wunschkunden wirklich kennst. Unter DEMOGRAFISCHE ANGABEN kannst du zum Beispiel definieren, welche Ausbildung die Person haben soll, welchen Familienstand, in welcher Branche und teilweise sogar für welchen Arbeitgeber sie arbeitet. Und ob sie frisch verlobt ist oder noch eine Fernbeziehung führt. Der Bereich INTERESSEN reicht von Shopping über klassische Hobbys bis hin zu politischem Engagement und ist so riesig, dass man am besten das Suchfeld benutzt, um Begriffe einzugeben. Ein schönes Feature: Wenn man bereits ein oder mehrere Interessen und demografische Faktoren eingegeben hat, kann man sich mit dem Feld VORSCHLÄGE auch verwandte Begriffe oder angrenzende Interessengebiete anzeigen lassen (siehe Abbildung 11.15).

Abbildung 11.14 Willst du nur die erreichen, die wirklich an einem Standort wohnen? Dann musst du das beim Standort auswählen. Zugriff: 07.09.20

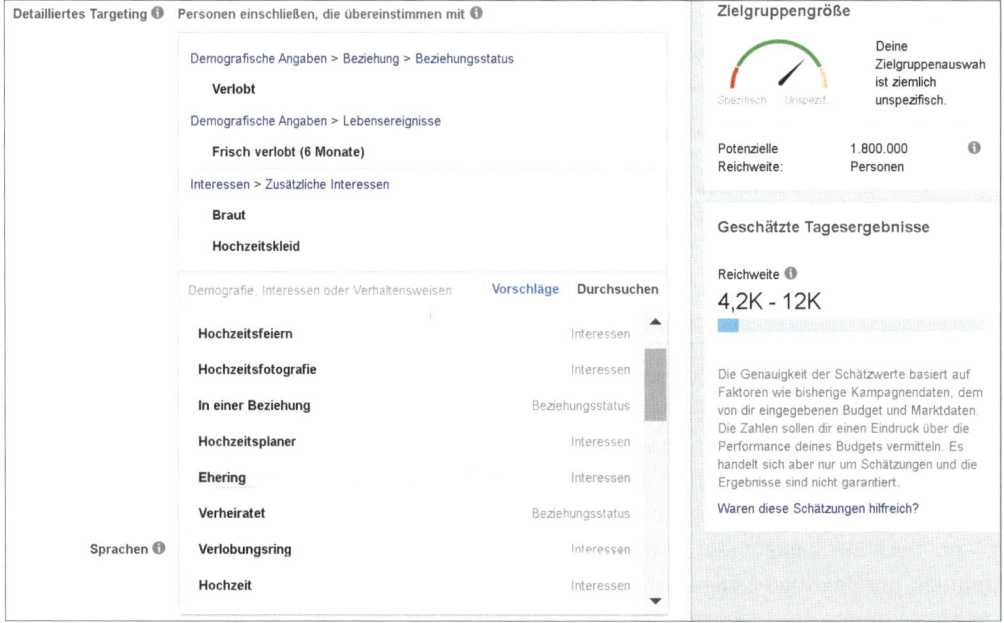

Abbildung 11.15 Die frisch verlobte Braut, die ein Hochzeitskleid sucht, hat wahrscheinlich auch Interesse an »Ehering« und »Hochzeitsfotografie«.

306

Der Bereich VERHALTEN kann ebenfalls spannend für dich sein, weil du hier zum Beispiel Pendler, Expats oder Menschen, die gerade frisch von einer Reise heimgekommen sind, definieren kannst. Letztere könntest du ganz gezielt mit einem Anzeigentitel ansprechen wie: »Schon wieder bereit für die nächste Reise?«

Solange du Informationen aus den Bereichen der demografischen Angaben, der Interessen oder des Verhaltens hinzufügst, wertet das Facebook als ein *oder* zwischen den Begriffen. Das bedeutet: Deine potenzielle Zielgruppe wächst. Du kannst aber auch bestimmen, dass die Menschen sich zum Beispiel für Kanufahren *und* Naturschutz interessieren sollen, wenn du ökologische Kanutouren anbietest. Mit den Angaben unter UND AUCH MIT FOLGENDEM ÜBEREINSTIMMEN verkleinerst du logischerweise die Zielgruppe. Verkleinern kannst du auch, indem du explizit Menschen ausschließt. Wenn du zum Beispiel eine App programmiert hast, die nur auf Apple-Geräten läuft, kannst du diejenigen ausschließen, die über ein Android-Gerät auf Facebook zugreifen.

Während man früher noch gesagt hat, dass man seine Zielgruppe wirklich so spezifisch wie möglich wählen sollte, auch wenn es bedeutet, dass nur eine kleine Zahl herauskommt, lautet heute die Devise von Ad-Spezialisten: Wähle deine Zielgruppe so groß wie möglich und schließe nicht von vornherein zu viele Menschen aus. Facebook gibt die potenzielle Reichweite deiner Zielgruppe auf der rechten Seite an (siehe Abbildung 11.16) – und du solltest keine Angst davor haben, hier auch in die Millionen zu kommen. Eine große Masse an Usern gibt dem Facebook-Algorithmus mehr Möglichkeiten, deine Ad auszuspielen. Näheres dazu liest du im Interview mit Ad-Expertin Anna-Lena Eckstein am Ende dieses Kapitels.

Es kann natürlich auch sein, dass dein Wunschkunde für speziell diese Ad ein anderer ist als der Wunschkunde deines Gesamtunternehmens – etwa wenn du normalerweise Onlineworkshops anbietest, jetzt aber Plätze für einen Präsenzworkshop in einer bestimmten Stadt zu vergeben hast. Dann wählst du eine andere Zielgruppe mit Menschen ausschließlich aus diesem Gebiet.

Ich möchte die Zielgruppenauswahl an einem konkreten Beispiel zeigen, damit es klarer wird: Du hast dich auf die Themen Mülltrennung, Recycling und umweltfreundliche Verpackungen spezialisiert und informierst darüber an Schulen, Festen, Messen und in Workshops. Du erhältst dafür jeweils ein Honorar vom Veranstalter oder den Teilnehmern und verdienst bei manchen Veranstaltungen durch den Verkauf umweltfreundlicher Verpackungsmaterialien etwas dazu. Jetzt bietest du neu einen Onlinekurs an, der sich speziell an Familien mit Kindern im Alter von sechs bis zehn Jahren richtet. In diesem lernen sie spielerisch, weniger Abfall zu produzieren, einen eigenen Kompost zu bauen und Abfall für Upcycling-Bastelprojekte zu nutzen.

Bisher hast du nur für einige Workshops eine Facebook-Anzeige geschaltet mit dem Kampagnenziel »Interaktion – Veranstaltungszu- und -absagen« und diese in einem Umkreis 40 Kilometern beworben. Interessen- und altersmäßig hast du deine Zielgruppe nicht eingegrenzt – Müll geht schließlich jeden etwas an.

Jetzt aber wird der mögliche Wirkungskreis sehr viel größer, da du online unterrichtest. Statt einer lokal begrenzten Zielgruppe hast du nun nur die Begrenzung durch die Kurssprache. Allerdings ist das Thema auch spezieller – daher solltest du hier mit demografischen und soziografischen Faktoren eingrenzen.

Du wählst also zum Beispiel aus: Standort: ganz Europa, Sprache: Deutsch. Dabei ist dir egal, ob die Menschen in Europa wohnen oder nur mal dort waren, Hauptsache, sie sprechen die Kurssprache. Alter ist klar: Du sprichst die Eltern an, nicht die Kinder. Also orientierst du dich am Altersschnitt von Eltern sechs- bis zehnjähriger Kinder. Du findest eine Statistik, die besagt, dass der Altersdurchschnitt der Frauen in Deutschland beim ersten Kind um die 30 Jahre liegt, und nimmst diese Zahl zur Orientierung. Um auch jüngere Mütter und Väter einzuschließen und auch zu bedenken, dass vielleicht noch ein zweites jüngeres Geschwisterchen dazukommt, wählst du eine Zielgruppe von 33 bis 48 Jahren. Aus deiner eigenen Workshop-Erfahrung weißt du zwar, dass es meist die Mütter sind, die sich um die Mülltrennung bemühen. Du entscheidest dich aber bewusst dafür, Männer mit einzuschließen – sprich, du legst das Geschlecht nicht fest. Jetzt ist deine Zielgruppe natürlich riesig – bei meinem Versuch waren es 13 Millionen Menschen.

Bisher erreichst du aber auch alle Frauen und Männer ohne Kinder, die mit deinem Angebot nichts anzufangen wissen. Gut, dass Facebook dir die Möglichkeit gibt, die Zielgruppe weiter einzuschränken. Jetzt kannst du in der Rubrik DETAILLIERTES TARGETING festlegen, dass Facebook die Anzeige nur Eltern zeigt (DEMOGRAFISCHE ANGABEN > ELTERN), und dann sogar noch bestimmen, wie alt die Kinder sein sollen.

Du wählst hier also Eltern von Kindern zwischen sechs und acht und zwischen neun und zwölf Jahre aus. Dann wendest du dich den Interessen zu. UMWELTSCHUTZ gibt es als Interesse – jetzt ist deine Zielgruppe nur noch 1,5 Millionen Menschen groß. Du weißt aus deiner Wunschkundenbestimmung, dass die Interessen der gewünschten Familien zudem »Recyceln« und »Müllvermeidung« sind und viele Eltern Mitglied im Naturschutzbund sind oder sich für dessen Arbeit interessieren. Also gibst du diese Kategorien auch noch ein. Jetzt kommst du auf 2,3 Millionen umweltinteressierte Eltern (siehe Abbildung 11.16).

Das ist eine sehr große Zielgruppe, und Facebook bezeichnet sie als ziemlich unspezifisch – wovon du dich aber nicht abschrecken lassen musst. Mit einem täglichen

Anzeigenbudget von in meinem Test 5 CHF würdest du laut Facebook zum Testzeitpunkt (07.09.20) rund 4.200 bis 12.000 potenziellen Kunden pro Tag angezeigt werden. Wenn das für dich so stimmig ist, kannst du jetzt zur Anzeigengestaltung übergehen.

Oder du schränkst die Zielgruppe ein, indem du zum Beispiel die Kombination von zwei Interessen verbindlich machst oder die europäischen Länder ausschließt, die eine andere Zeitzone haben. Du kannst die Zielgruppe natürlich auch erweitern, indem du weitere Interessen hinzufügst oder die Großeltern der Kinder ebenfalls mit in die Zielgruppe nimmst.

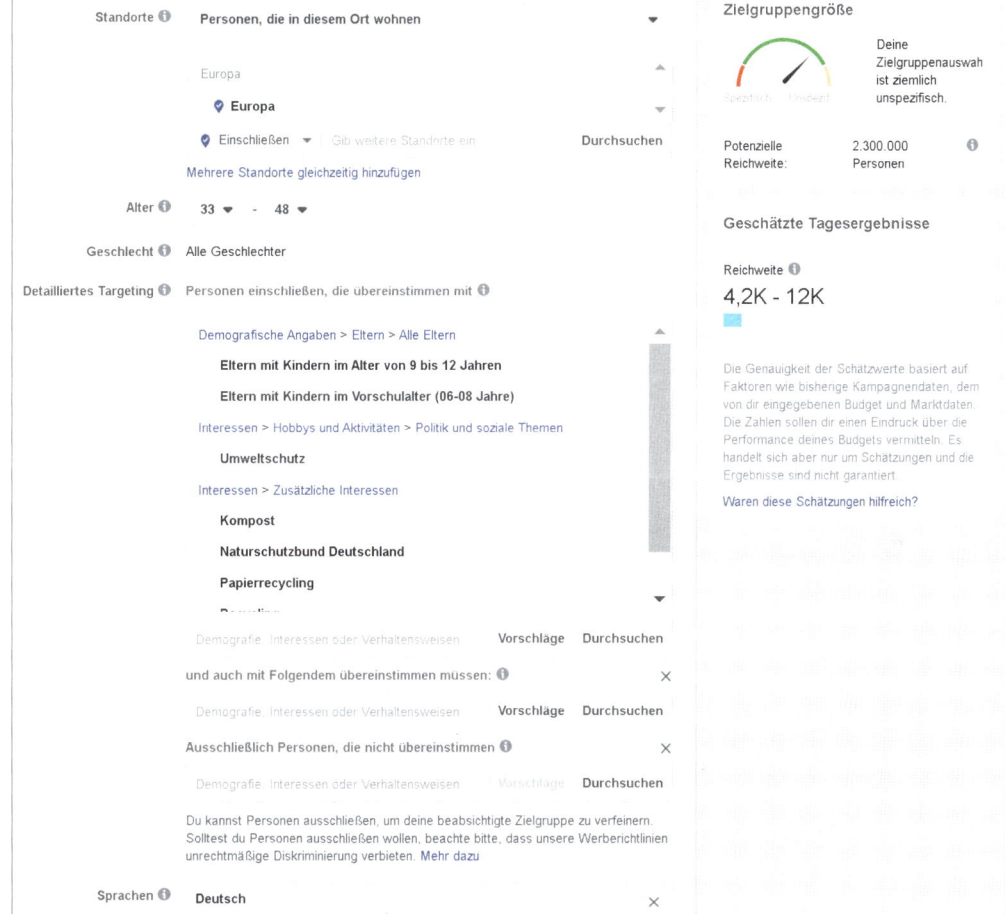

Abbildung 11.16 So könnte die Zielgruppendefinition für einen Onlineworkshop mit umweltinteressierten Familien aussehen. Zugriff: 07.09.20

309

Du siehst: Die Angaben über die Zielgruppe bei Facebook lassen sich viel leichter bestimmen, wenn du deine Wunschkundin oder deinen Wunschkunden sehr gut kennst. Sofern du auch definiert hast, was deine Wunschkundin liest, wo sie sich informiert und wen sie bewundert, kannst du diese Namen ebenfalls bei Facebook im Bereich DETAILLIERTES TARGETING eingeben. Du wirst dich wundern, was Facebook alles findet und über seine Nutzer weiß.

Das Wichtigste in Kürze

Du hast auf Facebook drei verschiedene Möglichkeiten, eine Zielgruppe festzulegen. Du kannst die Menschen targeten, die dich bereits kennen, oder du wählst solche, die deiner warmen Audience ähneln. Außerdem kannst du Menschen mit bestimmten Eigenschaften gezielt auswählen und ihnen deine Anzeigen ausspielen. Bei allen drei Optionen profitierst du davon, wie gut Facebook die Nutzer von Facebook und Instagram kennt.

11.3.3   Ads gestalten

Du hast jetzt also mit deiner Strategie und in der Schritt-für-Schritt-Erstellung der Anzeige bestimmt, wer deine Ad sehen soll und was das Ziel deiner Anzeige ist. Jetzt geht es in den kreativen Teil: die Gestaltung der Ad. Du kannst, wie bereits erwähnt, als Anzeige einen Post auswählen, den du bereits veröffentlicht hast. Das ist dann sinnvoll, wenn dieser Post schon viele Likes und Kommentare erhalten hat. So weiß der Algorithmus bereits: Dieser Inhalt kommt gut an. Deine Anzeige wird also automatisch günstiger.

Nachteilig ist, wenn du einen bereits gestalteten Post auswählst, dass er nicht auf das Anzeigenformat optimiert werden kann. Der Post kann nur so beworben werden, wie er ist – du hast keine Möglichkeit mehr, zum Beispiel den Text anzupassen, der in der Ad vor dem MEHR-Link steht und gut sichtbar ist.

Daher wirst du in den meisten Fällen wohl eine Anzeige neu gestalten. Dafür kannst du, wie auch beim Post, aus vielen Formaten wählen – Text mit Bild, Bilderkarussell, Video etc. Du kannst dir direkt im Ad-Manager auch anzeigen lassen, wie deine Ad in den verschiedenen Netzwerken dargestellt wird.

So solltest du zum Beispiel für eine hochformatige Instagram-Story besser ein anderes Bild wählen als für die Facebook-Feed-Anzeige im Querformat. Und auch die Texte kannst du jeweils dem Format anpassen (siehe Abbildung 11.17).

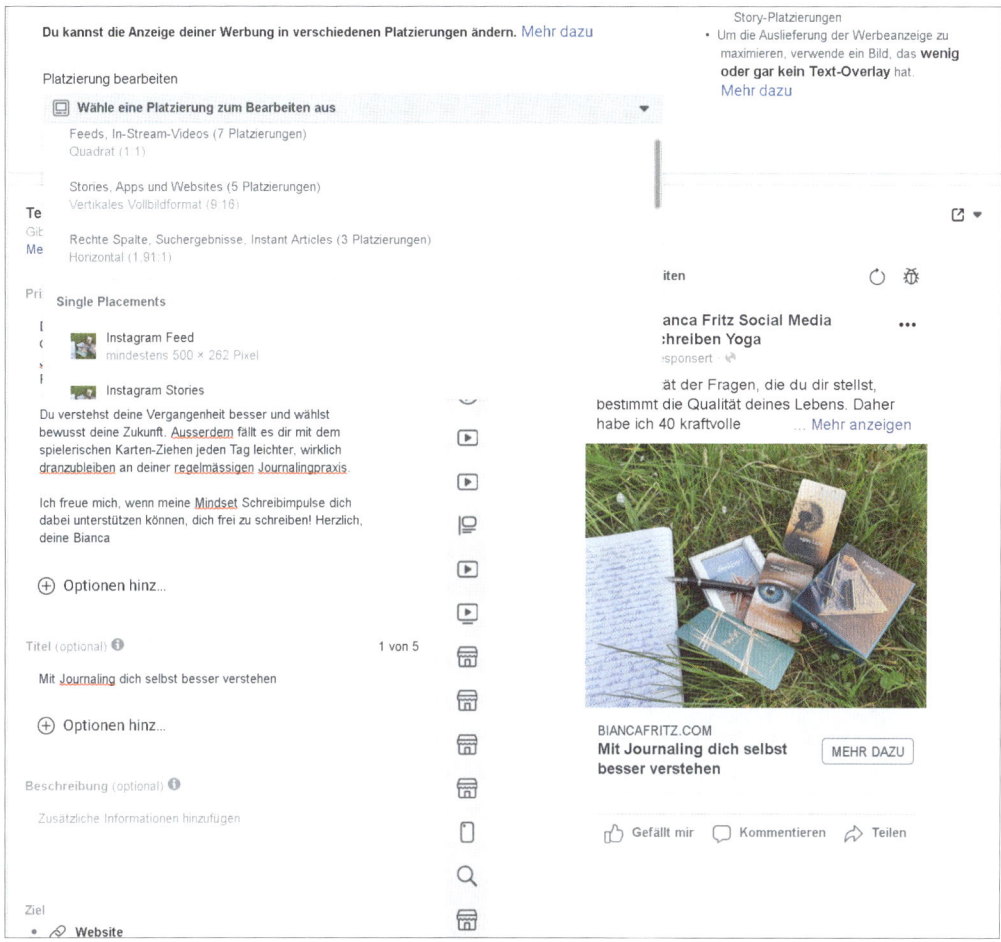

Abbildung 11.17 Die Anzeigen-Darstellung kann im angezeigten Menü oder bei den Symbolen aus der senkrechten Leiste bearbeitet werden. Zugriff: 08.09.20

Bei der Gestaltung des Texts, insbesondere des Titels und des Texteinstiegs, sowie der Bilder und des Videobeginns kannst du dich an den in Kapitel 8, »Berühre deine Follower mit Bild, Text und Video«, ausführlich beschriebenen Grundsätzen für einen guten Post orientieren. Achte darauf, dass die Darstellung deiner Ad auf jeder Plattform zwei Ziele erfüllen muss: Die User sollen auf einen Blick sehen, um was es geht. Und sie sollen so neugierig gemacht werden, dass sie auf den MEHR-Button klicken oder sich das Video ansehen. Alles, was für einen guten Post gilt, gilt auch für eine gute Ad. Wenn die Menschen angesprochen werden, wie im Beispiel der Ad in den Insta-Stories von Linda Gallner für ihren Ayurveda-Bauchgefühl-Kurs (siehe Abbildung 11.18), wollen sie mehr wissen.

linda_gallner
Gesponsert

Ich habe einen Platz in meinem Onlinekurs
für dich reserviert ❤️
Meine Liebe, ich hätte dich so wahnsinnig
gerne dabei in meinem Onlinekurs
"Bauchgefühl", der am 15. September
startet! Ich weiß einfach, dass ...mehr

Jetzt einkaufen

Abbildung 11.18 Persönlicher und strahlender geht es kaum: Man möchte
unbedingt wissen, wozu man hier eingeladen wird. Zugriff: 03.09.20

Allerdings kommen bei der Gestaltung von Visuals und Ad-Texten noch ein paar
Punkte aus den Facebook-Werberichtlinien hinzu, die es zu beachten gilt, damit
deine Ad bei der Überprüfung nicht abgelehnt wird. Selbst wenn die Anzeige noch
»durchrutscht« bei der Bewertung durch Facebook, obwohl du gegen die Richtli-
nien verstößt, musst du damit rechnen, dass du in der Auktion schlechter abschnei-
dest als Mitbewerber und deine Anzeige damit teurer wird.

Damit dir das nicht passiert, solltest darauf achten, dass ...

▶ ... du keine Vorher-nachher-Bilder, keine Nacktbilder und keine Bilder verwen-
    dest, die zum Beispiel zu einer »potenziell negativen Selbstwahrnehmung« führen.

Zum Beispiel wird der Mann mit Maßband um den Bauch als Bild abgelehnt. Wenn Kunden aber über ihre positive Erfahrung mit einem Abnehmprogramm sprechen, ist das als Anzeige zulässig.

▶ … du in deinem Text keine diskriminierende Sprache verwendest. Und Facebooks Definition von diskriminierend ist sehr umfassend. Mir sind Fälle bekannt, in denen zum Beispiel »Yoga für Schwangere« als Anzeigentitel abgelehnt wurde, weil damit die Nichtschwangeren ausgeschlossen würden.

▶ … die Webseite, zu der deine Anzeige führt, erkennbar den Inhalt bietet, den die Ad verspricht. Facebook »crawlt« auch die Landingpages – untersucht also, ob dort der entsprechende Inhalt im Vordergrund steht.

▶ … du weder unrealistische Versprechungen machst noch eine »sensationsheischende Sprache« verwendest, die nur zu Klicks führen soll.

Die Facebook-Werberichtlinien befinden sich im stetigen Wandel, und für manche Branchen gelten sogar besondere Bestimmungen – beispielsweise für Gesundheitsprodukte oder -dienstleistungen. Die Hilfe-Funktion für dein Businesses auf Facebook ist hier sehr ausführlich und bietet sogar für jede »verbotene« Anzeige Alternativvorschläge. Du findest sie unter *www.facebook.com/business/help/*.

Wenn du dich an die Grundsätze aus Abschnitt 10.4, »Welche Marketingmethoden deinem Warum nicht dienen«, hältst und somit nicht in eine Werbesprache verfällst, die mit Druck und Angst operiert, solltest du selten Probleme bekommen. Ich sage selten, weil Facebook manchmal willkürlich bewertet und sich die Bots des Netzwerks auch irren können. Wenn das passiert, gilt es, Ruhe zu bewahren, eine erneute Überprüfung zu beantragen oder es mit einer leicht angepassten Ad zu probieren. Bleib bei dem, was du gelernt hast. Versuche auch in deinen Werbeanzeigen, einen Mehrwert zu geben und Persönlichkeit zu zeigen. Dann ist die Wahrscheinlichkeit, dass du dich in Ad-Fallstricken verfängst, zumindest etwas geringer.

Das Wichtigste in Kürze

Bei der Gestaltung der Anzeigen hast du mehr Freiheit, wenn du sie neu im Ad-Manager anlegst. Dafür profitierst du beim Bewerben bereits existierender Beiträge von deren organischem Erfolg. Die Facebook-Werberichtlinien zeigen: Auch bei Ads wünscht sich das Netzwerk Beiträge, die auf Mehrwert und Persönlichkeit setzen. Versuche ein Dienstleister zu sein – kein Marktschreier.

11.3.4   Ads testen, beobachten und anpassen

Eine Ad ist fast keine Ad. Natürlich kann es passieren, dass du mit deiner ersten Ad gleich einen Volltreffer landest und deine Sichtbarkeit und deine Verkäufe steigerst. Wahrscheinlicher aber ist, dass deine Ads mit der Zeit besser werden – zum einen, weil du bei der Gestaltung von Anzeigen und Zielgruppen hinzulernst, aber auch, weil der Algorithmus schlauer wird, je mehr Ads du schaltest.

Es ergibt also Sinn, dass du von Anfang an dein Werbebudget nicht nur in verschiedene Ad-Phasen splittest (Erwägung und Conversion), sondern auch bedenkst, dass du zu Beginn mehr Budget zum Testen und Kennenlernen der Zielgruppen einsetzen wirst. Lehrgeld, wenn man so will. Um Testphasen wirst du nie ganz herumkommen, weil selbst Profis mit jahrelanger Ad-Erfahrung nicht immer vorhersehen können, was momentan gerade ankommt (siehe das Interview mit Anna-Lena Eckstein am Ende des Kapitels).

Nehmen wir zum Beispiel an, du möchtest dein selbst publiziertes Kinderbuch für ängstliche Kinder via Ads vermarkten. An jedem verkauften Buch verdienst du sechs Euro. Du bestimmst, dass deine Ads dich nicht mehr als – sagen wir – vier Euro kosten sollten, damit du trotz investierter Arbeitszeit in die Ads noch einen Gewinn hast. Dann solltest du nicht gleich nach zwei Wochen und drei Anzeigen aufgeben, nur weil du diesen gewünschten Ertrag noch nicht erreichst hast, sondern weiter testen und optimieren. Die vier Euro pro verkauftes Buch erreichst du eher über einen längeren Zeitraum hinweg, im Schnitt zum Beispiel über ein halbes Jahr. In der Testphase steckst du vielleicht noch acht Euro in jedes verkaufte Buch, am Schluss nur noch zwei, weil du, deine Anzeigen, deine Strategie und der Algorithmus besser werden. Zudem investierst du zu Beginn vielleicht mehr von deinem Budget in Kampagnenziele mit dem Ziel Erwägung und schaltest zum Beispiel eine Traffic-Kampagne zu deinem Blogartikel über ängstliche Kinder. Wenige werden nach dem ersten Artikel gleich dein Buch kaufen, auch wenn du prominent darauf hinweist. Am Anfang machst du also vermutlich eher Verlust mit deiner Anzeige. Du kannst aber zugleich eine Costum Audience für all jene erstellen, die deinen Blogartikel gelesen haben, und sie anschließend mit Anzeigen retargeten, die dich ins Gedächtnis rufen und deutlicher auf dein Buch hinweisen. Und voilà: Hierbei liegt dein *Return on Investment* – also das, was du rausbekommst für deine Anzeigen – über dem gewünschten Durchschnittswert. Vielleicht musst du aber auch erst beide Anzeigen mit mehreren Motiven und unterschiedlichen Zielgruppen testen, bis du den gewünschten Wert erreichst. Sobald du diesen erreicht hast, kannst du überlegen, mehr zu investieren, und beobachten, ob dein Return on Investment weiter steigt – wenn ja, hast du deine Anzeigen erfolgreich skaliert.

Aber wie testest du, was funktioniert und was nicht? Wie du im Überblick gesehen hast, kann jede Kampagne mehrere Anzeigengruppen und jede Anzeigengruppe mehrere Anzeigen umfassen. Das machst du dir jetzt zunutze. Zum Beispiel lässt du in einer Anzeigengruppe, die ja dasselbe Ziel und dieselbe Zielgruppe hat, mehrere verschiedene Anzeigendesigns gegeneinander antreten.

Damit du wirklich weißt, was funktioniert, änderst du immer nur *eine* Sache und belässt alles andere – zum Beispiel verwendest du nur ein anderes Bild, behältst aber Text und Titel bei. Die Anzeige, die besser läuft, lässt du weiterlaufen und schaltest die andere Anzeige auf inaktiv. Dann testest du mit dieser Anzeige verschiedene Überschriften. Und so weiter. Alles, was du am Design der Anzeige testen kannst, kannst du also direkt innerhalb einer Anzeigengruppe ausprobieren.

Noch wichtiger als das Design ist es aber, die Zielgruppe zu testen. Diese wird, wie du gesehen hast, auf Ebene der Anzeigengruppe erstellt. Wenn du also ein und dieselbe Anzeige mit unterschiedlichen Zielgruppen ausprobieren möchtest, musst du die Anzeige duplizieren und sie in einer anderen Anzeigengruppe mit einer anderen Zielgruppe einsetzen. Dafür wählst du in der Anzeigenübersicht die gewünschte Anzeige aus und klickst auf DUPLIZIEREN. Anschließend wählst dann eine bestehende Kampagne und die gewünschte Anzeigengruppe aus, wie in Abbildung 11.19 gezeigt.

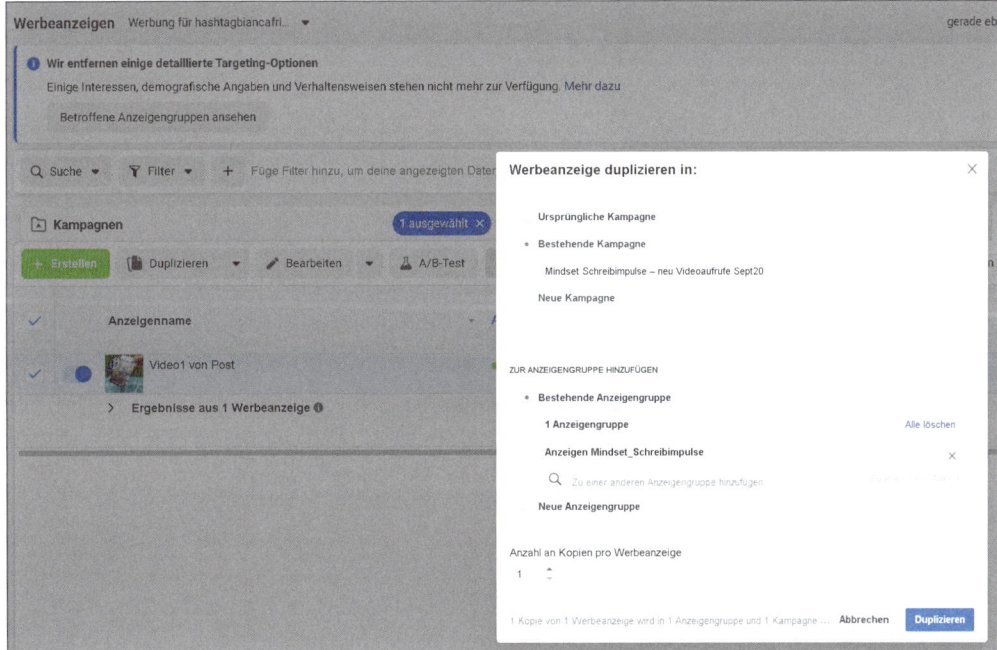

Abbildung 11.19 Anzeigen können innerhalb einer bestehenden Kampagne in unterschiedliche Anzeigengruppen dupliziert werden. Zugriff: 08.09.20

Wenn du schon erfahrener mit Anzeigen bist, kannst du auf Ebene der Anzeigengruppen mit verschiedenen Platzierungen deiner Anzeigen experimentieren. Auf Kampagnenebene zu vergleichen, ist hingegen wenig sinnvoll: Unterschiedliche

Ziele führen zwangsläufig zu unterschiedlichen Ergebnissen. Es ist also ein Apfel-Birnen-Vergleich.

In deinem Werbeanzeigenmanager werden dir verschiedene Kennzahlen angezeigt, mit denen du die Ergebnisse gut vergleichen kannst. Zum Beispiel siehst du, wie hoch die Reichweite war (also wie viele einzelne User deine Ad gesehen haben) und wie viele Impressionen es insgesamt gab (wenn deine Anzeigen mehrfach angezeigt werden, unterscheiden sich diese Zahlen). Besonders wertvoll ist für dich sicherlich der Wert »Kosten pro Ereignis«, weil er dir das Ausrechnen davon erspart, ob sich eine Kampagne gerade für dich lohnt. Aber wie bereits erwähnt: Bedenke, dass sich eine Kampagne auch erst zu einem späteren Zeitpunkt lohnen kann, und lass jede Ad immer erst 72 Stunden laufen, bevor du etwas anpasst.

Das Wichtigste in Kürze

Wenn du ein Budget für deine Ads festlegst, bedenke, dass es teure Testphasen gibt und der Return on Investment oft erst später sichtbar wird. Wenn du Ads und Zielgruppen testest, ändere immer nur einen Parameter, damit du die Übersicht behältst und die Ergebnisse auch wirklich vergleichbar sind.

Interview mit Anna-Lena Eckstein, Facebook- und Instagram-Anzeigen-Coach

Anna-Lena Eckstein (siehe Abbildung 11.20) ist selbstständige Facebook- und Instagram-Anzeigen-Expertin für Coaches, Experten und Dienstleister. Sie betreut Kampagnen, coacht diejenigen, die ihre Ads selbst erstellen wollen, und bietet Onlinekurse zum Thema Ads an. Mehr findest du unter *annalenaeckstein.de*.

Abbildung 11.20 Anna-Lena Eckstein

Wann ist der richtige Zeitpunkt gekommen, um Ads zu schalten?

Anna-Lena: Im Prinzip kann man von Anfang an Ads schalten. Wer Geld in die Hand nimmt, wird sehr viel schneller gesehen und kann so auch schneller herausfinden, welche Inhalte bei der gewünschten Zielgruppe ankommen. Eine zweite mögliche Strategie ist es, organisch zu starten und zu testen und erst dann in Ads zu investieren, wenn man den Wunsch verspürt, schneller zu wachsen.

Dafür muss aber die Botschaft sitzen, und man muss von seinem Angebot überzeugt sein. Immerhin kann es sehr plötzlich zu mehr Sichtbarkeit kommen.

Anna-Lena: Die Angst vor der Sichtbarkeit ist oft ein Thema. Ich staune manchmal, wenn Kunden sich darüber beschweren, dass sie plötzlich mehr Webseiten-Traffic haben als je zuvor. Das war doch Sinn der Sache? Aber wenn man schneller wächst, erhält man häufig auch erst negative Kommentare. Damit muss man lernen, umzugehen.

Wie viel Budget sollte man für Werbeanzeigen einplanen?

Anna-Lena: Das lässt sich leider nicht pauschal sagen. Der Preis der Ads hängt von vielen Faktoren ab. Der Zahl der Mitbewerber, der Zielgruppengröße, dem Produkt an sich. Auch der Zeitpunkt spielte eine Rolle – so sind Anzeigen zum Beispiel nie so teuer wie vor Weihnachten. Im Grunde hilft das BWL-Einmaleins: Wenn man auf Dauer nicht mehr für Anzeigen ausgibt, als man damit einnimmt, lohnen sich diese. Was ich aber sagen kann: Mit nur 3 Euro pro Tag dümpelt man länger vor sich hin als mit 10. Der Algorithmus und das Pixel müssen in Gang kommen. Wer mehr Budget einsetzt, kann außerdem mehrere Varianten testen und sieht, was funktioniert und was nicht. So wird man schneller erfolgreich.

Dann gilt der Grundsatz nicht mehr, dass man lieber kleine Beträge über einen längeren Zeitraum einsetzt als einen großen Batzen auf einen Schlag?

Anna-Lena: Doch, aber damit sind nicht 10 Euro pro Tag gemeint. Es geht eher darum, nicht direkt mit 200 Euro loszulegen. Zum einen, weil Pixel und Algorithmus erst mal Daten sammeln müssen. Zum anderen aber auch, weil die erste Version einer Kampagne meist nie wirklich gelingt. Sie wird erst durch stetes Testen und Anpassen gut. Man kann bei Ads schlicht nicht vorhersagen, was funktionieren wird.

Testen, testen, testen ist deine große Devise. Welche Vorgehensweise empfiehlst du Anfängern beim Testen?

Anna-Lena: Das einfachste ist, mit verschiedenen Bildern und Texten in der Anzeigengestaltung zu experimentieren. Wichtiger, wenn auch etwas komplizierter, ist es, den Erfolg der Anzeige in verschiedenen Zielgruppen zu testen. Die Platzierung der Anzeigen würde ich als Anfänger zunächst Facebook überlassen. Später kann man natürlich auch damit experimentieren.

Ist der Erfolg einer Anzeigengestaltung nicht ein Stück weit vorhersehbar?

Anna-Lena: Die Beispiele aus meiner Arbeit (siehe Abbildung 11.21) zeigen tatsächlich, wie enorm unterschiedlich Ads aussehen können, die gut funktionieren. Etwas vorherzusehen, ist also schwierig. Klar ist: Was organisch nicht funktioniert, wird als Ad nicht besser. Wenn man dann aber eine Ad gefunden hat, die funktioniert, kann man die Beiträge anheben und skalieren.

317

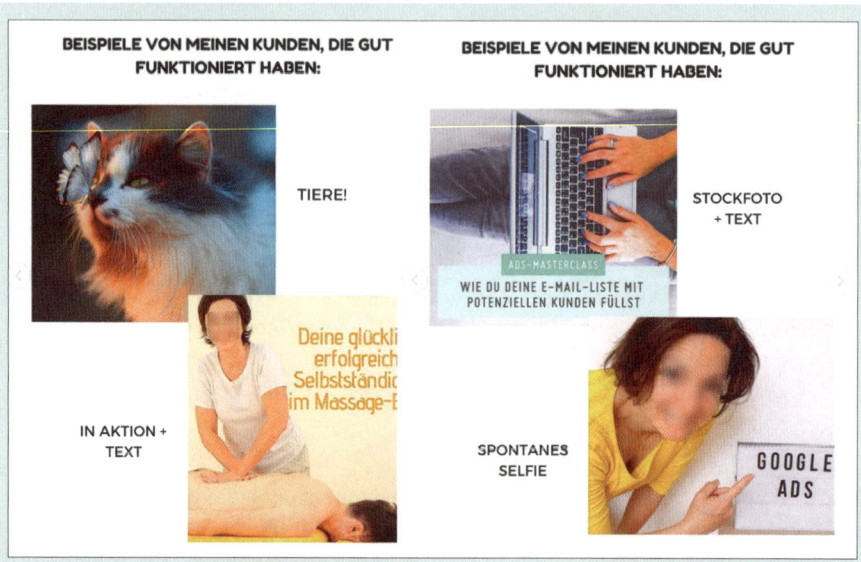

Abbildung 11.21 Beispiele erfolgreicher Anzeigen der Kunden von Anna-Lena Eckstein. Zugriff: 7.9.20[1]

Wie groß ist eine sinnvolle Zielgruppe? Kann man sich hier an der »Ampel« von Facebook orientieren?

Anna-Lena: Besser nicht. Was Facebook für spezifisch oder unspezifisch hält, kommt mir willkürlich vor. Ich würde lieber auf die Zahl schauen und eine möglichst große potenzielle Zielgruppe wählen. Potenziell heißt ja auch nicht, dass man sie tatsächlich erreicht. Also keine Angst vor großen Zahlen.

Wer erst anfängt und mit Costum Audiences arbeitet, wird es schwer haben, hohe Zahlen zu erreichen. Wie ist das mit einer bereits warmen Zielgruppe?

Anna-Lena: Im Prinzip gilt auch hier: Je größer diese Gruppe vorab wird, umso besser. Facebook empfiehlt, keine Ads zu schalten für eine Zielgruppe unter 1.000 Menschen. Wenn man aber nun mal keine größere Gruppe hat und die Zielgruppe warm ist, kann man diesen Hinweis getrost ignorieren.

Wie kann ich einschätzen, ob sich eine Anzeige lohnt?

Anna-Lena: Zunächst einmal gilt, dass man dem Algorithmus etwas Zeit lassen muss. Ich würde jede Anzeige mindestens 72 Stunden laufen lassen, ohne sie zu verändern. Eine Radiowerbung wird ja auch häufiger als einmal ausgestrahlt, bevor man überprüft, ob sie zu höheren Verkaufszahlen führt. Dann ist wichtig, für jede Kampagne ein klares Ziel zu definieren. Ist es das Ziel, 100 neue E-Mail-Adressen pro Monat für den Newsletter zu sammeln? Wie viel Budget kannst du dafür einsetzen? Wenn du diese beiden Dinge festgelegt hast, ist im Grunde auch egal, wie viel dich jede einzelne E-Mail-Adresse kostet.

---

1   www.instagram.com/annalenaeckstein

Wann macht es Sinn, die Anzeigen einem Experten zu übergeben?

Anna-Lena: Prinzipiell finde ich, jeder, der ein Business hat und online Kunden gewinnen möchte, sollte grundsätzlich verstehen, wie die Ads funktionieren und welche Strategien es gibt. Auch für die Zusammenarbeit mit Experten. Anfängern empfehle ich, auf die Automatismen von Facebook zu vertrauen – diese sind prinzipiell nicht schlecht. Ad-Experten kennen natürlich die Feinheiten der möglichen Einstellungen und können so einfach mehr rausholen aus deiner Kampagne.

12 Nachhaltig Inhalte produzieren: Lass dich finden

Social-Media-Content ist kurzlebig – und er gehört nie vollständig dir. Also bring deine wertvollen Beiträge auch auf deine Webseite. Suchmaschinenoptimierte Blogbeiträge sorgen dafür, dass du auch passiv gefunden wirst. Und mit Pinterest öffnest du deinen Kunden eine zusätzliche Tür zu deinen Inhalten.

Soziale Netzwerke sind großartig, wenn du schnell Sichtbarkeit und eine treue Community aufbauen möchtest. Das Problem dabei: Sobald du aufhörst, dort Zeit zu investieren, verschwindest du. Die Lebensdauer eines Beitrags auf Twitter liegt bei gerade einmal 18 Minuten, auf Facebook bei 4 Stunden, bei Instagram sind es 21 Stunden (siehe Abbildung 12.1). Das liegt in der Natur der Netzwerke begründet: Je mehr in dem Netzwerk nicht einfach nur gescrollt, sondern auch nach bestimmten Stichwörtern oder der Antwort auf eine Frage gesucht wird, umso länger ist die Lebenszeit der Inhalte. Je mehr ein Netzwerk also einer Suchmaschine ähnelt, umso unwichtiger ist die Aktualität des Beitrags. Dafür gewinnt die Qualität an Bedeutung.

Abbildung 12.1 Warum es sich lohnt, auch auf langlebige Content-Formate zu setzen[1]

---

1   Zahlen-Quelle: www.textbroker.de/wie-lange-lebt-mein-content, die Einordnung von TikTok ist ein Schätzwert.

Mit der längsten Lebenszeit werden selbst gehostete Formate angegeben – also auf deiner Webseite verortete Blogs, Podcasts oder Videos. Wenn du deinen Content auf deiner Webseite so aufbereitest, dass er Suchmaschinen und deinen Leserinnen und Lesern gefällt, schaffst du langlebige Inhalte und wirst von Google & Co. zu diesen für dich relevanten Themen angezeigt. Du lässt dich also finden, anstatt ständig auf Jagd nach neuen Kundinnen und Kunden zu gehen.

Wenn du also mit Social Media gestartet bist, um erst einmal Sichtbarkeit zu erlangen und erste Verkäufe zu schaffen, ist das wunderbar. Irgendwann musst du dir allerdings die Frage stellen: Wie hole ich meine wertvollen Inhalte auf meine Webseite, damit ich von ihrer Langlebigkeit profitiere und von Suchmaschinen gefunden werde? Du kannst natürlich auch den umgekehrten Weg gehen und sagen: Ich produziere von Anfang an lange Content-Stücke auf meiner Webseite und verteile sie dann in appetitlichen Happen auf den sozialen Netzwerken. Die meisten Onlineunternehmer vertrauen auf einen festen Arbeitsablauf nach dem Muster: Ich schreibe mindestens einen guten Blogbeitrag pro Woche auf meiner Webseite (oder veröffentliche einen Podcast oder ein Video und transkribiere diese). Dann bereite ich das Thema dieses langen Content-Stücks für meinen Newsletter und mehrere Social-Media-Posts auf.

Dieser Ablauf ist sehr effektiv, wenn du dir schon zutraust, regelmäßig längere Content-Stücke zu produzieren, die das Zeug zum »Dauerbrenner« haben – also Beiträge, die sehr viel Mehrwert und Informationen liefern. Im besten Fall hast du auch schon eine Community auf Social Media und eine E-Mail-Liste, damit deine Blogartikel tatsächlich Leser erreichen. Denn: Einfach ein Blog zu schreiben, reicht heute nicht mehr. Du musst deine Inhalte so aufbereiten, dass deine User bereit sind, den zusätzlichen Schritt zu gehen und in dein Blog zu klicken. Diese Hürde ist tatsächlich relativ hoch und einfacher zu überwinden, wenn du den Usern auf Social Media bereits als jemand bekannt bist, dessen Beiträge zu lesen sich lohnt. Sprich, wenn du auch auf Social Media schon wertvolle Inhalte geteilt hast. Von Anfang an auf Social Media nur zu rufen: »Lest meinen Blogartikel!«, verspricht wenig Erfolg.

Die meisten meiner Kundinnen und Kunden finden es leichter, erst einmal auf Social Media zu starten und dort mit ihren Inhalten sichtbar zu werden. Sie probieren sich aus, finden ihren Stil und verfeinern mit jedem Post ihre Botschaft. Außerdem gewinnen sie ein Gespür dafür, was ihr Wunschkunde spannend findet. Ihre wertvollen Social-Media-Inhalte fassen sie dann zu einem späteren Zeitpunkt thematisch in einem umfassenden Blogartikel oder anderen langen Content-Stücken zusammen. Diese sind qualitativ oft sehr viel hochwertiger, als wenn der Artikel an erster Stelle gestanden hätte. Das liegt daran, dass die Inhalte über einen längeren Zeitraum entstanden sind, validiert wurden und reifen konnten. Du als Autor oder Autorin hast also Zeit, zu reflektieren und lose Stränge zusammenzufügen.

Vielleicht bist du aber auch ein ganz anderer Schreibtyp, und alles, was du wiedergeben willst, ist in deinem Kopf bereits so klar in längere Content-Stücke gegliedert, dass du sofort mit dem Blog beginnen kannst. Dann lass dich nicht aufhalten. Hier gibt es keine richtige oder falsche Vorgehensweise. Wichtig ist einzig und allein, dass dein wertvoller Inhalt über kurz oder lang den Weg zurück auf deine Webseite findet.

Denn deine Webseite ist der Ort, an dem du alle deine Angebote präsentierst und an dem du die Adressen für deine E-Mail-Liste sammelst. Vergiss bitte nicht: Soziale Medien sind nur ein Service, den du nutzt. Die Follower dort »gehören« dir nicht – sie sind kein klassischer Unternehmenskontakt. Dein Konto kann jederzeit geknackt oder gesperrt werden – und dann willst du nicht wieder bei null anfangen. Und selbst Unternehmensriesen wie Facebook könnten irgendwann vom Markt verschwinden oder zum Beispiel entscheiden, dass sie ein Netzwerk schließen möchten. Dann willst du einen sicheren Ort haben, an dem alle deine Inhalte liegen, damit du weiterhin online existierst und gefunden werden kannst. Kurz gesagt: Die sozialen Medien sind dein Marketingkanal. Deine Webseite ist das Zuhause deiner Inhalte.

Das Wichtigste in Kürze

Über kurz oder lang ist es wichtig, dass du deine wertvollen Inhalte in Form von längeren Content-Stücken wie Blogs, Podcasts oder Videos auf deiner Webseite bündelst. Denn die Inhalte auf deiner Webseite

▶ sind langlebiger als Social-Media-Beiträge,

▶ zeigen Suchmaschinen, für welche Themen du stehst, und bringen so Wunschkunden mit bestimmten Fragen auf deine Webseite,

▶ sind eingebettet in all deine käuflichen Angebote und

▶ gehören dir – auch wenn dein Social-Media-Konto gesperrt werden sollte.

12.1 Blogs, Podcasts, Videos: Evergreen-Content suchmaschinenoptimiert auf deine Webseite bringen

Ein Blog ist das einfachste Mittel, deine Webseite aktuell zu halten. Selbst dann, wenn du deine Webseite von einem Administrator hast erstellen lassen und es kaum wagst, selbst etwas daran zu verändern – lass dir einen Blogbereich einrichten. Hier wird es dir leichter fallen, aktuelle Beiträge zu teilen. Ich spreche im Folgenden hauptsächlich über Blogbeiträge, wenn ich das Zuhause deines Contents auf deiner Webseite meine. Wenn es dir eher entspricht, deinen Content in gesprochener Form zu vermitteln oder auch in Form von Videos, hostest du diese vermutlich anderswo – den Podcast zum Beispiel bei libsyn mit den Verbreitungskanälen iTunes und Spotify oder Videos bei YouTube bzw. Vimeo. Aber auch diese Audio- und Videoinhalte willst du letztendlich auf deiner Webseite einbinden, damit dein Content-Zuhause vollständig ist und du für diese Inhalte gefunden wirst. Dafür reicht es für gewöhnlich nicht, wenn du einen Titel vergibst und das Audio oder Video mit einem Link in deinen Blogbeitrag einbindest. Du musst auch Text dazu schreiben. Bisher ist es nämlich so, dass Google vor allem den Text deiner Webseite »crawlt«, also quasi »darüberkrabbelt«, und ihn liest. Das könnte sich natürlich in den kommenden Jahren ändern – die technischen Möglichkeiten sind längst gegeben. Dein Text zum Video oder der Podcast-Folge ist aber auch ein zusätzlicher Zugang zu deinen Inhalten – etwa für Menschen, die lieber lesen, oder für jene, die erst einmal den Text scannen möchten, um abschätzen zu können, ob der Video-/ Podcast-Inhalt ihre Zeit wert ist.

Du kannst für die Erstellung eines Blogtexts aus Video- oder Audioinhalten auch ein Tool nutzen, das die Inhalte kostenpflichtig transkribiert – zum Beispiel *https:// sonix.ai/* oder *www.happyscribe.com/*. Oder du entscheidest dich dafür, die wichtigsten Punkte deines Videos/Audios selbst in einem Text zusammenzufassen. Letztere Variante ist aufwendiger, ich würde sie aber dennoch vorziehen. Vollständige Transkripte sind oft sehr lang und nicht angenehm zu lesen – weder für die Suchmaschine noch für die Webseitenbesucherin. Vielleicht hast du ja für dein Video oder dein Audio eine Stichpunktliste erstellt, die dir hilft, einen schnellen Text zu schreiben. Und natürlich kannst du das Erstellen von Texten nach einer Video- bzw. Audiovorlage auch relativ einfach an eine externe Kraft abgeben, wenn du nicht gern schreibst.

Egal ob du einen Blogartikel mit oder ohne audiovisuelle Medien schreibst, zwei Dinge sind besonders wichtig: die Optimierung des Texts für die Suchmaschine und die Optimierung für Onlineleserinnen. Beides geht zum Glück heute Hand in Hand. Ähnlich wie der Algorithmus von Facebook & Co., der belohnt, was die User gut finden, beobachtet Google genau, wie die Webseitenbesucher mit einem Blogartikel umgehen. Wie lange bleiben sie auf der Webseite? Klicken sie dort noch weiterführende Links an? Kehren sie auf die Webseite zurück? Wird der Blogbeitrag von anderen geteilt oder verlinkt? All das sind Hinweise für den Google-Algorithmus, dass es sich bei diesem Beitrag um einen wertvollen Inhalt handelt.

Für Google (und andere Suchmaschinen – ich nenne Google als Marktführer stellvertretend für alle Suchmaschinen) ist es wichtig, welche Inhalte dein Artikel liefert und vor allem auf welche Fragen er Antworten gibt. Denn anders als ein Social-Media-Nutzer, der oft nur Zerstreuung und Inspiration sucht, ist die Suchmaschinennutzerin auf der Suche nach konkreten Informationen. Deshalb arbeitet Google mit Keywords, also Schlagwörtern, und Keyphrases –wichtigen Sätzen. Dabei sind die Keyphrases oft in Frageform formuliert. Vielleicht ist es dir schon einmal aufgefallen, dass die Google-Autovervollständigung jede Menge möglicher Fragen enthält (siehe Abbildung 12.2). Dahinter steckt genau diese Idee: Wenn du googelst, bist höchstwahrscheinlich auf der Suche nach Antworten auf konkrete Fragen.

Abbildung 12.2 Google liebt Fragen, weil die User Antworten suchen. Zugriff: September 20

Wie also schreibst du deinen Blogartikel so, dass Google weiß, dass er wertvolle Antworten enthält? Tatsächlich kannst du dich für das Schreiben von Blogartikeln größtenteils an den Regeln für einen guten Post orientieren. Ich liste hier die wichtigsten Elemente noch einmal auf und gehe dabei auf die Besonderheiten ein, die den guten Blogtext vom guten Social-Media-Posting-Text unterscheiden. Wenn du Details zu den einzelnen Punkten noch einmal nachlesen möchtest, blättere einfach zurück zu Kapitel 8, »Berühre deine Follower mit Bild, Text und Video«.

Für einen guten Blogartikel brauchst du Folgendes:

▶ Einen aussagekräftigen Titel, der konkreten Mehrwert verspricht, zum Beispiel »Nie wieder verzetteln mit diesen 7 Tipps« oder »Diese 3 Fehler solltest du unbedingt vermeiden, wenn du ein Café eröffnest«. Versuche, mindestens ein wichtiges Keyword für deinen Text im Titel zu verwenden. Auch Fragen funktionieren super als Blogtitel, vorausgesetzt, du gibst im Artikel auch wirklich die Antwort auf die Frage.

▶ Einen Einstieg, der Neugier weckt, damit die User zu lesen beginnen. Plane sorgfältig, was dein Webseitenbesucher vor dem »mehr lesen«-Button zu sehen bekommt. Wichtig ist auch, wie der Artikel als Google-Snippet – also als Ausschnitt in den Google-Suchergebnissen – dargestellt wird. Wenn du hier unsicher bist, kannst du die URL deines Artikels unter *https://app.sistrix.com/de/serp-snippet-generator* eingeben und dir dein Snippet darstellen lassen, um es gegebenenfalls anzupassen.

▶ Bilder, die zum Text passen und im Idealfall Emotionen wecken. Diese sind wichtig, wenn auch weniger wichtig als bei Social-Media-Posts, weil sie in der Suchmaschinenübersicht nicht angezeigt werden. Sprich: Der Einstieg erfolgt nicht über einen visuellen Reiz, sondern über den Text. Danach helfen gute Bilder allerdings sehr wohl dabei, den Leser oder die Leserin bei der Stange zu halten. Und für die Textscanner gilt: Jedes Bild, insbesondere die mit einer guten Bildunterschrift, ist ein möglicher Einstiegspunkt in den Text. Wichtig ist, dass du die Bilder gut beschriftest, bevor du sie auf deine Webseite lädst. Am besten enthalten die Bildnamen auch die Keywords, für die dein Artikel gefunden werden soll.

▶ Eine klare Gliederung: Diese ist noch wichtiger als bei den Posting-Texten, einfach weil der Text länger ist. Überlege dir, wie du deinen Blogartikel in kürzere Texthappen untergliedern kannst. Packe nicht mehr als drei Sätze in einen Absatz. Arbeite wann immer möglich mit Aufzählungen. Und nutze vor allem klare Zwischenüberschriften.

▶ Zwischenüberschriften: Sie sind matchentscheidend für den Leser und die Suchmaschine gleichermaßen. Wann immer es möglich ist, stelle in einer Zwischenüberschrift eine Frage und beantworte diese im folgenden Absatz oder in den folgenden Absätzen. Damit folgst du genau dem Frage-Antwort-Muster, das Google liebt und das auch für die Scannertypen unter den Lesern super funktioniert. Nutze Zwischenüberschriften ebenfalls, um zu zeigen, welcher Gedanke als Nächstes kommt. Du kannst bei längeren Blogartikeln auch zunächst einen Überblick über die Zwischenüberschriften geben, der zugleich eine Navigationsfunktion enthält. So kann die Leserin gleich zu dem Teil springen, der sie besonders interessiert. Ein Beispiel für eine solche Navigation findest du in den Blogartikeln von Claudia Kauscheder in ihrem Blog »Abenteuer Homeoffice« (siehe Abbildung 12.3).

▶ Einfache Sprache: Mach es deinen Lesern leicht, den Inhalt deines Textes zu erfassen, indem du kurze, einfache Sätze schreibst. Nimm Abstand von Fremdwörtern, es sei denn, du hast vor, diese zu erklären. Artikel, die so geschrieben sind, wie du auch sprechen würdest, kommen besonders gut an.

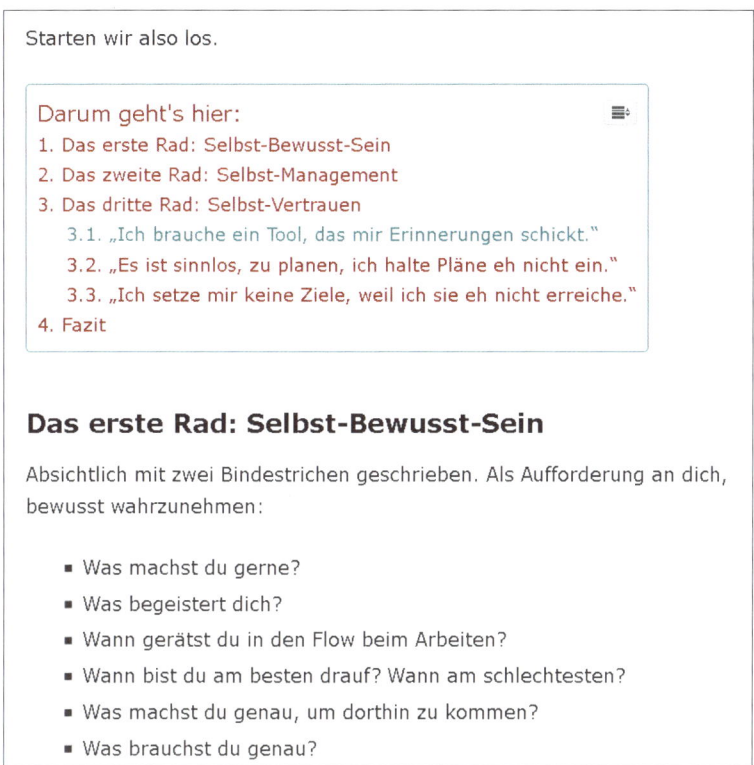

Starten wir also los.

Darum geht's hier:

1. Das erste Rad: Selbst-Bewusst-Sein
2. Das zweite Rad: Selbst-Management
3. Das dritte Rad: Selbst-Vertrauen
    3.1. „Ich brauche ein Tool, das mir Erinnerungen schickt."
    3.2. „Es ist sinnlos, zu planen, ich halte Pläne eh nicht ein."
    3.3. „Ich setze mir keine Ziele, weil ich sie eh nicht erreiche."
4. Fazit

Das erste Rad: Selbst-Bewusst-Sein

Absichtlich mit zwei Bindestrichen geschrieben. Als Aufforderung an dich, bewusst wahrzunehmen:

- Was machst du gerne?
- Was begeistert dich?
- Wann gerätst du in den Flow beim Arbeiten?
- Wann bist du am besten drauf? Wann am schlechtesten?
- Was machst du genau, um dorthin zu kommen?
- Was brauchst du genau?

Abbildung 12.3 Langen Blogartikeln tut eine Gliederung besonders gut. Dieser hier enthält sogar eine Navigation.[2], Zugriff 10.10.20

▶ Ein Absatz, ein Gedanke: Wenn du versuchst, deinen Text nach diesem Muster zu gliedern, machst du es den eiligen Onlinelesern leicht, dir zu folgen.

▶ Ein Fazit: Google und Onlineleserinnen lieben eine kurze Zusammenfassung oder ein Fazit am Schluss des Artikels. Viele Leser springen zunächst dort hin, lesen es und entscheiden dann, ob sie noch einmal hochscrollen und den ganzen Text studieren möchten. Aber auch für diejenigen, die klassisch von oben nach unten lesen, ist das Fazit oder die Zusammenfassung wertvoll. Es ist schlicht ein guter Service: So bleiben die Kernaussagen deines Texts besser im Gedächtnis.

▶ Links: Ähnlich wie das »Taggen« anderer User auf Social Media kann dir auch das Verlinken anderer Webseiten zu Sichtbarkeit verhelfen. Viele Webseitenbesitzer überprüfen, wann sie wo erwähnt werden. So können sie auch auf dein Blog aufmerksam werden. Wenn sie den Mehrwert deiner Inhalte erkennen,

---

2   Abenteuerhomeoffice.at

werden sie diese vielleicht ebenfalls verlinken. Und externe Verlinkungen sind ein Zeichen für Google, dass dein Inhalt spannend ist. Aber nicht nur Links zu anderen Webseiten sind wichtig, sondern vor allem jene, die zu deinen eigenen Inhalten führen. Nutze jede Chance, deine Leserinnen und Leser auf thematisch verwandte Artikel deiner Webseite hinzuweisen. Wenn sich die Leserin durch mehrere Blogartikel liest und viele wertvolle Informationen für sich findet, wächst die Wahrscheinlichkeit, dass sich diese Person auch für deine Angebote interessiert oder deine Kanäle abonniert. Und Google sieht: Die Person verbringt viel Zeit auf dieser Webseite – der Inhalt scheint spannend zu sein.

▶ Eine gewisse Länge: Laut einem Vergleich von zwölf Studien der SEO-Agentur in Hamburg zeigen Blogartikel, die mindestens 1.500 Wörter umfassen, ein besseres Ranking bei Google.[3] Das spricht für lange Blogartikel und ist auch logisch, denn: Wer mehr schreibt, kann mehr wertvolle Information unterbringen. Allerdings zeigen die Studien auch, dass Kurzinformationen ebenfalls gut ankommen. Es spricht also nichts dagegen, Texte einzustreuen, die eine Frage knackig beantworten. Prinzipiell gilt natürlich: Wer seine Leserinnen und Leser länger fesseln will – Google misst die Verweildauer –, muss auch gute Texte schreiben.

▶ Storytelling: Neben einer klaren Gliederung, die viele Ankerpunkte für die Online-Scannerleser bietet, ist Storytelling ein weiteres Mittel, die Leser in seinen Bann zu ziehen. Schließlich eignet sich auch nicht jedes Thema für eine Tippliste oder sonstige Aufzählungen. Wenn die Leser aber wissen wollen, wie deine Geschichte endet, lesen sie weiter. Mehr über Storytelling findest du in Kapitel 8, »Berühre deine Follower mit Bild, Text und Video«.

▶ Tags und Kategorien: Tags und Kategorienbezeichnungen sind Sortierkategorien im Hintergrund eines Blogs. Sie können aber auch vom Leser gezielt angewählt werden, wenn er mehr über ein bestimmtes Thema wissen will. Für Google geben sie ebenfalls einen Hinweis auf die Schwerpunktthemen deines Blogs. Es ist sinnvoll, hier relevante Keywords zu verwenden.

Wie findet man die richtigen Keywords und Keyphrases?

Eine Keyword-Analyse kann unheimlich kompliziert sein, und du kannst teure Tools dafür verwenden oder gleich eine SEO-Agentur mit der Suche nach den richtigen Keywords beauftragen. Oder aber du wählst den einfacheren, spielerischen Weg. Und für diesen ist vor allem eine Frage wichtig: Nach was suchen deine Wunschkunden? Welche Fragen würden sie bei Google eingeben? Auch hier kommt dir der Kontakt zu deiner Social-Media-Community wieder zugute: Frag sie, was sie über dein Thema wissen möchten! Damit lernst du nicht nur ihre Sprache inklusive der relevanten Keywords kennen, sondern du sammelst mit etwas Glück auch noch Ideen für Blogartikel.

---

3   Quelle: https://seoagentur-hamburg.com/blog/5549/, Zugriff: 15.09.20.

Natürlich kannst du auch Tools einsetzen, um zu überprüfen, was besonders häufig gesucht wird. Kostenlos und einfach ist Google selbst: Tippe das Wort ein und schau, was dir vorgeschlagen wird. Google bietet dir außerdem an, aktuelle Suchtrends zu erforschen mit dem Tool Google Trends: *https://trends.google.com/*. Und wenn du ein Google-Ad-Konto eröffnest, kannst du zusätzlich den Keyword-Planner verwenden, der dir zeigt, wie oft ein Keyword pro Monat gesucht wird, wie es kombiniert wird und welche Kosten mit einer Google-Ad zu diesem Keyword verbunden wären. Meine zwei Lieblingstools in Sachen Keyword sind *Answer the Public* und *Uber Suggest* – beide lassen sich bei wenigen Suchanfragen pro Tag auch gratis verwenden. *https://answerthepublic.com/* ist super einfach zu bedienen und spuckt tolle Grafiken zum Download (siehe Abbildung 12.4) rund um dein gewünschtes Keyword aus. Du siehst auf einen Blick, in welchem Zusammenhang die Keywords gebraucht und welche Fragen dazu gestellt werden. In deinen Blogartikeln musst du dann nur noch die Antworten dazu liefern.

Abbildung 12.4 Die »Fragenblüte« rund um das Wort Illustration bei answerthepublic.com, Zugriff: 11.09.20

Wenn du in die Tiefe gehen möchtest, zeigt dir Ubersuggest (*https://app.neilpatel.com/en/ubersuggest/*), wie groß das Suchvolumen für einen Begriff und wie umkämpft das jeweilige Keyword ist. Besonders spannend ist die Liste, die dir zeigt, welche Webseiten oder Artikel gerade für dieses Keyword auf den ersten Plätzen bei Google ranken. So kannst du auch abschätzen, wie groß die Unternehmen sind, die ebenfalls Inhalte zu diesem Thema schreiben, und ob es sich lohnt, ins gleiche Horn zu stoßen.

Wie gehst du dann am besten vor? Setzt du lieber auf Keywords, die häufig gesucht werden, die aber auch von vielen Mitbewerbern verwendet werden? Oder suchst du dir vielleicht lieber eine Nische, indem du seltene Wortkombinationen findest? Ähnlich wie schon bei der Frage nach den richtigen Hashtags gilt: Vermutlich fährst du am besten, wenn du eine Mischung aus beliebten und spezifischen Keywords verwendest. Teste, was für dich gut funktioniert, und überprüfe jeweils in deiner Webseitenanalyse (zum Beispiel mit Google Analytics), nach welchen Begriffen Menschen gesucht haben, um auf deine Webseite zu kommen. Stimmt das mit deinem thematischen Schwerpunkt überein? Wenn ja, verwende diese Begriffe ruhig häufiger auf deiner Webseite. Aber übertreibe es nicht. Die Lesbarkeit deiner Texte ist wichtiger als die Häufigkeit von Keywords.

Das Wichtigste in Kürze

Der Algorithmus von Google & Co. wird immer besser darin, zu erkennen, ob ein Webseiteninhalt für den Besucher auch wirklich wertvoll ist. Das wilde Einstreuen möglicher Keywords ist also kontraproduktiv, insbesondere dann, wenn diese das Leseerlebnis trüben. Gestalte den Text deiner Blogartikel lieber schlicht und übersichtlich, denke daran, Fragen aufzuwerfen und diese zu beantworten. Wenn du darüber hinaus noch aussagekräftige Keywords in Titel und Zwischenüberschriften steckst, hat dein Artikel gute Chancen, gefunden zu werden und somit langfristig Interessenten auf deine Webseite zu lenken. Mit Keyword-Tools zu spielen, lohnt sich auch, weil sie dir Hinweise darauf geben, welche Fragen deine Zielgruppe hat und welche Sprache sie verwendet.

12.2 Ein Blogartikel – viele Social-Media-Posts

Egal welche Reihenfolge du wählst: Ob dein großes Content-Stück am Anfang deines Workflows steht und die Posts darauffolgen oder ob du deinen Blogpost/dein Video aus deinen Beiträgen gestaltest – wenn der Blogbeitrag steht, möchtest du Leserinnen und Leser dorthin führen. Und du willst die umfangreiche Arbeit, die du dir gemacht hast, nutzen, um wertvolle, kürzere Content-Stücke daraus zu erstellen. Deine Social-Media-Posts. Die Appetithappen für deinen Blogartikel.

Vielen Menschen fällt es schwer, aus einem großen Text mehrere kleine Texte zu generieren – deshalb möchte ich dir hier einige Anhaltspunkte geben, die dir dabei helfen können. Die Kunst des Schreibens von Social-Media-Posts aus deinem Blogartikel besteht darin, dass du Inhalte kreierst, die alleine stehen können – die für sich genommen schon wertvoll sind. Und die dennoch all jene neugierig auf deinen Blogartikel machen, die tiefer einsteigen möchten.

Vielleicht gehörst du zu den Schreibenden, denen es leichtfällt, gleich nachdem das letzte Wort des Texts geschrieben wurde, zu sagen, was die Hauptaussagen deines Texts waren. Die meisten Schreiber brauchen erst einmal etwas Abstand. Oft reicht es schon, die Spülmaschine auszuräumen und damit das Geschriebene unbewusst nachwirken kann.

Und mit der Spülmaschine hat indirekt auch mein erster Tipp zu tun: das Küchenzurufprinzip. Stell dir vor, du sitzt im Wohnzimmer und liest die Zeitung. Dein Partner oder deine Mitbewohnerin klappert in der Küche mit dem Geschirr. Du willst der Person erzählen, was du gerade gelesen hast, kannst aber natürlich nicht den ganzen Artikel in allen Details herunterbeten oder gar vorlesen – das wäre für euch beide zu mühsam. Vermutlich wird dein Partner nur ein paar Sekunden mit dem Klappern aufhören und zuhören (siehe Abbildung 12.5). Was also rufst du?

Abbildung 12.5 Küchenzurufprinzip: Wie fasst du den Inhalt so zusammen, dass er trotz des Geklappers verstanden wird? Bildquelle: Canva

Was dir mit einem Zeitungsartikel leichtfällt, sollte dir doch eigentlich auch mit deinem eigenen Blogartikel gelingen. Probiere es aus! Meiner Erfahrung nach kann es helfen, wenn du dem Küchenzuruf ein »Wusstest du schon, dass …?« oder »Stell dir vor, jetzt hat doch tatsächlich …« voranstellst. Das macht die gespielte Szene realistischer. Der Küchenzuruf kann ein Fazit des ganzen Artikels sein, die Hauptaussage. Aber auch etwas herausgreifen, was dich erstaunt oder überrascht hat.

Je spontaner der Ausruf, umso besser funktioniert er. Erfunden wurde dieses Prinzip von Stern-Verleger Henri Nannen, und Journalistinnen und Journalisten benutzen es seit Jahrzehnten, um die Kernaussage eines Artikels für die Überschrift zu finden.

Das Großartige dabei ist, dass du unterbewusst nicht nur den Kern des Artikels suchst, sondern auch noch das herausgreifst, was genau für die Person, die da gerade in der Küche klappert, besonders relevant ist. Da du deinen Wunschkunden ja ohnehin definiert und kennengelernt hast: Stell diese Person gedanklich in deine Küche!

Nehmen wir als Beispiel den in Abbildung 12.6 gezeigten Blogartikel aus dem Buchblog »die Liebe zu den Büchern« von Petzi aus München. Sie schreibt ausführlich darüber, warum ihr ein minimalistisches Leben bisher eher schwergefallen ist und welche vier Argumente aus dem besprochenen Buch sie nun doch überzeugen, ein Leben mit weniger Konsum auszuprobieren. Wenn du jetzt deinem Partner in der Küche etwas wiedergeben möchtest aus dem Artikel, greifst du natürlich das heraus, was für ihn besonders wichtig ist. Wenn er jemand ist, der aufs Geld schaut, sagst du vielleicht: »Wusstest du, dass du für eine neue Jeans 4,5 Stunden arbeiten musst?« Wenn dein Partner dagegen immer rätselnd vor dem Kleiderschrank steht, greifst du eher heraus: »Hast du schon von der Capsule Wardrobe gehört? Da hat man offenbar nur Lieblingsteile im Schrank – die aber alle zusammenpassen!«

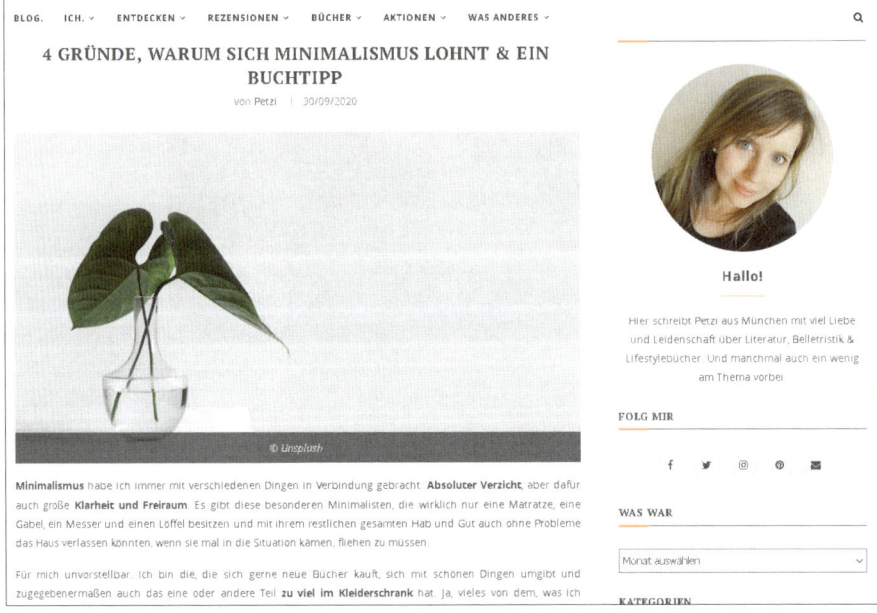

Abbildung 12.6 Petzis Blogartikel über Minimalismus, Zugriff: 21.10.20.

Umgemünzt auf einen Social-Media-Post, der neugierig auf den Blogartikel machen soll, könnte der Text zum Beispiel so klingen: »Ist dir diese neue Jeans wirklich 4,5 Stunden Arbeitszeit wert?«

Wenn du einen Küchenzuruf kreiert hast, kannst du ihn als Texteinstieg verwenden oder als Visual Quote auf ein Bild schreiben – hier würde sich natürlich das Bild einer Jeans anbieten. Im Beispiel könnte Petzi weiterfahren mit den Worten: »Seit ich das Minimalismus-Projekt gelesen habe, sehe ich spontane Käufe anders. Endlich habe ich vier Argumente für ein Leben mit weniger Zeug gefunden, die mich überzeugen.« Dann folgt der Link zum Blogartikel, in dem man mehr erfahren kann. Ein Küchenzuruf ist an sich schon so komprimiert, dass er sich auch super für Reels oder ein TikTok-Video von 15 bis 30 Sekunden eignet. Mit dem Küchenzuruf zur Capsule Wardrobe könnte zum Beispiel so etwas entstehen: Petzi steht vor ihrem Kleiderschrank und sucht. Schnitt. Petzi in einer viel zu weiten oder zu engen Hose. Schnitt. Petzi kratzt sich am Hals, weil der Wollpulli juckt. Schnitt. Petzi hat Sachen an, die überhaupt nicht zusammenpassen. Schnitt. Petzi in bequemer, schlichter Kleidung spricht: »Wenn Minimalismus heißt, dass man nur noch Sachen hat, die man auch liebt, bin ich voll dafür zu haben. Im Blogartikel findet ihr drei weitere Argumente, die mich überzeugt haben.«

Wenn es dir schwerfällt, den Küchenzuruf zu erkennen – selbst dann noch, wenn du etwas Abstand zu deinem Text gewonnen hast –, oder wenn du gern mehr als einen Post aus deinem Blogbeitrag generieren möchtest, versuch es auch mit diesen Methoden:

▶ Hast du einen Stichwortzettel geschrieben, bevor du den Text angegangen bist oder das Video/Audio aufgenommen hast? Könnten die Stichpunkte Stoff für einzelne Posts liefern?

▶ Schau dir die Zwischenüberschriften deines Blogartikels an. Sie gliedern deinen Artikel in einzelne Fragestellungen und/oder Aspekte. Kannst du diese herausgreifen, und können sie in einem Social-Media-Post für sich stehen?

▶ Bei Blogartikeln mit Listencharakter ist das Generieren von Posts besonders einfach. Methode 1: Du nimmst nur einen Punkt – also zum Beispiel einen Tipp – heraus und beschreibst ihn. Am Schluss steht der Hinweis: »In meinem Blogartikel gibt es vier weitere Tipps zum Thema.« Das hat den Vorteil, dass du aus jedem Punkt einen Post machen und diese über einen längeren Zeitraum verteilt posten kannst. Oder Methode 2: Du benennst jeden Tipp kurz und weist darauf hin, dass du im Blogartikel in die Tiefe gehst, wenn die Social-Media-User mehr erfahren möchten. Das Format mit den einzelnen Tipps hat den Vorteil, dass du auf Instagram damit gut ein Bilderkarussell gestalten kannst. Dieses Format wird besonders gerne geklickt. Abbildung 12.7 zeigt ein Beispiel von Texterin und Markenkommunikatorin Sonja Mahr. Sie gibt fünf Tipps in einem Bilderkarussell auf Instagram preis und weist darauf hin, dass der sechste Tipp im Blog zu finden ist.

333

Abbildung 12.7 Mehrwert im Post und zugleich ein Hinweis auf das Blog, Zugriff 12.09.20[4]

▶ Schau auf das, was du in deiner Zusammenfassung oder im Fazit deines Blog-artikels geschrieben hast. Hier steckt eventuell schon dein Küchenzuruf drin. Oder findest du noch andere Punkte in deiner Zusammenfassung, aus denen du Posts kreieren könntest?

▶ Welcher Satz, welche Sätze deines Artikels sind so prägnant, dass du daraus ein oder mehrere Zitate gewinnen kannst?

▶ Leg deinen Artikel jemand anderem zum Lesen vor. Dann deck den Text wieder ab und frag die Person: »Was hast du gerade gelesen?« oder auch: »Was hast du gelernt?«

Hab keine Angst davor, mit deinen Social-Media-Posts zu viel preiszugeben. Halte nichts zurück, sondern teile deinen wertvollsten Tipp. Denn die Posts sind dein Aushängeschild. Der Grund, warum die Menschen auf deine Webseite kommen.

Und übrigens: Sollten sie deinen Blogartikel tatsächlich schon gelesen haben, wenn sie auf deine Social-Media-Posts stoßen, gibst du ihnen mit dem Ausgliedern von In-haltshappen die Möglichkeit, etwas zu wiederholen oder aus einem anderen Blick-

---

4   Quelle: https://dieliebezudenbuechern.de/2020/09/30/4-gruende-warum-sich-minimalismus-lohnt-ein-buchtipp/), www.instagram.com/son_y_mar

winkel zu sehen. Wiederholungen sind online nicht nur möglich, sondern erwünscht – nicht nur, weil die Social-Media-Algorithmen dafür sorgen, dass wir nicht alles angezeigt bekommen, sondern auch, weil Onlineleser eben flüchtige Leser sind. Sie nehmen nicht alles wahr und vergessen schnell wieder. Wenn du sie in anderer Form oder mit anderen Worten daran erinnerst, was du geschrieben hast, ist das kein Ärgernis, es ist ein Service für deine User! Und eine große Arbeitserleichterung für dich. Ich werde auf das Thema Recycling und Wiederholung von Posts in Kapitel 13, »Ein Social-Media-Workflow, der dich nicht erschöpft«, eingehen.

Das Wichtigste in Kürze

Du musst die Welt nicht ständig neu erfinden: Dein Blogpost ist Ausgangspunkt für einen oder mehrere Social-Media-Posts. Wichtig ist, dass diese für sich stehen und man nicht auf das Blog wechseln muss, um den Social-Media-Post zu verstehen. Das Küchenzurufprinzip kann dir helfen, die Kernaussagen aus deinem Artikel herauszuarbeiten oder dich selbst auf prägnante Stellen aufmerksam machen, die sich für einen Post besonders eignen. Hab keine Angst davor, deine Schätze schon auf Social Media preiszugeben – hier weckst du das Interesse potenzieller Neukunden.

12.3 Pinterest als Traffic-Booster für deinen Webseiten-Content

Dein Blog zeigt dich als Expertin oder Experte für ein bestimmtes Thema, bringt Bewegung in deine Webseite und bietet Futter für Google und andere Suchmaschinen. Alle Suchmaschinen? Nein, es gibt da eine Bildersuchmaschine, die gern separat bedient werden möchte. Pinterest ist quasi das kleine gallische Dorf unter den Suchmaschinen. Denn Pinterest funktioniert etwas anders als andere. Es crawlt nicht durchs Netz und sucht wertvolle Inhalte, sondern es verlässt sich auf die Daten – Bilder oder Videos mit Beschreibungen –, die die Nutzer dort einstellen. Also: Warum warten, bis jemand anderer dein Blog entdeckt und Inhalte von dir auf Pinterest pinnt? Besser du gestaltest selbst Bilder, die für Pinterest optimiert sind, pinnst diese und stellst sie zudem mit der Aufforderung, sie zu pinnen, in deinen Blogartikel.

Noch ein Netzwerk? Noch mehr Arbeit? Ich verstehe, wenn du zögerst, ein Pinterest-Konto einzurichten. Allerdings solltest du auch wissen, dass viele Blogger heute Pinterest als Hauptquelle für ihren Webseiten-Traffic angeben. Gerade weil die klassischen sozialen Netzwerke Links, die von der Plattform wegführen, mit einer niedrigen Reichweite strafen, ist Pinterest als Traffic-Quelle attraktiv geworden. Pinterest ist längst über die ursprünglichen Themenbereiche wie Basteln, Kochen und Frisuren hinausgewachsen. Heute wird so ziemlich alles gepinnt. Besonders gut läuft alles, was sich in Tipps und Anleitungen verpacken lässt. Mit etwas strategischem Engagement auf Pinterest ist es auch heute noch möglich, innerhalb kurzer Zeit siebenstellige Impressionen deiner Pins pro Monat zu erreichen. Mir ist das mit ca. sechs bis sieben Stunden Arbeit pro Monat für zwei Kunden gelungen – sogar ohne selbst ganz tief in die Logik des Netzwerks einzutauchen.

Die Arbeit mit und für Pinterest ist, wie die Suchmaschinenoptimierung deiner Webseite, eine Zeitinvestition, die sich langfristig auszahlt. Dein Pins und die damit verlinkten Blogartikel sind lange auffindbar. Selbst wenn du Pinterest eine Weile vernachlässigst, wird dir die Plattform noch immer Views bescheren. Du musst nicht viel Zeit auf der Plattform verbringen und keine Community pflegen (auch wenn es durchaus Funktionen gibt, die das ermöglichen, wie Gruppenboards und Tailwind-Tribes). Und: Pinterest hilft dir sogar, bei Google sichtbar zu werden, weil gut betextete Pins auch in der Suchmaschine gut ranken, wie das Beispiel in Abbildung 12.8 zeigt, in dem drei der fünf Top-Ergebnisse auf Google Pins von Pinterest sind.

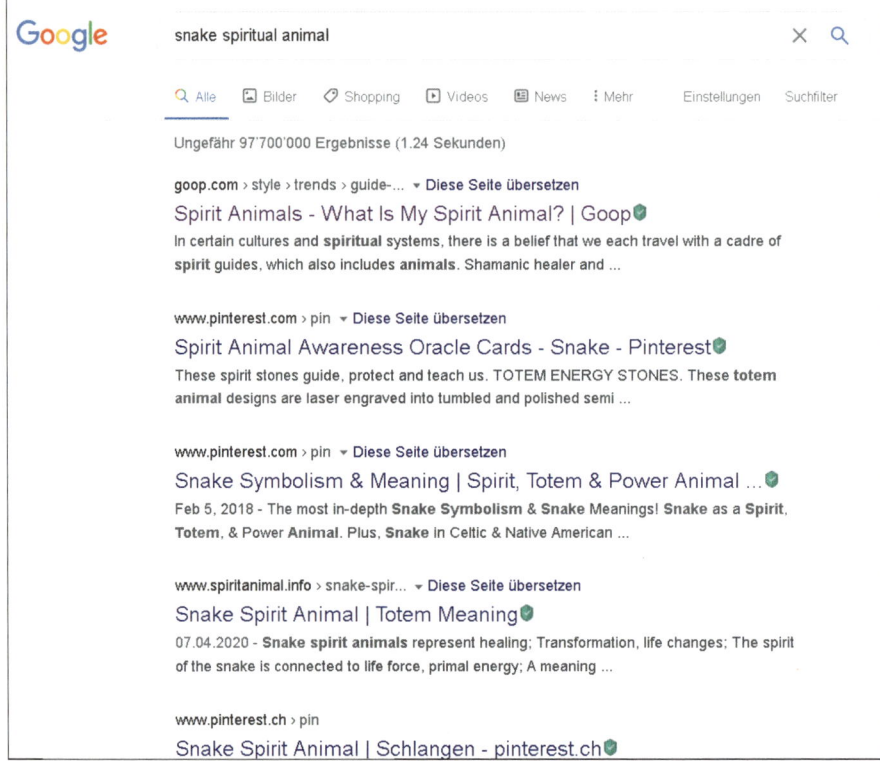

Abbildung 12.8 Wie viel Aufmerksamkeit auch Google den Pins schenkt, zeigt dieser Screenshot eines Suchergebnisses. Zugriff: 18.09.20

Das Einzige, was also gegen dein Konto bei Pinterest spricht, ist, dass es zusätzliche Arbeit bedeutet. Vielleicht hast du schon gehört, dass man auch bei Pinterest täglich aktiv sein und am besten mindestens zehn Pins pro Tag pinnen sollte. Das klingt nach unheimlich viel Arbeit. Aber das Erstellen und Verbreiten von Pins ist eine Aufgabe, die du sehr gut auslagern kannst. Inzwischen gibt es viele virtuelle Assistenten und Expertinnen, die sich auf das Pinterest-Profil-Setup und die Betreuung von Pinterest-Kanälen spezialisiert haben. Sie richten Pinnwände suchmaschinenoptimiert ein und übernehmen die Keyword-Recherche sowie das Gestalten und Betexten von Pins. Zudem nutzen sie meist das Planungstool *Tailwind*, mit dem sie in Windeseile Hunderte von Pins für dich vorplanen.

Wenn du die Pinterest-Betreuung dennoch lieber selbst übernehmen möchtest, habe ich einige Tipps für dich, wie dies mit möglichst wenig Zusatzaufwand machbar ist.

Pins mit möglichst geringem Zusatzaufwand erstellen

1. Gestalte feste Templates, bei denen du für einen neuen Pin nur noch das Bild oder den Text austauschen musst. Die Templates garantieren auch, dass deine Pins einen großen Wiedererkennungswert haben. Wie ein solches Template am besten aussieht, werde ich noch beschreiben.

2. Statt für jede Plattform eigene Templates in unterschiedlichen Formaten zu kreieren, kannst du auch ein Template – zum Beispiel für Instagram-Posts – gestalten und dieses dann in das passende Format anderer Netzwerke konvertieren. Wenn du zum Beispiel die Pro-Version des Grafikprogramms Canva nutzt, kannst du mit einem Klick die Größe des quadratischen Instagram-Posts auf das lange Hochkantformat von Pinterest ändern und musst für gewöhnlich nur noch ein paar Objekte größer ziehen oder verschieben, damit das Design wieder stimmig aussieht. Dafür wählst du die Funktion GRÖSSE ÄNDERN sowie den PINTEREST-PIN und dann KOPIEREN & GRÖSSE ÄNDERN, damit du künftig Templates in beiden Größen unter deinen Designs findest (siehe Abbildung 12.9).

3. Nutze für deine Pin-Beschreibung die suchmaschinenoptimierten Texte deiner Blogartikel als Ausgangsvorlage, zum Beispiel Titel und Zwischenüberschriften. Überprüfe, ob dieselben Keywords auch bei Pinterest gesucht werden (indem du sie in die Suchzeile für Pins eingibst).

4. Erstelle mehrere Pins pro Blogartikel und pinne sie auf mehreren Pinnwänden. Du kannst dies zeitlich versetzt tun, indem du die Planen-Funktion von Pinterest selbst nutzt.

5. Oder du investierst ca. 10 Dollar im Monat für das Planungstool Tailwind, um auf Pinterest zu wachsen. Mit diesem Programm kannst du massenhaft Pins vorplanen und sogar in Loops wiederholen, sodass auf deinem Account immer wie-

der etwas passiert. Pinterest hat zwar angekündigt, dass recycelte Pins nicht mehr so gut funktionieren und frischer Content im Algorithmus belohnt wird, die Gefahr, es zu übertreiben mit dem Pin-Recycling, ist aber gering, wenn du Tailwind nutzt. Das Programm ist offizieller Partner von Pinterest und sagt dir, ob du in Sachen Originalität deiner Pins noch im grünen Bereich bist.

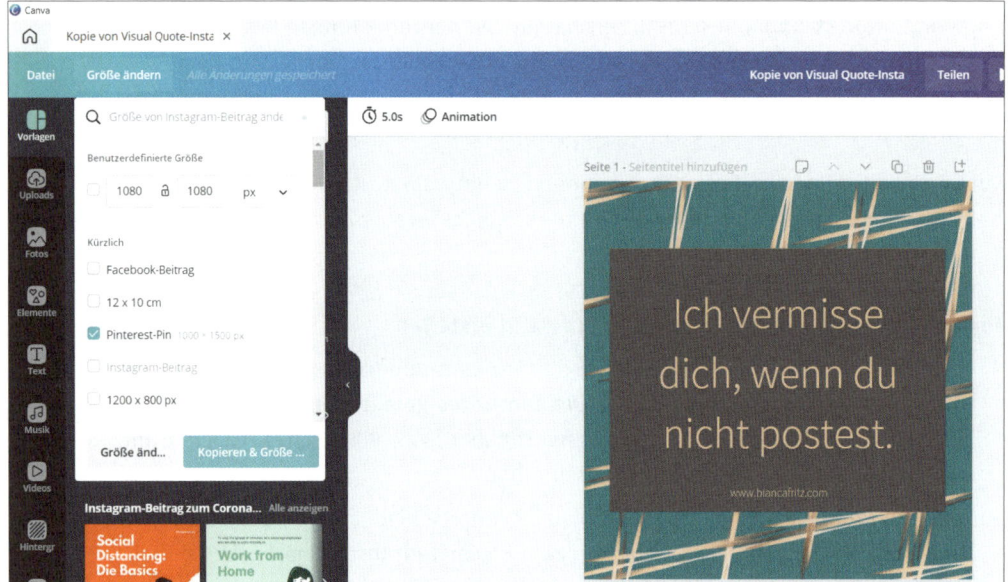

Abbildung 12.9 Mit der Pro-Variante von Canva kann man Template-Größen mit wenigen Klicks anpassen.

Der ideale Pin

Wie sieht nun also ein Pin aus, der gut funktioniert? Ein Pin ist ein Bild oder Video, und demzufolge ist hier besonders der visuelle Reiz wichtig. Zudem gilt es zu überlegen, wie die Pins im Feed oder dem Suchergebnis dargestellt werden. Tatsächlich ist der Titel, den du deinem Pin gibst, in der Suchübersicht nur klein zu sehen. Daher ist wichtig, dass du auf den Pin selbst schreibst, um was es geht. Sprich, dein Titel, der Mehrwert verspricht, gehört aufs Bild. Die einfachsten Pins bestehen aus einem Bild mit einem Titel in großer Schrift. Vielleicht teilst du aber auch eine Infografik – dann steckt der Mehrwert bereits auf dem Bild. Wenn du ein Video pinnst, denk wieder an die Untertitel und/oder steige direkt mit einem geschriebenen Titel ein, damit die User wissen, ob es sich für sie lohnt, dranzubleiben. Folgende Gestaltungstipps für Pins haben sich bewährt:

▶ **Bildformat**: Bei Pinterest funktionieren hochformatige Bilder gut, weil sie im Feed viel Platz einnehmen. Momentan empfiehlt sich eine Größe von 1.500 px Höhe × 1.000 px Breite – aber das ideale Format ändert sich immer wieder.

▶ **Farben**: Du kannst versuchen, bei deinen Pins andere Farben als deine Mitbewerber zu verwenden. Wenn es zum Beispiel um ein Herbstthema geht und alle
anderen ihre Pins in Orange- und Brauntönen gestalten, könntest du zu einem
kräftigen Blau greifen, um aufzufallen. Wie bereits in Kapitel 8, »Berühre deine
Follower mit Bild, Text und Video«, beschrieben, kann es manchmal helfen,
gegen den Trend zu schwimmen. Leider ist das aber keine Garantie für Erfolg.
Manchmal wird das »Anderssein« auch als unharmonisch und irritierend wahrgenommen. Also probiere doch einfach beides aus: den Pin in den Herbstfarben
und den, der heraussticht.

▶ **Schrift**: Ich habe es bereits bei den Visuals für Posts angesprochen, aber bei Pins
ist es noch wichtiger: Der Text sollte gut lesbar sein und die Buchstaben so groß,
dass der Titel auch im Pin-Feed gut zu erfassen ist. Das geht natürlich mit einem
kurzen Text besser. Wenn du mit weniger als neun Wörtern auskommst und den
Usern ein Versprechen gibst, ist das ideal (siehe Abbildung 12.10).

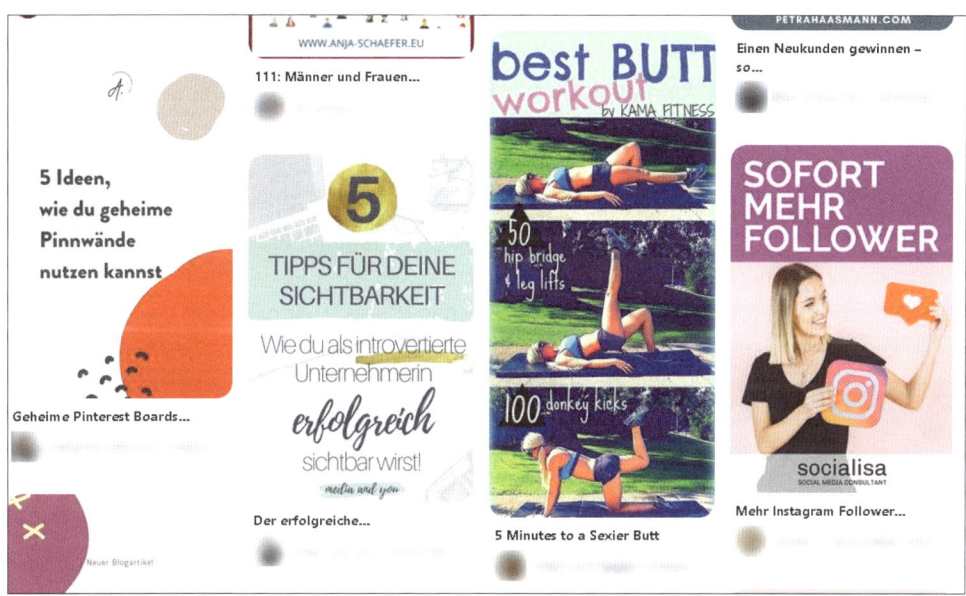

Abbildung 12.10 Gut lesbare Titel auf Pins, die Mehrwert versprechen – so wird ein hoher
Klickanreiz geschaffen.

▶ **Bild/Foto**: Auf Pinterest ist es noch nicht so wichtig wie in anderen Netzwerken, dass deine Fotos persönlich sind. Wenn du Stockfotos in dein Branding einbindest, ist das originell genug, es sei denn, jeder verwendet für dein Thema das
gleiche Stockbild wie du. Fotos sowohl von Personen als auch von ästhetisch
ansprechenden Dingen funktionieren gut. Die »heile Welt« mitsamt der Anleitung, wie man dorthin kommt – wenn du so möchtest. Mit Zeichnungen oder
Grafiken kannst du noch herausstechen aus der Masse an Pins.

▶ **Dein Branding**: Das ist zwar nicht für den Erfolg einzelner Pins wichtig, gibt dir aber die Chance, dass dein wertvoller Content wiedererkannt wird. Gestalte deine Pins relativ einheitlich und nutze deine Branding-Farben und Schriften. Vielleicht gibst du ihnen einen Rahmen oder auch einfach nur einen einfarbigen Balken am Pin-Rand, auf dem jeweils die URL deiner Webseite zu finden ist. Feste Templates beschleunigen zudem, wie bereits erwähnt, die Pin-Gestaltung.

▶ **Titel und Text**: Denk suchmaschinenkonform, wenn du textest – sowohl im Titel als auch im Text des Posts. Verwende Keywords und erwähne unbedingt, für wen dieser Pin relevant ist (Eltern, Selbstständige, Bastelfreunde etc.). Denke daran, am Ende deines kurzen Pin-Texts noch einen Anreiz zu schaffen, auf den Link des Pins zu klicken, der zu deiner Webseite führt. So kommst du zu Traffic. Eine Art Cliffhanger nach dem Muster: »Wie du die richtigen Bilder für deine Webseite auswählst, erfährst du im Artikel.« Das widerspricht dem, was ich über andere Social-Media-Beiträge gesagt habe, die für sich schon Mehrwert bieten müssen. Pins sind anders. Pinterest hat das Ziel, dass du ein möglichst passendes Suchergebnis findest.

▶ **Hashtags**: Ähnlich wie bei Instagram kannst du in der Pin-Beschreibung auch Hashtags verwenden. Damit zeigst du dem Pinterest-Algorithmus noch einmal deutlich, wofür du gefunden werden möchtest.

▶ **Inhalt**: Ich gehe zwar davon aus, dass dein Blogartikel schon steht, wenn du den Pin kreierst, aber natürlich kannst du auch einen Blogartikel schreiben, der sich genau danach richtet, was die Menschen bei Pinterest suchen. So gewinnst du mit Pinterest Themenideen in deinem Bereich. Ähnlich wie bei Google werden dir nämlich im Suchfeld automatisch Kombinationen vorgeschlagen, wenn du einen Begriff eingibst (siehe Abbildung 12.11).

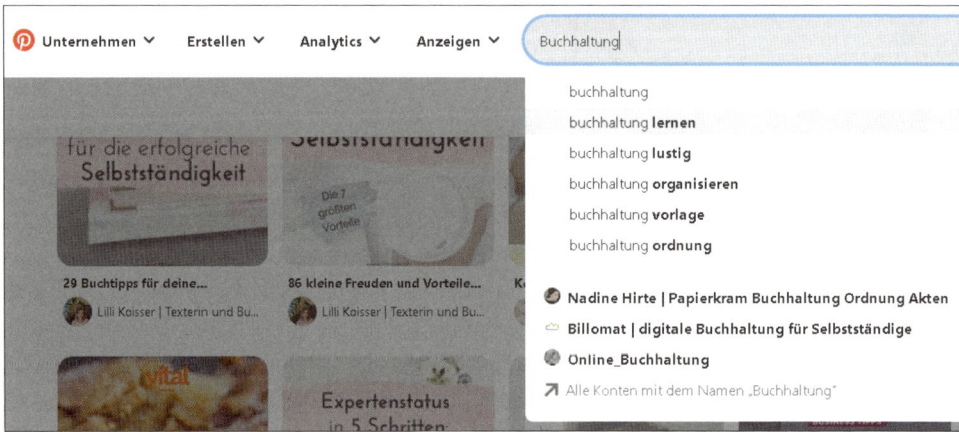

Abbildung 12.11 Worüber könntest du als Buchhalterin schreiben?
Die Autovervollständigung zeigt dir, was gesucht wird. Zugriff: 16.09.20

▶ **Technisch**: Du erzielst bessere Ergebnisse für deine Pins, wenn du deine Webseite in deinem Pinterest-Account verifizierst und Rich-Pins aktivierst. Rich-Pins ziehen automatisch Informationen von deiner Webseite, wenn du den Pin mit einer bestimmten URL verlinkst. So musst du nicht alles neu und händisch eingeben.

▶ **Pin-Medienformat**: Wie andere Netzwerke möchte Pinterest seine neuen technischen Möglichkeiten zeigen und gibt deinen Pins mehr Reichweite, wenn du diese ausprobierst. Video-Pins (begrenzt auf fünf Minuten Länge) laufen derzeit gut. Ein kleiner Tipp, wenn du TikTok-Videos erstellst: Diese haben ein gutes Bildformat, um sie als Videos auf Pinterest wiederzuverwenden.

Wie Grafiken zu Videos werden

Da Videos gerade auf Pinterest gut laufen, animieren immer mehr Pinterest-Nutzer ihre eigentlich unbewegten Text-auf-Bild-Pins – und machen sie so zum Video. Das funktioniert zum Beispiel mit Canva ganz einfach, wenn du einen bewegten Sticker auf den Pin setzt. Dafür reicht schon ein kleines Glitzern am Rand oder ein gezeichneter Kringel. Davon, die Schrift zu animieren und deinen Pin dadurch zum Video zu machen, rate ich hingegen ab, weil ungeduldige Menschen vorbeiscrollen, bevor der ganze Titel sichtbar ist. Du speicherst das »Bild« dann als MP4-Datei und lädst es als Video-Pin bei Pinterest hoch.

Du kannst Pins auch bewerben. Pin-Ads sind derzeit noch günstiger als Ads bei Facebook oder Instagram, das Targeting ist allerdings bisher nicht so detailliert.

Zu guter Letzt sei noch erwähnt, dass Pinterest dir zwar langfristig Sichtbarkeit verschafft, aber häufig auch eine etwas längere Anlaufzeit braucht. Also gib nicht gleich auf, wenn du nicht sofort höhere Traffic-Zahlen dank Pinterest generierst, sondern pinne ein halbes Jahr konsequent – und entscheide dann, ob sich das für dich lohnt.

Das Wichtigste in Kürze

Pinterest funktioniert wie eine Suchmaschine und bringt Traffic auf deine Blogposts, selbst wenn du dort eine Weile nicht aktiv bist. Dadurch ist die Plattform relativ einfach nebenbei zu betreiben oder auch an Experten auszulagern. Wenn du selbst pinnen möchtest, setze möglichst viele Pinnwände mit suchmaschinenoptimierten Beschreibungen auf und poste jeden Pin auf mehreren Pinnwänden. Mit dem kostenpflichten Tool Tailwind ist das einfacher, und du kannst Loops gestalten, mit denen deine Pins regelmäßig wiederholt werden. Achte bei der Pin-Gestaltung vor allem darauf, dass man auf einen Blick den Mehrwert hinter dem Post erfassen kann.

13 Ein Social-Media-Workflow, der dich nicht erschöpft

Du wolltest etwas für dein Social Media Marketing tun, doch nach 1,5 Stunden sinnlosen Scrollens hebst du deinen Blick vom Smartphone und merkst: »Ich habe nichts geschafft?« Schluss damit! Mit den Tipps aus diesem Kapitel findest du einen Workflow, der zu dir und deiner Energie passt.

»Instagram & Co. fressen einfach zu viel Zeit« – kein anderes Argument gegen Social Media Marketing begegnet mir so häufig wie dieses. Hand aufs Herz: Wie viel von deiner Zeit, die du auf Instagram & Co. verbringst, verwendest du *wirklich*, um Inhalte zu kreieren, wertvolle Kontakte zu knüpfen oder deine Statistiken auszuwerten? Wie oft lässt du dich einfach nur treiben von Post zu Post oder nimmst dein Handy nur zur Hand, um zu überprüfen, wie viele Likes dein neuer Post hat?

Es ist kein Wunder, dass wir uns immer wieder auf Social Media verlieren: Der Algorithmus zielt darauf ab, dass unser Gehirn ständig stimuliert wird mit etwas, das uns interessiert. Zudem vermischen sich auf unseren sozialen Netzwerken private Interessen mit unseren Marketingtätigkeiten. Das kann einen Gewinn für deine Authentizität bedeuten, weil du so wirklich als Mensch auf Instagram & Co. unterwegs bist. Aber es ist auch eine Gefahr, wenn du nicht lernst, dich abzugrenzen.

Was dir beim Abgrenzen hilft, sind klare Arbeitsabläufe und begrenzte Zeitblöcke für dein Marketing. Nur so weißt du, ob du gerade arbeitest oder ob du nachsiehst, welche Urlaubsbilder dein ehemaliger Schulfreund gepostet hat.

Damit dies gelingt und du einen Workflow findest, der dich unterstützt, brauchst du:

▸ einen Social-Media-Redaktionsplan, der dir zeigt, was wann ansteht,

▸ klare Arbeitszeiten für dein Marketing sowie

▸ das Wissen, welche Energie dich in welcher Phase unterstützen kann.

Befürchtest du, dass dir bei so viel Strategie und Planung die Authentizität verloren geht? Dann ist der letzte Abschnitt dieses Kapitels besonders wertvoll für dich. Dort geht es um die Frage, wie du dein eigenes Gleichgewicht aus Strategie und Bauchgefühl für dein Marketing findest.

13.1   Workflow von der Idee zum Content

Wenn du wirklich regelmäßig auf Social Media präsent sein möchtest, führt kein Weg daran vorbei, dass du Content vorausplanst. Solltest du Inhalte nur dann produzieren, wenn du gerade »etwas zu sagen hast«, wird das immer dazu führen, dass Lücken in deiner Präsenz klaffen. Damit wird dein Social Media Marketing nie so effektiv werden, wie es mit einer Regelmäßigkeit sein könnte.

Zudem ist es anstrengend, immer spontan zu sein. Wer einfach drauflospostet, unterschätzt häufig, was alles dazugehört, damit ein Post sichtbar wird. Unbewusst durchläufst du dabei folgende Arbeitsschritte: Du überlegst dir den Inhalt, du überlegst dir, wann du diesen posten möchtest, du produzierst ein Bild, Video oder eine Grafik, du schreibst einen Text, und du veröffentlichst den Post. Nach der Veröffentlichung geht es weiter: Du verbreitest den Inhalt in Gruppen, postest in deiner Story und reagierst auf Kommentare. Wenn du all diese Arbeitsschritte ohne Planung hintereinanderlegst, fängst du bei jedem Post wieder ganz von vorne an. Es liegt jedes Mal ein großer Haufen Arbeit vor dir, und das kann schnell zu einem Gefühl der Überforderung führen. Die Konsequenz: Du verschiebst das Posten lieber. Doch je größer die Lücken zwischen den Posts werden, umso eher hat man das Gefühl, der nächste Post müsse die ganz große Nummer werden. Also verschiebst du ihn vielleicht lieber noch ein bisschen. Fertig ist der Teufelskreis.

Themenfindung und Planung, filmen, Bilder bearbeiten, schreiben und das Socializing mit der Community – all das sind unterschiedliche Tätigkeiten, die jeweils eine andere Energie von dir benötigen und unterschiedliche Areale deines Gehirns beanspruchen. Das Hin- und Herwechseln zwischen diesen unterschiedlichen Bereichen mag für dich auf den ersten Blick abwechslungsreich und spannend erscheinen, letztendlich verbrauchst du aber durch jeden Wechsel unnötige Energie. Du kannst sehr viel mehr schaffen, wenn du in einem Arbeitsmodus bleibst.

Am deutlichsten zeigt sich das für mich beim Filmen von Videos: Um Videos aufzunehmen, die die Menschen wirklich ansprechen, muss ich sehr präsent sein, bereit sein, nach außen zu gehen. Ich bringe also meine Energie nach oben. (Ich persönlich tanze dafür entweder durch die Wohnung oder verwende eine Atemtechnik.) In dieser Energie fällt es mir leicht, ein Video nach dem anderen aufzunehmen. Wenn ich aber zwischendrin das Video schneide und den Text für die Caption schreibe, geht meine aufgebaute Energie wieder nach unten. Ich brauche also eine Weile und muss eventuell erneut Techniken einsetzen, um mich wieder fit für die Kamera zu fühlen.

Daher möchte ich dir unbedingt das Arbeiten in Blöcken ans Herz legen – Zeitblöcken mit einer festen Länge und Aufgaben, die energetisch zusammenpassen. Um diese Blöcke erstellen zu können, hilft es, den Social-Media-Workflow zunächst in Phasen zu untergliedern:

1. **Planung**: Du überlegst dir Themen für Posts. Diese Themen planst du anschließend im Kalender ein – erstellst also einen Redaktionsplan.

2. **Content-Produktion**: In fest definierten Zeitblöcken kreierst du deine Posts. Auch hier kannst du wieder Aufgaben zusammenfassen – filmen, schreiben, optische Gestaltung etc.

3. **Content-Veröffentlichung**: Deinen fertigen Post veröffentlichst du zum in der Planung vorgesehenen Zeitpunkt entweder manuell oder auch automatisch via Planungstool. Danach planst du einen Zeitblock ein, um den Post in deiner Story und in Gruppen zu teilen und auf die ersten Kommentare zu reagieren.

4. **Socializing und Stories**: Auf Kommentare antworten, Privatnachrichten schreiben, auf anderen Accounts sichtbar werden, in Gruppen aktiv sein, Kurzinhalte für die Stories produzieren – diese Tätigkeiten werden oft nicht eingeplant, sondern dazwischengeschoben. Zugleich sind es diejenigen, bei denen man sich am ehesten verliert. Was hilft: kurze, am besten tägliche Zeitblöcke reservieren und den Timer stellen.

5. **Auswertung**: Der Blick in die Statistiken ergibt besonders vor deiner nächsten Content-Planungsphase Sinn. Dann kannst du deine Erkenntnisse dazu, was funktioniert und was nicht gut ankommt, gleich in die weitere Planung einbeziehen.

In diesem Abschnitt möchte ich mich vor allem mit dem Bereich Content-Planung auseinandersetzen. Den ersten Teil deiner Planungsarbeit, die Themenfindung für deine Posts, hast du bereits in Kapitel 7, »Mehrwert und Authentizität: Wie Social Media dein Warum stützt«, erledigt. Außerdem hast du überlegt, welche deiner Inhalte sich für regelmäßig wiederkehrende Formate wie Serien eignen. Du kannst also jetzt mit deiner Mindmap bzw. deinen Antworten auf die Fragen aus Kapitel 7 weiterarbeiten. Beides findest du im Workbook im Bereich WIE.

Da du nun weißt, was du posten möchtest, kannst du dich der Frage widmen, wann du die Inhalte jeweils an welchem Ort posten möchtest. Die Antwort auf diese Frage ist dein persönlicher Content-Redaktionsplan.

Bevor du diesen erstellst, gilt es jedoch zu klären, wie oft du eigentlich in deinen Feed posten wirst. Da sich die Angaben darüber, wie oft man in welchem Netzwerk posten sollte, um ideale Sichtbarkeit zu erreichen, ständig verändern, rate ich dir hier, diese Frage umzudrehen. Nicht: Wie oft soll ich posten? Sondern: Wie viele gute Posts kann ich pro Woche/Monat etc. erstellen? Damit stellst du auch sicher, dass du dir nichts vornimmst, was du nicht einhalten kannst, nur um dem Algorithmus gerecht zu werden.

Mir und meinen Klientinnen hilft dabei folgende Daumenregel (siehe auch Abbildung 13.1): Lege fest, wie viel Zeit du pro Woche in dein Social Media Marketing investieren möchtest, und teile diese Zeit durch zwei. Denn wie bereits angesprochen, solltest du die Hälfte deiner Social-Media-Arbeitszeit für Socializing und spontane Stories reservieren.

Jetzt hast du die Zeit, die dir wöchentlich für die Content-Produktion zur Verfügung steht. Ich rechne eine gute halbe Stunde für die Produktion eines Social-Media-Posts – einige meiner Kollegen empfehlen, eher eine ganze Stunde Zeit dafür einzuplanen. Das gilt besonders bei längeren Texten, komplexen Grafiken oder Videos, die geschnitten und untertitelt werden sollen. Da aber, wie in Kapitel 6, »Weniger ist mehr: deine Marketingkanäle«, erwähnt, durchaus auch spontane Schnellschüsse in deinem Feed auftauchen dürfen, kommt das mit einem Durchschnittswert von 30 Minuten in meinen Augen gut hin.

Also angenommen, du reservierst vier Stunden für dein Social Media Marketing pro Woche, dann hast du zwei Stunden Zeit für deine Content-Produktion. Das heißt, du kannst drei bis vier Posts pro Woche einplanen. Stories und Socializing laufen extra.

Abbildung 13.1 Mit dieser Daumenregel kannst du dir selbst die Antwort auf die Frage »Wie oft soll ich posten?« geben.

Du weißt jetzt also, wie oft du postest und was du postest und musst deine Inhalte nur noch auf deinen Kalender verteilen, um einen eigenen Redaktionsplan zu erstellen. Wie weit du dabei vorausproduzierst, ist abhängig von deiner Persönlichkeit und auch von den Inhalten, über die die schreibst. Vielleicht funktioniert es für dich gut, alle Inhalte für einen Monat oder sogar ein ganzes Quartal zu bestimmen, vielleicht möchtest oder musst du auch spontaner auf bestimmte Entwicklungen reagieren und planst von Woche zu Woche. Auch eine Mischform ist denkbar: Du planst bestimmte zeitlose Inhalte für einen längeren Zeitraum vor und ergänzt sie mit Inhalten, die du auf Monats- oder Wochenbasis bestimmst.

Egal für welchen Planungszyklus du dich entscheidest, es lohnt sich immer, zunächst einen Blick auf längere Zeitzyklen – beispielsweise ein Jahr oder zumindest ein Halbjahr – zu werfen, um große Ereignisse rechtzeitig einzuplanen. Wenn du zum Beispiel ein Produkt oder einen Kurs neu auf den Markt bringst, willst du schon früh zu »seeden« beginnen (siehe Kapitel 10, »Wie Fans zu Kunden werden«) und rund um den Veröffentlichungszeitpunkt viele Posts zu deinem Produkt sowie Kunden-Testimonials veröffentlichen. Wenn dein Business saison- oder feiertagsabhängig ist, gibt diese Tatsache bereits inhaltliche Schwerpunkte zu bestimmten Zeiten vor. Für diese Grobplanung kannst du, wenn du eher der haptische Typ bist, einen großen Wandkalender nutzen, oder du hältst sie daneben auch in deinem digitalen Kalender in Monats- oder Jahresübersichten fest. Digitale Kalender haben den Vorteil, dass du Erinnerungsfunktionen einrichten kannst, damit du nie in die Situation gerätst, dass du deine potenziellen Kunden mit einem Angebot völlig überrascht. Oder Weihnachten viel zu plötzlich kommt.

Dann brichst du das große Ganze auf kleinere Planungszyklen herunter, beispielsweise einen Monat oder ein Quartal. Das ist auch ein gutes Zeitfenster, um nach Feiertagen oder lustigen Jahrestagen Ausschau zu halten, wenn du diese in deinen Content integrieren bzw. dort beachten möchtest (siehe Hinweiskasten »Saisonale Themen und kuriose Feiertage« in Abschnitt 7.2).

Wenn du ein Langzeitplaner bist, willst du vielleicht direkt auf deinen Monatsansichten bereits die Postthemen für die einzelnen Tage vormerken. Wenn du allerdings – wie ich – eher der Wochenplaner bist, nimmst du zu Beginn oder am Ende der Woche deine Jahres- oder Monatsübersicht zur Hand, schaust, welche Posts durch Feiertage, Produkt-Launches und andere Ereignisse bereits vorgegeben sind, und füllst die restlichen Plätze mit Themen aus deiner Mindmap. Wenn du zudem feste Formate wie etwa Serien hast, die du regelmäßig veröffentlichst, ist noch mehr vorgegeben.

Wie gestaltest du nun den Themenmix deiner Posts? Das ist einerseits Geschmackssache und muss andererseits zu deinem Gesamt-Arbeitsflow passen. Wenn du gern eine Woche oder länger in einem Thema bleiben und mit langen Content-Stücken wie Blogartikeln tief darin eintauchen willst (siehe Kapitel 12, »Nachhaltig Inhalte produzieren: Lass dich finden«), darf sich das natürlich auch auf deinen Social-Media-Kanälen spiegeln. Der Nachteil: Solche »Themenwochen« sind für Social-Media-User oft nicht nachvollziehbar. Sie wundern sich eher, warum mehrere Posts zum gefühlt gleichen oder sehr ähnlichen Thema angezeigt werden. Wenn diese Themenwochen dann auch noch unterbrochen werden durch andere Posts, die sich gerade zeitlich aufdrängen, wird es mit der Kommunikation noch schwieriger. Ich tendiere daher dazu, zwar mehrere Posts zu planen, die auf ein längeres Content-Stück hinweisen, diese dann aber zeitlich zu verteilen.

Ein konkretes Beispiel aus meinem Business, wie eine Content-Planung aussehen könnte: Ich habe mich entschieden, vier Content-Stücke pro Woche für meinen Instagram-Account zu produzieren. Da ich in einem Monat mein neues Programm launche, wird ein Post dieses Programm zum Thema haben: Ich gebe einen Einblick darin, wo ich momentan stehe und was mir aufgefallen ist. Außerdem läuft gerade eine meiner inhaltlichen Serien, in der ich jeden Montag eine Journaling-Frage teile. Damit sind zwei Posts für diese Woche bereits gesetzt. Außerdem veröffent-liche ich diese Woche einen Blogpost zum Thema »dein Warum begreifen«. Zu die-sem Blogpost habe ich drei Posting-Ideen. Eine davon plane ich gleich diese Woche ein, die anderen schreibe ich auf meine Themen-Mindmap oder in eine extra Liste mit Posting-Ideen. So kann ich in ein paar Wochen wieder auf eines dieser Themen zugreifen, wenn mir ein Inhalt fehlt.

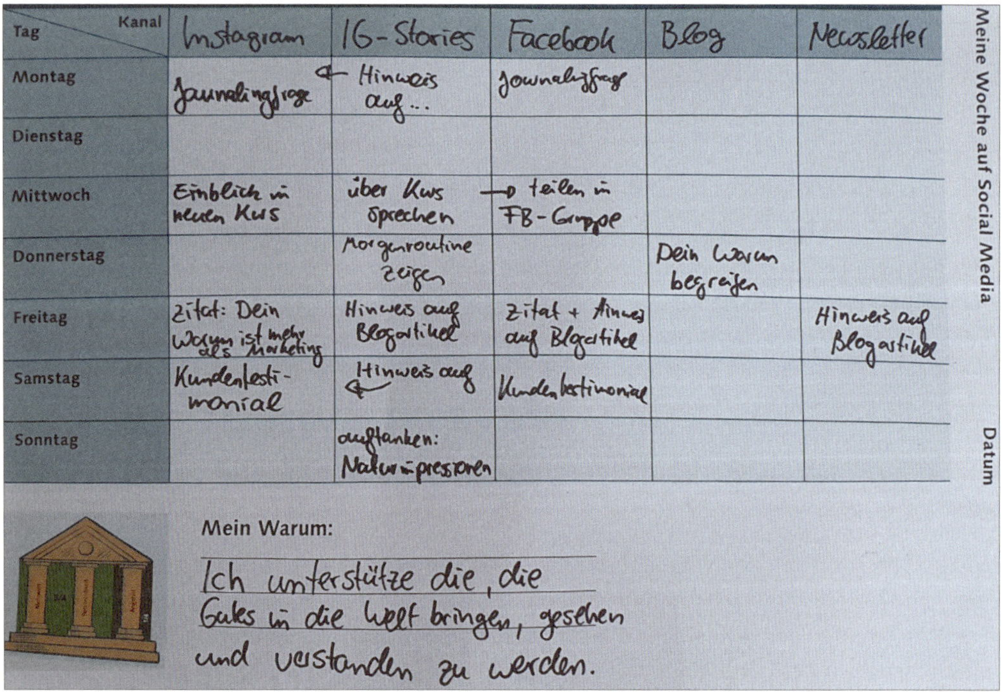

Tag / Kanal	Instagram	IG-Stories	Facebook	Blog	Newsletter
Montag	Journalingfrage	← Hinweis auf ...	Journalingfrage		
Dienstag					
Mittwoch	Einblick in neuen Kurs	über Kurs sprechen	→ teilen in FB-Gruppe		
Donnerstag		Morgenroutine zeigen		Dein Warum begreifen	
Freitag	Zitat: Dein Warum ist mehr als Marketing	Hinweis auf Blogartikel	Zitat + Hinweis auf Blogartikel		Hinweis auf Blogartikel
Samstag	Kundentesti-monial	Hinweis auf ←	Kundentestimonial		
Sonntag		auftanken: Natur in pressoren			

(rechte Randbeschriftung: Meine Woche auf Social Media — Datum)

Mein Warum:

Ich unterstütze die, die Gutes in die Welt bringen, gesehen und verstanden zu werden.

Abbildung 13.2 Mein ausgefüllter Redaktionsplan als Beispiel

Jetzt werfe ich noch einen Blick auf meinen Mix: Meine bisherigen Posts lassen sich grob in zweimal Mehrwert (die Journaling-Frage und den Fakt zum Warum) und einen Post einteilen, der mich sowohl authentisch in meiner Arbeit zeigt als auch schon auf mein Angebot hinweist. Damit habe ich bereits einen guten Mix für die drei Säulen *Mehrwert*, *Authentizität* und *Angebot* (siehe Kapitel 9, »Vertrauen gewinnen und Reichweite aufbauen«) gestaltet. Ich bin also recht frei, was mein viertes Content-Stück angeht. Ich könnte zum Beispiel ein Kunden-Testimonial veröffentlichen, einen weiteren Mehrwertpost aus meiner Themen-Mindmap aufgreifen, eine Posting-Idee von einem älteren Blogpost verwenden oder auch etwas Privates teilen. Wie der ausgefüllte Content-Plan aussieht, zeigt Abbildung 13.2.

Damit du deine Inhalte gut vorplanen kannst, findest du im Workbook im Bereich WIE die Vorlage für deinen Wochenplan. Wenn du ganze Monate oder Quartale vorausplanen möchtest, gilt: mehrfach ausdrucken und die Themen von der Monats- oder Quartalsebene übertragen. Im Wochenplan steht zudem eine Zeile für dein *Warum* zur Verfügung – weil es ungemein hilft, es Woche für Woche aufzuschreiben und sich mit dem Zweck des eigenen Tuns zu verbinden. Und auch ein liebevoller Reminder an deinen Themenmix mit den drei Säulen ist eingefügt.

Aber keine Angst, wenn dein Content mal nur auf zwei Säulen steht oder gar auf einer einzigen Säule balanciert. Das lässt sich manchmal nicht vermeiden, zum Beispiel wenn du gerade ein neues Produkt herausbringst. Deine Community hält das aus. Es geht lediglich darum, den Gesamtmix nicht über Wochen aus den Augen zu verlieren.

Posts wiederholen – darf ich das?

Viele Social-Media-Nutzer schrecken davor zurück, Inhalte zu reposten – also Posts mit demselben Text und demselben Bild noch einmal zu veröffentlichen –, weil sie befürchten, ihre Follower damit zu nerven. Dabei sind die Follower zumeist gar nicht das Problem: Sie können sich an deinen Post von vor einem halben Jahr, wenn überhaupt, dann nur dunkel erinnern. Anders der Algorithmus, er merkt natürlich sofort, ob du etwas Identisches postest. Und die Netzwerke machen deutlich, dass sie »frischen« Content bevorzugen. Auf Twitter ist es zum Beispiel gar nicht erst möglich, identische Tweets zu posten, auf Pinterest wirst du vorgewarnt, dass du diesen Pin auf diesem Board schon gepostet hast, und Instagram und Facebook meckern zwar nicht – du musst aber davon ausgehen, dass die Reichweite deines Reposts eher gering ist.

Es gibt aber auch gute Gründe, die dafür sprechen, Posts zu wiederholen, zum Beispiel:

▶ Ein Post war sehr erfolgreich.

▶ Das Thema ist zeitlos oder jetzt gerade wieder aktuell.

▶ Du hast in letzter Zeit viele neue Follower dazugewonnen, die deine alten, erfolgreichen Posts vermutlich noch nicht kennen.

▶ Du produzierst sehr viel Content und kannst davon ausgehen, dass selbst interessierten Followern dadurch einiges entgeht.

▶ Und natürlich: die gesparte Arbeitszeit gegenüber einem komplett neuen Post.

Wenn du das Wiederholen von Posts automatisieren möchtest, empfehle ich dir, dafür auf wenige »Dauerbrenner« unter deinen Posts zurückzugreifen, sie bewusst auszuwählen und nicht häufiger als einmal in sechs Monaten erneut zu posten. In Recurpost (siehe Tool-Tipps in Kapitel 15) kannst du in der kostenlosen Variante bis zu 100 Posts für Facebook, Instagram, LinkedIn & Co. einplanen und ausspielen – das reicht für dich als Einzelunternehmer und Selbstständige vermutlich völlig aus.

Eleganter, aber aufwendiger, ist es, nicht die Posts zu wiederholen, sondern nur das Thema wieder aufzugreifen und neu aufzuarbeiten: ein anderes Bild, ein angepasster Text, vielleicht auch beim zweiten Mal ein ganz anderes Format – zum Beispiel kannst du aus den Kernaussagen eines langen Texts 15-sekündige Reels drehen. Das schätzen deine Follower als wertvolle Wiederholung und der Algorithmus als neuen Post. Diese Art, dich zu wiederholen, passt für dich vermutlich besser als die automatisierte Wiederholung identischer Posts, wenn du ...

1. ... ein Thema bedienst, bei dem sich viel verändert – du kannst dich also ständig korrigieren oder neue Informationen hinzufügen zu dem, was du sagst.

2. ... selbst noch dabei bist, deine Sprache zu entwickeln und zu verfeinern. Du merkst also, dass du Dinge heute ganz anders formulieren würdest als noch vor einem halben Jahr.

Ob du dich nun für das automatisierte Reposten entscheidest oder für das erneute Aufgreifen von Themen: Du darfst dich nicht nur wiederholen, du solltest es sogar tun, damit deiner Community wirklich klar wird, für was du stehst!

Das Wichtigste in Kürze

Die Content-Produktion besteht aus mehreren Phasen, die unterschiedliche Qualitäten von dir erfordern. Die erste Phase ist die Planungsphase, in der du Themen festlegst und in einen Redaktionsplan einträgst, welchen Post du wann wo veröffentlichst. Mit dieser Planung wird dir die regelmäßige Sichtbarkeit sehr viel leichter fallen.

Die Zeit, die du in Social Media investieren kannst, gibt dabei die Anzahl deiner Posts vor. Plane vom Großen ins Kleine, beginne mit der Jahresübersicht und arbeite dich dann zum Wochenplan vor. So kannst du sichergehen, dass du saisonale Ereignisse und wichtige Vorkommnisse in deinem Business im Blick hast.

 Nutze die Wochenplanvorlage aus dem Workbook, um deine konkreten Inhalte zu planen.

13.2   Kreierst du schon, oder scrollst du noch? – Von Blockarbeitszeiten und Filtern

Wenn du weißt, welche Inhalte du als Posts veröffentlichen wirst, geht es an die Produktion von Texten, Bildern und Grafiken, Audios oder Videos. Da du jetzt bereits eine Liste mit Posting-Themen vor dir hast, musst du nur noch festlegen, welcher Inhalt welches Medienformat bekommen wird, und kannst dann Aufgaben bündeln, die sich ähneln. Es gibt also innerhalb eines Arbeitsblocks weitere Blöcke mit Arbeitsschritten, die vergleichbar sind und für eine bessere Produktivität zusammengefasst werden – in Abbildung 13.3 siehst du sie in der Übersicht.

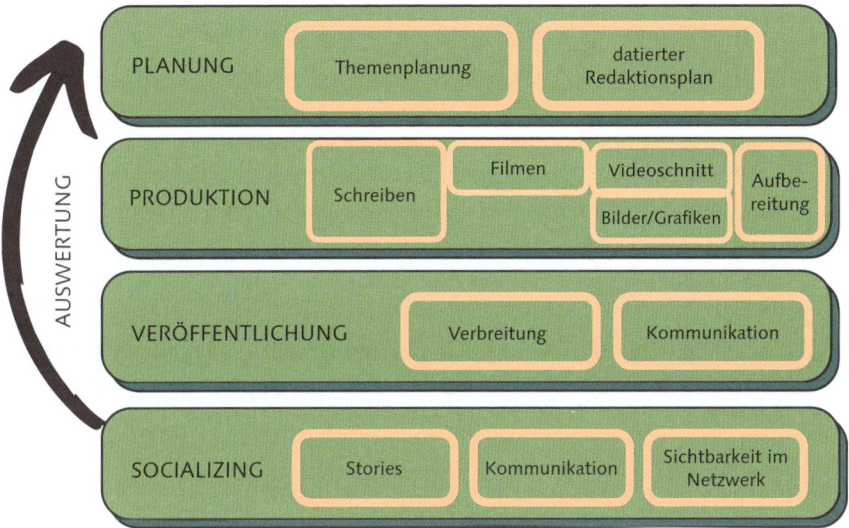

Abbildung 13.3 Die großen Arbeitsblöcke enthalten wiederum kleine, in denen du die Aufgaben am besten gebündelt abarbeitest.

Wie viel Zeit das Bündeln von Aufgaben spart, zeigt sich insbesondere bei der Videoproduktion. Wie ich bereits beschrieben habe, brauchst du, um dich selbst in Videos aufzunehmen, eine nach außen gerichtete Energie – du musst voll präsent sein. Dazu baust du vielleicht auch Utensilien auf, schließt ein externes Mikrofon an oder beleuchtest den Raum. Nutze all das, um nicht nur ein, sondern mehrere Videos am Stück aufzunehmen, in einem Videoproduktionsblock.

Auch beim Schreiben gilt für viele: Sie müssen erst einmal »reinkommen« ins Formulieren. Nutze diese Energie, um gleich mehrere Texte hintereinander zu schreiben – besonders einfach ist das natürlich, wenn sie sich um dasselbe Thema drehen. So hast du auch gleich im Blick, ob du in deinen unterschiedlichen Texten auch unterschiedliche Schwerpunkte setzt und so das Thema immer wieder neu beleuchtest. Du musst also nicht erst mal wieder nachlesen, was du vor ein paar Wochen bereits zu diesem Thema geschrieben hast, sondern hast deine Texte präsent.

Bilder bearbeiten, Videos schneiden und Grafiken erstellen sind ebenfalls Tätigkeiten, die sich gut bündeln lässt. Großer Vorteil: Es fällt dir leichter, ähnliche Designs

zu erstellen und Templates zu nutzen, wenn du gleich mehrere Bilder am Stück produzierst. Wenn du hingegen direkt nach dem Schreiben des Texts das passende
Visual dazu erstellen willst, hast du oft das Gefühl, die Welt neu erfinden zu müssen. Für mich persönlich ist das Bearbeiten von Bildern und Erstellen von Grafiken
eine eher entspannende Tätigkeit, zu der ich auch gern Musik höre, beim Texten
dagegen muss ich mich voll konzentrieren. Auch das Videoschneiden braucht volle
Aufmerksamkeit. Außerdem trage ich dabei Kopfhörer, um den Ton anzupassen
und die Schnitte an der richtigen Stelle zu setzen.

Auch der letzte Schritt deiner Posting-Produktion, das Vorbereiten für die Veröffentlichung, lässt sich gut bündeln und gleich für mehrere Posts auf einmal erledigen: Du liest noch einmal über die erstellten Texte, recherchierst Hashtags und fügst
Emojis ein. An diesem Punkt kannst du den Post auch mit der Checkliste aus Kapitel 8, »Berühre deine Follower mit Bild, Text und Video«, überprüfen. Dort hatte ich
erklärt, wie du die richtigen Hashtags findest. Gerade wenn du die Posts in ein Planungstool wie das Facebook Creator Studio (siehe Tool-Tipps in Kapitel 15) einfügst
und datierst, kannst du dich so mit einem guten Gefühl wieder anderen Aufgaben
zuwenden. Denn du weißt, deine Posts sind für eine oder mehrere Wochen vorgeplant.

Die Produktion von Posts in solchen Arbeitsblöcken mit ähnlichen Aufgaben hat
einen Schönheitsfehler: Sie führt dazu, dass du nicht immer genau die Posts bearbeitest, die du diese oder nächste Woche posten möchtest. Dadurch wirst du in
manchen Wochen etwas mehr, in anderen etwas weniger Zeit in dein Social Media
Marketing investieren, als du in der Daumenregel festgelegt hast. So ist es zum Beispiel sinnvoll, wenn du eine Serie planst, dass du alle Posts in einem Rutsch produzierst, auch wenn du diese vielleicht über Monate verteilt posten wirst. Dafür hast
du dann in den kommenden Wochen bereits jeweils einen fertig geplanten Post
und musst dich nur noch um die anderen kümmern. Ich denke, dieser Schönheitsfehler ist verkraftbar, wenn du bedenkst, wie viel Zeit du insgesamt durch die
Blockarbeit gewinnst und wie viel weniger Energie du verbrauchst, wenn du nicht
ständig von einem Arbeitsmodus in den anderen wechselst.

Pomodoro-Technik: Produktive Blockarbeit mit der Tomate

In Blöcken zu arbeiten, fällt leichter, wenn diese Blöcke auch zeitlich definiert sind. Ein
absoluter Produktivitätsbooster ist für mich die Pomodoro-Technik – benannt nach
einem Küchenwecker in Tomatenform des Erfinders der Technik Francesco Cirillo.

Dafür legst du fest, woran du im nächsten Zeitblock konzentriert arbeiten wirst, und
stellst den Wecker oder Timer auf 25 Minuten. Danach gibt es 5 Minuten Pause vor
dem nächsten 25-Minuten-Block. Nach vier Arbeitsblöcken wird eine längere Pause
von 15 bis 20 Minuten empfohlen.

Wenn du die Pausen wirklich einhältst und am besten so gestaltest, dass sich Kopf und Körper erholen können (Handy liegen lassen, Fenster auf, Bewegung, Wassertrinken, Tee kochen), kannst du einige Blöcke hintereinander hoch konzentriert arbeiten und bist dabei enorm produktiv. Um die Zeit festzuhalten, kannst du einfach deinen Handywecker verwenden oder eine der zahlreichen Pomodoro-Apps und Anwendungen (siehe auch Abbildung 13.4). Meine Lieblings-Pomodoro-Timer findest du in den Tool-Tipps in Kapitel 15.

Abbildung 13.4 Schlicht und nah am ursprünglich simplen Design des Tomatenweckers bleibt die App Pomodoro Timer (Android).

Übrigens: Die Methode hat so viele Fans, dass es auch Gruppen gibt, die sich zum Co-Working mit der Pomodoro-Technik treffen – offline wie online. Die Gemeinschaft an konzentrierten Menschen kann dich zusätzlich anspornen.

Du hast die Beiträge nun fertig produziert und kommst zum nächsten Schritt. Planungstools für Social-Media-Beiträge, die deine Beiträge auch automatisch veröffentlichen, sind eine feine Sache – sie können aber den Eindruck vermitteln, dass man sich nach dem Einpflegen der Inhalte nicht mehr um Social Media kümmern muss. Das stimmt so nicht. Wie du vielleicht gesehen hast, werte ich das Veröffentlichen der Beiträge als einen separaten Arbeitsschritt.

Ich persönlich nutze Planungstools nur unregelmäßig – und wenn, dann zumeist ohne die Auto-Publishing-Funktion. Weil ich einfach gern auf den Veröffentlichen-Button drücke? Jein. Tatsächlich finde ich, es ist ein besonderer Moment, wenn Inhalte, die ich liebevoll geplant und gestaltet habe, online gehen. Wichtiger ist jedoch, den Post ein letztes Mal zu überfliegen, damit du im Thema drin bist, wenn die ersten Kommentare kommen. Vor allem aber solltest du eben genau zu diesem Zeitpunkt präsent sein, damit du antworten kannst. Denn was in der Zeitphase direkt nach der Veröffentlichung passiert, ist wichtig, um den Algorithmus auf den Post aufmerksam zu machen.

Natürlich erhält dein Post automatisch mehr Engagement, wenn du ihn auch in deiner Story teilst – am besten erledigst du das direkt nach der Veröffentlichung, denn der Zugriff auf deine Inhalte über die Stories wird auf Instagram und Facebook immer wichtiger. Dabei hast du allerlei Gestaltungsmöglichkeiten. Du kannst dich kurz zeigen und über das Thema sprechen oder den Post teilen und einen Satz dazu schreiben, der die Menschen neugierig macht (siehe Abbildung 13.5). Dabei musst du das Rad nicht neu erfinden: Du hast ja einen guten Einstiegssatz in deinen Posting-Text geschrieben, den du verwenden kannst! Mehr darüber, wie du mit deinem Einstieg Neugier weckst, hast du in Kapitel 8, »Berühre deine Follower mit Bild, Text und Video«, erfahren. Vielleicht willst du auch besonders kreativ sein und die Gestaltungsmöglichkeiten von Instagram-Reels nutzen, um ein lustiges Video mit Filtern und Soundeffekten für deine Story zu erstellen, mit dem du deinen neuen Post bewirbst.

Wenn du deinen Post von Instagram auf Facebook teilst – das kannst du automatisiert tun –, solltest du auf Facebook noch einmal überprüfen, ob du keine Tags verwendet hast, die nur auf Instagram funktionieren.

Was das Teilen des Posts deiner Facebook-Seite in diversen Gruppen oder auf deinem persönlichen Profil angeht, gibt es unterschiedliche Expertenmeinungen. Die einen sagen, dass es gut ist, den Post sofort zu teilen, weil du so automatisch mehr Reichweite bekommst und mehr Möglichkeiten für Interaktion schaffst. Die anderen sagen, dass du damit diejenigen nerven könntest, die deinen Content doppelt oder dreifach sehen. Meine Erfahrung ist: Es kommt sehr selten vor, dass deine Inhalte tatsächlich mehrfach an dieselbe Person ausgespielt werden. Zudem passt es gut in den Workflow, die Inhalte gleich zu teilen. Mich einen halben oder ganzen Tag später noch einmal daran zu erinnern, empfinde ich als mühsamen zusätzlichen Arbeitsschritt. Wie immer, wenn die Expertinnen uneinig sind, rate ich dir zu Pragmatismus. Mach es genau so, wie es für dich gut reinpasst.

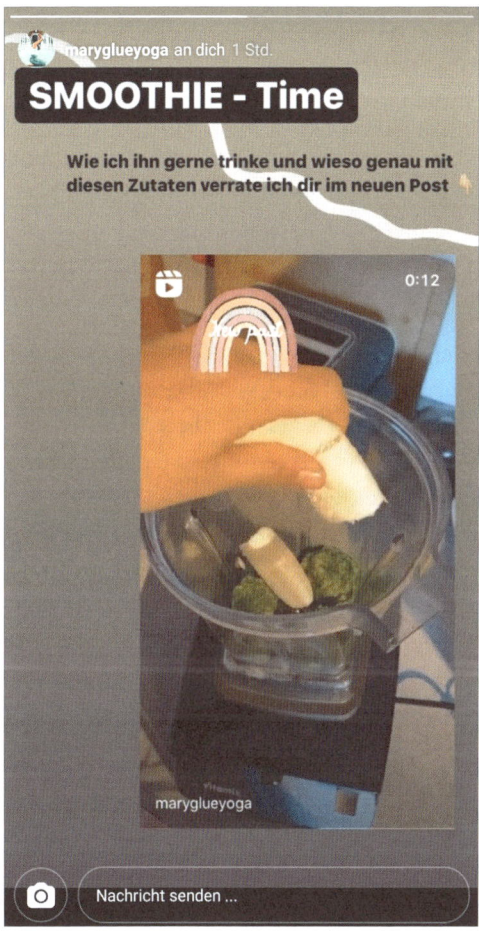

Abbildung 13.5 So einfach kann es sein, die User auf einen Post aufmerksam zu machen.[1]

Du siehst: Selbst wenn du für eine längere Zeit Inhalte mit einem Tool vorgeplant hast und sie automatisch veröffentlichst, solltest du dir kurz nach dem Veröffentlichungszeitpunkt etwas Zeit einplanen, um auch Traffic auf den Post zu spielen, indem du ihn in Gruppen und deiner Story teilst, und um die ersten Kommentare zu beantworten.

---

1 Story-Screenshot von http://instagram.com/maryglueyoga.

Und damit bin ich nun beim schwierigsten Thema angelangt: den kurzen Zeitblöcken für Stories und Socializing. Denn einen solchen Zeitblock solltest du nicht nur bei der Veröffentlichung deines Posts einplanen, sondern regelmäßig. Gerade auf Facebook und Instagram solltest du mindestens einmal pro Tag präsent sein, etwas in die Story posten und auf Kommentare und Privatnachrichten antworten. Im Idealfall zeigst du dich auch noch auf anderen Profilen und in Gruppen, um deinen Wirkungskreis zu erweitern. Wie das funktioniert, habe ich in Kapitel 9, »Vertrauen gewinnen und Reichweite aufbauen«, beschrieben.

Diese Socializing-Zeitblöcke werden oft zwischendurch am Handy erledigt. Und sie arten leicht aus. Man rutscht hier schnell von der Rolle des Marketers in die des Konsumenten. Sprich: Du liest dich fest und springst von Inspiration zu Inspiration. Am Schluss kannst du nicht mehr sagen, was du jetzt eigentlich wirklich gemacht hast.

Ich möchte hier ganz klar betonen: Das ist nicht deine Schuld – und meine zum Glück auch nicht. Die süchtig machenden Mechanismen sind das Herzstück des Social-Media-Algorithmus. Dass dein Verhalten gesteuert wird in Richtung »bleib lange bei uns und gib möglichst viele deiner Daten preis«, ist die kommunizierte Geschäftsstrategie der Netzwerke. Auf Netflix läuft derzeit die spannende Dokumentation »The Social Dilemma«, in der mehrere ehemalige Abteilungsleiter von Facebook, Google, Twitter & Co. erzählen, dass die Sucht tatsächlich eine tolerierte Nebenwirkung des Algorithmus ist. Und die süchtig machenden Mechanismen sind dabei so stark, dass es selbst den Programmierern der Netzwerke nicht gelingt, ihnen zu widerstehen. Facebook und Instagram haben zwar inzwischen eine Zeiterinnerung in ihre Apps integriert, man muss diese allerdings aktiv suchen und einstellen, wenn man seine Mediennutzung kontrollieren will.

Erinnerungen an die Nutzungszeit in Facebook, Instagram und TikTok

Bei allen drei Apps gehst du zunächst in die Einstellungen. Bei Instagram wählst du dann DEINE AKTIVITÄT, bei Facebook DEINE ZEIT AUF FACEBOOK und bei TikTok DIGITAL WELLBEING. Dann bekommst du eine Übersicht über deine bisherige Nutzung, wählst dir ein Limit und kannst jeweils einrichten, dass du eine Erinnerung erhältst, wenn deine gewünschte tägliche Zeit mit der App überschritten ist (siehe Screenshots in Abbildung 13.6). Auch die Push-Benachrichtigungen kannst du hier verwalten.

Wenn deine Zeit abgelaufen ist, kannst du allerdings problemlos weitersurfen – du wirst nur freundlich erinnert. Lediglich bei TikTok musst du ein Passwort eingeben, wenn du die App weiter nutzen willst. Um härtere Maßnahmen zu treffen, musst du also in den Einstellungen deines Smartphones eine Zeitbeschränkung festlegen (siehe Abbildung 13.7). Bei dieser Version musst du zusätzliche Zeit aktiv freischalten, was zumindest eine etwas höhere Hürde ist. Oder du sperrst die Apps nach einer bestimmten Zeit komplett, zum Beispiel mit den Apps *AppBlocker* (Android) und *Offtime* (iOS) (siehe Tool-Tipps in Kapitel 15).

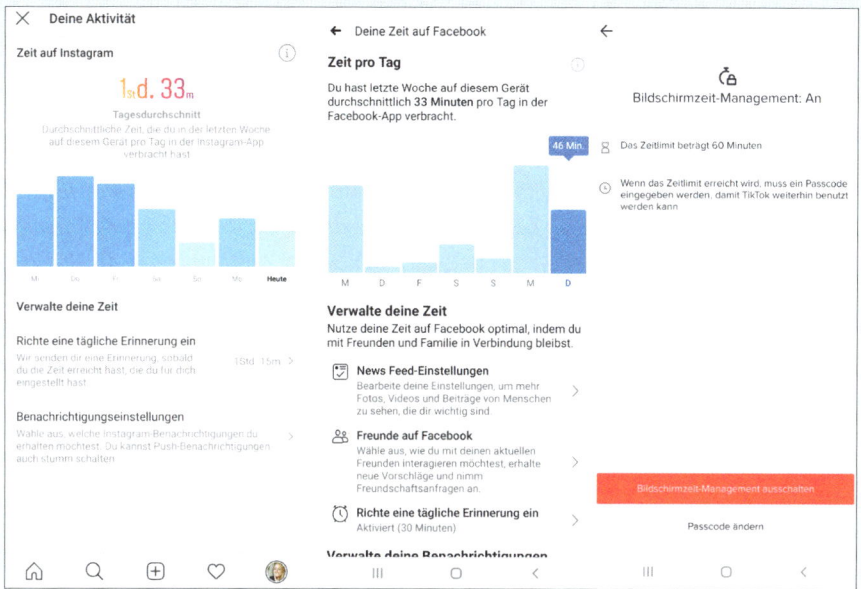

Abbildung 13.6 Instagram, Facebook und TikTok (von links) bieten Zeitbeschränkungen in der App an.

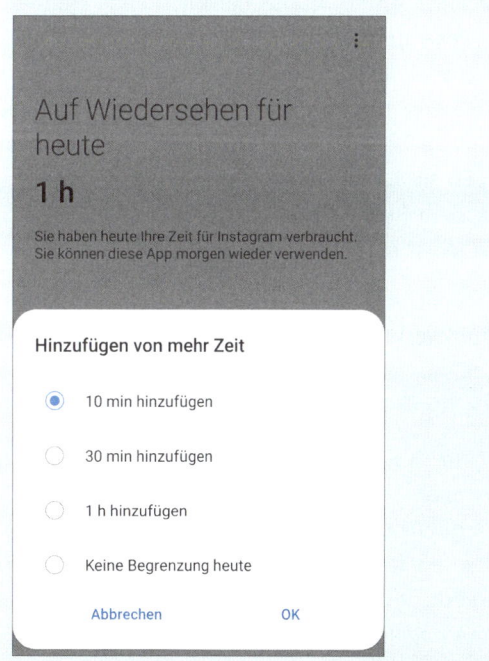

Abbildung 13.7 Noch zehn Minuten? Warnung eines Android-Smartphones bei Überschreitung eines Zeitlimits für eine bestimmte App.

Um unser Smartphone zu beherrschen, müssen wir als Gesellschaft sowie jeder einzelne von uns lernen, die Stimuli zu reduzieren. Dabei sollten wir keinerlei Scheu haben, uns mit Filtern und technischen Blockaden zu behelfen. Wir dürfen die Technik mithilfe der Technik schlagen.

Was heißt das für dich, wenn das Scrollen und In-Kontakt-Treten auch Teil deiner Arbeit ist? Ich rate dir, den Zeitblöcken für Socializing und Stories eine feste zeitliche Begrenzung und ein klares Ziel zu geben und dann den Wecker oder Timer einzuschalten, bevor du loslegst. Zum Beispiel: Ich plane 20 Minuten ein. Als Erstes antworte ich auf Nachrichten. Dann teile ich etwas in meiner Story, was mich gerade beschäftigt oder inspiriert, dann besuche ich drei Gruppen oder Profile mit ähnlicher Zielgruppe (über diese führst du am besten eine Liste) und schreibe dort wertvolle Kommentare. Und wenn der Timer klingelt, ist meine Zeit abgelaufen.

Hilfreich kann es auch sein, die tägliche Socializing- und Story-Routine auf einen Zeitraum zu legen, der ohnehin schon beschränkt ist. Als ich noch zu den Berufspendlern gehörte, hatte ich zum Beispiel zuerst im Zug Nachrichten beantwortet, Kommentare geschrieben und andere Socializing-Aktivitäten ausgeübt und dann auf dem Weg vom Bahnhof nach Hause in die Story gesprochen. An meiner Haustür war es dann an der Zeit, das Handy wegzulegen.

Du kannst die beiden Tätigkeiten Socializing und Stories natürlich auch trennen. Viele meiner Kundinnen und Kunden reservieren sich fünf bis zehn Minuten nach einem spannenden Arbeitseinsatz für Stories: die Yogalehrer nach ihrer Stunde, die Coaches nach einem Coaching, die Kreativen nach Blockarbeiten im Flow. Weil sie dann gerade in einer Energie sind, in der sie besonders gern über das sprechen, was sie tun. Das Socializing hingegen legen sie lieber auf einen anderen Zeitpunkt – erledigen es zum Beispiel direkt nach dem Beantworten von E-Mails. Mehr dazu, welche Energie dir wann dienen kann, wirst du im Folgeabschnitt erfahren.

Kurze, regelmäßige Einsätze für deine Sichtbarkeit sind so viel wertvoller, als wenn du dich zweimal die Woche im Feed verlierst und dann wieder die Nase voll hast von Social Media. Merke: Alles, was du außerhalb dieser geplanten Zeit und ohne klar vorgegebenes Ziel machst, ist kein Marketing, sondern dein Privatvergnügen.

Vielleicht spielt Social Media in deinem Business aber auch eine so große Rolle, dass du häufiger pro Tag präsent sein musst. Das gilt natürlich besonders für Social-Media-Dienstleister. Wenn das bei dir der Fall ist, solltest du andersherum denken: keine Onlinezeiten, sondern Offlinezeiten festlegen. Wenn ich merke, dass mir Social Media Energie raubt und die Freude am Netzwerken verloren geht, ist meine liebste Methode: Detoxphasen in den Alltag einbauen. Zum Beispiel nehme ich mir dann vor, von abends 20 Uhr bis morgens 8 Uhr offline zu gehen. Ich habe das die *#Offline8to8*-Methode genannt und auch schon als Challenge verbreitet. Um noch angerufen werden oder Fotos schießen zu können, blockiere ich alle Apps, für die ich einen Internetzugang benötigen würde. So kann ich rechtzeitig vor dem Schlafen zur Ruhe kommen und habe am Morgen Zeit für meine achtsame Morgenroutine ohne Smartphone. Apps, mit denen du deine Onlinezeit bestimmen kannst, findest du in den Tool-Tipps in Kapitel 15.

Suchst du weitere Methoden, um weniger Zeit auf Social Media oder mit deinem Smartphone im Generellen zu verbringen? Hier ist eine Auswahl:

▶ Ein tägliches Zeitlimit für die Bildschirmzeit setzen. Oder wie bereits gezeigt: zeitliche Limits für die Nutzung einzelner Apps. Bei neueren Android- und iOS-Geräten kannst du das in den Geräteeinstellungen festlegen – manche Geräte erstellen dir gar einen automatischen Wochenbericht über dein »digitales Wohlbefinden«.

▶ Push-Benachrichtigungen der sozialen Netzwerke, von E-Mails, Messenger-Diensten wie WhatsApp und allem anderen ausschalten, was den automatisierten Griff zum Handy auslöst. Stattdessen planst du, nur zu festgelegten Zeiten in diese Apps hineinzusehen.

▶ Apps von sozialen Netzwerken vom Handy deinstallieren und nur vom Rechner oder Tablet aus bedienen. (Nur möglich, wenn du dich nicht unterwegs für die Story-Funktion filmen möchtest.)

▶ Einen Tag pro Woche komplett offline gehen.

▶ Spazieren gehen ohne Handy – auch nicht zum Musikhören.

▶ Telefon- und laptopfreie Zonen in deiner Wohnung.

Wenn du dich wirklich schwer damit tust, deine Zeit am Smartphone einzuschränken, und du dir eine Detoxkur mit vielen Tipps wünschst, kann ich dir das Buch »Endlich abschalten« von Catherine Price empfehlen. Sie beschreibt darin ein Vierwochenprogramm, bei dem du die Beziehung mit dem Handy zunächst radikal brichst, um dann eine neue Beziehung mit gesünderen Gewohnheiten zu starten.

Kommen wir nun zum letzten Arbeitsschritt in deinem Social Media Marketing: dem Auswerten von Beiträgen und Anpassen deiner Content-Pläne. Tatsächlich glauben ziemlich viele Menschen, dass sie nicht mehr formell auswerten müssten, was ankommt, weil sie ja ohnehin ständig einen Blick darauf haben, welcher Post kommentiert und gelikt wird. Im Klartext heißt das aber auch: Sie greifen ständig zum Telefon, um nachzusehen, ob ein Beitrag gut läuft. Ganz besonders wenn du einen sehr persönlichen Post geteilt oder sehr viel Arbeit in deinen letzten Beitrag gesteckt hast, ist die Versuchung groß, ständig dein Smartphone zu entsperren. Diese Art von Auswertung tut niemandem gut. »Wir sind nicht dafür gemacht, dass wir alle fünf Minuten eine Dosis gesellschaftlicher Zustimmung oder Ablehnung erfahren«, sagt Tristan Harris, Ex-Google-Mitarbeiter in der Doku »The Social Dilemma«.

Tatsächlich braucht es sehr viel Übung und Disziplin, diese Kontrollblicke zu unterlassen, denn der kleine Dopamin-Kick, wenn eine Reaktion eingetroffen ist, ist einer der Mechanismen, die uns süchtig nach Social Media werden lassen.

Was du wirklich brauchst, um den Erfolg deiner Posts zu überprüfen und deine Strategie anzupassen, ist nicht mehr als ein monatlicher – allerhöchstens wöchentlicher – Blick in deine Statistiken. Dabei überprüfst du die Kennzahlen, die du in Kapitel 5, »Strategie für Strategiemuffel«, festgelegt hast. Zudem siehst du dir deine beliebtesten Posts an und überlegst, was sie gemeinsam haben. Sind es alles Videos? Oder eher provokante Aussagen? Sind sie anders bebildert als die weniger beliebten Posts? Wenn du herausfindest, was gut läuft, kannst du mehr davon machen – und so langsam, aber sicher deine Inhalte immer mehr auf das zuschneiden, was deinen Wunschkunden nachweislich gefällt. Wenn Posts hingegen schlecht laufen, fragst du dich: Brauche ich diese aus strategischen Gründen? Möchte ich sie *trotzdem* beibehalten, weil sie einen wichtigen Beitrag zu meiner Warum-Erfüllung leisten? Kann ich sie etwas anpassen, damit sie mehr den Posts ähneln, die gut laufen?

Die Überprüfung führt dich also direkt zu der Frage, wie deine künftigen Inhalte aussehen sollten. Daher schlage ich vor, dass du die Auswertung deiner Planungsphase für die kommenden Posts voranstellst. Ich mache das einmal im Monat, es dauert kaum zehn Minuten, und das reicht völlig aus. Der seltenere Blick in die Statistik hat auch den Vorteil, dass du einen Post nicht zu früh als erfolglos abschreibst, sondern ihm ein wenig Zeit gibst, sich warm zu laufen.

Das Wichtigste in Kürze

Auch innerhalb deiner Arbeitsblöcke lassen sich ähnliche Aufgaben gut zusammenfassen und in der passenden Energie erledigen. Besonders beim Socializing-Block empfehle ich, mit klaren Zielen und Zeitbegrenzungen zu arbeiten, damit du dich nicht auf Social Media treiben lässt. Sollte das für dich nicht infrage kommen, achte unbedingt auf ausreichend Offlinezeiten, damit du die Freude an den sozialen Netzwerken nicht verlierst.

13.3   Deinen Energiehaushalt geschickt mit deinen Aufgaben vereinbaren

Wenn du dein eigenes Business führst, aber auch als Freelancer, hast du gegenüber Festangestellten einen großen Vorteil: Du kannst deinen Arbeitsalltag mit deinen

Aufgaben zeitlich frei gestalten. Mir ist bewusst, dass sich das nicht immer so anfühlt. Weil Kunden und Deadlines drängen, weil man das Gefühl hat, immer zur Verfügung stehen zu müssen, und vielleicht auch nur, weil du dir selbst zu viel versprochen hast. Und doch gilt: Du hast all diese Aufgaben selbst gewählt, und du hast jederzeit die Möglichkeit, dich von besonders anstrengenden Klientinnen zu trennen, deine Marketingstrategie anzupassen, Aufgaben zu verschieben und Arbeitsblöcke für das freizuschaufeln, was jetzt gerade wichtig ist für dich.

Ich setze mich jeden Sonntagabend hin, zeichne die Übersicht meiner neuen Woche in meinen Kalender, trage dort die fixen Termine ein, überlege, welche die wichtigsten Aufgaben sind, und plane für diese fest definierte Zeitblöcke ein. Dabei orientiere ich mich – wenn es möglich ist – auch an energetischen Entscheidungskriterien. Weil ich möglichst viel kreieren und erledigen möchte, ohne mich dabei völlig zu erschöpfen.

In diesem Abschnitt möchte ich dir näherbringen, worauf ich dabei achte. Manches wird sich für dich gleich erschließen, anderes klingt vielleicht nach Hokuspokus. Nimm für dich das heraus, was dich anspricht. Tatsächlich solltest du gerade im Bereich der energetischen Arbeitsplanung deinem Bauch und deinem Herzen ein großes Mitspracherecht oder gar die Entscheidungskompetenz einräumen. Wenn etwas deine Neugier weckt, ist das eine Einladung, es auszuprobieren.

Ein Hinweis noch: Versuche bitte nicht, alles auf einmal zu befolgen. Zu viele Vorgaben können dich lähmen, anstatt dich zu beflügeln. Und nur weil ein Zeitpunkt gerade vielleicht energetisch nicht optimal ist für eine Aufgabe, bedeutet das nicht, dass sie dir misslingen wird. Alle Orientierungsregeln, die du hier kennenlernst, sollen eine Hilfestellung für dich sein, eine Einladung. Sobald sie sich wie ein Korsett anfühlen, ist es an der Zeit, sie umzuwerfen und neue Strukturen auszuprobieren.

Als Erstes solltest du dich fragen, für welche Aufgabe du welche Art von Energie benötigst. Erst wenn du dir darüber bewusst bist, ist es möglich, dass du diese auch ins richtige Zeitfenster schiebst und deine Aufgaben gut bündelst. Ich werde dir ein paar Anhaltspunkte aus meinem Arbeitsalltag und dem meiner Klientinnen geben. Es kann aber gut sein, dass du anders gestrickt bist. Wie du sehen wirst, gehe ich in meinen Beispielen über die Aufgaben aus dem Social-Media-Bereich hinaus. Der Arbeitstag besteht schließlich nicht nur aus Social Media.

Um deine Tätigkeiten richtig einzuordnen und herauszufinden, was dich wie fordert, ist die Vorstellung einer Arbeit auf der Bühne hilfreich. Damit du auf der Bühne deines Arbeitslebens gut bestehen kannst, musst du deine persönliche Balance aus drei verschiedenen Energieebenen leben: *Onstage*, *Backstage* und *Offstage* (siehe Abbildung 13.8).

Abbildung 13.8 Eine gute Energiebilanz erhältst du, wenn deine Onstage- Backstage- und Offstage-Tätigkeiten getrennt werden und in Balance sind.

▸ **Onstage**: Du bist voll da! Du lieferst für andere. Deine Energie ist nach außen gerichtet. Zum Beispiel coachst du, du unterrichtest, gibst Webinare, hältst Präsentationen, moderierst, gehst live auf Facebook oder Instagram, gibst online oder offline Seminare. Aber auch: Du verhandelst in Meetings und führst knifflige Einzelgespräche mit Businesspartnern am Telefon. Onstage-Aufgaben erkennst du daran, dass du nicht alleine bist und ein anderer deine Aufmerksamkeit einfordert. Oft sind sie termingebunden. Onstage kann sich aber auch das Aufzeichnen von Videos anfühlen. Wenngleich dir hier niemand tatsächlich gegenübersitzt, versetzt du dich in dieselbe Energie, die du brauchst, wenn dem wäre so. Denn sobald das Video gesehen wird, ist da ja wieder ein Gegenüber.

▸ **Backstage**: Backstage ist der große Bereich an Arbeit hinter den Kulissen – also sowohl das Sortieren deiner Belege für die Buchhaltung als auch das Planen, Schreiben und Gestalten deiner Posts. Moment mal, hatte ich nicht geschrieben, dass dies jeweils eigene Arbeitsfelder sind? Das ist richtig, und je feiner du in deiner Einteilung von Arbeitsblöcken wirst, umso effizienter bist du meiner Erfahrung nach. Für die benötigte »Hauptenergie« soll es hier jedoch genügen, die Backstage-Zeit in die Phasen »Deep Work« und »Kleinkram« zu gliedern. Fangen wir mit dem Bereich Deep Work an. Das sind die Aufgaben, für die du deine volle Konzentration brauchst, in die du tief eintauchen möchtest. Dazu können zum Beispiel Schreiben, Planungsaufgaben oder auch Weiterbildungen gehören. Deep-Work-Phasen sind solche, in denen du alle Störfaktoren wie Mailbenachrichtigung, Smartphone etc. auf stumm stellst und am besten in Pomodoro-Zeitblöcken arbeitest. Deep Work ist anstrengend und erfüllend zugleich. Du solltest Deep-Work- also ähnlich wie Onstage-Arbeit in Hochenergiephasen einplanen – auch wenn die Energie diesmal mehr nach innen als nach außen gewandt ist. Die Kleinkram-Sessions brauchen zwar auch eine gewisse Konzentration (immerhin will das Finanzamt, dass du alle Zahlungen aufführst und nicht nur die, die du jetzt gerade zufällig findest), aber oft sind das Aufgaben, bei denen du gedanklich nicht tief eintauchen musst, weil sie in wenigen Minuten erledigt sind. Gerade deshalb ist die Versuchung groß, sie in Deep-Work-Phasen schnell dazwischenzuschieben. Vielleicht sogar, weil sich das im ersten Moment nach Entspannung anfühlt. In Wahrheit aber reißt dich jede E-Mail, die du beantwortest, aus deiner eigentlichen Aufgabe heraus. Du brauchst bis zu zehn Minuten, bis du wieder so tief in deiner Deep-Work-Phase bist wie zuvor. Also besser: Kleinkram bündeln auf einer Liste und dann in einem extra dafür vorgesehenen Kleinkram-Zeitblock abarbeiten.

▶ **Offstage**: Du bist erst wirklich offstage in deinem Business, wenn du das Theater – also deinen Arbeitsbereich – verlässt. Im Offstage-Bereich genießt du Freizeitaktivitäten, die nichts mit deiner beruflichen Tätigkeit zu tun haben, verbringst Zeit mit deiner Familie oder schläfst. In der Offstage-Zeit erholst du dich und sammelst Kraft für die kommenden Onstage- und Backstage-Arbeiten.

Wenn deine Arbeitsabläufe dich erschöpfen und du dich ausgebrannt fühlst, kann das drei Ursachen haben. Die offensichtlichste Ursache: Dein Offstage-Bereich kommt schlicht zu kurz. Du schläfst zu wenig und gönnst dir zu selten gesunde Auszeiten.

Oder – eng verwandt damit – du schaffst es schlicht nicht, die drei Energiebereiche in Balance zu halten. Balance bedeutet nicht, dass du für alle Bereiche jederzeit genau gleich viel Zeit aufbringen musst. Tatsächlich ist es zum Beispiel sehr typabhängig, mit wie viel Onstage-Zeit du dich wohlfühlst. Wenn du dich als introvertiert beschreibst, bevorzugst du vermutlich Backstage-Aufgaben oder brauchst zumindest große Offstage-Blöcke nach deinen Phasen des Gesehenwerdens. Als eher extrovertierte Person langweilen dich vielleicht Backstage-Aufgaben. Und doch brauchst du auf jeden Fall alle drei Energiebereiche, um ein Business aufzubauen, mit dem du nachhaltig erfolgreich bist. Das dich in deinem Wachstum fördert, aber auch dafür sorgt, dass du gesund bist und dich wohlfühlst.

Der letzte energetische Fehler, der dich ausbrennen kann: Du vermischst die unterschiedlichen Bereiche zu stark. Wie bereits angesprochen, ist es für uns anstrengend, zwischen unterschiedlichen Bereichen hin- und herzuspringen. Ich habe lange Zeit gedacht, es wäre eine gute Idee, zwischen zwei Coachings E-Mails und Admin-Aufgaben zu erledigen, um mich zu erholen. Das war keine gute Idee. Oft war ich dann zu Beginn meines Admin-Blocks noch zu aufgekratzt. Ich musste mich geradezu zwingen, still zu sitzen. Dafür habe ich vor dem nächsten Coaching Zeit reservieren müssen, um mich zu zentrieren und wieder nach außen zu richten, um dann im Gespräch voll für die andere Person da zu sein. Die Zwischenaufgabe hat also überhaupt nicht dazu geführt, dass ich durchatmen konnte, sondern hat mich Zeit und Energie gekostet. Seit ich mit den Bühnenblöcken arbeite, nehme ich zwischen Coachings lieber Stories und Videos auf oder gebe die Coachings direkt hintereinander.

Und wer schon einmal Arbeit mit zum Sonntagsausflug an den See genommen hat, weiß: Mit Sonnencremeduft und Sand ist das Arbeiten schwierig, und zugleich nagt das schlechte Gewissen so sehr, dass man sich auch nicht wirklich erholen kann. Das war dann weder Offstage- noch Backstage- oder Onstage-, sondern eher vergeudete Zeit.

Damit du weder mischst noch hin- und herspringst, plane längere Zeitblöcke für Tätigkeiten eines Energiebereichs ein. Ideal sind halbe oder ganze Tage. Die erfolgreichsten Coaches, die ich kenne, coachen zum Beispiel nicht jeden Tag, sondern bleiben lieber einen ganzen Tag in der Onstage-Energie mit einem Termin nach dem anderen. Danach gönnen sie sich entweder einen Tag Freizeit oder tauchen zwei Tage in die Backstage-Arbeit ihres Business ab.

Dich zu entscheiden, nicht jeden Tag onstage zu sein, hat mehrere Vorteile: Du schaffst dir Raum, auch an deinem Business und nicht nur für dein Business zu arbeiten, und du fühlst dich wieder als Herrin deiner Zeit und Energie.

Zugegeben – es braucht ein wenig Mut, zu kommunizieren, dass man nicht jeden Tag Termine vergibt oder E-Mails nur zweimal täglich beantwortet. Aber du gehst dabei mit einem guten Beispiel voran. Für eine Arbeitskultur, die uns allen guttut und in der wir letztendlich glücklicher und produktiver sind.

Wenn du klar bist in der Art, wie du arbeiten möchtest, wirkt das nicht abschreckend, sondern anziehend auf Kundinnen und Kunden. Klingt das magisch genug, es auszuprobieren?

 Im Workbook findest du im Bereich WIE eine Tabelle, in der du deine Tätigkeiten – nicht nur, aber natürlich besonders die aus deinem Social Media Marketing – in die passenden Energieblöcke einordnen kannst. Fülle diese bitte aus, bevor du weiterliest und dir Gedanken über die passenden Zeitfenster machen wirst.

13.3.1   Was bestimmt deine Energie?

Du hast nun die verschiedenen Bereiche kennengelernt, die du in Balance halten solltest, und deine Aufgaben und Tätigkeiten diesen Bereichen zugeordnet. Woher weißt du nun, welche Aufgaben du am besten zu welcher Zeit oder an welchen Tagen erledigst? Ist das eine reine »In-sich-hineinspüren-Arbeit«? Wie soll man langfristig sein Business oder auch Termine mit anderen Menschen planen, wenn man sich jeden Morgen erneut fragen muss: »Welche Energie habe ich?«

Für deine Planung kannst du die Tatsache zu Hilfe nehmen, dass du als Mensch ein zyklisches Wesen bist. Du wirst von der Natur beeinflusst und kannst dich daher auch an deren Zyklen orientieren, wenn du deine Arbeit planst. Vielleicht spürst du die Anbindung an die Natur nicht mehr so stark, weil du dich sklavisch an einen Fünf-Tage-Wochenrhythmus mit Nine-to-five-Arbeitszeiten hältst. Oder noch schlimmer: Du nimmst dir den alten Spruch zu Herzen, man müsse als Selbstständiger selbst und ständig arbeiten. Versteh mich nicht falsch: Diese intensiven Phasen gibt es. Sie befeuern dich und deine Produktivität! Du darfst brennen für deine Aufgabe. Allerdings nicht immer und jeden Tag. Wie die Natur, so brauchen auch Menschen Ruhe- und Rückzugphasen.

Als Unternehmer oder Unternehmerin mit einem starken Warum bist du nicht nur besonders gefährdet, auszubrennen, sondern du hast auch eine große Verantwortung, genau das zu verhindern. Du erinnerst dich: Du tust, was du tust, nicht nur für dich, sondern auch für andere. Im vollen Bewusstsein um deine gesellschaftliche Verantwortung und deine Rolle auf diesem Planeten. Wenn dein Energielevel einmal ganz auf null gesunken ist, brauchst du viel mehr Kraft, um ihn wieder nach oben zu bringen. Besser also, du achtest deine Natur als zyklisches Wesen von Anfang an.

Der deutlichste natürliche Zyklus, den wir miterleben dürfen in unseren Breitengraden, ist der Wechsel der Jahreszeiten. Die Natur blüht im Frühjahr auf, steht im Sommer in ihrer vollen Kraft, lässt im Herbst los und ruht im Winter. Vielleicht spürst du auch, dass du zu den unterschiedlichen Jahreszeiten unterschiedlich viel Energie hast. Man spricht ja zum Beispiel nicht umsonst von Frühjahrsmüdigkeit.

Auch unsere Monate orientieren sich in ihrer Länge an einem natürlichen Rhythmus – dem des Mondes. Alle 28 Tage beginnt ein neuer Rhythmus vom Neumond zum Vollmond und wieder zurück. Wenn wir hören, wie viele Menschen von Schlafstörungen und anderen Auswirkungen in regelmäßig wiederkehrenden Abständen berichten – selbst jene, die den Mond nicht beobachten –, lässt sich vermuten, dass der Mond nicht nur auf die Gewässer der Erde, sondern auch auf uns Menschen Auswirkung hat.

Vielleicht möchtest du es ausprobieren und den Mondzyklus als Einladung verstehen, dir einen zyklischen Arbeitsrhythmus anzueignen.

Wie kann das aussehen? Den Neumond kannst du nutzen, um dich zurückzuziehen und eine Intention für den neuen Zyklus zu setzen. Die Nächte rund um den Neumond sind dunkler. Rückzug fällt dadurch leichter – ganz ähnlich wie im Winter. 14 Tage später lädt der Mond dich ein, in deiner Fülle zu strahlen: rauszugehen, sichtbar zu werden, zu geben und Vollgas zu geben. Die helleren Nächte sorgen nicht nur bei vielen für Schlaflosigkeit, sondern tatsächlich auch für einen höheres Energielevel.

Die Zeiten dazwischen bereiten dich jeweils auf den Höhepunkt des Aufblühens oder des Rückzugs vor. Sprich: Wenn der Mond zunimmt, darfst du das als Einladung verstehen, deine Ziele anzugehen. Du planst und wirst dann mehr und mehr sichtbar. Deine Energie ist gut für Onstage-Arbeiten. Wenn der Mond abnimmt, darfst du zunehmend loslassen. Du darfst dich fragen, was du gerade nicht mehr machen musst. Du legst deinen Fokus auf die Backstage-Arbeiten und planst deinen Rückzug.

Was könnte all das für deine Social-Media-Planung und die zugehörigen Arbeitsblöcke bedeuten (siehe auch Abbildung 13.9)?

▶ Rund um den Neumond kannst du dich zurückziehen, dir dein Warum für den nächsten Monat vor Augen führen und daraus Themen für Posts entwickeln sowie deinen Redaktionsplan schreiben.

▶ Die Zeit des zunehmenden Mondes zwischen Neumond und Vollmond ist großartig, um Posts vorzuproduzieren und zu socializen.

▶ Rund um den Vollmond ist ein guter Zeitpunkt, vor die Kamera zu treten. Gehe live, zeichne Videos auf und werde auf anderen Profilen und in Gruppen sichtbar. Lass dich zu Interviews einladen und veranstalte Community-Aktionen.

▶ Im abnehmenden Mond brauchst du dich nicht mehr ständig zu zeigen, du greifst auf die vorproduzierten Posts zurück, veröffentlichst sie und bleibst dran am Socializing.

▶ Kurz vor dem nächsten Neumond hast du ein Date mit deiner Statistik: Du wertest aus, was gut ankam und was nicht, um es loszulassen und im Neumond wieder neu zu planen.

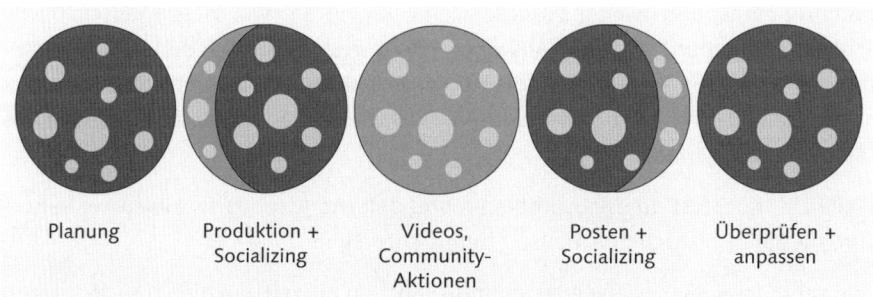

| Planung | Produktion + Socializing | Videos, Community- Aktionen | Posten + Socializing | Überprüfen + anpassen |

Abbildung 13.9 Social-Media-Workflow im Einklang mit dem Mond.

Du gestaltest also deine Sichtbarkeit im 28-Tage-Rhythmus und schwankst zwischen nach außen gehen und zurückziehen. Im Idealfall wirst du zwar auch in der Neumondphase nicht ganz unsichtbar, aber du kannst dich auf die Inhalte beschränken, die dir leichtfallen oder bereits vorproduziert sind. Manche verzichten auch einfach nur darauf, vor die Kamera zu treten. Socializing ist ebenfalls den ganzen Monat über wichtig, aber auch hier kannst du deine Aktivitäten ja anpassen. Vielleicht schreibst du im abnehmenden Mond nur ein paar Kommentare und beantwortest deine Direktnachrichten schriftlich, wohingegen du im zunehmenden Mond und Vollmond deinen Neuabonnenten jeweils kurze Begrüßungsvideos schickst und Anfragen als Direktnachricht via Sprachnachricht beantwortest?

Gönne dir die Balance des Mondes und ein zyklisches Arbeiten – und schau, wie sich das auf dein Wohlbefinden und die Qualität deiner Arbeit auswirkt. Für mich ist der Mond eine wichtige Orientierungshilfe, und ich spüre, dass ich mehr Energie habe, wenn ich mit statt gegen seine Zyklen arbeite.

Der Mondzyklus und der Menstruationszyklus

Menstruierende Frauen spüren ihr zyklische Natur besonders stark, und im Schnitt haben ihre Zyklen sogar die gleiche Länge wie ein Mondzyklus – um die 28 Tage von Blutung zu Blutung Wenn du menstruierst, beobachte deine Energie: Die meisten Frauen spüren intuitiv, dass sie sich während der Blutung zurückziehen möchten und weniger Energie haben. Rund um den Eisprung stehen sie hingegen voll in ihrer Kraft und haben Freude daran, sich zu zeigen. Sie haben also einen eigenen inneren Mondzyklus, an dem sie auch ihren Workflow anpassen können. Wenn dieser für dich deutlicher ist als der Mondzyklus, dann orientiere dich gern daran.

Ein bisschen kompliziert wird es, wenn man beide Zyklen energetisch spürt – den Mond und den Menstruationszyklus – und diese nicht synchron sind. Dann sind deine Phasen eventuell kürzer oder länger oder vielleicht auch nicht so stark ausgeprägt. Beobachte dich am besten mal ein paar Monate selbst und notiere deinen gefühlten Energielevel. Da du weißt, dass sich dieser zyklisch wiederholen wird, kannst du dann auch wieder planen.

Neben dem Jahres- und dem Monatsrhythmus in Form des Mond- oder Menstruationszyklus sind natürlich auch unsere Tage ständig wiederkehrende Zyklen, ein ständiger Wechsel aus Dunkelheit und Licht, Aktivität und Ruhe. Wenn du nicht gegen diesen Rhythmus lebst und arbeitest, sondern mit ihm, kann er dich mit mehr Energie unterstützten.

Ich höre die Nachteulen schon protestieren, und ich muss ganz ehrlich sagen: I feel you! Ich dachte auch lange Zeit, dass ich zu später Stunde besonders leistungsfähig wäre. Und dass es kontraproduktiv für meinen ganzen Tagesverlauf wäre, wenn ich mich in den Morgenstunden an den Schreibtisch schleppen würde. Doch wenn ich mich genau beobachte und sehr ehrlich bin, bezweifle ich dieses Selbstkonzept inzwischen. Ich merke, wie sich gerade auf Reisen mein Biorhythmus an die Sonnenstunden anpasst. Wenn mich abends keine Neonbeleuchtung umgibt, sondern ich sparsam mit dem Strom im Camper sein muss, ich meinen Tagesablauf frei gestalten kann – dann lebe ich wie ein tagaktives Tier. Wenn es dunkel wird, bin ich müde, und sobald die Sonne aufgeht, schlage ich die Augen auf. Vielleicht war ich bisher nachts einfach deshalb sehr produktiv, weil mich zu später Stunde nichts ablenken konnte? Und morgens dann müde, weil ich nachts produktiv war?

Im Ayurveda, der jahrtausendealten indischen Wissenschaft vom Leben, geht man davon aus, dass der Mensch eine biologische Leistungskurve hat, die der ayurvedischen Uhr gehorcht. Wer sich nach ihr richtet, hat mehr Energie. Im Idealfall heißt das: schlafen vor 22 Uhr, aufstehen vor 6 Uhr. Der Grund dafür: Vor 6 Uhr herrscht die luftige, kreative Vatazeit vor, danach tritt das schwerere Kapha in Kraft – und wir kommen schlechter aus den Federn. Nach 22 Uhr ist außerdem das feurige Pitta in uns aktiv, das eigentlich für eine gute Verdauung sorgen soll. Wenn wir aber noch wach sind, sorgt es für geistige Aktivität, die das Einschlafen schwer macht. Ich lege die ayurvedische Uhr etwas weniger streng aus und versuche, nicht allzu spät nach Sonnenaufgang aufzustehen und abends einfach meine Müdigkeitsimpulse nicht zu unterdrücken.

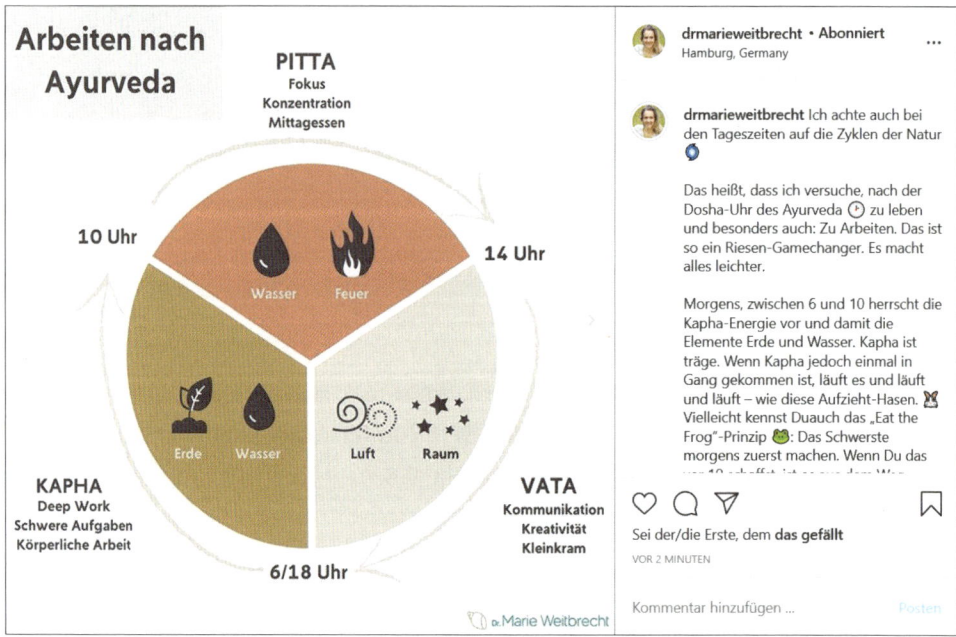

Abbildung 13.10 Der ideale ayurvedische Arbeitstag gliedert sich in drei Phasen.
Zugriff 30.09.20[2]

---

2   http://instagram.com/drmarieweitbrecht

Auch deine Arbeit kannst du nach der ayurvedischen Uhr organisieren. Demnach ist der Vormittag (6 bis 10 Uhr) für Arbeiten, die Durchhaltevermögen benötigen und uns vielleicht schwerfallen, besonders gut geeignet. Über die Mitte des Tages (10 bis 14 Uhr) brennt dein Feuer, um konzentriert Leistung zu erbringen (und das Mittagessen zu verdauen). Und zwischen 14 und 18 Uhr sind kreative, kommunikative Tätigkeiten ideal (siehe Abbildung 13.10).

In deinem Social-Media-Workflow sind der Morgen und der Mittag also zum Beispiel besonders gut geeignet für die strategische Planung von Posts und das Schreiben von Texten, die Nachmittagsenergie unterstützt dich bei Interviews, im Socializing oder in der Ideenfindung und der kreativen Gestaltung. Wenn ich für die Stories etwas in die Kamera spreche, dann geschieht das tatsächlich zumeist in dieser Zeit. Im Idealfall steht dann nach 18 Uhr die Regeneration im Fokus.

Du darfst so vor die Kamera, wie du bist!

In diesem Kapitel erwähne ich immer wieder, dass es eine Zeit gibt, in der es dir leichter fallen wird, dich vor der Kamera zu zeigen. Ich betone das so stark, weil ich weiß, wie viele Menschen sich damit schwertun, sich selbst zu filmen. Vielleicht hilft es dir, dich an die Zeiten zu halten, in denen du dabei unterstützt wirst.

Ich möchte damit aber keinesfalls das Gefühl verstärken, dass du nur dann vor die Kamera kannst, wenn alles perfekt ist. Du filmst dich, wenn du das möchtest, weil du etwas zu sagen hast. Social-Media-Videos werden im Idealfall zu einem festen Bestandteil deines Arbeitsrhythmus. Dabei jedes Mal herausgeputzt und zu 100 Prozent fit sein zu wollen, artet in unnötigen Stress aus. Wenn du auf den roten Knopf drückst, darfst du sein, wie du heute bist.

Das Wichtigste in Kürze

Finde heraus, welche Tätigkeit von dir welche Energie erfordert, und bündele die Tätigkeiten so, dass du in deiner Onstage-, Offstage oder Backstage-Energie bleiben kannst. Dann verteile die Zeitblöcke nach deinem vermuteten Energielevel über deine Woche. Wenn es dich unterstützt, richtest du dich dabei nach den natürlichen Zyklen und Rhythmen: zum Beispiel dem Mondzyklus, deinem hormonellen Zyklus oder der ayurvedischen Uhr. Das garantiert, dass du dir auch ruhigere Phasen gönnst.

13.4   Strategie oder Intuition?

Wir nähern uns in großen Schritten dem Ende des großen Wie-Blocks in deiner Social-Media-Strategie. Du weißt jetzt, was du wann und wo veröffentlichst und wie du deine Social-Media-Tätigkeiten in einen Workflow bringst, der zu deiner natürlichen Energie passt.

Wie du sicherlich bemerkt hast, habe ich dein Warum immer wieder mit eingebunden und dich damit indirekt aufgefordert, das, was ich dir erzähle, auf dich und deine Mission anzupassen. Für eine wirklich achtsame Social-Media-Strategie ist es wichtig, dass du mit deinem ganzen Sein, mit deinen Methoden einverstanden bist. Was meine ich damit?

Wenn etwas in dir protestiert bei dem einen oder anderen strategischen Tipp, den du hier oder anderswo gelesen hast, solltest du hinhören! Du solltest dich nicht gegen dein Gefühl stemmen und es einfach durchziehen, weil man das so macht – das ist unauthentisch und wird dich erschöpfen. Einfach alles sein zu lassen, was sich im ersten Moment ungewohnt anfühlt, ist allerdings auch keine Lösung.

Wichtig ist, dass du bewusst hinsiehst und herausfindest, was dich stört. Nur so triffst du eine Entscheidung für oder gegen eine Methode, hinter der du ganz stehen kannst. Lass mich das anhand von zwei Beispielen kurz erläutern.

Die Idee, regelmäßig vor die Kamera zu stehen, fühlt sich falsch an. Duck dich nicht weg, sondern werde neugierig: Was genau stört mich an diesem Gedanken? Ich empfehle dir, Papier und Stift zur Hand zu nehmen und einfach loszuschreiben. Alles, was dir in den Sinn kommt. Wenn wirklich nichts mehr fließt, schau dir deine Argumente an. Denn diese können von zwei ganz unterschiedlichen Quellen stammen: deiner Angst oder deiner inneren Weisheit.

Deine Angst will dich vor Veränderungen schützen. Sie sagt so Dinge wie »Was sollen denn die Leute über meine Videos denken?« oder »Dafür bin ich nicht gut genug!«. Sie ist oft ziemlich laut und hat viele Argumente parat. Deine Angst plappert. Wenn du sie unterdrückst, tut sie das im Hintergrund. Also besser, du lässt sie einmal richtig zu Wort kommen. Die Angst muss erst einmal alle Bedenken loswerden, damit eine leisere Stimme in dir hörbar werden kann.

Deine innere Weisheit oder Intuition hält zumeist weniger wortreiche oder ausgefeilte Argumente bereit. Eine Yogalehrerin von mir nannte diese Stimme »the one who knows«. Es ist die Stimme, die dir sagt, dass du die Spinne über deinem Schreibtisch nicht einfach zerquetschen solltest, sondern besser in einem Glas nach draußen trägst. Auch wenn Angst und Ekel in dir rebellieren. Diese Stimme weiß, was richtig ist – für dich und für andere.

Die Weisheit sagt so Dinge wie: »Mach es trotzdem – es ist gut.« Oder auch: »Lass es!« – ohne weitere Erklärung. Sie ist die Summe deiner bewussten und unbewussten Erfahrungen und Prägungen. Wenn du ihre Stimme noch nicht gut hörst, hilft dir vielleicht eine Übung, die dir schon bei der Formulierung deines Warums geholfen hat. Lege eine Hand aufs Herz und eine Hand auf deinen Bauch, stelle deine Frage, atme tief durch und warte mit geschlossenen Augen auf die Antwort. Vielleicht ist sie sofort als Impuls da. Vielleicht musst du mehrmals oder länger hinhören.

Ein weiterer Bereich, der vielen meiner Klienten Bauchweh macht, ist die Vorstellung, Social-Media-Ads zu schalten. Hier sagt die Angst Dinge wie »Das Geld krieg ich nie wieder rein« oder »Der Werbeanzeigenmanager ist viel zu kompliziert«. Oder sie findet scheinbar rationale Argumente wie: »Ich will doch nicht diese unmoralische Geschäftspraxis von Facebook unterstützen, die Menschen zu Marionetten macht.«

Aber was sagt deine innere Weisheit? Sie trifft letztendlich die Entscheidung darüber, ob das, was du erreichen kannst, so wertvoll ist, dass du deine Bedenken über Bord werfen darfst.

Wenn deine innere Weisheit nicht einverstanden ist, musst du an diesem Punkt eine andere Lösung für dich finden – so einfach ist das. Zum Beispiel entscheidest du dich gegen Videos, aber dafür, deine Inhalte in langen Texten zu verbreiten. Auch wenn der Algorithmus Videos bevorzugt: Langfristig gesehen, wächst du besser mit dem Medium, das dir entspricht. Auch Ads zu schalten, ist keine Pflicht. Du kannst dir überlegen, stattdessen vor deinem nächsten Produkt-Launch oder Angebot diverse Blogs und Podcaster anzuschreiben und über Kooperationen zu wachsen.

Es ist gut möglich, dass es in deinem Business immer wieder Phasen geben wird, in denen du lieber ganz spontan entscheiden magst, in denen dir jede Art von Strategie zuwider ist. Ich persönlich glaube allerdings, dass »reinzuspüren«, Ziele zu visualisieren und seinem Bauchgefühl zu folgen, allein nicht ausreicht. Intuition und Strategie gehören zusammen. Mal hat der eine Bereich, mal der andere die Oberhand. Es ist deine Aufgabe, dein persönliches Gleichgewicht zu finden.

Wenn du ein Strategiemuffel bist, mach dir bewusst: Strategietipps sind nichts anderes als die Summe der Erfahrungen, die andere Menschen bereits für dich gemacht haben. Du darfst von ihren Erfahrungen und Best-Practice-Beispielen lernen und musst nicht alles selbst herausfinden. Dein Wissen um mögliche Strategien und um das, was für andere funktioniert, ist eine Leitplanke, an der du dich festhalten darfst, wenn du deinen Social-Media-Auftritt gestaltest.

Bleib dabei offen und neugierig: Wenn du einfach nur unsicher oder leicht skeptisch bist, was eine bestimmte Methode angeht, probiere sie aus! Gehe mit neugierigem Forschergeist heran und entscheide nach ausführlicher Begutachtung, ob das dein Weg ist oder ob du hier lieber abweichen möchtest.

Es gibt keinen 30-Schritte-Plan zum Erfolg, der für alle funktioniert. Aber es gibt Erfahrungen, auf die die bauen kannst. Wenn du dich traust, alles, was du jetzt gelernt hast, mit deiner inneren Weisheit zu verbinden, wirst du dich an der Strategieleitplanke festhalten dürfen und zugleich auf ihr tanzen können, wie die Frau in Abbildung 13.11.

Abbildung 13.11 Authentisch kommunizieren heißt: Du bringst strategische Methoden und dein Bauchgefühl in Balance. Quelle: Canva

Das Wichtigste in Kürze

Die Strategie ist deine Leitplanke auf dem Weg zum Erfolg. Ein perfekter Plan wird daraus, wenn du sie mit deiner inneren Weisheit in Einklang bringst – und dich dabei von deiner Angst nicht aufhalten lässt.

Wenn dich bestimmte Arbeitsschritte oder Methoden verunsichern und du nicht weißt, ob sie zu dir passen: Im Workbook im Bereich WIE findest du Journaling-Fragen zu diesem Abschnitt.

14 Von Hatern und Selbstwert

Autsch. Negative Kommentare treffen gerade Warum-zentrierte Unternehmerinnen und Selbstständige ins Herz. Gleichzeitig gibt dir dein Warum auch die Stärke, richtig mit ihnen umzugehen.

Die Sichtbarkeit, die du für dich und dein Business mit deiner eigenen Social-Media-Strategie bewirkst, hat auch eine Schattenseite: Irgendwann kommt der Punkt, an dem dich die Menschen sehen, die dich nicht schätzen. Je sichtbarer du wirst, umso eher können unter deinem Post auch negative oder unpassende Stimmen auftauchen.

Tatsächlich sind Hate-Kommentare aber seltener, als die meisten Menschen befürchten. Gerade wenn du erst anfängst mit deinem Social-Media-Kanal, kann es Monate oder gar Jahre dauern, bis du das erste Mal einen unpassenden Kommentar bekommst. Du darfst in den Umgang mit Neidern und Missgunst hineinwachsen.

Das liegt in der Natur des Algorithmus begründet: Wir bekommen das angezeigt, was uns interessiert. Für die allermeisten Menschen heißt das, dass sie das angezeigt bekommen, was sie auch gut finden – weil sie mit ähnlichen Beiträgen schon interagiert haben. Wenn Menschen etwas nicht anspricht oder sie es gar doof finden, ignorieren sie es für gewöhnlich. Sie scrollen einfach weiter. Es gibt immerhin genug zu entdecken, das ihnen gefallen könnte. Sie bekommen diese Beiträge dann auch einfach nicht mehr zu sehen.

Aber es gibt eben auch die notorischen Nörgler, die nur darauf warten, dass sie etwas so richtig verärgert. Erst dann legen sie ihre Finger auf die Tastatur und tippen los. Diese Menschen sind auf Social Media unterwegs, weil sie sich gern aufregen. Logisch, dass ihnen dann auch Inhalte angezeigt werden, die ihren Widerspruch auslösen. Man nennt sie Trolle – weil sie durchs Internet trollen und stänkern (siehe Abbildung 14.1). Auf Facebook und Twitter fühlen sie sich besonders wohl – Instagram und Pinterest sind ihnen oft zu kuschelig, aber natürlich gibt es Ausnahmen.

Wird ein solch garstiger Troll auf dich aufmerksam, wird er vermutlich nicht nur einen Post von dir kommentieren, sondern gleich mehrere. Er scrollt durch deinen Feed in der Hoffnung, dass es dort noch mehr gibt, was ihn aufregt. Er liebt es, wenn du antwortest, und dreht dir aus jedem deiner Argumente einen neuen Strick.

Daher wird vielerorts geraten, Trolle nicht zu füttern, sprich, ihnen am besten gar nicht zu antworten. Ich halte das für problematisch. Denn ob jemand wirklich ein Troll ist oder einfach nur Kritik äußert, zeigt sich manchmal erst im Dialog. Also vielleicht sollte der Ratschlag eher lauten: Füttere nur so lange, bis sich dein Kommentator eindeutig als Troll entpuppt. Sobald dir bewusst ist, dass jemand nur um des Stänkern willens stänkert, brauchst du dich nicht mehr mit dieser Person abzugeben. Sperre sie! Denn auf deinem Social-Media-Account hast du das Hausrecht. Und auch deine Follower sind froh, wenn sie keine destruktiven Kommentare lesen müssen.

Abbildung 14.1 Trolle haben Freude am Stänkern und wollen dich provozieren. Du musst ihr Spiel aber nicht mitspielen. Quelle: Canva

Und wenn du einen Troll gesperrt hast, atme einmal tief durch und erinnere dich: Trolle anzuziehen, ist auch ein Zeichen von Relevanz! Wer nicht gesehen wird, ist auch für Trolle langweilig. Sie suchen sich besonders gern die Accounts heraus, auf denen sie möglichst öffentlichkeitswirksam herumpöbeln können.

Es gibt aber natürlich auch andere Formen von Gegenwind im Netz: von berechtigter und ungerechtfertigter sachlicher Kritik über Meinungsverschiedenheiten und persönliche Angriffe bis hin zu Diffamierungsversuchen von Mitbewerbern. In diesem Kapitel werden wir uns ansehen, warum du als Unternehmerin mit Mission einerseits besonders angreifbar bist, andererseits aber auch besonders gut auf Kritik reagieren kannst. Und wie es dir gelingt, bei dir selbst zu bleiben, wenn du auf Ablehnung stößt.

14.1   Wer für etwas steht, macht sich angreifbar

Wenn du dein Warum, deine Mission verkündest und öffentlich über deine Werte sprichst, passieren zwei Dinge: Erstens ziehst du nahezu magnetisch Menschen an, die deine Werte teilen und zu deiner Peer gehören oder deine Kundinnen werden möchten. Aber du machst dich auch verletzlich. Deine Geschäftspraktiken, Produkte und deine weitere Kommunikation werden an deinem Warum gemessen. Dein Warum ist ein Gradmesser für dich – aber eben auch für andere.

So scheint die Welt beispielsweise darauf zu lauern, Klimaaktivistin Greta Thunberg mit Plastik zu erwischen. Sobald ein Foto von ihr veröffentlicht wird, auf dem irgendeine Einwegverpackung zu sehen ist, wird dies breit thematisiert (siehe Abbildung 14.2). Ich möchte mich hier nicht auf die Diskussion einlassen, ob eine 16-Jährige die Kritik aushalten müsse, wenn sie sich so klar positioniert. Ich möchte dir nur zeigen, wie schnell es gehen kann, dass etwas gegen dich verwendet wird.

Abbildung 14.2 Ein Schnappschuss wird zum Suchbild – wer will, findet die Einwegverpackung und kritisiert. Quelle: Twitter, Zugriff 23.09.20

Gerade Menschen, die sich für vegane Ernährung oder Umweltschutz auf Social Media starkmachen, triggern damit auch. Andere können sich von ihrer Lebensweise angegriffen oder moralisch unterlegen fühlen und suchen dann bewusst das Haar in der Suppe – oder eben die Einwegverpackung auf dem Boden.

Gehst du also lieber auf Nummer sicher und sprichst gar nicht über große Visionen? Ich glaube, das wäre die falsche Schlussfolgerung, zumal dich das vor Kritik nicht schützt. Auch Menschen, die nicht über ihr Warum sprechen, sondern sich einfach nur als Experten positionieren, werden angegriffen. Marketing- und Business-coaches werden kritisiert, wenn ihre Followerzahl oder ihre kommunizierten Umsatzzahlen nicht das widerspiegeln, was der kritisierende User unter »Erfolg« versteht. Und davon, wie oft Figur oder Ernährung von Fitnesstrainern thematisiert wird, will ich gar nicht sprechen.

Du wirst nie sichergehen können, dass du unangreifbar bist. Du wirst es nie allen recht machen können. Zugleich ist deine Person als Warum-getriebene Unterneh-merin eng mit deinem Business verknüpft – der Rat, es »nicht so persönlich zu neh-men«, ist sicher gut gemeint – aber ziemlich nutzlos.

Dir bleibt nur eines: So zu kommunizieren, dass du voll dahinterstehen kannst, wenn jemand dein Handeln kritisiert. Das gelingt dir, indem du …

▸ **authentisch kommunizierst**: Dein Warum ist dein Antrieb, dein großer Wunsch, deine Vision. Meist ist es so groß, dass du es nicht alleine erreichen kannst in diesem einen Leben – oder nur in einem kleinen Wirkungskreis. Oft ist dein Warum auch das, was dich selbst in deinem Tun antreibt, etwas, das du dir für dich selbst wünscht. Sprich darüber, zeig dich selbst auf diesem Weg und the-matisiere deine Träume, deine Fehlbarkeit und Schwächen.

▸ **authentisch lebst**: Du misst deine Entscheidungen tatsächlich an deinem Wa-rum. Das heißt nicht, dass dir keine »Fehler« passieren dürfen oder dass du dich nicht auch mal gegen etwas entscheiden darfst, was deinem Warum entspricht. Aber wenn du dein Warum tatsächlich als Lebensleitlinie nimmst, triffst du deine Entscheidungen viel bewusster und kannst so auch besser darauf reagie-ren, wenn sie kritisiert werden.

Zwei Beispiele: Ich selbst habe vor einigen Wochen eine Privatnachricht bekom-men, die beklagt, warum eigentlich immer diejenigen über Social Media Marketing sprechen würden, die selbst keine Relevanz hätten. Was sollen all die Versprechun-gen von Reichtum und Reichweite, wenn ich doch selbst nur so eine kleine Com-munity hätte? Im ersten Moment treffen mich solche Nachrichten natürlich. Hat er recht? Bin ich vielleicht tatsächlich eine Hochstaplerin? Hätte ich in diesem Moment geantwortet, wäre es wohl eine patzige Antwort voller Rechtfertigungen gewor-den. Ein gefundenes Troll-Fressen.

Aber schon im zweiten Moment war mir klar, dass diese Nachricht gar nicht für mich geschrieben wurde, sondern einfach wild an sämtliche Social-Media-Coaches geschickt worden sein muss, um eine Reaktion zu erreichen. Denn ich spreche auf den sozialen Medien nie über Reichtum und selten über Reichweite – sondern über das Warum und die klare Kommunikation. Das ist mein Weg, den Menschen zu helfen, gesehen und verstanden zu werden. Also mein eigenes Warum zu leben. Meine Kommunikation ist im Einklang mit diesem Warum. Wenn ich das weiß, fällt es mir leicht, zu antworten – oder auch, wie in diesem Fall, die Massennachricht getrost zu ignorieren.

Insbesondere Mütter, die selbstständig ein Business aufbauen, bekommen online immer wieder zu hören, ob sie nicht zu wenig für ihre Kinder da seien. Mal als ernst gemeinte Frage, mal als Vorwurf. Für die meisten Eltern ist das ein wunder Punkt: Wenn Eltern sich je sicher sein könnten, dass sie genug oder das Richtige geben, hätten all die Elternratgeber da draußen ausgedient. Wenn du als Elternteil aber weißt, welcher größere Sinn hinter dem steht, was du aufbaust, wird es dir leichter fallen, mit solchen Fragen oder Kommentaren umzugehen. Vielleicht sind deine Kinder sogar ein Teil deines Warums, weil du eine bessere Welt für sie schaffen möchtest? Oder vielleicht hast du dich ja gerade für das Unternehmerdasein entschieden, damit du dir deine Zeit freier einteilen kannst und für sie da bist, wenn sie dich wirklich brauchen?

Das Wichtigste in Kürze

Dein großes Warum zu kommunizieren, macht dich angreifbar. Aber nur, wer sich verletzlich und authentisch zeigt, kann Menschen auch wirklich bewegen. Lebe nach deinem Warum und bleib ehrlich – dann wird es dir leichter fallen, auch mit kritischen Kommentaren umzugehen.

14.2   Löschen oder antworten? – Auf Kritik reagieren.

Wenn negative Kommentare unter deinen Posts auftauchen, solltest du bewusst entscheiden, wie du darauf reagieren möchtest. Die Kommentare einfach zu ignorieren, ist meist die schlechteste Wahl. Andere User sehen, dass du auf Kritik nicht reagierst, und schließen daraus, dass du entweder nicht kritikfähig oder schlicht nicht zu erreichen bist. Besser also, du antwortest oder löscht den Kommentar. Auch die Person zu blockieren, ist eine Möglichkeit.

Für jede Art von negativem Kommentar gilt: Am besten nimmst du erst einmal ein paar tiefe Atemzüge. Vielleicht musst du auch erst eine Runde spazieren gehen, um ein wenig Abstand zu bekommen. Es wird deinem Ruf nicht schaden, wenn du etwas Zeit brauchst, um auf einen Kommentar zu reagieren. Wohl aber, wenn du unbedacht und vielleicht sogar patzig antwortest. Eine Reaktion aus dem Affekt ist selten eine ideale. Danach überlegst du dir:

▶   Ist der Kommentar unsachlich, persönlich und/oder verletzend? Darunter fallen Kommentare über dein Aussehen und Beschimpfungen. Bei Rassismus, Sexismus oder einem sonstigen möglichen Straftatbestand gilt natürlich als Erstes: Melde den Kommentar an das Netzwerk. Mach einen Screenshot für alle Fälle, dann löschst du die Kommentare und sperrst die Person.

▶ Ist der Kommentar unsinnig? Darunter fallen Kommentare, die unverständlich sind oder nichts mit deinem Post zu tun haben. Auch Bot-Kommentare wie »tolle Seite – hast du meine auch schon gesehen?« gehören in diese Kategorie. Früher galt die Empfehlung, diese Kommentare stehen zu lassen, weil sie ja auch eine Interaktion sind. Ich tendiere heute eher dazu, diese Kommentare zu löschen oder ein »Oh, hallo Bot!« darunterzuschreiben. Gerade wenn du eine aktive Community hast, die gern auch die Kommentare liest, willst du ihnen nur relevante Interaktionen zeigen.

▶ Ist der Kommentar eine sachliche und in sich schlüssige Kritik an dem, was du tust oder anbietest? Zeig dich offen und freundlich gegenüber anderen Argumenten und vor allem: Stelle immer Rückfragen, ob du etwas richtig verstanden hast oder wie es gemeint war. Oft kannst du eine Situation so schon deeskalieren. Stellt die andere Person eine Faktenbehauptung auf, die du leicht widerlegen kannst, dann nutze die Chance und verweise auf deine Quellen. Einer Meinungsäußerung kannst du widersprechen, in eine Diskussion gehen und eventuell zum Schluss kommen: »Wir sind uns also einig, dass wir uns nicht einig sind.« Gerade was Meinungen angeht, ist es auch gut möglich, dass deine Community mit einsteigt und eine spannende Diskussion entsteht. Manche Diskussionen gehören aber schlicht nicht in die Öffentlichkeit. Wenn sich zum Beispiel eine Kundin über ein Produkt von dir beschwert, kannst du im folgenden Stil antworten: »Es tut mir sehr leid, dass du nicht zufrieden warst. Magst du unter dieser E-Mail-Adresse schildern, was dich gestört hat? Wir finden sicher eine Lösung.« So zeigst du dich entgegenkommend und verlagerst die Diskussion in einen privaten Raum.

▶ Ist die Kritik gerechtfertigt? Auf einen Fehler hingewiesen zu werden – und das auch noch im öffentlichen Raum –, tut weh, keine Frage. Nimm dir Zeit, durchzuatmen. Und vor allem: Widerstehe der Versuchung, den Kommentar einfach zu löschen, deinen Fehler zu beseitigen und zu hoffen, dass es niemand sonst gesehen hat. Das wäre digitale Fahrerflucht! Auf Social Media ist Transparenz das Gebot der Stunde. Wenn du einen Fehler gemacht hast, bedanke dich für den Hinweis, überlege, ob und bei wem du dich dafür entschuldigen musst, und beseitige dann deinen Fehler. Diese Art von transparenter Fehlerkultur setzt sich immer mehr durch und wird zumeist positiv aufgenommen. Hinter jedem Account steckt ein Mensch, und Menschen machen Fehler.

Videoantwort auf Kommentare

Die Videoantwort ist bisher nur auf TikTok zu finden. Sie wird dort allerdings so rege genutzt, dass ich vermute, andere Netzwerke werden sie bald adaptieren. Dabei kannst du Kommentare zu deinen bisherigen Videos in ein neues Video einblenden, um darauf zu reagieren (siehe Abbildung 14.3). So kannst du zum Beispiel Fragen aus der Community beantworten. Der Kommentar-Sticker wird aber auch genutzt, um die eigene Community zu maßregeln. Im abgebildeten Video beschwert sich die Userin zum Beispiel darüber, wie unangebracht ein Kommentar über ihr Gewicht sei (siehe Abbildung 14.3).

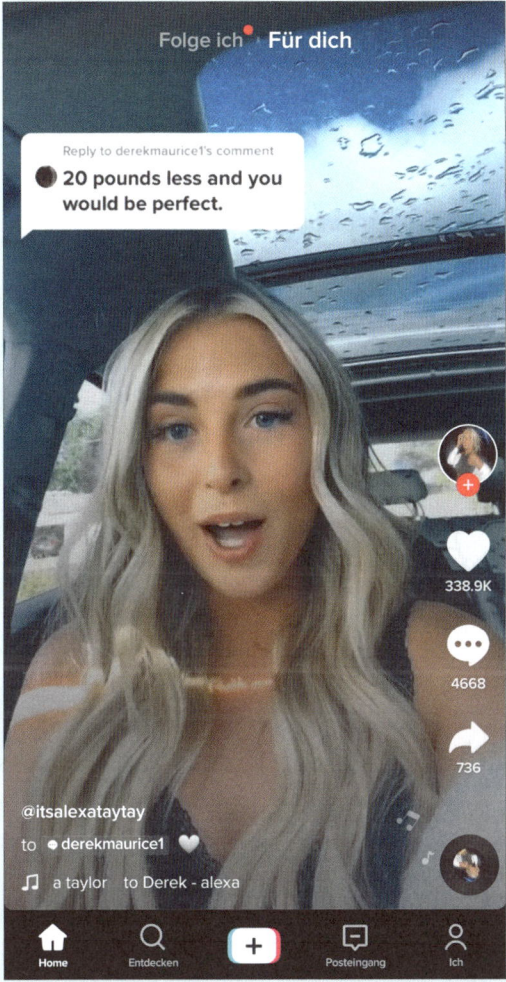

Abbildung 14.3 Videoantwort auf einen unangebrachten Kommentar auf TikTok, Zugriff: 24.09.20

Immer mehr TikToker verbreiten so die Botschaft, dass Hasskommentare auf der Plattform nichts zu suchen hätten. Wer nichts Positives zu sagen hätte, solle doch einfach weiterscrollen. Manche Instagram-Accounts bieten auch schon die Möglichkeit, mit einer Story zu antworten, wenn man selbst in einer Story erwähnt wurde – hier wird also bereits experimentiert.

Das Wichtigste in Kürze

Bevor du entscheidest, wie du auf einen Kommentar reagierst: Atme tief durch und gönne dir gegebenenfalls etwas Abstand. Troll- und unsinnige Kommentare kannst du ohne schlechtes Gewissen löschen. Auf alles andere solltest du freundlich antworten – und auch bereit sein, Fehler einzugestehen.

14.3   Innerlich abgrenzen: Du bist mehr als deine Likes!

Machen wir uns nichts vor: Gelikt zu werden und neue Follower zu bekommen, fühlt sich gut an. Anerkennung ist wichtig. Das ist ein ururalter menschlicher Instinkt, der hier digital getriggert wird: Wir können alleine nicht überleben, wir brauchen einen sicheren Platz in einer Gruppe. Also ist es logisch, dass ein kleiner Teil in uns, der so alt ist wie die Menschheit selbst, Alarm schlägt, wenn wir nicht gelikt werden oder gar jemand unsere Social-Media-Kanäle oder unseren Newsletter abbestellt. Für den Steinzeitmenschen in uns fühlt sich das nach Ablehnung an, im schlimmsten Fall sogar nach einem Rausschmiss aus der lebensnotwendigen Gruppe.

Ein Vertrauenslehrer an einem Gymnasium hat mir erzählt, dass Hate-Kommentare unter Teenagern gar nicht unbedingt das Problem sind. »Wenn deine Freundinnen dein Bild nicht liken, ist das schon verletzend genug.«

Gerade wenn du als Person für dein Business und deine Vision stehst, kann es passieren, dass du dich also manchmal wie eine 14-Jährige fühlst, deren schönes neues Bild nicht gelikt wird. Das ist nicht dein Fehler – es ist ein Fehler im System. Die Technik hat sich schlicht schneller entwickelt als die menschliche Evolution.

Wenn du merkst, dass dich Ablehnung im Netz persönlich trifft, helfen folgende Maßnahmen:

▶ Die gefühlte Ablehnung wieder in Relation zu rücken. Eine Abbestellung deines Kanals ist kein Hate. Die Person hat sich lediglich entschieden, ihre Aufmerksamkeit anderen Dingen zuzuwenden. Das ist in den allermeisten Fällen weder eine Ablehnung deiner Person noch deiner Angebote. Überlege dir: Wie viele Newsletter und Social-Media-Updates erhältst du selbst jeden Tag? Wie oft bestellst du etwas einfach nur ab, weil es dir gerade zu viel ist? Wie oft hängt es wirklich mit einem Inhalt zusammen, der dir nicht gefallen hat? Und wenn die Person sich tatsächlich bewusst gegen dich entschieden hat, ist auch das eine gute Erkenntnis. Du willst nicht die Masse anziehen, sondern die, die deine Traumkunden werden können. Wer nicht mit dir arbeiten will, ist nicht deine Traumkundin.

▶ Eine Weile auszuschalten. Hier komme ich gern wieder auf das bereits erwähnte Zitat von Ex-Google-Mitarbeiter Tristan Harris zurück: »Wir sind nicht dafür gemacht, dass wir alle fünf Minuten eine Dosis gesellschaftlicher Zustimmung oder Ablehnung erfahren.« Wenn dir Musik zu laut wird, schaltest du sie aus. Wenn dir die ständige Bewertung zu viel wird: Geh offline. Geh an einen Ort, an dem du nicht bewertet wirst. Spiel mit deinem Haustier, fühle deine Füße auf dem Waldboden, umarme einen geliebten Menschen – erinnere dich daran, dass du in Sicherheit bist.

▶ Such dir eine Praxis, die dich jeden Tag daran erinnert, wie wertvoll du bist. Was hilft dir dabei, dir selbst ein Gefühl von Wertschätzung zu geben? Für viele Menschen ist das die Meditation oder das Repetieren von positiven Affirmationen. Für mich ist es das tägliche Schreiben meiner Morgenseiten – drei DIN-A4-Seiten ohne einen vorgegebenen Zweck. Vielleicht ist es für dich auch einfach nur ein ganz kleines, aber absolut unverzichtbares Ritual, mit dem du dir selbst zeigst, dass du wertvoll bist – eine tägliche Bewegungseinheit, das liebevolle Eincremen deines Körpers nach dem Duschen oder auch eine Tasse deines Lieblingstees, in Ruhe am Fenster genossen. Es sind Kleinigkeiten, die unheimlich wertvolle Anker für dich sein können in Zeiten von Zweifeln.

Die sozialen Medien sollen dich in deiner Sichtbarkeit unterstützen. Dort zu kommunizieren und sich zu vernetzen, ist Arbeit, keine Frage. Aber es sollte sich niemals wirklich schwer anfühlen oder an deinem Selbstbewusstsein kratzen.

Hängt dein Warum-Satz aus Kapitel 3, »Dein Warum vertiefen und die richtigen Worte finden – verschiedene Methoden«, über deinem Schreibtisch? Sehr gut. Wenn sich dein Social Media Marketing immer wieder schwer anfühlt, lies dir deinen Warum-Satz vor – am besten laut. Und frage dich: Inwiefern trägt das, was ich tue, dazu bei, mein Warum in dieser Welt zu leben?

Findest du einen Zusammenhang? Wunderbar – dann wird es dir jetzt sicher leichter fallen, weiterzumachen. Falls nein – lass deine schwere Aufgabe fallen und überlege dir: Was kann ich stattdessen tun, um meine Mission in die Welt zu bringen?

Das Wichtigste in Kürze

Suche deine Selbstbestätigung für das, was du tust und bist, nicht auf Social Media, sondern schaffe dir eine Praxis, die dich jeden Tag daran erinnert, wie wertvoll du bist. Wenn dir dein Social Media Marketing dauerhaft schwerfällt, gleiche das, was du tust, mit deinem Warum ab – und passe es gegebenenfalls an.

15 Tooltipps

Finde hilfreiche und größtenteils gratis erhältliche Tools, die dich in deinem Social Media Marketing unterstützen können.

Auch wenn mit der Vielzahl an Tools, Software und Hardware, die du für deinen Social-Media-Auftritt erstehen kannst, vielleicht ein anderer Eindruck entsteht: Du brauchst nicht viel, um mit deinem Social Media Marketing zu starten – dein modernes Smartphone und eine schnelle Internetverbindung reichen völlig aus.

Aber natürlich gibt es jede Menge schöner Apps, Programme und Gadgets, die deinen Auftritt mit der Zeit schöner und professioneller machen sowie deinen Workflow erleichtern. Ich habe vieles ausprobiert und hier meine Lieblingstipps für dich zusammengestellt.

15.1 Hilfe bei deinem Branding

Werte Generator: Welche drei Werte sind dir in deinem Unternehmen besonders wichtig? Da die Auswahl aus langen Listen wohlklingender Begriffe schwierig und mühsam ist, hilft dieses Tool. Du lässt Werte gegeneinander antreten und bestimmst so deine drei wichtigsten Werte: *www.yogalife.susannespenke.de/werte-test*.

Claim Generator: Du hast dein Warum formuliert, kaust aber noch am passenden Werbeclaim für dich herum. Dieses Tool kombiniert deinen Namen oder den Namen deines Produkts mit typischen Werbeclaim-Attributen. Das bringt dich garantiert zum Lachen – hilft aber manchmal auch wirklich weiter: *www.shopify.de/tools/werbespruche-generator*.

Coolors: Schöne Webseite, um Farbkombinationen für das eigene Branding auszuprobieren. Was mir besonders gut gefällt: Du kannst ein Foto hochladen und die Farbcodes aus diesem Bild bestimmen: *https://coolors.co/*.

Adobe-Color-Wheel: Wenn du eine deiner Markenfarben schon kennst, kannst du im Adobe-Farbrad verschiedene Kombinationen ausprobieren und dabei zwischen monochromen, komplementären und harmonischen Farbkombinationen wählen. Das sind die Kombinationen, die laut Farbenlehre besonders gut zusammenwirken: *https://color.adobe.com/de/create/color-wheel*.

Fontjoy: Es gibt sehr viele Wege, auf denen du die richtigen Schriften für dich findest. Wenn du es dir leichtmachen möchtest und es dich nicht stört, Google-Fonts zu verwenden, wählst du eine Schrift auf Fontjoy aus, setzt sie als gegeben und lässt dir mögliche Kombinationen anzeigen. Überprüfe, bevor du dich entscheidest, ob in deiner Schrift auch alle Sonderzeichen vorhanden sind: *https://fontjoy.com/*.

15.2   Hardware

Webcam: Wer viele Videos am Desktop produzieren möchte und dort noch keine Kamera installiert hat oder mit der Qualität seiner Notebook-Kamera nicht zufrieden ist, dem kann ich die externe Webcam-Logitech-C920er-Reihe empfehlen. Ich selbst benutze die C920S – das S steht für eine kleine Sichtschutzblende. Viele Onlineunternehmer nutzen sie für Live-Videos, aber auch Zoom-Calls in guter Qualität. Das eingebaute Mikrofon ist leider nicht sehr gut – ich setze da lieber auf das meines Laptops. Kosten: ca. 120 Euro.

Ringlicht: Wer viel in die Kamera spricht – ob am Laptop oder dem Smartphone –, tut gut daran, in eine Ausleuchtung des Gesichts zu investieren. Ringlichter werden von den einen gehasst und den anderen geliebt, weil sie einen kleinen Lichterglanz rund um die Pupille zaubern. Klar ist aber auch: Da sie oft mit integriertem Handystativ kommen, stellen sie eine der günstigsten Möglichkeiten dar, für ein gutes Licht bei Porträtaufnahmen zu sorgen. Ich nutze ein dimmbares Rundlicht von Neewer mit Stativ und Handyhalterung – inzwischen kommen diese sogar mit mehreren Farbfiltern und Fernauslöser. Kosten: ca. 70 Euro.

Softboxen: Wenn du dir eine gleichmäßigere Ausleuchtung des Raums wünschst, zum Beispiel um Trainingsvideos aufzuzeichnen, bestellst du am besten ein Set aus zwei Softboxen mit Stativ. Kosten: zwischen 50 und 90 Euro.

Lavalier-Mikrofon: Für besseren Ton bei schnellen Head-to-Camera-Handyaufnahmen nutze ich das Røde Smartlav+. Kosten: ca. 60 Euro.

Handystativ: Eine der besten Investitionen, die ich je getätigt habe, ist die in einen superbeweglichen Mini-Tripod – also ein dreibeiniges Stativ mit drehbarer Handyhalterung. Seither kann ich mein Smartphone quasi überall sicher befestigen. Ich verwende den Jobi-Gorillapod (ca. 40 Euro) mit einer Neewer-Handyhalterung (ca. 20 Euro, siehe Abbildung 15.1). Inzwischen gibt es aber ab ca. 20 Euro auch Sets, die Stativ und Halterung gleich kombinieren.

Abbildung 15.1 Mein Tripod mit drehbarer Handyhalterung

Funkstreckenmikrofon für bewegte Videos: Videos, bei denen du dich frei im Raum bewegen kannst, ein Mikrofon auf dir trägst und der Empfänger an deinem Smartphone oder Laptop aufzeichnet, waren bisher nur mit teuren Funkstrecken für mindestens 300 Euro möglich. Eine günstigere Alternative ist das Røde Wireless Go für etwa 180 Euro – die Qualität ist passabel, und das Mikrofon steckt im Sender. Außerdem kann ein externes Lavalier-Mikrofon angeschlossen werden. Neu auf dem Markt ist ein Konkurrenzprodukt: FotoWelt Air für 130 Euro.

Externes Mikrofon am PC: Da ich derzeit mit meinem internen Laptopmikrofon sehr zufrieden bin, muss ich hier auf die Erfahrung von Kolleginnen zurückgreifen. Sie empfehlen für Einsteiger, die Podcasts oder Audios aufnehmen möchten, das Samson-Meteor-USB-Mikrofon für ca. 80 Euro. Prinzipiell solltest du bei Mikrofonen darauf achten, ob sie eine Nieren- oder eine Kugelcharakteristik haben. Ersteres eignet sich gut, wenn du nur deine Stimme und keine Hintergrundgeräusche aufnehmen willst, und Letzteres vermittelt das Mittendrin-Gefühl.

15.3   Schnelle Bildbearbeitung

Snapseed: Snapseed ist eine leicht verständliche Bildbearbeitungs-App fürs Smartphone, die etwas mehr Feinabstimmung bietet als die Filter auf Instagram. Ich schätze vor allem das Tool *Selektive Anpassung*, weil hier zum Beispiel zu hell oder zu dunkel geratene Partien eines Bilds ausgewählt und angepasst werden können. So rettet man Fotos von Personen, die im Gegenlicht fotografiert wurden. Dieses Feature ist in allen anderen mir bekannten Apps kostenpflichtig, bei Snapseed aber in der Gratisversion enthalten. Für iOS und Android erhältlich.

Adobe Lightroom Foto Editor: Ist die Fotobearbeitungs-App für Anspruchsvolle, die sich mit Bildbearbeitung auskennen und Wert auf Details legen. Anfänger werden mit der automatischen Bildverbesserung glücklich oder nutzen überall die gleichen Bild-Settings, um all ihren Fotos denselben Look zu verpassen. Diese Voreinstellungen werden von Fotografen und Influencern auch zum Verkauf angeboten und können in die App geladen werden. Der Nachteil von Lightroom: Die App ist nicht sehr intuitiv zu bedienen, und sehr viele Funktionen, wie beispielsweise die selektive Bildbearbeitung, sind nur mit einem kostenpflichtigen Abo für ca. 45 Euro pro Jahr nutzbar. Für iOS und Android erhältlich.

Bildhintergrund entfernen: Früher mussten Bildteile, zum Beispiel eine Person, mühevoll von Hand in Photoshop ausgeschnitten werden, wenn sie auf einen anderen Hintergrund gesetzt werden sollten – das sogenannte Freistellen. Heute geht es kostenlos und mit einem Klick mit der Webseite: *www.remove.bg/de*.

15.4   Grafiken erstellen

Canva: Vielseitiges und intuitives Grafikprogramm, mit dem auch Anfänger ganz leicht Grafiken und kurze Videos für Social Media und die eigene Webseite gestalten können – entweder mit Vorlagen oder mit eigenen Bildern, Videos, Farben und Schriften. Das Programm ist hauptsächlich webbasiert, es gibt aber auch eine Desktopversion und eine App. Mit der kostenlosen Variante kommt man bereits recht weit, die nützlichen Funktionen *Größe ändern*, um z. B. aus einem Instagram-Bild schnell einen Pinterest-Pin zu kreieren, und das Entfernen des Bildhintergrunds sind allerdings erst in der Abovariante zu haben. In dieser ist auch die Anzahl frei verfügbarer Fotos, Grafiken und Vorlagen größer. Canva ist eines der wenigen Programme, für die ich einen Jahresbeitrag bezahle, weil der Funktionsumfang mich voll überzeugt und sich ständig erweitert. So musste ich bisher kein professionelles Grafikprogramm erlernen, um alles selbst zu gestalten. Wenn man Canva allerdings mit mehreren Personen benutzen möchte, wird es schnell teuer. Die Pro-Variante kostet pro Person ca. 9 Euro im Monat: *www.canva.com/*.

Crello: Crello ist die Alternative zu Canva. Vom Aufbau sehr ähnlich, der Funktionsumfang und die Auswahl an Bildmaterial ist allerdings eingeschränkt. Dafür bietet Crello immer wieder lebenslange Abos für 50 bis 60 Dollar an für diejenigen, die sich keinem Monatsabo verschreiben möchten. Regulär liegen die Kosten für den Pro-Account bei ca. 7 Euro im Monat: *https://crello.com/de/*.

Picsart: Dein Gesicht auf einer Zeitung, in einer Seifenblase, als Ölgemälde oder hinter einem Schmetterlingsschwarm: Mit der Handy-App Picsart machen kreative Köpfe aus Fotos Kunstwerke und stellen sie auf Picsart zur Verfügung. Diese Kunstwerke kannst du dann mit deinem eigenen Foto nachbauen oder die Filter und Effekte des Programms nutzen, um selbst künstlerisch tätig zu werden. Auch hier gibt es die Möglichkeit, eine Goldversion mit noch mehr Funktionen im Monatsabo (für ca. 4 Euro) zu buchen. Ich nutze Picsart in der kostenfreien Version, wenn ich einen ungewöhnlichen Effekt suche, den es auf Canva nicht gibt. Erhältlich für iOS und Android.

Over: Schöne Handy-App, um Fotos und Grafiken direkt auf dem Handy zu erstellen. Da die App-Variante von Canva noch eingeschränkt ist, nutze ich Over zusätzlich. In der Pro-Variante (ca. 11 Euro im Monat) gibt es viele schöne Sticker und Grafiken. Ich verwende Over momentan in der Basisvariante, um einfache Sticker auf transparentem Hintergrund zu erstellen, die ich dann zum Beispiel in Instagram-Stories hinzufügen kann. Erhältlich für iOS und Android.

Mojo – Insta Story Editor: Für ein professionelles und ungewöhnliches Design von Instagram-Stories mit viel Bewegung – ohne umfangreiche Video-Editing-Skills – bietet Mojo viele tolle Vorlagen. Allerdings lohnt sich die App nur, wenn du wirklich einen Schwerpunkt auf Marketing mit Stories setzen möchtest und dir die Animationsfunktionen von Canva nicht ausreichen. In der Gratisversion stößt du schnell an Grenzen. Ein Jahresabo kostet ca. 40 Euro.

15.5 Social-Media-Planungstools

Tailwind: Wer Pinterest professionell benutzen möchte, kommt um Tailwind nicht herum. Mit Tailwind kannst du Pins auf mehreren Pinnwänden vorplanen, Loops erstellen und an Tribes teilnehmen, um deinen Pin bekannter zu machen. Tailwind ist offizieller Partner von Pinterest – das Planungstool zu nutzen, bringt also keine Nachteile in der Reichweite. Die Kosten liegen bei ca. 10 Dollar monatlich bei einer Jahreslizenz: *www.tailwindapp.com/*.

Facebook Creator Studio: Das Facebook-interne Creator Studio ermöglicht dir, Posts für deine Facebook-Seite und deinen Instagram-Kanal zu gestalten und vorzuplanen. Es wird von Tag zu Tag wertvoller. Der große Vorteil, wenn du das Facebook-eigene Tool nutzt, ist nicht nur, dass es gratis ist, sondern dass du dir sicher sein kannst, dass deine Beiträge nicht mit einer geringeren Reichweite bestraft werden. Du kannst die Posts entweder zuerst für Instagram planen und automatisch auf Facebook mit veröffentlichen lassen, oder du passt den Text ans Netzwerk an (insbesondere was das Tagging der Personen angeht) und planst ihn separat für Facebook. Ein besonderes Schmankerl: Du kannst Live-Videos auf Facebook vorplanen und mit einem automatisierten Post bewerben, damit Zuschauer sich deinen Live-Auftritt vormerken und einplanen können. Auch IGTV lässt sich via FB Creator bedienen. Einziger Wermutstropfen: Stories lassen sich nur auf Facebook veröffentlichen und (zumindest derzeit noch) nicht auf Instagram. Mit der flächendeckenden Einführung der Facebook Business Suite könnte die Creator Suite hinfällig werden – das habe ich leider zum Zeitpunkt der Erstellung dieses Buchs noch nicht abschätzen können: *https://business.facebook.com/creatorstudio/*.

Publer: Ehrlich gesagt, bin ich kein Fan von externen Planungstools für Social-Media-Beiträge – sie sind relativ teuer, in ihrer Funktionsweise eingeschränkt, und das automatisierte Posten funktioniert oft nicht wie gewünscht. Professionelle Tools wie MeetEdgar oder Hootsuite lohnen sich nur für Social-Media-Manager, die viele Accounts gleichzeitig betreuen. Du als Herzunternehmer willst aber lieber wenige Kanäle bedienen und dort dafür wirklich präsent sein. Publer ist für mich eine Ausnahme: Ich nutze das Tool, um eine Auswahl meiner Social-Media-Beiträge auf den Netzwerken zu posten, auf denen ich zwar zu finden bin, aber nicht wirklich präsent sein will: zum Beispiel für Google-Business-Updates oder Beiträge auf LinkedIn. Schön an diesem Tool: Du kannst die Beiträge für jedes Netzwerk leicht anpassen und kannst in einer guten Vorschau einschätzen, wie sie dort aussehen werden. Die Anbindung an Instagram und Pinterest funktioniert hingegen nur über das zusätzliche Tool Zapier und ist technisch aufwendig sowie in seiner Funktion eingeschränkt. Publer bietet eine umfangreiche Gratisversion, sodass du ausprobieren kannst, ob das Tool deinen Workflow erleichtert: *https://publer.io/*.

Recurpost: Recurpost ist ein Tool, um bereits erschienene Social-Media-Posts erneut einzuplanen. Auf die Vor- und Nachteile des Wiederveröffentlichens identischer Posts bin ich in Kapitel 12, »Nachhaltig Inhalte produzieren: Lass dich finden«, eingegangen. In der Gratisversion kannst du 100 Dauerbrenner regelmäßig einplanen für Facebook, Instagram, LinkedIn und Google Business. Bei Twitter verlangt das Tool jedes Mal einen neuen Posting-Text – ist also nur bedingt sinnvoll. Die Bezahlvariante ist ab 15 Dollar pro Monat zu haben: *https://recurpost.com/*.

15.6 Rund um Videos

Inshot: Videos auf dem Smartphone zu schneiden, ist zwar immer eine Gedulds-probe, aber Inshot macht es dir so leicht wie nur möglich. Du hast mehrere Bild-formate zur Auswahl und kannst auch lizenzfreie Sounds integrieren. Die kosten-freie Variante fügt ab und zu ein Wasserzeichen hinzu, und es stehen nicht viele Filter und Übergänge zu Verfügung. Für die meisten einfachen Videos reicht sie aber völlig aus. Die Bezahlvariante liegt bei ca. 3 Euro im Monat oder 30 Euro für eine zeitlose Lizenz. Erhältlich für iOS und Android.

AZ Screenrecorder: Eine App, die genau das macht, was der Name verspricht: Sie nimmt den eigenen Handybildschirm auf. So kann man eigene Arbeitsabläufe fil-men und in Tutorials integrieren. Auch der Ton wird aufgenommen, sodass man parallel erklären kann. Erhältlich für iOS und Android.

Powersoft Online Bildschirm-Recorder: Ist das Pendant zu AZ Screenrecorder am Desktop: *www.apowersoft.de/kostenloser-online-bildschirm-recorder*.

Videoschnitt: *Wondershare Filmora* (ca. 60 Euro für Windows) bzw. *iMovie* (kos-tenfrei auf Mac) sind intuitiv verständliche Schnittprogramme für Videos an deinem Desktop mit allen Gestaltungsmöglichkeiten, die sich der Amateur wünscht. Du kannst schneiden, Sound hinzufügen, Sound und Bild trennen, Text einfügen, und dir stehen Effekte wie schöne Bildübergänge zwischen den Videos und das Verlang-samen oder Beschleunigen von Ton und Videospuren zur Verfügung: *https://filmora. wondershare.com/de/* und *www.apple.com/de/imovie/*.

Stories schneiden: Manchmal funktioniert die Story-Aufnahme von Instagram so, dass die App bis zu eine Minute aufnimmt und dann dieses Video fein säuberlich in 15-Sekunden-Stücke unterteilt. Manchmal muss man das Video aber auch selbst zurechtschneiden. Hier helfen die Apps *CutStory* für Instagram-Stories für iOS und *Story Cutter Instagram* für Android.

Headliner: Du möchtest mit einer Audiodatei und einem Foto ein Video erstellen? Zum Beispiel um eine Podcast-Folge zu bewerben oder auch um etwas zu erzählen, ohne dass man dich sieht? Dann ist ein Audiogram eine gute Wahl – hier wandert eine Welle, die die Tonlautstärke anzeigt, über das Bild, sodass die Zuhörer gleich wissen: »Ich sollte den Ton anschalten.« Mit Headliner kannst du bis zu zehnminü-tige Audiogramme einfach erstellen, wie in Abbildung 15.3 gezeigt: Audiodatei hochladen, mit Bild und eventuell Fortschrittsbalken versehen, gestalten und als Video in verschiedenen Formaten herunterladen. Super intuitiv und für fünf Videos pro Monat kostenlos. Wenn mehr Videos gewünscht sind, gilt es, entweder die Pro-Version zu kaufen (ca. 10 Dollar pro Monat) oder das Headliner-Wasserzeichen zu akzeptieren: *www.headliner.app*.

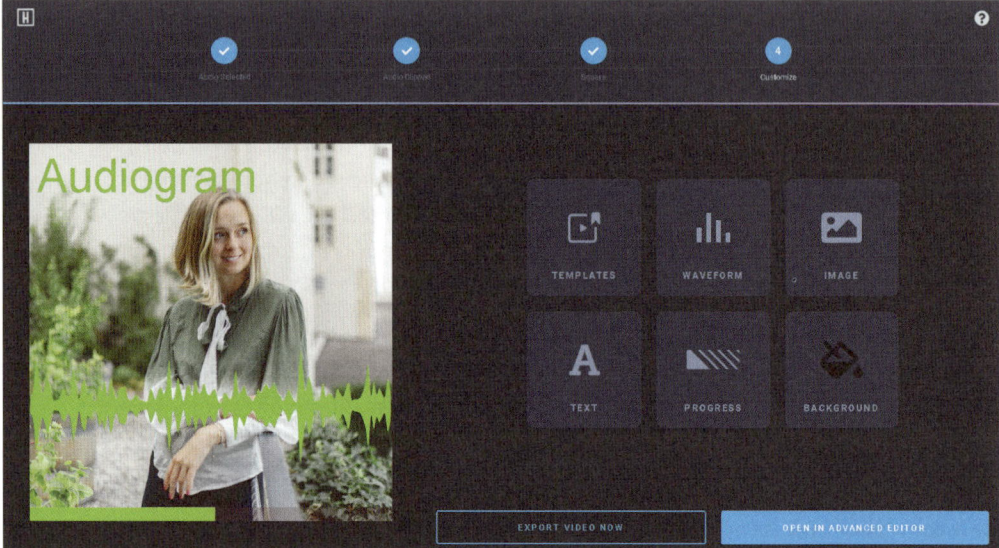

Abbildung 15.2 Ein Audiogram auf Headliner zu produzieren, ist einfach und für fünf Audiogramme im Monat kostenlos.

15.7 Produktivität

Apps zur reduzierten Handynutzung: Bei neueren Smartphones lässt sich die Nutzungszeit einzelner Apps in den Einstellungen beschränken. Umfangreichere und zum Teil auch striktere Sperrungen kannst du mit den Apps *Offtime* (iPhone) und *Appblock* (Android) vornehmen. Du kannst Apps für bestimmte Uhrzeiten, an bestimmten Tagen oder sogar zum Teil auch an bestimmen Orten sperren – zum Beispiel wenn du weißt, dass du das Smartphone beim Besuch der Schwiegermutter oft überstrapazierst.

Pomodoro Timer: Ein simpler Timer für die Pomodoro-Technik auf dem Handy in Küchenweckeroptik – mitsamt dem durchdringenden Klingeln. Nur für Android.

Focus to do: Meine Lieblings-Produktivitäts-App, die gleichzeitig noch trackt, wie lange man für die jeweiligen Projekte braucht. Am Desktop und auf dem Handy verfügbar (iOS und Android): Profil anlegen, Aufgaben benennen, Hintergrundgeräusche und Klingelton am Ende der Zeiteinheit wählen und 25 Minuten Konzentration starten. Synchronisieren zwischen Handy und Desktop möglich in der Pro-Variante mit mehr Tönen und Möglichkeiten für rund 18 Dollar mit lebenslangem Zugriff: *www.focustodo.cn/*.

Trello: Mit Trello erstellst du Pinnwände für alles, was du dir merken willst. Ich habe Trello vor allem als Projektmanagementtool kennengelernt, bei dem man wunderbar alle Aufgaben auch an andere Teammitglieder weitergeben und datieren kann. Heute nutze ich es für fast alles, was ich plane. Ich kann Kalender mit Fälligkeitsdaten, Checklisten und auch Dateien bestücken. Ich plane meinen Social-Media-Content in Trello und hake verwendete Themen ab, wenn sie erschienen sind. Außerdem halte ich Workflows und Learnings in meinem Business fest, um künftig schneller und effizienter zu arbeiten. Trello benutze ich im Browser und als App. Als Einzelunternehmerin komme ich gut mit der kostenlosen Variante klar. Trello Gold kostet rund 5 Dollar im Monat: *https://trello.com*. Eine Alternative, von der viele meiner Kollegen ebenfalls begeistert sind, ist die Projektplanung mit Asana.

15.8   Suchmaschinentools

Snippet-Generator: Wie wird meine Unterseite oder mein Blogartikel bei Google dargestellt? Der Google-Snippet-Generator zeigt es, dir und so kannst du die Texte noch optimieren: *https://app.sistrix.com/de/serp-snippet-generator*.

Google-Trends: Was wird wann und wo gesucht? Die Google-Trend-Seite sagt es dir, und so kannst du auch Ideen für deine eigenen Inhalte gewinnen: *https://trends.google.com/*.

Answer the public: Was wird zu deinem Keyword gefragt? Diese Webseite erstellt eine tolle Übersicht rund um deine Suchbegriffe: *https://answerthepublic.com/*

Uber Suggest: Was wird in welchem Zusammenhang gesucht, was wurde bisher dazu geschrieben, und wie umkämpft ist ein Keyword? Mit Uber Suggest kannst du eine umfangreiche Keyword-Recherche betreiben – für einige Begriffe pro Tag kostenlos: *https://app.neilpatel.com/en/ubersuggest/*.

15.9   Sonstiges

Audio transkribieren: Wenn du deine Audio- oder Videodatei vollständig transkribieren möchtest oder auch den Text automatisiert für Videountertitel gewinnen willst, helfen dir die kostenpflichtigen Tools unter *https://sonix.ai/* und *www.happyscribe.com/*.

Appsumo: Appsumo ist ein nicht mehr ganz so geheimer Geheimtipp für alle, die gern Tools testen oder schlicht noch die richtigen Tools für ihr (Online-)Business suchen. Hier gibt es immer wieder unschlagbare Sonderangebote für Software für

Onlineunternehmen – beispielsweise ein lebenslanges Nutzungsrecht für Anbieter, die sonst nur Jahresabos anbieten: *https://appsumo.com/*.

Ninjalitics: Verrät dir mehr über deinen Instagram-Account als die Insights des Netzwerks selbst (siehe Abbildung 15.3). So hast du hier zum Beispiel auch Graphen zur Verfügung, in denen du die Entwicklung deiner Followerzahlen siehst – und die der Konkurrenz. Und all das in der kostenlosen Variante. Ein kleiner Warnhinweis: Die Interaktionsrate, oder Engagement Rate, die Ninjalitics berechnet, bezieht sich nur auf Kommentare und Likes deiner Feedbeiträge. Deine wahre Interaktionsrate kann sehr viel höher liegen, wenn du viele Antworten auf Story-Beiträge bekommst: *www.ninjalitics.com/*.

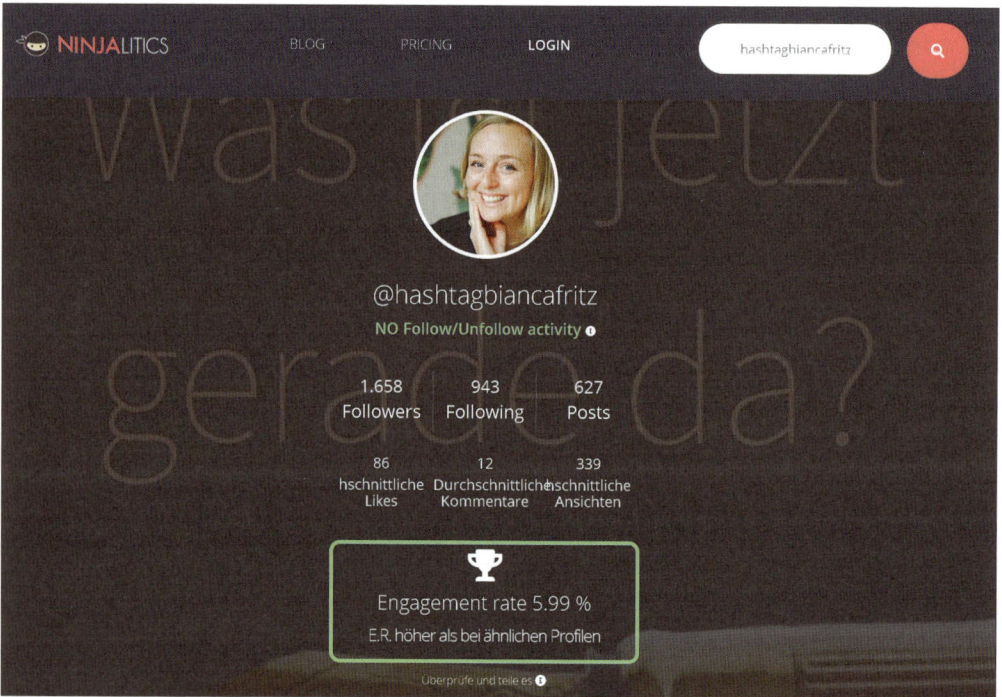

Abbildung 15.3 Ninjalitics gibt einen guten Überblick darüber, wie dein Instagram-Account gerade läuft. Zugriff: 07.09.20

Live-Interviews auf Social Media: In dein Instagram Live kannst du dir einen Interviewpartner direkt einladen – dafür muss er einfach nur dein Video ansehen. Wenn du auf Facebook ein Live-Interview machen möchtest, kannst du entweder einen Zoom-Call in Facebook streamen (leider recht fehleranfällig) oder das Tool *BeLive* verwenden. Hier kannst du auch verschiedene Rahmen wählen und dein Video beschriften. Für bis zu drei Interviews pro Monat mit Wassermarke kostenlos, ansonsten ab ca. 25 Dollar pro Monat: *https://belive.tv/*.

A   Arbeitsblätter

*Mit deinen persönlichen Antworten auf diese Fragen erstellst du deine
eigene Social-Media-Strategie. Beispielantworten, die dir beim Ausfüllen
helfen, findest du bei den jeweiligen Kapiteln.*

A.1   Bereich WARUM
Das große Warum finden und formulieren.

Beim Warum eine Ebene tiefer graben

Notiere die erste Version deines Warums: Warum hast du dein Business
gegründet oder bist in die Selbstständigkeit gegangen?

_____

_____

_____

Welches menschliche Grundbedürfnis liegt deinem Warum zugrunde?

_____

Beim Warum über dich hinausdenken

Was regt dich auf? Was läuft grundsätzlich schief in der Welt?

_____

_____

_____

Was braucht die Welt?

_____

_____

_____

Blick in die Vergangenheit

Station	Zertifikate	Das durfte ich fachlich lernen	Das durfte ich persönlich lernen

Was waren Schlüsselmomente auf deinem beruflichen Weg?

_____

_____

_____

_____

_____

Welche Aha-Momente haben dich dazu gebracht, beruflich die Richtung
zu wechseln?

_____

_____

_____

_____

_____

Siehst du einen roten Faden in deiner Entwicklung? Was hält all deine
Erlebnisse zusammen?

_____

_____

_____

_____

_____

Gibt es Stellen, an denen dieser Faden abreißt? Was ist hier passiert?

_____

_____

_____

_____

_____

Was waren deine besten Entscheidungen auf dem bisherigen Weg?

_____

_____

_____

_____

_____

Was waren Ereignisse in deinem Privatleben, die dich sehr geprägt haben?

Ereignis	Was hast du dabei gelernt?	Wie hat es deinen Weg geprägt?

Was kannst du richtig gut?

_____

_____

_____

_____

Was loben andere an dir? Wofür bekommst du oft Komplimente?

_____

_____

_____

_____

Mit welchen deiner Fähigkeiten und Erfahrungen kannst du den größtmöglichen positiven Einfluss in deiner Welt ausüben?

_____

_____

_____

_____

Ergänzende Fragen aus der Ikigai-Methode

Welches sind deine Lieblingscharaktere aus Filmen, Büchern oder Geschichten? Was beeindruckt dich an diesen?

_____

_____

_____

_____

Welche realen Personen sind Vorbilder für dich, und was macht sie zum Vorbild?

_____

_____

_____

_____

Wovon hast du als Kind oder Jugendlicher geträumt?

_____

_____

_____

_____

Wovon träumst du heute?

_____

_____

_____

_____

Was begeistert dich?

_____

_____

_____

_____

Wann fühlst du dich richtig lebendig?

_____

_____

_____

_____

Welche Stärken und Interessen hast du bisher noch nicht ausgelebt?

_____

_____

_____

_____

Was würdest du tun, wenn du nicht scheitern könntest?

_____

_____

_____

_____

Jetzt gehe deine Antworten noch einmal durch und markiere oder umkreise
mit bunten Stiften oder Textmarkern alles, was ein konkretes Bild oder eine
Erinnerung in dir hervorruft. Hier könnten persönliche Geschichten für deinen
Social-Media-Account verborgen sein. Wir kommen später auf diese Geschichten
zurück.

Werte

Was sind die wichtigsten Werte, für die du mit deinem Unternehmen stehen
möchtest? Versuche dich nach Möglichkeit auf drei zu beschränken:

_____

Wie willst du diese Werte in deinem Unternehmen konkret umsetzen?
Denke dabei besonders daran, wie du sie gegenüber deinen Kundinnen und
Kunden leben und sichtbar machen möchtest:

Wert 1: _____

_____

_____

_____

Wert 2: _____

_____

_____

_____

Wert 3: _____

_____

_____

_____

Wie kannst du die Erfüllung deiner Werte messen?

Wert 1: _____

_____

_____

_____

Wert 2: _____

_____

_____

_____

Wert 3: _____

_____

_____

_____

Lege Emojis fest, die deine Unternehmenswerte symbolisieren.

1. _____	2. _____	3. _____

DEIN WARUM:

Formuliere dein Warum mit der Formel:

Ich x (*Verb*) für y (*Zielgruppe*), damit z (*die Erfüllung eines menschlichen Grundbedürfnisses*).

_____

_____

_____

Dein Elevator-Pitch (nutze wieder die Formel Ich x für y, damit z, aber werde konkreter bei der Zielgruppe und ergänze dein Angebot bei x; wähle Begriffe, die suchmaschinenrelevant sind):

_____

_____

_____

Dein Claim – maximal sieben Worte über deine Warum und/oder eine Besonderheit von dir:

_____

A.2   Bereich FÜR WEN
Deine Wunschkundschaft verstehen.

Deine Wunschkundin und deine Zielgruppe

Zu welcher Zielgruppe (z. B. Teenagermütter, Senioren im Raum Stuttgart, Eheleute in der Krise …) gehört dein Wunschkunde? Beschränke dich auf die wichtigsten Merkmale für dein Produkt/deine Dienstleistung.

_____

_____

Welche (echte) Person kommt dir spontan in den Sinn, wenn du überlegst, mit wem du gern als Wunschkundin/Wunschkunde arbeiten möchtest?

_____

Wenn es mehrere sind: Was verbindet die Personen?

_____

_____

_____

Warum macht dir die Arbeit mit dieser Person/dieser Personengruppe Freude? Warum willst du gerade ihr helfen?

_____

_____

_____

_____

Welche demografischen Merkmale sind dir bei deinem Wunschkunden wichtig? (Notiere zum Beispiel Alter, Geschlecht, Wohnort, Familienstand, Kinder, Gesundheitszustand deines Wunschkunden.)

_____

_____

_____

Wie beschreibt sich deine Wunschkundin selbst? Welche Adjektive nutzt sie,
um ihren Charakter zu beschreiben?

_____

_____

_____

_____

Welche Zugehörigkeit zu einer Menschengruppe (Yogi, Alternative, Workaholic,
Mompreneur, Familienmensch …) betont deine Wunschkundin, um sich zu
beschreiben?

_____

_____

In welchen Büchern, Medien und Netzwerken sucht dein Wunschkunde
Information und/oder Unterhaltung?

_____

_____

Gibt es Produkte/Marken/Programme, mit denen sich dein Wunschkunde
besonders gut identifizieren kann?

_____

_____

Wem folgt dein Wunschkunde auf Social Media? Wen bewundert er besonders?

_____

_____

Welche Werte hat deine Wunschkundin?

_____

_____

Was hält deinen Wunschkunden wach? Vor welchen Herausforderungen steht er?

_____

_____

_____

_____

Wie möchte sich deine Wunschkundin fühlen?

_____

_____

Wie geht deine Wunschkundin mit Herausforderungen um? Was hat sie schon
probiert, um das Problem zu lösen?

_____

_____

_____

_____

Wie kannst du deinem Wunschkunden helfen?

_____

_____

_____

_____

Was ist deiner Wunschkundin in einer Zusammenarbeit mit dir oder bei der
Nutzung deines Produkts wichtig? Was wünscht sie sich von dir?

_____

_____

_____

_____

Was ist dir in der Zusammenarbeit mit dem Wunschkunden wichtig?
Was wünschst du dir von ihm?

_____

_____

_____

_____

Überprüfungsfrage:

Jetzt hast du ein gutes Bild vor dir: Ist dir diese Person so sympathisch, dass du jetzt und auch in absehbarer Zukunft gern für sie da sein möchtest? Dass du Lust darauf hast, dich in den sozialen Netzwerken mit dieser Person zu unterhalten, mehr über sie zu lernen? Und natürlich mit deinen Dienstleistungen für sie da zu sein?

UNBEDINGT _____   NICHT WIRKLICH _____

A.3   Bereich WOFÜR
Ganzheitlich große Ziele setzen.

Mindset

Was hält dich davon ab, dir große Ziele zu setzen?

_____

_____

_____

_____

Kannst du dir sicher sein, dass diese Gründe der Wahrheit entsprechen?

_____

_____

_____

_____

Was könntest du ohne diese Glaubenssätze erreichen?

_____

_____

_____

_____

Ziele setzen

Dein Ziel (mit Zeitangabe, überprüfbar, im Präsens formuliert)

_____

_____

Inwiefern ist dieses Ziel gut für dich/andere/den Planeten?

_____

_____

Warum willst du das? Wie fühlst du dich, wenn du es erreicht hast?

_____

_____

Was sind mögliche Nebenwirkungen, wenn du das Ziel erreicht hast?

_____

_____

_____

Was gewinnst und verlierst du, wenn du das Ziel erreicht hast?

_____

_____

_____

Wie kannst du den negativen Auswirkungen oder möglichen Verlusten begegnen?

_____

_____

_____

Willst du dieses Ziel nach dieser Überprüfung erreichen?

HELL YEAH! _____   BESSER NICHT_____

Zahlenziele setzen:

Greife dir mindestens eine, maximal drei messbare Kennzahlen für dein Ziel/
deine Ziele heraus und lege eine Zahl und ein Datum fest. Also zum Beispiel:
»Bis Ende dieses Jahres habe ich 1.000 Follower auf meinem Instagram-Account.«
Halte zudem den Ist-Zustand mit dem heutigen Datum fest

1. Bis _____ habe ich/bekomme ich _____.

    Stand heute _____ (Datum) _____ (Zahl).

2. Bis _____ habe ich/bekomme ich _____.

    Stand heute _____ (Datum)_____ (Zahl).

3. Bis _____ habe ich/bekomme ich _____.

    Stand heute _____ (Datum) _____ (Zahl).

Warum-Erfüllung messen:

Welche Zahl kann dir eine Auskunft darüber geben, wie gut du dein
Warum erfüllst?

_____

Lege auch hier ein Ziel fest:

Bis _____ habe ich/bekomme ich _____.

Stand heute _____ (Datum) _____ (Zahl).

Hiermit verpflichte ich mich, meine Zahlenziele regelmäßig zu überprüfen, und
zwar im Abstand von

_____ (x Tagen, Wochen …), um zu wissen, ob ich auf dem richtigen
Weg bin.

_____ (Unterschrift)

A.4   Bereich WO
Deine Kanalwahl.

Welche Plattform spricht dich besonders an?

_____

Kannst du das dort vorherrschende Format (Text, Bild, Video …) regelmäßig erstellen? Passt es zu deiner Art zu kommunizieren?

Ja _____   Nein _____

Gibt es auf dem Kanal bereits Profile, die zeigen, dass dein Thema dort funktioniert?

Ja _____   Nein _____

Nutzt deine Wunschkundin das soziale Netzwerk deiner Wahl?

Ja _____   Nein _____

Passt der Kanal zum Ziel deines Social Media Marketings?

Ja _____   Nein _____

Wähle deinen Social-Media-Hauptkanal – den Kanal, für den du hauptsächlich Inhalt produzieren möchtest: _____

Der Kanal passt besonders gut zu deinem Warum, weil …

_____

Wähle eventuell Nebenkanäle, über die du deine Inhalte (in angepasster Form) ebenfalls teilen möchtest:

_____

Warum möchtest du auch auf diesen Kanälen präsent sein? Wie ergänzen sie deinen Kanal?

_____

_____

A.5 Bereich WAS
Deine Themen finden.

Deine Social-Media-Themen

Bevor du die folgende Vorlage ausfüllst, schreibe all deine Themenideen unsortiert auf ein separates Blatt Papier – das ist dein Braindump. Markiere anschließend mit den Hinweisen aus Kapitel 7 alles, was NEU, WICHTIG oder INTERESSANT für deine Wunschkundin ist. Jetzt kannst du die Themen in der Vorlage gruppieren.

Schreibe all deine Themenideen unsortiert auf. Du kannst auf dieser Seite anfangen, aber beschränke dich nicht damit - nimm gerne weitere leere Seiten hinzu. Das ist dein Braindump.

_____

_____

_____

_____

_____

_____

_____

_____

_____

_____

_____

_____

_____

_____

_____

_____

_____

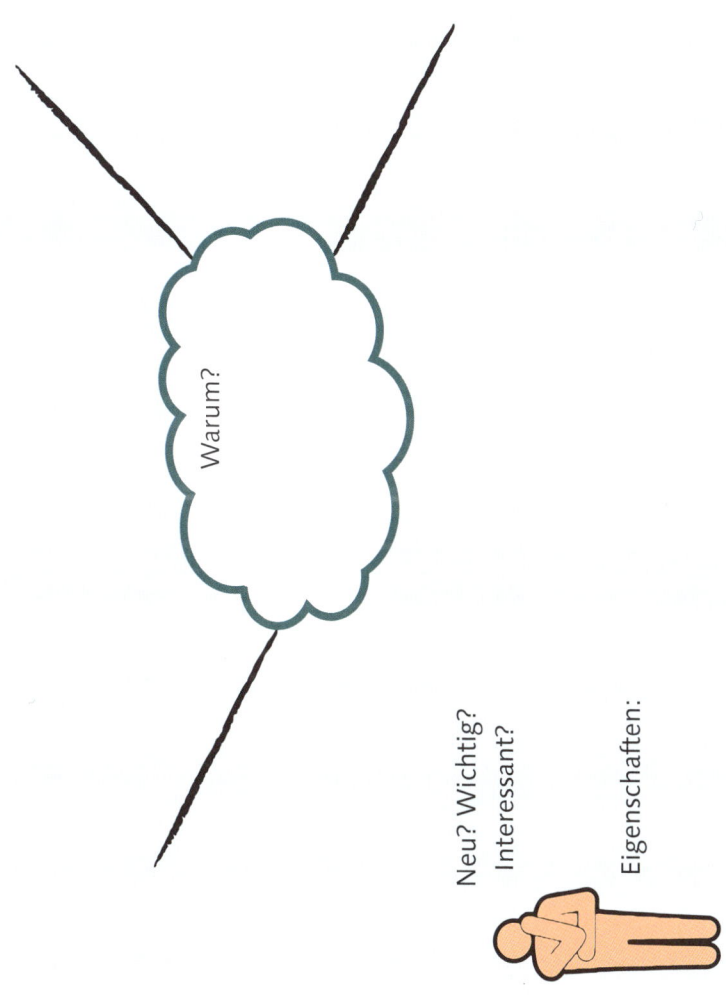

Warum?

Neu? Wichtig?
Interessant?

Eigenschaften:

Welche deiner Themen eignen sich für ein Serienformat?

_____

_____

_____

Authentizität

Was bedeutet es für dich, dich authentisch zu zeigen?

_____

_____

_____

_____

Wie möchtest du mit Phasen umgehen, in denen es dir nicht gut geht?

_____

_____

_____

_____

Wie sollen sich die User auf deinem Kanal fühlen?

_____

A.6   Bereich WIE
Wachsen, Angebot promoten und dein Workflow.

Community-Building

Auf welchen Profilen und in welchen Gruppen möchtest du regelmäßig mit deinen hilfreichen Kommentaren sichtbar werden?

_____

_____

Welche Accounts möchtest du für Kooperationen anfragen? Wie wird die Kooperation für beide Seiten zum Gewinn?

_____

_____

_____

Wie möchtest du den Kontakt zu deiner Community verstärken?
Welche Community-Aktionen kommen für dich infrage, und wann möchtest du damit starten?

_____

_____

_____

Über dein Angebot sprechen

Beschreibe eines deiner Angebote mit der Formel »Versprechen – Vorgehen – Autorität«. Was kannst du für den Kunden erreichen? Wie wirst du es erreichen? Warum bist du der richtige Anbieter?

_____

_____

_____

_____

Beschreibe dein Angebot mit der Zero-to-Hero-Formel – entweder mit dir oder einer Kundin als Heldin. Welchen Pain-Point hat die Heldin? Was konnte helfen? Warum bist du der richtige Anbieter für dieses Angebot?

_____

_____

_____

_____

Workflow

Wie viele gute Posts kannst du pro Woche produzieren?

Zeit pro Woche in Minuten _____ geteilt durch 2   geteilt durch 30 Minuten =

_____ (Anzahl der Posts pro Woche)

Meine Woche auf Social Media   Datum

Tag \ Kanal							
Montag							
Dienstag							
Mittwoch							
Donnerstag							
Freitag							
Samstag							
Sonntag							

Mein Warum:

Aufgaben nach Energiebereichen bündeln

Onstage – bei diesen Aufgaben bin ich sichtbar:	Backstage – ich arbeite im Hintergrund:	Offstage – bei diesen Tätigkeiten erhole ich mich:
	Deep-Work-Phasen:	
	Kleinkram:	

Angst oder Intuition?

Wenn du etwas nicht umsetzen möchtest, was strategisch sinnvoll erscheint,
frag dich: Was genau stört mich daran?

_____

_____

_____

_____

Was sagt deine Angst dazu?

_____

_____

_____

_____

Was sagt deine innere Weisheit?

_____

_____

_____

_____

Wie kannst du diesen Punkt so für dich anpassen, dass deine innere Weisheit
mit an Bord ist?

_____

_____

_____

_____

B Literaturverzeichnis

Brené Brown: Verletzlichkeit macht stark. Wie wir unsere Schutzmechanismen aufgeben und innerlich reich werden. Goldmann, 2017.

Katie Byron: Lieben, was ist. Wie vier Fragen Ihr Leben verändern können. Arkana, 2012.

Jeff Walker: Launch. Die ultimative Anleitung für das E-Mail-Marketing. books4success, 2015.

Catherine Price: Endlich abschalten. Warum Urlaub vom Smartphone uns Zeit, Glück und Liebe schenkt. Rowohlt, 2018.

Simon Sinek: Frag immer erst: warum. Wie Führungskräfte zum Erfolg inspirieren. Redline, 2014.

Seth Godin: Das ist Marketing! So wird man wirklich sichtbar. Redline Verlag, 2019.

Dilemmas of Branding for Start-ups. The Opportunities and Challenges in the Digital Era. ICDS 2018: The Twelfth International Conference of Digital Society and eGovernments Conference Series

Donald Miller: Building a StoryBrand: Clarify Your Message So Customers Will Listen Harper Collins Publishers, 2017.

Barbara Sher: Du musst dich nicht entscheiden, wenn du 1000 Träume hast. dtv, 2012.

Bettina Lemke: Entdecke dein Ikigai. Mit japanischer Weisheit den Sinn des Lebens finden. dtv, 2017.

Index

U

V

Texte schreiben, die begeistern

Gute Texte wecken in deinem Leser Interesse, verführen ihn zum Verweilen und Weiterlesen. Sie werten deine Website auf, machen Lust auf dein Produkt, geben deinem Blog die richtige Würze. Gute Texte sind Schatzinseln in einem Meer der Mittelmäßigkeit. Und das Beste: Gutes Texten kannst du lernen. Daniela Rorig zeigt dir, mit welchen Textstrategien du im Content-Zeitalter überzeugst und deine Leser begeisterst. Dabei helfen dir Checklisten, Übungen und viele Schreibanleitungen für Headline, Teaser, Landingpage und andere Textsorten.

450 Seiten, gebunden, in Farbe, 39,90 Euro, ISBN 978-3-8362-6836-3
www.rheinwerk-verlag.de/4837

So findest du den Weg zu deinem ersten Blog

Yvonne Kraus hat schon viele erfolgreiche Blogs an den Start gebracht und kennt die Fragen, die du als angehende Bloggerin oder Blogger zu Anfang hast. Mit diesem Ratgeber hast du eine Anleitung zur Hand, um schnell deinen ersten Blog mit WordPress zu erstellen und die ersten Besucher anzusprechen. Dabei lernst du alle Facetten des Bloggens kennen. Schritt-für-Schritt-Anleitungen und bewährte Tipps aus der Praxis unterstützen dich auf dem Weg zu deinem ersten Blog.

350 Seiten, broschiert, in Farbe, 29,90 Euro, ISBN 978-3-8362-8318-2
www.rheinwerk-verlag.de/5291

Lerne die Techniken der Storyteller

»Tell me!« ist ein Lesebuch, ein Geschichtenbuch. Geschichten rund ums Storytelling. Lehrreich, unterhaltsam, inspirierend. Wirf einen Blick hinter die Kulissen der Filmemacher und Geschichtenerzähler und erfahre, was eine gute Story ausmacht. Thomas Pyczak erklärt dir, was eine gute Geschichte wirklich braucht, um zu überzeugen – beim Schwank an der Theke, beim Sales Pitch, beim Geschäftsbericht vor den Kollegen. Mit vielen Praxisbeispielen.

328 Seiten, broschiert, in Farbe, 24,90 Euro, ISBN 978-3-8362-7705-1
www.rheinwerk-verlag.de/5128